ヒューマニティー&エンヴァイロメント
― 環境の文化生態学 ―

I.G. シモンズ　著

高山啓子　監訳

信山社
サイテック

本書「ヒューマニティー&エンヴァイロメント：環境の文化生態学」の著作権者アディソン・ウェズリー・ロングマン社が発行した1997年初版本の翻訳は、パーソンズ・エデュケーション社との取り決めにより承認を得て発行されたものである。

はじめに

　今世紀は科学の時代とも呼ばれるほど、科学技術が飛躍的に進展した世紀でしたが、その一方で、国家間、地域間で経済ならびに生活レベルの格差が拡大し、各地で紛争が多発したことにもより、環境問題が噴出した世紀でもありました。特に、環境問題に関しては21世紀を目前にして、ようやく地球規模での取り組みが始まりましたが、依然として深刻さが増すばかりで、しかも複雑な問題を抱えたままで今世紀が終わろうとしています。しかし、人間と環境の問題は、従来の科学技術の枠組みでは捉えきれないほど膨大かつ複雑で、これを包括的に捉えて対応することは困難を極めています。またこの問題は、いくら総論やあるべき論などを唱えても、実行に移さなければほとんど意味がないことも事実です。このような状況の中で、次の世紀を生きる私たちは、人間と環境の問題に関して、一体どのようにものごとを捉え、理解し、具体的な行動にまで持っていくかということが、ますます重要になってくると考えられます。

　わが国では、このような人間と環境にかかわる境界領域を扱う関係学、すなわち文化生態学(cultural ecology)という学問分野は、ほとんど知られていません。しかし、複雑化し、かつ多様化した人間社会と環境の問題は、21世紀における最大の関心事のひとつとなることは明らかであり、今後の研究に期待が寄せられています。また、このような関係性についての知識を得、かつ理解を深めることは、環境計画、地域計画やその他の関連する様々な応用分野の発展にも寄与するに違いないと思われます。

　本書の著者であるI.G.シモンズ氏は、英国ダーラム大学の地理学ならびに環境学の研究者です。

　本書の原文の一部は、私たちにはなかなか馴染みにくく、内容的に難しい文章が頻出したため、殊に最終章などに関しての翻訳は困難を極めました。そのような箇所については、なるべく注意を払って訳したつもりですが、文化的な背景の違いから訳出不能と思われる箇所もありました。また、難解な箇所については、なるべく語を補足してわかりやすく訳したつもりですが、訳者らの理解が不十分なことで難しい表現などもあるかと思います。これらにつきましては、私共の不備をご指摘いただければ幸いなのですが、もし訳文からでは十分にご理解いただけないような場合には、できるだけ原書を参照されることをおすすめします。

　最後に本書の翻訳出版を支援してくださった方々に対しまして、厚くお礼を申し上

げます。本書中の図版、その他の資料翻訳に関する協力ならびに発刊を支援してくださった(財)都市緑化技術開発機構の坂本信太郎氏、笹倉久氏、さらに本書の発行所をご紹介下さった東京農工大学教授亀山章氏、原著を紹介して下さった岡山商科大学助教授飯島祥二氏に深くお礼を申し上げます。また、翻訳を強力に推進していただいた関壮吉氏、さらには訳文の購読やチェック、図版の訳に関しご協力くださった㈱時空出版の藤田美砂子氏、江戸川大学講師の城一道子氏、(財)都市緑化技術開発機構の田島夏与氏、そして、本書の出版に関し、全般にわたって様々な配慮をしてくださった信山社の四戸孝治氏にも、厚くお礼を申し上げます。

平成十二年 夏
高 山 啓 子

はしがき

　今日、主要な出版社から出版される図書の多くは、ある特定のコースに関する学生向けの教科書である。アディソン・ウェズリー・ロングマン社（はじめにこのアイデアは、ヴァネッサ・ローレンスから持ち込まれた）が、本書を書くことを許可してくれたことを感謝している。既存のコースに貢献しそうにないような幾つかのコースにかかわっている人々が、本書によって奮起させられることを願っている。しかしそれは、学部の学生が、学習の初期の段階で理解できる程度の知識レベルで書かれている。もしもその幅広さ（これは危険の多い仕事であるが）について、私たちの仕事仲間の一部が、「そうだ、これが地理学者がねらうべきことだ」と言ってくれれば、本当にうれしい。しかし、私はしばらくの間、壁を突き破れという励ましの言葉を待っていようと思う。それは私の初期の本の場合、ほとんどの暖かい励ましは、同じ分野からではなく、他の分野からいただいたからである。地理学が中期的な野心として、今、何が見えるか、すなわち、主題－事物が広範囲であること、多様なアプローチ（接近、枠組み、論題）が有効であること、そして、定義の上からも私たちの課題から外れる事柄がないということがわかる。これらを一つの焦点に合わせることは困難であって、後の世代の人々は、この試みをもっとうまく扱うであろうことを、私は疑わない。しかしながら、1970年代以降の地理学の発展は、ある程度の効果があったということを示したつもりである。

　そこでもう一つの議題がある。それは、地理学が統合的な精神であるという考え方を捨てないように、私の専門分野の仲間達を励ますことである。さらに、多くのトピックについて書くことは、大変楽しいことである。すなわち、科学に基礎を置いた環境史、環境圧の研究、そして、環境関連（とかかわりのある）の詩は、自分にとってそれほど距離のあるものとは思えない。他の事柄のなかで、それは方法の一つであった。その方法のなかで地理学が、私の時代に計り知れないほどおもしろいものになったということ、そして、認識論的な発展をみたことを、なぜなにも後悔していないのかということである。そこで、職を退くまでの道として、私の知的な生活のなかの様々な部分から材料を集めることは適当であるように思われる。その知的な生活のなかには、意味深い分野を除いた知識の本体の大部分があるようだ。誰もが使えるように、モジュール方式（このコンパートメント化によって、どれほど簡略化がなされているかを学生達が知っていたなら）ではあるが、野原の中や飛行機の窓から見るよう

に、風景のエコロジーはおおむね一つになっており、分割することができない。しかし、本はセンテンスごとに書かなくてはならないので、ひとつずつ、そして一番厄介なIT（Internet Technology）スタッフ開発セミナーまでもがその例外ではない。CD-ROMやWWW（World Wide Web）も、基本的にはスキップ（ジャンプ）は可能であるものの、そのような配列になっている。1ダースほどものプログラマーをはじめ、ジェームズ・ジョイスが、私たちにとって必要だ。しかしながら、一つの結末として、個々のトピックを再三とりあげるのは考えた上でのことで、私はあなたがたに、ある物事について見るとき、多角的な角度や内容から見てもらいたいからだ。

そこで、本書が地理学と関係分野とともに、環境学および文学といった内容面で役立ててもらうことを望んでいる。

最後にお礼を述べたい。ダーラム大学の私の同僚達は斬新的で、利他的で、自分達のテーマについて熱心で、興味深いということで本書に貢献してくれた。彼らの仕事で、一度でも絶望したということがない。それは大変喜ばしいことである。そこで、学会の方々に感謝したい。私たちには、素晴らしい支援者を得た。紅茶は適当に濃いし、地図は鮮明で、写真は私たちアマチュアのネガを素晴らしく見栄えのするものにしてくれた。他にコピーにしても文句を言わずにやっていただいたし、朝来ると最初に部屋はきれいに片づいている。なお、本書の後半部分をヴィッキー・インネス女史に手伝ってもらった。彼女は、私がケガで首を痛めてしまったために、仕事が大幅に遅れてしまっていたとき、イラストのトレース作業を多いに手伝ってくれた。何が必要で、何を早くしなければならないかを瞬時に理解してくれたことは、非常に貴重な手助けであった。

本書を正式なかたちで捧げることは、ここでは辞退しようと思うが、この本の精神は亡きグレース叔母（デーヴィス）の心に奉げたい。彼女は、自然について大変熱心であった。例えば、長期にわたりリンカーンシャー・ナチュラリスト（自然誌）財団の会員でもあった。彼女の葬儀の時、私たちみんなで「すべてのものは輝き、美しい」を、心を込めて歌った。

彼女は文化についても非常に熱心であった。1995年の夏、プロムスの舞台シーズン券を私に買ってくれた。今も、ほとんど毎日といってよいほどそのことを感謝している。そこで、この本は、彼女の記憶を私の心に留め続けてくれるものである。

I.G.シモンズ

ダーラム、1995年12月

謝　辞

以下の著作権の使用に関し、許可を下さった方々に対し感謝の意を表します。

図1-3は、Intermediate Technology Publications, *Women and the Transport of Water* (Curtis, 1986) より。

図1-4は、British Airways Holidays観光局、*British Airways Holidays 1996*, 1/e より。

図1-5, 1-8, 1-9, 1-12および3-4は、Routledge, *Global Ecology, Environmental Change and Social Flexibility* (Smil, 1993) より。

図1-6および6-4は、Durham County Council, *County Durham Waste Disposal Plan 1984*, 1/e より。

図1-10は、Oxford University Press, *World without End: Economics. Environment and Sustainable Development*, 1/e (Pearce and Warford, 1993) より。

図1-11は、*Man. Energy. Society* by Cook. Copyright © 1976 by W. H. Freeman and Company より許可を得て使用。

図2-2は、Oxford University Press, *Eye and Brain: The Psychology of Seeing*, 2/e (Gregory, 1972) より許可を得て複写。

図2-4は、P. Williamson for IGBPによって調整、*Global Change: Reducing Uncertainties* より。

図2-5は、Edward Arnold, *The Gobal Casino. An Introduction to Environmental Issues* (Middleton, 1995) より。

図2-6および2-9は、Edward Arnold, *Quaternary Environments* (Williams *et al.*, 1993) より。

図2-8は、Springer-Verlag GmbH & Co. KG, *Sea Levels. Land Levels and Tide Gauges* (Emergy and Aubrey, 1991) より。

図2-10, 3-5および3-6は、Routledge より、*An Introduction to Global Environmental Issues* (Pickering and Owen, 1994) より。

図2-11は、Edward Arnoldによる、*Biogeography: Natural and Cultural* (Simmons, 1979) より。

図2-12～2.14および表2-5～2-7は、Academic Press, *Global Biogeochemical Cycles* (Butcher *et al.*, 1992) より。

図3-1は、Addison Wesley Longman, *The Food Resource* (Pierce, 1990) より。

図3-2は、Simon and Schuster, Myriad Editions Limited, *The New State of the World* (M. Kidron and R. Segal, 1991) より。

図3-3は、Food and Agriculture organization of the United Nations, *Wood for Energy Forest Topics*, Report No.1, Rome より。

図3-7および表1-2は、World Resources Institute, *World Resources 1994-95* より。

図3-8は、Edward Arnold, *Earth, Air and Water* (Simmons, 1991) より。

図4-1, 4-2, 4-4, 4-11および4-12は、Blackwell Publishers, *Changing the Face of the Earth* (Simmons, 1989) より。

図4-6は、The White Horse Press. 'Man against the sea', *Environmental and History* **1**, 7-8 (Elvin and Ninghu, 1995) より。

図4-7は、Professor M.J. Tooley , *The Gardens of Gertrude Jekyll in the North of England* (Tooley and Tooley, 1982) より。

図4-8は、John Wiley & Sons, Inc., *General Energetics: Energy in the Biosphere and Civilization*, Smil,

© 1991 John Wiley & Sons, Inc.より許可を得て複製。

図4-10は、Chatto & Windus, *A Hundred Years of Ceylon Tea 1867-1967* (Forrest, 1967) より。

図4-13は、Blackwell Publishers, *The Human Impact*, 3/e (Goudie, 1981) より。

図4-14および5-9は、Blackwell Publishers, *Land Degradation: Creation and Destruction* (Johnson and Lewis, 1995) より。

図5-2 Wiley & Sons, Inc., *Environmental Issues in the 1990s* (Mannion and Bowlby, 1992), © 1992 John Wiley & Sons, Inc.より。

図5-4は、*The Conversion of Energy* (Summers, 1971). artist: Dan Todd, © 1971 by Scientific American, Inc.より、すべての著作権が保全されている。

図5-5は、MIT Press Ltd, *Scientists on Gaia* (Schneider and Boston, 1991) より。

図5-6は、Addison Wesley Longman, *Why Economists Disagree* (Cole *et al.*, 1983) より。

図5-7は、Energy and Resource Quality: the ecology of the economic process p.112, John Wiley and Sons Inc.(Charles Hall, 1986) より。

図5-8は、the Environment, Politics and the Future p.14, John Wiley and Sons Inc.より。

図6-1は、Chapman & Hall, *Planning and Ecology* (Roberts and Roberts, 1984) より。

図6-2は、Earthscan Publications, *Vital Signs 1995-1996* (Brown *et al.*, 1995) より。

図6-3は、Port of Tyne Authority, *Tyne Landscape* より、the Joint Committee as the Improvement of the River Tyne in 1969 より。

図6-5は、Croon Helm, *The Spatial Organization of Multinational Corporations* (Clarke, 1985) より。

表2-2は、Cambridge University Press, originally printed in Warrick and Oerlemans (1990), Sea level rise, in Houghton, Jenkins and Ephraums (eds.), *Climate Change, IPCC Scientific Assessment* p.257-81より。

表3-1〜3.3は、Oxford University Press, *World Resources 1992-93* (World Resources Institute, 1993) より。

表3-4は、'Photosynthesis and fish production in the sea', *Science* **166**, 72-76 (Ryther, 1969), © 1969 American Association for the Advancement of Science より許可を得て複製。

表4-1は、Edward Arnold, *Earth, Air and Water* (Simmons, 1991) より。

表4-2は、Cambridge University Press, *The Earth as Transformed by Human Action* (Turner *et al.*, 1990) より。

表5-1は、Columbia University Press, *Ecological Economics: The Science and Management of Sustainability* (Costanza, 1991) より。

表5-2は、Routledge, *The Environment in Question* (Cooper and Palmer, 1992) より。

Faber & Faber Ltd/Random House Inc.詩 'Ode to Gaea'抜粋、'Woods' in "Bucolics" & 'In Praise of Limestone' by W.H. Auden in *COLLECTED POEMS* 1968; Faber & Faber Ltd/Harcourt Brace & Co. 詩 'Burnt Norton' & 'The Dry Salvages'より抜粋、T.S. Eliot in *FOUR QUARTETS*による。1943年、T.S. Eliotによる著作権。1971 Esme Valerie Eliotによって更新された。

著作権の保有者を探す努力は惜しまずおこなっているものの、まれにそれが不可能な場合もあり、思いもかけず著作権をお持ちの方々に迷惑をおかけする場合がありますが、ここで謝罪させていただき、お許しを願うものである。

目　次

はじめに … *iii*
はしがき … *v*
謝　辞 … *vii*
凡　例 … *x*

第1章　人間社会、環境問題という自然の貯蔵庫 … *1*

恵み豊かな環境 … *1*
　　局地的スケール … *3* ／ リージョナル(地域的)スケール … *4* ／
　　コンチネンタル(大陸的)スケール … *7* ／ グローバル(地球的)スケール … *9*
様々な環境問題 … *12*
　　ローカル(局所的)スケール … *12* ／ リージョナル(地域的)スケール … *14* ／
　　コンチネンタル(大陸的)スケール … *17* ／ グローバル(世界的)スケール … *19*
知るための方法 … *22*
　　自然科学 … *23* ／「客観的」な社会科学 … *24* ／ 人間の経験の中核 … *26* ／
　　規範的行動 … *27* ／ まとめ … *27*
広い視野 … *29*
　　人　　口 … *29* ／ 人類と環境の文化史 … *34* ／
　　人間と環境との間のつながり … *38*
もっと詳しく読みたい人へ … *43*

第2章　自然科学からの情報 … *45*

科学からみた世界および私たち … *45*
　　自然についての問いかけ … *46* ／ 私たち自身に問う … *50*
地球環境の科学 … *53*
　　世界的規模の研究 … *53*
大気と水 … *57*
　　過去200万年における地球規模の変動 … *57* ／ 現　　世 … *61* ／

　　　　海　　洋 … *63* ／氷と淡水 … *68*

　陸　　地 … *72*

　　　　世界の主要なバイオーム … *73*

　関係性と全体性 … *90*

　　　　生物地球化学的循環 … *91* ／ガイア仮説 … *100*

　もっと詳しく知るために … *103*

▶第**3**章　人類による地球の利用 … *105*

　資源の利用 … *105*

　　　　生命を維持するための資源 … *105* ／癒しの資源としての環境 … *106* ／
　　　　資源としての環境 … *106* ／人類社会が消費する資源の量 … *107* ／
　　　　資源のタイプ … *108*

　再生可能な資源 … *108*

　　　　食料と農業 … *109* ／熱帯低地以外の森林と樹木 … *114* ／　水　 … *117* ／
　　　　海　　洋 … *120*

　資源としての環境 … *123*

　　　　生物多様性 … *123* ／資源としての景観 … *128*

　非再生可能資源 … *130*

　　　　資源の主な分類 … *130* ／利用上の実際的問題 … *130* ／全般的特徴 … *131* ／
　　　　それはどれぐらいあるのか … *131* ／土地資源 … *132* ／鉱物資源 … *132*

　廃棄物とその流れ … *138*

　　　　陸地の汚染 … *138* ／淡　水　域 … *141* ／海　　洋 … *144* ／大気汚染 … *148*

　関　係　性 … *151*

　　　　エネルギー・フロー … *151* ／テレコミュニケーション … *152*

　もっと詳しく知るために … *153*

▶第**4**章　人類の世界 … *155*

　過去1万年の変化 … *155*

　人類が環境に及ぼす影響 … *158*

　　　　狩猟採集民とその環境 … *158* ／農　　業 … *163* ／工　業　化 … *172* ／

　　　　　脱工業化世界 … *185* ／ 人類占有下の1万年がもたらしたもの … *186*
　　変化の速度 … *187*
　　　　　加速化と付加 … *187* ／ 減 速 化 … *188* ／ 序　　奏 … *189* ／ 年 代 記 … *191*
　　もっと詳しく知るために … *192*

▶　他の章との関係 … *193*

　　　　　前半で取り上げた材料との相互関連 … *193* ／
　　　　　後半で取り上げる材料との相互関連 … *194*

第**5**章　文化の構築 … *195*

　　自然科学と技術 … *195*
　　　　　科学と技術の基盤 … *196* ／ ガイア仮説 … *205* ／ 複雑性とカオス … *207* ／
　　　　　生態学および諸科学による構造分析 … *208*
　　社会科学 … *210*
　　　　　経 済 学 … *211* ／ 政治科学、社会学、人類学 … *220*
　　哲　　学 … *230*
　　　　　文字発明以前あるいは文字で記録されない哲学 … *230* ／
　　　　　西欧の哲学的伝統 … *233* ／ 非西欧的哲学 … *237*
　　環境倫理学 … *240*
　　もっと詳しく知るために … *243*

第**6**章　現実の世界とその選択肢 … *245*

　　環境関連法 … *245*
　　　　　法律の本質 … *246*
　　行政的枠組み … *247*
　　　　　世界観：念のための注意 … *247* ／ 政　　府 … *248* ／ 超国家的組織 … *250* ／
　　　　　地球規模の組織 … *252* ／ 現地政府 … *254* ／ 私 企 業 … *257* ／
　　　　　NGO（非政府組織）… *259* ／ 個　　人 … *260* ／ 正　　義 … *261*
　　想像力の選択肢 … *263*

　　　　ユートピア … *263* ／ 創造芸術 … *265*
　　まったく触れてこなかった世界 … *280*
　　　　キリスト教 … *281* ／ ユダヤ教 … *282* ／ イスラム教 … *283* ／
　　　　ヒンドゥー教 … *283* ／ 仏　　教 … *285* ／ 宗教：概説 … *286*
　　もっと詳しく知るために … *287*

▶ **第7章**　誤りのない道筋 … *289*

　　すき間を埋める … *289*
　　　　本書のここまでの知識を伝える … *290* ／ 決定的な知識について … *290*
　　小さな箱の中で … *291*
　　　　復活した自然科学 … *292*
　　社会的な意味合いでの技術 … *294*
　　　　テクニック(技術)の魅力 … *294* ／ 技術の管理(コントロール) … *295* ／
　　　　ま と め … *296*
　　社会理論と環境 … *297*
　　　　よりグリーン(緑色)な社会思想 … *297* ／ 非西洋的思想(概念) … *299* ／
　　　　ディープ・エコロジー(深層生態学) … *300* ／
　　　　地球規模化(グローバリゼーション) … *301*
　　統合化へ向けての試み … *303*
　　　　だから、なぜ？ … *305* ／ なぜ知識を統合しようとするのか … *305* ／
　　　　共振モデルという共鳴 … *306* ／ 緊急という(急を要する)特性(特質) … *308* ／
　　　　過去を利用する … *310* ／ 未来のモデル … *311* ／
　　　　もう一つのメタファー(隠喩) … *313* ／ 社会はどのように変化するのか？ … *314*
　　さらに学びたい人のために … *315*

　　参考文献 … *317*
　　索　　引 … *324*

Environment

第1章

人間社会、環境問題という自然の貯蔵庫

　人間とそれを取り巻く環境との関係が重要だということはある仮定から始まるが、それについて述べられることはあまり無い。しかし、このことが呼吸のための空気や、食料、水、あらゆる種類の資源といった形で、人間以外の環境は、人間の生命を維持するために提供されるのが当然だと、ほとんどの人は考えている。また私たちは、環境をあらゆる種類の廃棄物を処理できる場所とみなしている。そして多くの場所は、レクリェーションや美しい景観、あるいは野生動植物が生息するために必要な場所であるという、無形の概念としてとらえている。

　現在の世界人口水準と、相当数の人間が生活するのに快適な環境という面では、この関係はうまくいっていると考えられる。私たちをとりまく環境は、永い間恵み深いものであった。しかし今では非常に注目せねばならないもう一つの概念、すなわち人間社会にとってのいくつかの課題としての「環境」がある。環境が問題となるのは、資源を簡単に手に入れることのできる場というより、不要な残留物を便利に捨てられる場、あるいは喜びを与えてくれる場としてとらえた時である。学問的にはあまり関心を持たれてはいないが、そこから離れた立場から環境というものに注意を払ってみると、環境は「問題」として存在しているのがわかる。

　これらの問題を提起するために、人間と環境の相互作用についての16点の切り口について、四つの異なる空間的スケールからみていきたい。いずれの章も、環境の概念について、(a)生きるため、生活を楽しむための資源の宝庫として、(b)人間社会にとって課題を与える場、としての概説から始める。そのことにより、どの章においても自然界と人間の文化との相互作用をみることができるであろう。

 恵み豊かな環境

　環境は私たちにとって重要な存在である。環境は、その存在に私たちが気づいたと

き、様々な価値を持つものとなる。それらの価値はたぶん有形のものであろう。なぜなら一番身近な環境とは、豊かな食べ物であり、暑い日の日陰であるのだから。あるいは、子どもたちのための近所の公園や海岸のような、喜びを与えてくれる場かもしれない。年老いた人にとっては、環境は思い出であることすらあるかもしれない。私たちの住んでいるところから遠く離れるにつれて環境の価値は変わり、私たちとのつながりは徐々に明白でなくなるが、しかしやはり存在しているのである。人間は皆、酸素を供給し、呼吸によって排出した二酸化炭素を受け取ってくれる大気を必要とする。ただ人間と環境との表面上の関係は一定ではない。複雑な工業社会にあって、ローカル（局所的）、リージョナル（地域的）、またグローバル（世界的）なスケールで、人間と環境は互いに作用しあっている（図1-1）。文明がもっと単純なレベルにあった頃は、そのような相互作用はしばしば局所的、地域的なスケールに限られていた。世界のもっとも大きな変化の一つは、社会と文化がより広い影響下に開かれたことである。

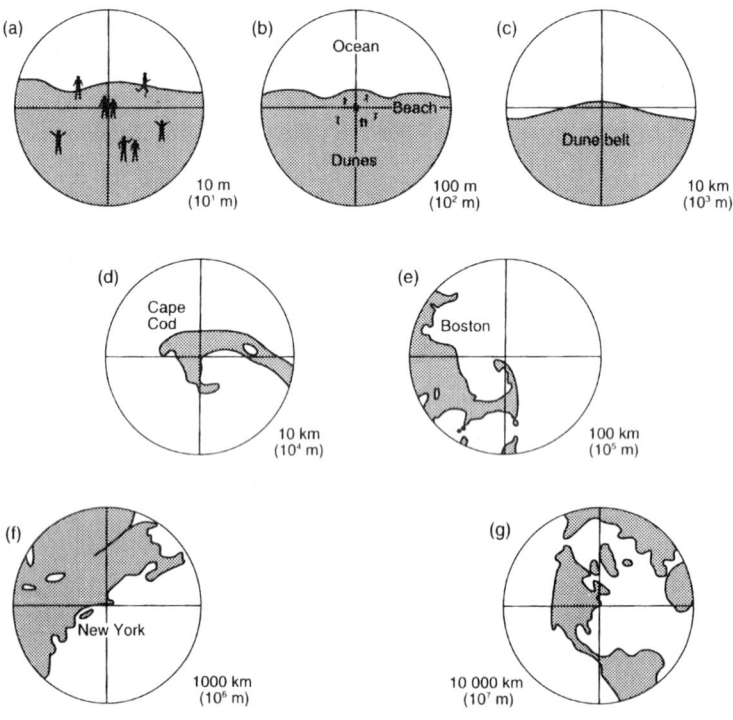

図1-1　人間と環境との関係についてその関心の度合いを測るスケール

最小のスケール(a)では、その中心はケープコッド（アメリカ、マサチューセッツ州）の海岸にいる人々である。順次拡大されたスケールが示されているが、(g)は海岸が半径10,000kmの中心にある。この次の段階は地球全体となる。

Environment

恵み豊かな環境　　**3**

🍎 局地的スケール

　もし、比較的工業化の進んでいない社会に暮らしているとしたら、私たちに食料をもたらすのは、おそらく地元の環境であろう。私たちは日々、作物が育つのを目にすることができ、よい収穫をもたらすには何が必要かを知っている。例えば降雨のようないくつかの条件は、人間がコントロールすることができないものであるが、除草や鳥を追い払うといったことは、計画的に行わなければならない。収穫や貯蔵もまた、人間の責任である。絶えずではないにせよ、毎日、天候や土壌、作物との触れ合いがある。環境は人間にとって生命の源となってきたのである。しかし、食料ほど重要ではないが、休息やレクリェーションの場としての環境を手に入れにくいところもある。多くのヨーロッパの都市では、アパート居住者が果物や野菜、花などを栽培し、木々や草、池に囲まれて座ることのできるレジャー庭園が、ところどころに設けられている。それはとうもろこし畑と同様に人間が創り出した環境であるが、目的が異なる。必要な食料を得るというより主として喜びを得るためだからである。しかしそれはローカル（局地的）なものであり、利用者が日々気づく範囲内のものである。この場合、食料はおそらく遠く離れた地から得るのであろう。

生鮮食料品

　身近な環境から得られる一番の喜びは何か、と世界中のあらゆるところで聞いたならば、もっとも多く返ってきそうな答えは、川や海から捕れる魚、木から直接に摘んで食べる果物、まだ根に泥がついたままの野菜の価値が挙げられるであろう。保存食は優れたものである（高所得経済国（HIEs）においては保存食品の技術は注目に値する）にもかかわらず、個々の人々の直接的感動と結びつくのは、人間の努力に見合った自然の恵みとして感じられるものである。高所得経済国ではこのような感覚は非常に強いので、努力の成果ということが強い誘因となって、人為的なものから離れて自然のものへ向かう。園芸を楽しむ人は、少量だがおいしい作物を得るために時間とお金と労力を費やす。そうでない人は、地元で採れたとわかる農産物を市場で買うだろう。食通は産地から直接ロブスターを選び、そのロブスターが20分で食卓に出されることを期待する。一般に、高所得経済国の裕福な人々は低所得経済国の状態に戻るために時間とお金を費やす。ただし、それらの国々の食料システムの不安定さや不便さを味わうことなくである。

プレジャーガーデン：Pleasurre gardens

　ほとんどの地域社会では、住居の近くに小さな畑が点在しており、もっとも集団主義的な社会においてさえも、これらは個人やその家族の管理下におかれている。このようなプレジャー・ガーデンは、非常に人為的であるが故に「自然」であるとはいえないが、その目的は自然の恵みを得ることである。食用植物はその一例である。よく植えられるのは、基本的エネルギーの供給源である炭水化物の作物よりも、野菜、果物、スパイスやハーブである。有用性の観点から薬用植物も植えられるだろう。その中の多くは、ある修道院から別の修道院のハーブガーデンへと、中世ヨーロッパを横断して伝わったのである。長い間、純粋な楽しみというのは、庭園のもう一つの役割であった。貧しい国でさえ、裏庭には心地よい眺めや濃い緑陰のある木々が植えられ、費用が許せば輸入の顕花植物や低木から、日本の盆栽にみられるようにその場所にあわせて刈り込まれた現地産の木にいたるまで、様々な珍しい植物が植えられるだろう。庭のない住宅であれば、離れた場所を利用できるであろうし、あるいは、植栽規模がもっと大きく種類も多い公共の公園や庭園に喜びを見つけることもできる。土地が広ければ、運営の規模も大きいが(図1-2)、得られる感動自体はあまり違わない。

🍓 リージョナル(地域的)スケール

　近代社会では、人間と環境との結びつきは地域レベルとしてである。環境は多くの有形のものを供給するが、身近な地域から供給されるものはほとんどない。例えば、果物は、私たちが住んでいるところと同じ地帯(熱帯や温帯など)であるが、数百km離れているところから届いているのかもしれない。同様に、私たちの家庭に供給されている水道は、おそらく数百kmは離れた貯水池からパイプで引かれている。また、娯楽やレクリェーションのためには、長距離を旅することもある。日帰りや週末にハイキングや山登りにでかけるには100km、年に一度の休暇で異なる気候や文化をもつ地域へ出かけるためにはおそらく1,000kmも旅するであろう。発展途上国では、このような人間と環境とのかかわりが、例えば政府機関が道路を通したり、工場で生産された肥料が充分に買えるようにならない限り、人々の生活に反映されるようなことはない。多くの地域社会では、家庭のごみのような固形廃棄物をこの地域的スケールで処理したいと望んでいる。気にならない程度に遠くへ、しかし処理費用が安くてすむ程度に近くへ、と考えるのはどこの地域も同じである。

Environment

恵み豊かな環境　5

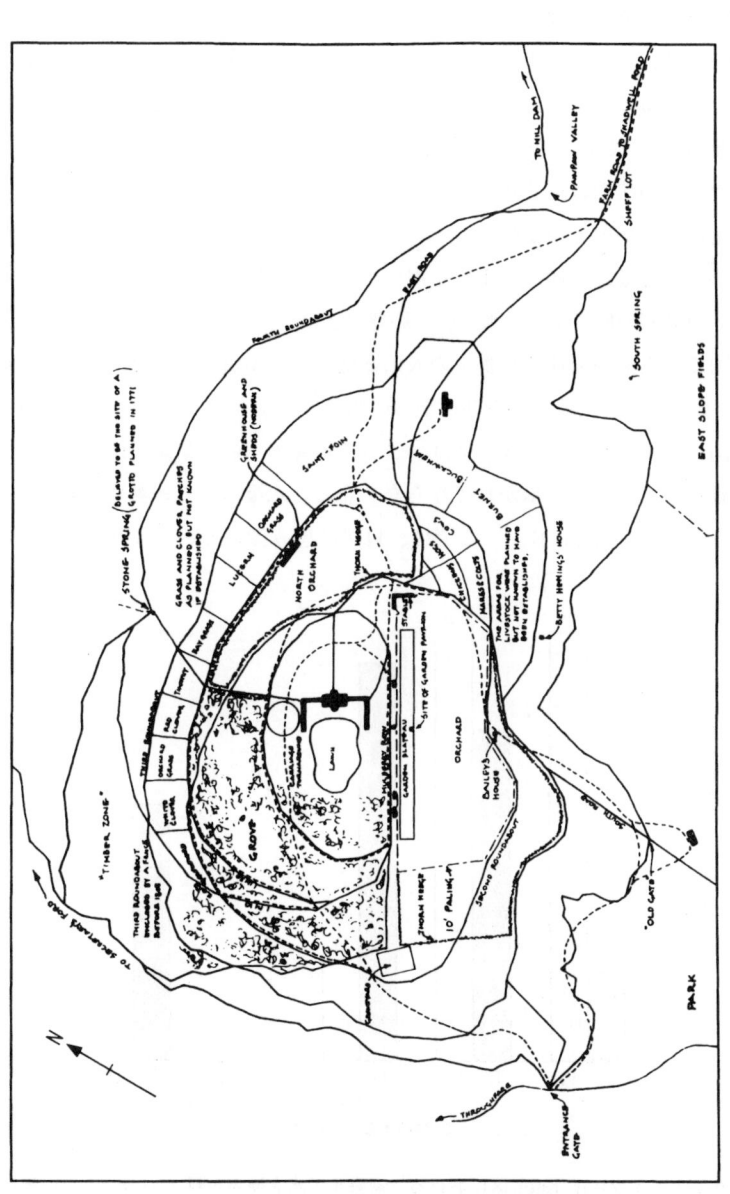

図1-2 バージニア州モンティセロにある庭園の中の農園というコンセプトは、トマス・ジェファーソン (1743～1826) により18世紀に確立された家の周囲には芝生、木立、そして囲われた庭があり、その向こうを外周に沿って農園と材木用の林がとりまいている。

真　水

　環境がもたらす最も基本的なものは真水である。人間が生存するためには一日あたり約2ℓの水が必要である。水がないと、飢えよりもはるかに早く死をもたらす。ある程度の水であれば、近くの小川や井戸といったその土地の環境から得ることも、屋根に降った雨を集めることもできるかもしれない。しかし、低所得経済国でさえ、水はしばしば数km離れたところから汲んでこなければならないことがあり、より豊かな国々では、たいてい蛇口は遠く離れたところから引かれたパイプの先にある。工業社会では、大量の水が必要となるのる。そこで、確実に供給が得られるように、特に技術的な面で、しばしば思い切った手段を用いて十分な措置がとられるのである。ローマの水道はその最初の例である。水を引く距離は、いろいろなことによって決まるが、高所得経済国では工業の発達した都市の人口密度によって決まることが多い。というのも、水の需要は、その土地の川や井戸からの水の供給量をすぐに上回るからである。低所得経済国にあっても、高い人口密度によって地元の水の供給量では不足し、別の供給源まで誰かが水を汲みに歩かねばならなくなる。水汲みは、薪集めと同様、しばしば女性の仕事となる（図1-3）。ここでは、自然は恵み深いというより、むしろけち

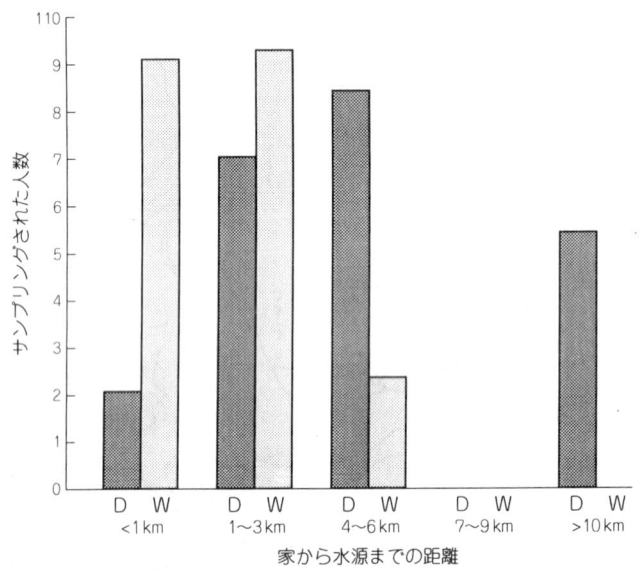

図1-3　ケニア・キツィイ（Kitui）区における、家庭まで水を運ぶ距離（カーティス、1986）

水汲みは女性たちの責任であり、あるものはロバを使って汲みにいく。調査人数は22人であり、水を運ぶ距離別の人数が図示されている。雨期（W）には乾期（D）に比べ、遠くまで汲みにいく人は少ない。著者は、「女性たちは水汲みが、最大の重労働の一つと考えている」と述べている。

Environment

であるように思える。水の使用は、文化によって様々な法的システムのもとにある。インドネシアのバリ(Bali)では、寺の僧がその使用を取り締まっており、イギリスでは政府の規制を受けた民間の水道会社が水を管理している。

生活を楽しむための旅行

多くの社会では短期または中期の余暇があり、後者であれば日帰りまたは一泊旅行が可能であろう。旅行の目的は、友人や家族に会ったり、特別な場所を訪れたり、あるいは旅すること自体が目的であることもあるだろう。環境との関係は、時として自然が決定権をもつことである。カナダの北極地方のイヌイットは天候がひどく悪ければ出かけることができず、イギリスでの家族のピクニックは、時折びっくりする程良い天候に恵まれることがある。貴重な景観や文化遺産のある地域が近くにあれば、そこを訪れることが目的となることもよくある。そしてどの場合でも、環境は同行の者とともに喜びやレクリェーションの主要な源である。たいていの人は、人為的につくられたものと自然の景観とを明確に区別することなく、選んだ環境全体を眺める。選ばれるのはその時にふさわしい景観である。低所得経済国では、田舎の宗教的な中心地を訪れることが、そのような「全体の景観」なのかもしれない。高所得経済国では、ある者は森で一日を過ごし、またある者は大聖堂のある街で過ごすことを選ぶかもしれない。どのような場合でも、日常の環境から離れて旅したいと思う感情がある。必ずしも珍しい環境でなくてもよいのだが、異なった趣の環境を経験することは、環境には明らかに価値がある、ということの一例である。

コンチネンタル(大陸的)スケール

自然や文化があまりにも多様であることから、コンチネンタル(大陸的)スケールでは、自分たちが環境とは無関係だと感じるのも無理はない。例えば、「アジアの環境」という言葉が生態学的にも政治的にも無意味な言い廻しであるように。しかし、多数の国家がブロックとしてかかわり合っている時代にあって、環境の重要性や環境政策が非常に広い地域にわたるのも当然である。ヨーロッパ連合(EU)の環境政策は、結果としてその管轄区域全体にわたって維持可能な経済を押し進めるように考えられており、また、EUに関税障壁がないことが、物の移動を容易にしている。楽しみのために大陸を旅行することは、おそらく、地球上の開発された地域の資源を広く利用するということであろう。大陸的スケールでは、異なる気候、異なる景観、そして異なる文化にも出会うことができるのであるから。

これまで述べてきた三つのスケールのなかで、大陸的スケールは他の二つに比べ、個人にとってあまり重要であるようにはみえないが、何の関係もないということではない。

長期休暇

多くの大陸には、例えばヨーロッパや北アメリカ、日本の海岸や山々のように、本質的に異なった多様な環境が存在し、お金と時間のある者に訪れるよう呼びかけている。19世紀以降の長い間、これら魅力的な地域はバケーションに訪れるところであった。管理職も労働者も、少なくとも2週間の有給休暇が与えられていた。今では、世界一周旅行に組み込まれているように、冬も山の計画に組み込まれるようになった（**図1-4**）。これらすべての場合において、人の手による建物が建っているにしても、環境は休暇を楽しむ根拠となる、ある種の資源といえる。というわけで、後ろにヤシの繁るさびれた海岸だけでなく、バーやディスコの前をぎっしりと群なす人々の姿も求められる。ある者は木造、草葺きの小屋で、2～3m先では小石に波が打ち寄せるのを聞きながら眠りたいと思うし、ある者はエアコンの効いた超高層で眠りたいと思う。文化的ツーリズムもまた、環境と関連している。特に田舎では、寺社や有名な庭

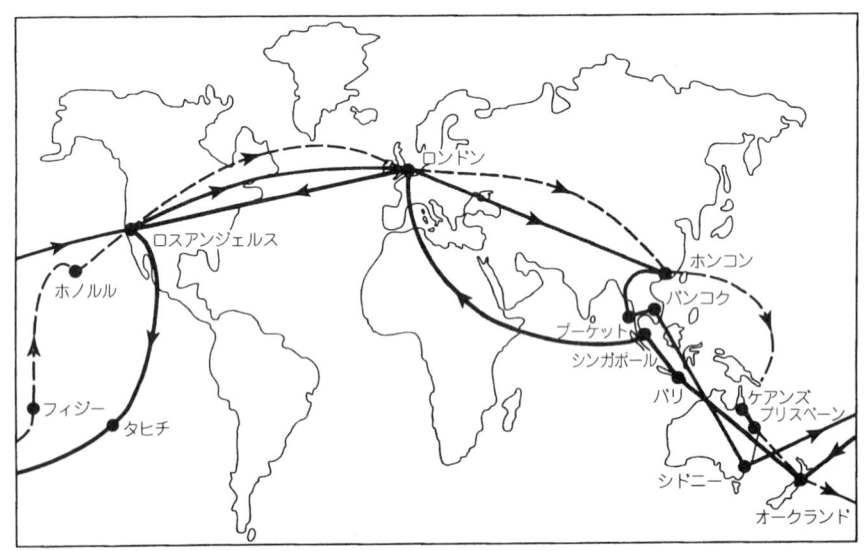

図1-4　1996年にある大手の航空会社によって提案された18～20日間の世界一周旅行
（ブリティッシュ・エアウェーズ、1996）
三つの異なった旅行計画は、おおむね同じ道程をとっている。

Environment

恵み豊かな環境　　**9**

園がその景観とともに、訪れたいと願う根拠となっている。

異なる気候帯から運ばれる食物

　もし外国に行けないのなら、相手の方からきてくれたらと思う。だから、遠く離れた地からの食物の貿易が、何千年にもわたって魅力的であったのだ。低所得経済国の田舎の住人は、広く行われている贅沢品の貿易とは、ほとんどかかわりがないかもしれないが、そのような社会にあっても、このような品物の需要が豊かな地域でもある。パリでつくられたパンは、毎日西アフリカの貧しい国々に飛行機で運ばれている。そこでも外国の食料品の世界的貿易が行われている。ただ、距離が近くなれば、もっと頻繁に食料品の行き来があるのだが。北アメリカでは、フロリダやカリフォルニアでオレンジが採れ、早生のアスパラガスはカリフォルニアの数ヶ所から運ばれ、どちらもボストンやニューヨークでは貴重品である。北ヨーロッパでは、イタリアやスペインの露地栽培によって苺の季節が長くなった。これら南の国々は、アボガドやキウイフルーツでも、イスラエルのような国と生産を競っている。古い政治体制をとっていたソビエト連邦や東ヨーロッパでは、コメコンの南部地域でとれる多品目の果物に短いシーズンはあったが（しかし、おそらくほとんどのところには一品目しか配給されなかったが）、メロンが到着すると皆が気持ちの悪くなるまで食べたのである。特に、航空便を利用しての貿易の拡大は、生産者から遠く離れたところにいる消費者に大きな影響を与えた。収穫が、ある季節に限定されていた頃は、これは気候的にも、そしておそらく文化的にも、世界には違いがあることの一つのしるしであった。しかし、どの品目も、いつでも手に入れられるようになると、そのように感じつづけることは、いっそう難しくなる。

🌱 グローバル（地球的）スケール

　どんな方法を用いても、地球全体の環境を語ることは難しい。工業国は地球全体から原料を集めることができる。例えば、日本は木材資源を世界中の温帯、熱帯地方に求める。また私たちの多くは、深海を含む世界中のあちらこちらで採れる食料品を食べる。エネルギー源もまた、地球規模で取引が行われている。石油や石炭の非常に長距離にわたる輸送も、瞬時にお金が電送される金融取引によって支えられている。しかしながら、気候が毎年同じということはまず無いにもかかわらず、私たちは皆、地球全体の気候がおおかた予想できるものだと思っている。例えば、どんな作物が育つか、燃料用石油を冬に備えてどのくらい貯蔵しておくか、といったことを非常に誤差

の少ない範囲で知ることができるに違いない。また、行楽がある程度全世界的になる可能性がある。例えば、極地を旅行したいと思うのは、そのような寒冷な地のほとんど手つかずの野生動植物のことに思いをはせるという幸せを得られるからである。また、例えば、永遠にそのような状態を守ろうと各国が決議するのに十分な関心を持つようになることなどである。

木　材

　文字を用いる（知識階級）社会では、電子メディア時代の到来にもかかわらず、ますます紙の消費が増大している。建材その他パーティクルボードや板紙といった木材製品に加え、木材の需要はさらに増大している。加工された木材はたいてい軽く、輸送費も安い。また技術の進歩によって、ほとんどの木が他のものに姿を変えることが可能である。環境に対する意識の高い高収入経済国では、リサイクルが多く実行されているという事実に加え、工業の経済的構造への影響もあり、環境資源は地球規模で重要であるという認識がある（燃料用の木材は、対称的に非常に地域的な資源である）。そのような多くの資源と同様、加工された木材は育った場所から採れた原料とは別のものと考える。この本の材料となった木がどこで育ったかを語るすべはない。当然、リサイクルされた紙の産地は、寄せ集めということになるであろう。

　木々は正しく管理されれば、おそらく再生可能な資源であり、かなりの森林地帯は地球規模で気候を調節する効果があることに、私たちは気づいている。そこには、木々が様々なレベルで、私たちの環境に非常に重要な一部であるという意識がある。「森に優る文化はない」と、詩人W.H.オーデンは言った。それがまさしく正しいことを私たちの多くは直感している。

石　油

　世界をめぐる石油輸送経路（図1-5）によると、石油は世界的資源であることがわかる。生産地も消費地も等しく分布しているわけではなく、たとえ低収入経済国の収入に比べて非常に高価であるにせよ、いたるところで手に入れられる。にもかかわらず、石油が環境の一部である岩石圏から産しており、再生不可能な資源であることを意識することはほとんどない。地球の地殻に存在する原料には、量に限りがあることを認識している。それにもかかわらず、新たな油田の発見や、新たな石油の採取能力や、工業の原動力として供給される石油のリッターあたりのエネルギー量を増やす方法などについて、私たちは聞かされ続けている。それなのに、原料には限りがあり、私た

Environment

恵み豊かな環境　*11*

図1-5　1980年代後半の主な原油輸出の流れ（スミル、1993）

重要なのは、貿易が世界的に行われていること、および中東の供給者としての優位性である。矢印の大きさは、貿易額に相当する。オペック参加国（黒色部分）をみると、石油の価格は技術や市場経済を反映するのみならず、政治的事柄でもあることがわかる。

ちの子供の時代には枯渇するかもしれない、と考えて行動するものはいなかった。自然の恵みは、事実上、無限であるかのように受けとめられている。自動車や飛行機用の安価な燃料により、私たちはあらゆる所へ行くことができる。ただ、ちょっと立ち止まって考えてみれば、石油は(食料生産における石油の利用を見ると)必要と贅沢の双方を支える環境からの贈り物である。石油のない低収入経済国は、世界で最も貧しく、あらゆる種類の環境的ストレスに最も影響を受けやすい地域の一つである。しかし、石油を利用する者を決定するのは、経済と政治であり、必要や公正さに配慮したものではない。

様々な環境問題

今まで述べてきた環境の恩恵は、しばしば「マイナス面」をもそれとなく示している。水の過剰使用、土壌の過剰な集約的利用、動物の乱獲である。過剰は問題に転じる。この段階で、問題の難しさをその重要性や優先の順にランク付け、また包括的なリストを作成しようとするものではない。問題の所在を時間と場所の観点から述べながら、問題の性質、特に空間的スケールの変化について考えてみたい。

ローカル(局所的)スケール

私たちは、直接コントロールすることはできないが(もしできたらと望んではいるが)、限られた場所以外の人に影響を及ぼすとは思えない、局所的な環境についてある面で精通している。例を挙げると、2～3年ごとに何軒かの家を浸水させる小さな川、ときおり自然発火する放置されたごみ捨て場、農作物を食べるために森から出てきた鹿や猿の群、潅水計画が完成した後に悪化するいくつかの弊害。リストは何ページにもわたるだろう。そして原因も同様に多岐にわたる。これらの出来事や過程はほとんど(決して全部ではない)最近のものである。土地を知ることは、過去の同じような特性を知ることにもつながるが、しかしこれらは、その土地での生活様式に深く根ざした、また必然的な特色とは思えない。

ゴミ捨て場

環境に関して多くの人が経験する非常に共通した特徴としては、周辺に様々な廃棄物があるということである。工業国では、ほとんどの廃棄物は処分したり処理するために住宅地から運び出される(図1-6)。しかし、この便利さは完全というわけではな

Environment

様々な環境問題　**13**

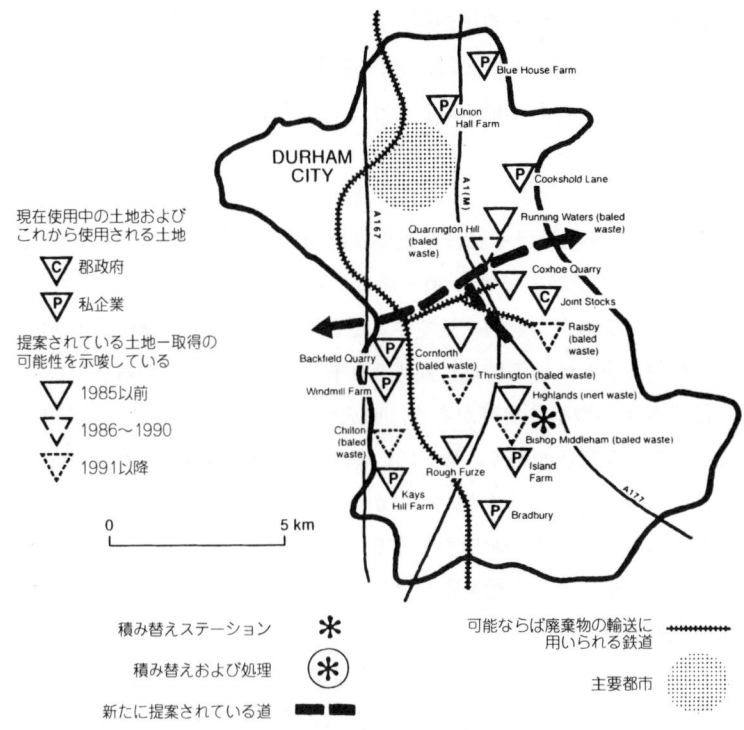

図1-6　1990年代、イギリス北東部における固形廃棄物の廃棄計画の一部
いわゆる脱工業化地域でさえ、計画は複雑で、地方政府と民間セクターの両者が必要である。

く、貧しい国々ではほとんどされない。このような状況は、固形の廃棄物についてみると最もよくわかる。低収入経済国では、どんなゴミ捨て場も利用可能なものの宝庫としてみられるが、豊かな国々では、可能な限りどんな方法を用いても処分したい単なる不要品の山である。最もコストの低いゴミ処理方法の一つは、地面にある穴に埋めて土をかぶせるというものである。しかし、よく管理されたゴミ捨て場でさえ環境的危険を引き起こす。物質が嫌気状態で腐るときメタンガスを発生し、火災になる危険性がある。もし穴に不浸透性のシートが敷かれていなければ、滲みだしたものが地下水に入り込み、地域の水質汚染につながるだろう。例えば、シアン化物の入ったドラム缶が腐食する際に引き起こされるように、違法な（もしくは適法ではあるが望ましくない）有毒物質がゴミに含まれていると、それが水にとけ出したり、空気中に曝されるといった非常に危険な状態を作り出すことがある。ゴミ捨て場で風に舞う紙、病気を運ぶネズミの存在、といった不快さも廃棄物にはつきまとう。このような廃棄

物を除去せねばならないという重圧から、多くの工業国が取り締まる法律のほとんどない、まして外貨をもたない低収入経済国へ固形廃棄物を輸出するというような、国連会議を愚弄しかねない行為へ走ってしまうことがある。

火　山

　世界的にみて、「活火山」はそれほど重要な問題とはなっていない。しかしこのような火山は、おそらく地球上で常に50ヶ所は活動している。同時に、火山の麓に住んでいる人々がその環境を否定的に見ていることはほとんど疑いない。山の上だけは、火山活動が比較的休止している時期に観光客が殺到する。九州の阿蘇山には、その麓にもっぱら観光客相手の小さな町がある。噴火が起こると、財産、生命が失われる。そこには二つの大きな特色がある。第一に、噴火は近代科学以前の時代にあってさえ、何の警告もなしに起こることはめったになかった。したがって人々は、避難することができる。もちろん逃げることを拒否するものもあるが。第二に、主要な噴火の規模はほとんど近代的技術による方策を寄せ付けない。今でさえ、せいぜいできるのは溶岩の主流を住宅地や耕作地からそらせようとすることくらいである。この方法は1991年、エトナ火山（シシリー）の斜面でアメリカ軍がヘリコプターを使用して溶岩の流れの進路に障害物をおき、ある程度まで成功した。火山活動へのそのような干渉には限度があるが、1779年にベスビアス火山の噴火で3,000mの火柱からの降下灰でいくつかの村を全滅させ、ナポリに危険が迫ったときに採られた方策（そのときナポリでは、市の守護聖人がこれを防ぐ印（しるし）として、その血を流すことを望んだ）よりは効果的である。この山のイメージは、1789年にフランスで同様の自然災害が起こり、皆に知られるようになったようである。英国では、スーザン・ソンタグが小説「火山愛好家」の中で、当時のナポリについて次のように書いている。

　　統計的にみると、最も悲惨な災害は至る所で起きている。これらの災害が引き起こす ── 惨状を想像する能力には、限界がある。私たちは、当分の間は安全なだけで ── 生命（たいていは特権を与えられた人の命を意味する）を長らえているのだ。

　ここには、環境を考える上で災害をもたらす役割についてのヒントがある。すなわち、それは単なる地殻変動そのもの（上記の場合）の局地的な影響以上に、広くかつ狭いといえるだろう。

🍎 リージョナル（地域的）スケール

　私たちは、身近なところから離れて広がる環境問題には様々なレベルがあることを

Environment

様々な環境問題　**15**

感覚的に認識している。そのような問題には、例えば、50 kmに亘って川が氾濫したときのように、ある地方に特徴的な問題が水平に広がるということかもしれない。私たちは、隣接する居住区に住む人々もまた、同じ灌漑システムを利用しているが故に弊害が広がるであろうこと、あるいは以前に原子炉のあった近くの町では、子どもたちの癌の発生率が異常に高くみえることもあるだろう。75 kmほど離れたところの親戚を訪ねると、低地の農村地帯の多くは土壌の浸食による深刻な雨谷ができていること、また台地の森は自然発生の火災にひどく苦しめられていることがわかることもある。これらの問題のあるものは、新たに発生したことであったり、かつて起こったことがあると昔の記憶を呼び起こしたりする。それより悪いこともあれば、それほどでないこともあるかもしれないが、しかし、私たちは生き残り、生き続けてきた。

水の栄養汚染

上水の供給は基本的に必要である。しかし、水は他にも利用される。老廃物の運搬や希釈は、この一つである。運ばれた老廃物は故意にそこに捨てられたわけではなく、土から流去水を経由して入り込んだものであることがときどきある。河川、湖沼や近海の水が高濃度の窒素やリンの溶液を運ぶことがこれにあたる。そのような高濃度の物質は、他の有機物を大量に増加させる。本来ならば、水中の窒素やリンの濃度は非常に低く、有機物の量は限られている。淡水中に、特に藻が大量発生した場合、高濃度の窒素とリンが水面をおおう藻の「花」から検出される。夏の公園の湖沼ではおそらくこの現象がみられるだろう。生態にとって、非常に有害とはいえないが、何種類かの水底の植物は、差し込む光の量が一時的に減って被害を受けるかもしれない。最も大きな変化は、腐敗した藻に生じるバクテリアによって引き起こされる。バクテリアは非常に早く成長し繁殖するが、その際にばく大な量の水中酸素を使用する（暖かいシーズンには、酸素の量は最低になる）。そして、呼吸を酸素に頼っている動物は死んでしまう。魚の大量死は、これにあたる。植物が腐るのと同時に、ひどい悪臭をもたらす。処理しなければ人間は水を利用できないこととなり、これは生活上厄介な問題であると同時に財政問題でもある。

洪　水

1993年夏、アメリカのミシシッピー・ミズーリ川流域は、記録的な大洪水にみまわれた。その年の7月、約41,000 km^{2}の耕作地は水浸しとなった。川が陸地から流れ込む雨量をもはや運びきれず、歩道へとあふれだす現象は、ほとんどの川の流域で見ら

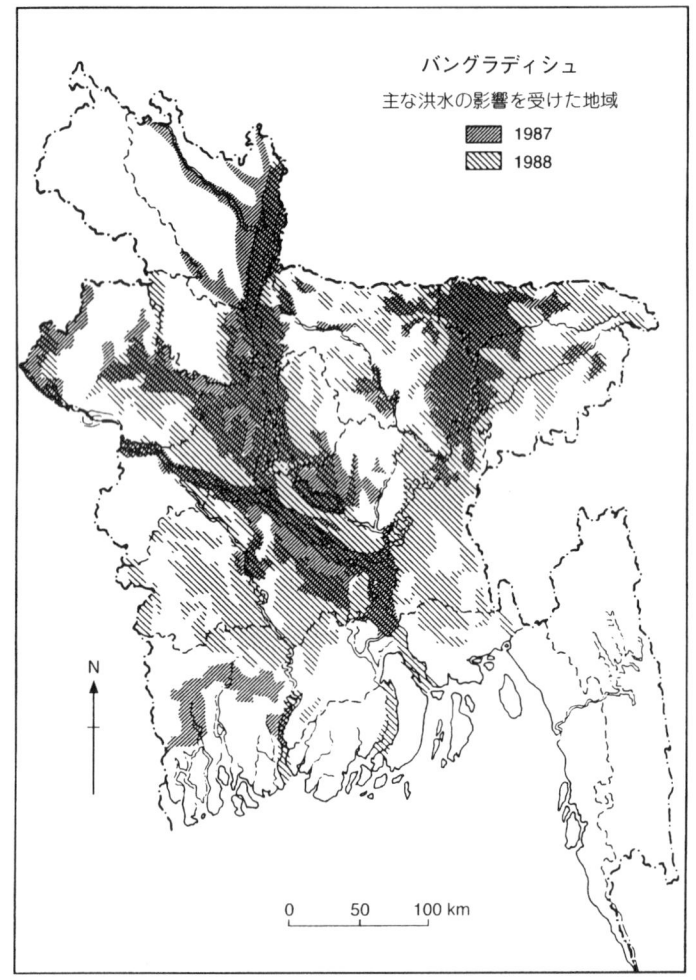

図1-7 世界で最も洪水の影響を受ける地域の一つはバングラディシュである

1987年と1988年に起きた洪水は、特にひどかった。この地図はこの二つの年の洪水が、どう広がったかを示している。被害が全国土のどれだけの割合に上るかが、はっきりとみてとれる。

れることであるが、この洪水はその最も極端な例である(セントルイスでは、洪水のピークは通常より水位が14.6m高かった)。堤防を超える流水を洪水へと変えるのは、人間のしわざである。洪水は作物や建築物、そして土壌にもダメージを与え、植物や人間、他の動物に死をもたらす。このことから、洪水はしばしば「自然による危険」、ごく希に「環境的危険」と呼ばれる。ある地域では、破壊的洪水が繰り返し起こる(図1-7)。これに対し人間は、堤防や洪水を管理するダム、そしてまっすぐな河道を

Environment

様々な環境問題

築くなど、要するに技術的な改善により川をコントロールしようとする。

しかし、人間と人間をとりまく地域の環境を一つのシステムとしてとらえると、人間の行為が洪水を引き起こす一因となっていることが明らかになる。例えば、森林伐採および都市化によって流域から川へ水が速く流れ込むようになり、したがって洪水のピークも早く、高くなる。もしX地点からY地点へきっちりと水路が造られていれば、水はY地点より下流へより早く、より大量に流れる。もしもX、Y両地点間の堤防がすっかり川を囲んでしまっていると、水はY地点より下流で堤防を破ってあふれでるかもしれないのである。水の量は自然から与えられたものであるにもかかわらず、その運命は、人間によって大きく左右される。人間が環境と自分たちの行いとのつながりを正しく理解できなかったことを、洪水はある程度証明している。洪水と洪水をおこす環境との結びつきには、強い文化的な要因がある。

コンチネンタル(大陸的)スケール

もし広範囲に旅行したり、メディアに注意を払うなりすれば、北アメリカとかアフリカといった地球上の広大な地域が同種の環境問題に苦しんでいることに必ず気づくであろう(綿密な調査を行えば、一般化しすぎかもしれないが、現実からかけ離れているわけではないことがわかるだろう)。アフリカでは、何年かごとにほとんど雨が降らないことがあり、農村地帯では飢饉によって大量の死者、病人、経済難民や争いが発生する。北アメリカの多くの地では、虫が突然に大量発生する。集約管理されたスプルースの森の芽を食べてしまう虫、降雨量の少ない地域の集約的に利用されている草地のバッタ、また栗のうどん粉病のような病害を広げ、落葉樹林からある樹種をそっくり消してしまうような虫などである。これらの現象は自然の昔からの気まぐれの現代版のように見られているが、過去と現在の両方を注意深く調査すると、干ばつやイナゴの被害を受けていた頃に比べて、これらの地域では人口密度が高くなっているという単純な理由によって、より多くの人が、今、影響を受けているのだということがわかる。

酸性雨

19世紀のダラムの町は、大量に石炭が採掘され燃やされていた、人口密度の高い地域の中心であった。その結果、大聖堂の砂岩の建築物は腐食し、4インチ(10cm)の厚さの層を建物全体から削り取る必要が生じた。後の調査で、炭化水素燃料の燃焼が大気中に大量の硫黄を排出し、これが最終的には雨となって風下に降ることがわかった。

第1章　人間社会、環境問題という自然の貯蔵庫

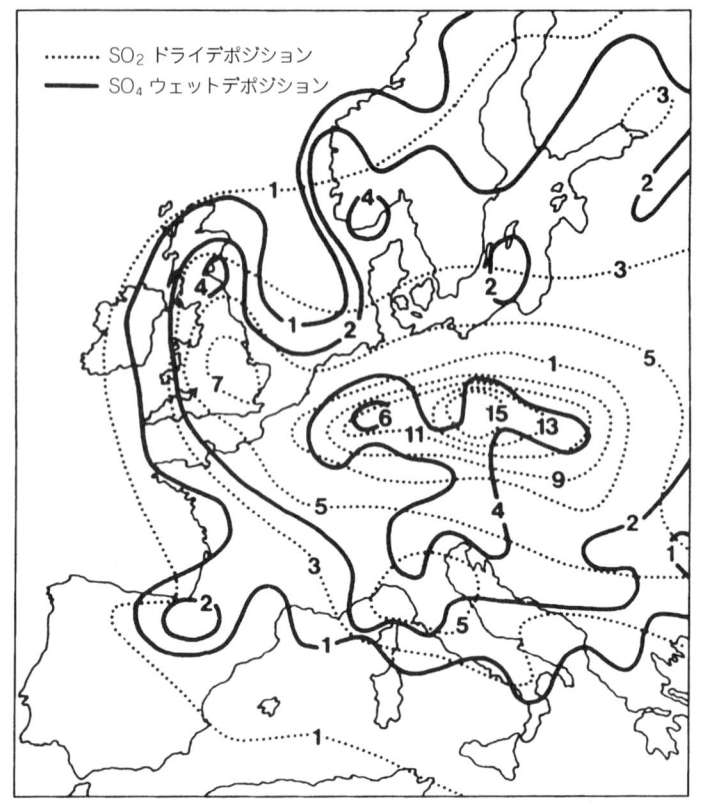

図1-8　1970年代中頃、まだ排出物を減らす真剣な試みが始まる以前に、
ヨーロッパに降った酸性雨量（単位：g/m²）（スミル、1993）

中央ヨーロッパが最も重大な影響を受けたが、その原因は、ポーランド、チェコ共和国のような東ヨーロッパのかつての社会主義経済国にある。スカンジナビアの国々では、真水がひどく酸性化したにもかかわらず、酸性雨の降雨量は比較的少ない。

この結果、例えば、イギリス北部の中心地、ペニーヒルに育つ植物に遷移がみられた。19世紀には、空地に生える草本類に非常にpH値の低い土壌に育つことが可能な綿すげのような種へと遷移がみられた場所である。私たちの時代になると、例えば、イギリスや中央ヨーロッパの火力発電所から発する酸化物を含んだ酸性雨の影響を受けて、スカンジナビアの真水が酸性化している。これにより多くの川や湖でサケやマスが事実上全くいなくなったという事態を招いている。大陸におけるこのような影響の広がり方が地図上に示されているが、北アメリカの約2/3、ヨーロッパの少なくとも1/2は酸性雨の影響を受けており、その影響は8,000kmまで確認されている（図1-8）。過去の降雨の生態への影響については、薬の空中散布ほどには知られていない。

戦　争

　数多くの例が示しているように、現代の機械化された戦闘は非常に広大な地域の環境に影響を与える。大陸的スケールでなくとも、地域的スケールよりも影響は大きい。顕著なケースは、第一次世界大戦における西部戦線である。フランダースの広い地域で塹壕を掘ったことによる影響は、大砲の砲撃とともに、高負荷の環境を生み出した。そこでは、人間や馬（その地域外から食糧を供給されている）、ネズミやシラミはさておき、生きているものはほとんどない。おそらく、ジョン・マックローが詩に詠っているように、

　　　ひばりは、まだ勇敢に歌いながら、飛んでいる

　　　鉄砲がその下を飛び交う中では、ほとんど聞こえないが

時の流れは、多少ともこの環境を癒す。しかし1965年から1972年にかけて、近代兵器や爆薬による戦いにさらに化学兵器が加わったベトナム戦争では、回復に十分な時間は経っていない。莫大な量の爆弾に詰められた爆薬が多くの地域に弾孔を開け、マラリア蚊のすみかを作り出した。除草剤により海岸ではマングローブの成長が多かれ少なかれ妨げられ、海岸は嵐による浸食にさらされるようになった。内陸では、まだ胎児であった頃にダイオキシンの毒の犠牲となった奇形の子どもたちにその影響がみられる。環境汚染の最たる戦争の遺物は地雷原であり、除去の計画が不十分であったり、計画の遂行が遅いため、その危険は未だに存在している。ポーランドやフォークランド諸島（スペイン語でマルビナス諸島）がその例である。いずれにせよ、核戦争が環境にもたらすかもしれない影響ほど深刻ではない。

🍎 グローバル（世界的）スケール

　人工衛星を基盤とするリモートセンサーおよび電子化による世界的な通信手段の出現により、私たちは今では、地球全体にかかわるグローバルな状況を理解することができる。そのような手段がなければ、より小さなスケールでしか明らかにされていなかったであろうが、今ではグローバルな変化を立証する事も可能である。グローバルな変化には、おそらく2種類ある。一つは土壌の浸食のように世界中にみられるが、本質的には個別の出来事である変化、もう一つは大気の成分の変化や、なかなか分解されない有毒物質が世界中の海を通じて拡散するといった、相互に影響しあい連動するシステムを形作る変化である。後者の二つの環境に関連したシステムは非常に規模が大きいため、人類が引き起こす変化に気づくのは難しく、変化が実際に起こっていることを知るのに高度な計測器に頼っている。物質の濃縮はたいてい量的にごくわず

かであるため、検知された変化が自然に見られる変化と本質的に異なっているかどうかを見極めるのは困難かもしれない。過去の状態についての正確な知識に欠けているときには、特にそうである。

オゾン層の減少

地上約20～50km上空では、オゾン層が生物の生存圏を高レベルの紫外線（UV）から守っている。紫外線は人間の皮膚癌や白内障と同様に、あらゆる生物に遺伝子の突然変異を引き起こす。1985年、オゾン層が春と夏に南極上空で薄くなるのが発見された。後の測定で、同様の減少が北極上空でも起きていることがわかった。オゾン層の厚さは自然の変動により影響を受けるため、人間の行為がどのくらい影響を及ぼしているかははっきりしていないが、長期にわたって残存している特定の人工の物質が、オゾン分解を引き起こす力を持っている可能性は非常に高いと言えそうである。この観点から、1987年のモントリオール条約は、フロンガス（CFCs）のような物質の生産の早急かつ段階的中止に向けて各国を動かしたが、そのような物質は長期にわたって残存するので、使用を即座に中止してもすぐには効果は現れないであろう。オゾンの減少は次に述べるように、地球温暖化にも結びついている。フロンガスが使われているのは主に冷蔵庫であるが、ある計算によると、皮膚癌よりも冷蔵の不十分さに起因する食中毒で死亡する人の方が多いだろうと言われている。ほとんどの危険性というのは、相対的に評価されねばならないものである。

地球温暖化

過去200万年続いた氷河期と間氷期の繰り返しは終わった、と判断する根拠はない。私たちは今、おそらく間氷期の後半に生きているのであろう。しかし、人類の行為が大気の構成成分に影響を与え、その結果、大気中にはこれまで以上に多くの放射熱が含まれるようになったことは明らかである。これが「地球の温暖化」である。このような影響をもたらす数多くの気体が放出されているが、原因の55％を占めているのは二酸化炭素（CO_2）である。19世紀はじめの大気中のCO_2濃度は275ppm、1890年代は280～290ppm、そして1994年には357ppmとなり、このレベルは人類が地球上に出現して以来最高の数値である。放射熱を生み出すガスは、他に亜酸化窒素、メタンがある（図1-9）。これらもまた、オゾン層を破壊する。これらのデータをもとに示すと、5Gt/年という現在の炭素排出量が今後も続けば、地球の温度は2030年には1.5～4.5℃上昇すると予想される。これに伴って、平均海面も2030年までにはおそらく10

Environment

様々な環境問題　**21**

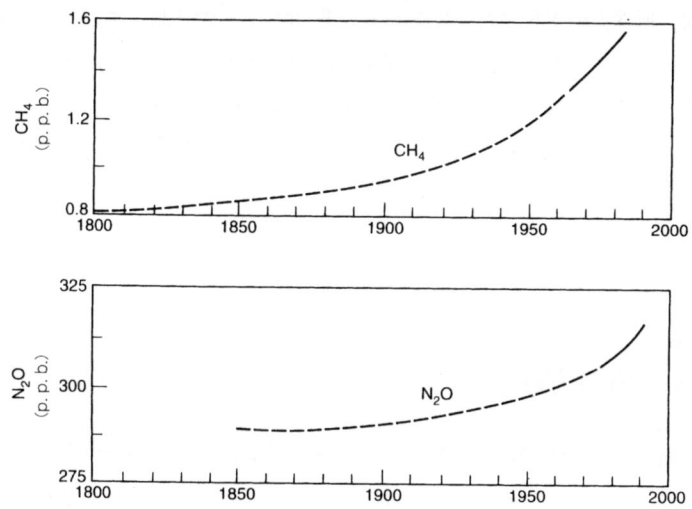

図1-9　「温室効果」の範疇となっている2種類のガスの大気集での濃縮（Smilによる、1993）
破線は再構成したもの。実線は実際の測定値。
複雑モデルによると単純な投影に比べこれらの傾向について、より良い予測が得られる。

～30cm上昇するであろう。しかし温度や海面は直線的に上昇するわけではない。気候の急激な変化が過去に生じたことはよく知られているし、大気がある状態から別の状態へ急激に変化することもあるだろう。予見できないような変化が、世界中に広がる人間社会にとって最悪の成り行きとなることもあるかもしれない。なぜなら、1995年後半にIPCCが温暖化には十分な科学的根拠があると断言しているにもかかわらず、このようなシナリオはモデルをその根拠としているので、予想には不確定要素が含まれるからである。しかし、どのような形であれ不確定要素を認めること（正直な科学者であれば、そのような大きいスケールの現象について議論する際には認めざるを得ないのだが）で、他の人々には予測される変化は起こりそうにもないものとして考慮されず、それゆえに行動を変える必要もないと無視されるのである。明らかに、地球文化圏にある科学だけでは絶対的権威を持つことはできない。

　この最初の囲みは、この本の要点の一つであるが、その目的は、前後の内容を結びつけることである。このようにして分割されているが、関係のある二つのセクションをつなぐヒンジ(蝶番)のような働きを持たせたい。

　本章を振り返ると、実に様々なタイプのアプローチが取り上げられている。自然科学における計測、ある将来の可能性についての不確実性の記述、国際的な合

意の形成、地球上の事象に対する限られた集団の反応の計測、また、個々の実体験などである。従って、人間とその環境との相互作用は、単に自然を計測し、得られたデータを図式化し、またはこれに人間の反応をあてはめてわかることではない。明らかなことは、私たちが人間と環境について考えるその方法を理解することが、その考え方をどのように伝えるかということも含めて、次のステップであるといういことである。

知るための方法

　本書の冒頭に、「人間と環境」（ヒューマニティー＆エンヴァイロンメント）という語句（フレーズ）を用いているが、それは、これら二つの語の間にはある種のへだたりがあることを示すためである。（人間の頭の中のみに「環境」の部分が存在すると信じることも可能であるが、本書の初めにも述べたように、私たちの皮膚の外側に現実に存在するものがあるということを前提としよう。）外側の実体を理解する方法には、幾つかの基本的な違いがある。例えば、「客観的」な研究があるが、これは観察者の意識は偏見のない、いわゆる「白紙」（原文では「クリーン・スレイト」（まっさらな石板の意））のような状態で、記述されるすべての事象およびプロセスは観察者の思考や感情の外側にある、いわば記述および説明のためにはじめて観察の対象とされるような研究であって、広く実証が可能である。対象物やプロセスの計測は、観察者が大阪にいようがオーストラリアにいようが、同じ結果が得られるということである。これは、伝統的に自然科学者の領域であるが、社会科学者がこの方法論を用いて人間とその社会の研究を行おうとすることはあるかもしれない。

　明らかに異なるタイプの知識は、「主観的」とよばれるものである。その知識は観察者にとって固有のものであり、したがって、観察者の個性によって異なる。このカテゴリーに属する情報は、人文科学および芸術にとって中心的課題である。つまり、誰もが全く同じように小説を書き、彫刻を作り、これらの作品に同じように反応することはないということだ。これは社会科学においてもあてはまる。解説者にとって人間の実体験は、その多様さゆえに唯一の価値ある出発点となることがある。

　さらにどのような研究であれ、「ホリスティック（全包括的）」とは対照的に、「リダクショニスト（還元主義）」的アプローチをとることがある。リダクショニストという言葉が私たちに教えてくれることは、複雑な事柄やプロセスは、それを構成する部分

の働きについて知れば知るほど理解できるようになるということである。私たちは分子を研究することによって生物の細胞を理解できる。さらに詳しい解説が必要であれば、その分子を構成する原子を研究しなければならない。原子より微細な粒子についての研究は、次の(現在では最終の)ステップである。このような考え方をしていくと、人間の性格も最終的には生化学的プロセスによって説明がつくようになるだろう。

「ホリズム」(全体論)とは、その言葉がほのめかしているように、記述や説明の対象全体をを丸ごと受け入れることである。実に、全体は部分の総和以上のものを表し、その構成部分に関する知識からは全体についての予測は不可能であるという。全体論の立場では、生化学の観点から人間の個性は予測できないであろうということを意味している。酸素および水素原子に関する知識から、水が凍結する性質を予測できないのと同じである。

以上、『考え方の』基本的な分類について述べてきたが、次に、近年、人間－環境の関係がどのように説明され解釈されてきたか、その主な方法についてみてみよう。

自然科学

科学(science)という言葉は、ある一連の現象(これには、人間自身およびその環境の両者が含まれるであろう)に適用されるシステマティックな手続きを指すようになった。生命体(biological organism)とみなされる非人間的(non-human)事象、および人間に対して自然科学という語が用いられる。これに対し、科学的手法をできるだけ用いて社会的な実体をみる研究は社会科学と呼ばれている。機械を媒介として実際に自然科学を応用するのがテクノロジーであり、工学のような専門分野もこれに含まれている。

あらゆる自然科学は、ある意味で人間の感覚が感知する環境に関する現象を扱うが、各専門分野に分割されている。これまで、環境の研究に最も貢献してきた科学の分野は生態学である。その地位は、1990年代、大気と海洋についてのグローバルモデルを作ることに精力を注いでいる物理学者および化学者によって築かれつつある。本来の生態学の定義は、生命体相互の関係および生命体とその環境との関係を扱う科学であるが、今日の生態学は、とりわけ相互作用のダイナミクスを扱う。例えば、様々なスケールにおける集団生態学、生態学的エネルギー、また、鉱物栄養の循環などである。これらは、他の計測可能なパラメーターとともに、エコシステムという概念の中で捉えられる。エコシステムとは、生物と非生物との間でエネルギーと物質の相互交換が行われる(あらゆるスケールにおける)空間領域をいう。興味を引かれる一つの特徴は、

エコシステム内に、また、エコシステム自身に（これもまた様々な空間的および時間的スケールにおいて）平衡状態があるかないかということである。一つのエコシステムとしての地球の研究は、地球という惑星の生物物理的システムは生命を存続させるための条件を最大化するという表現を引き出している（J.E. Lovelockのガイア仮説）。

　最も純粋な形では自然科学は真に知的な課題である。したがって、知的好奇心は別として、絶滅した原人（hominid）や五本指のクマ（sloth）の進化の歴史や1945年以降のミツユビカモメ（kittiwake）の急激な増加の歴史に（自然科学が）大いに関心を示すということはありそうもない。現実に、自然科学は世界に対し実践的かつ操作可能なアプローチを模索してきた。この筆頭にあげられるのがテクノロジー（技術）であり、これは機械的、化学的または生物的を問わず、人間が生み出した世界をつくり変える手段として定義されている。今日、テクノロジーは環境の意味を論じる際に特別な地位を確保している。私たちはテクノロジーを使って環境をあまりにも変えてしまったため、今や「自然環境」について語るという言い方は正しくない。単に、「ここに道路を建設することは可能か？」といった種類の問題のレベルを越えて、テクノロジーは根本的なレベルにおける私たちの全体の見通しを変えるかどうかといった、興味深いが難しい問題がある。そのような方向における議論が受け入れらるなら、私たちは自然環境というよりむしろテクノロジーによって作り出された環境のなかで生活しており、テクノロジーが人間の歴史を決定するといえるだろう。

　次に有力な考え方は、科学は私たちがどのように行動すべきかを示す、言い換えるなら、倫理的秩序は自然科学における発見から直接引き出されるというものである。これは、自然科学は「ハード」な情報を提供し、社会はこれに適応しなければならないということを意味している。この考え方では、科学はある種ファンダメンタリスト（根本原理を厳格に守る人）の知識となり、その知識から私たちは適切な行動の仕方を読み取ることができるのである。

「客観的」な社会科学

　社会科学では、自然科学の手法は人間社会の研究に重きをおいているという信念の上に築かれている。この見方は、逆にどの事象にも明らかにすることのできる原因があり、所与の条件の下では特定の刺激は人間から同じ反応を引き出すという仮定のうえに成り立っている。そこには、合意に基づいた方法により実際の行動を観察し、記録することのできる外界が存在し、また、事象およびプロセスを記録するという行為によりこれらを変えることなく綿密に調査することのできる、完全に独立した観察者

が存在するという合意がある。さらなる仮定は、人間社会には構造があるというもので、規則性(恒常性)という言葉であらわすことができる。これはおそらく、自然科学に本来そなわっている宇宙における秩序についての仮定に相当する。より実際的には、社会科学のなかで発展した理論が、予測可能な方法で社会を変えることに用いられることが可能であるという仮定があることである。

例えば、社会工学(social engineering)は土木工学(civil engineering)に匹敵する。その社会工学の目的は、予測の基礎として用いることのできる人間行動の規則性(恒常性)を探究することである。それゆえ、個々の人間は行動パターンの研究、すなわち行動主義(behaviorism)と呼ばれる概念に従属することになる。このタイプの社会科学の古典的な例は、経済および政治の秩序であった。現代においては、その研究は分化する傾向にあるが、18世紀を例に取ると、それらは政治経済学(political economy)という一つの分野に含まれていた。エコノミックス(economics)とは、語源的にはギリシャ語のオイコス(oikos)、すなわち「家」(household)という意味で、供給が限られた生活物資の配分の調整方法を研究することであった。環境(environment)の場合は、これは環境そのもの(ここでは野生地あるいは素晴らしい景色といった全体性が要求される)、または環境から引き出すことのできる物質、すなわち国土資源が対象である(Turner *et al.*, 1994)。日常生活においては今や、マーケット志向の経済が人間と環境を取り持つもっとも重要な媒介である。「経済的」かどうかということが、大抵のプロジェクトにおいて重要なことなのである。

厳密な意味で政治学とは、政府の組織および行動を対象としており、客観的な意味では物事がどのようになっており、どのようにあるべきかという、特定の政治哲学的関心について説明することである。資源を動かす力をもつということは、いかなる物流システムの中でも中心的な側面であるということは容易に理解できる。したがって、環境の構築(environmental construction)に関する限り、「政治経済学」という古い用語がもっとも適切である。これは、緑の党やこれに相当する団体のように、彼らの価値体系の中で環境の優先性を主張する団体が社会的支援や力を求めることについて語ることである(Eckersley, 1992)。

環境構築に関心のある他の社会科学は、社会学および地理学である(Pickering and Owen, 1992)。客観的な社会学は、特定の論点(issue)に対する社会の態度、例えば民間利用の原子力開発の望ましさなどを統計的に説明する、または環境的影響の性質を変えるかもしれない別のライフスタイルに対する要求度を測るタイプであった。ある一つの流れの中で、社会がどのように環境との関わり方を変えていくかということに

ついては、社会学者達も関心を持っている。その流れとは多くの場合、より「緑」をということである(Wall, 1990)。地理学者たちは、社会的な価値(例えば、国立公園の指定やプラニングに関する問題についての解説など)と密接に結びついた環境変化について、広域的あるいは国土のレベルでの分布の調査をしばしば行っているにもかかわらず、知覚と認識についての研究に最も力を注いできた。

　社会科学の多くは倫理的な規定を作り出し、そのうちのあるものは立法化される。例えば、ゴミを散らかすことは生態的にはさほど重要でないが、環境に対する姿勢としては社会的には受け入れがたい行為の象徴として認識されており、それゆえゴミを散らかすことは禁じられるのである。そのような結果は文化により異なる。例えば、ロンドンとシンガポールは対照的である。経済学、政治学、またそれらの問題から見ると「良い」行動でも一筋縄ではいかない。問題は、それらの信条がそもそも、いったいどのように「環境」の概念を形成しているのだろうかというところに起因しているからである。

🌱 人間の経験の中核

　明らかなことは、人間の精神は個人、社会およびその環境の相互作用の中核であり、このことが多くの研究を引きつけてきた。自然科学は、事象をその背景および歴史と結びつける経験的事実認識に基づいた関連性を見落としてしまうため、その理解には限界があるということが言われている。もう少し広く認められている見方は、世界は人間(ここでは集団同様、個人も考慮に入れられる)にとって意味があり、そしてそれぞれの人があるまとまった目的およびつながりを持って一つ世界を構築しており、しかもそれは皮膚から離れて浮かぶ泡のような実体のない世界であるというものである。今日のコミュニケーション技術のおかげで、この入れ物はかなり大きく、しかも常にその大きさを変化させている。自分が住んでいる宇宙に対する個人の関与の総体を一般にライフワールド(生命界)と呼ぶ。ライフワールドが重複することは普通のことであるので、そこでの手法は個々の人間や彼らの世界をかたちづくるものに限定されることはない。しかし基本的には、この視点は環境を個人的なライフヒストリーの一部であるとみなし、そこに私たちは、人々が自分自身を創造するのを見出すのである。

　いずれにせよ、これらの構築物は分析的、あるいは説明的である。対照的に、創造的芸術は、全体としてそこに「ある」だけである。これは、それらが公共的な目的を持たないということではない。あるものははっきりと見る者に一瞬の興味や楽しみを

Environment

知るための方法 **27**

与えるといった以上の役割は持たないが、他の多くは弁証法的に歴史や政治に寄与するのである。芸術の中のあるものは、他の分野に比べて環境の構築により大きく寄与する。これらは、自然科学やより客観的な社会科学から引き出された自己および社会的アイデンティティーに対する固定的な考えから、私たちを救ってくれるであろう。そして、これらはまた、あたかも地図や道標や宣伝パンフレットのように、私たち自身および私たちを取り巻く環境を模索するのを手助けしてくれる。

規範的行動

これまで取り扱ってきた人間の行動および世界の性質に関わる見方に、共通するある特徴がみられる。それはあるがままの姿、またはあった、もしくはありそうな姿を取り扱っていることである。倫理とは物事がどうあるべきか、また、人間はどのように振る舞わねばならないかということに関わっている。他のほとんどの構造が記述、説明、予測に関わるものであるのに対して、このカテゴリーは規則や勧告および提案に関するもので、規範的という言葉がこれにあてはまる。こういった構造は、権利としての要求と区別される人間の生理的、心理的要求に従った価値観の開示、および検証の上になりたっている。文字を持たない社会の慣習法と文字を持つ社会における成文法の起源の相違はこれに基づいている。現在、最も進んだ社会では、環境問題を扱う広範な法体系がつくられている。しかし、一本の木などのように、自ら提起することのできない存在をどのように扱うか、また、ライン川や地中海のような国境をまたぐ事象を取り扱う際の適切な裁判管轄地を見つけるといった複雑な問題がある。

まとめ

人間と、人間を取り巻く環境(surroundings)との間の明白な関係を知るためのこれらの方法には、ある共通の側面がある。すなわち、人間同士は言語によって直接的に意思疎通がはかれるのに対し、人間以外の環境との間ではそれができないという点だ。樹木や岩はいうまでもなく、最も人間に似た動物との間でさえ話をすることはできない。私たちは目に入るものに対し、その目的やプロセスに応じて、化学的な計算方法に基づいたり、あるいはおそらく感情的な反応の余波により言葉をあてはめる。私たちは、このようにして環境を探究するのだが、とりわけ自分自身が語ることに耳を傾ける。私たちが何もかも知っていると主張できるようなフレーム(枠組み)は、どれもわれわれ自身による発明であったり、場合によっては純粋な数学だったりするかもしれない。長い間自分に問いかけた結果、そういった情報を聞き、蓄えようとする社会

の多様な経路(チャンネル)を通して響きあう(共鳴する)。情報を貯える方法の主なものは文書であるが、今日では映像がそれを補っている。複雑な工業化社会において、これらの経路(チャンネル)同士は、きちんと線引きされ、互いに独立している。例えば、法律、教育および宗教的システム、経済的、政治的構造、さらにはメディア等がある。それぞれのチャンネルを通して、人々および環境についての情報が議論され、かつ伝達されていく。すなわち、「共鳴する」という言葉が非常によくあてはまる(Luhmann, 1989)。このことからいくつかの問題点が浮かびあがってくる。

- 知識(knowledge)は、ある特定のチャンネル(経路)の中では意味があるかもしれないが、そのチャンネルの外では、ある特化した言語でコミュニケーションが行われるため、明確に理解されないことがある。例えば、物理学者が通常の言語を使う代わりに数学を用いたり、あるいは弁護士が、ある用語に非常に厳密な定義を与えたりするなどである。

- ある伝達経路(チャンネル)を通した情報は、この意味で分かりやすい音(サウンド)になるかもしれないが、一方で、他のチャンネルとは不協和音を奏で、全体としてはむしろ雑音、つまり意味をなさない音のようであるかもしれない。オルガンのキーボードのキーをランダムに押すことに似ているであろう。それぞれのパイプは完璧に調音された音を出すものの、全体としては理解できる音として聞こえない。そこで、多くの個々の環境的「問題」は解決できそうに見えても、全体としては、手に負えないように思えるのかもしれない。

- 文化史の常として、西洋社会は共鳴を二項対立的に扱う傾向がある。すなわち、0と1のように二つのポジションで表すことをいう。このようにして、私たちは、「経済的」と「非経済的」、「法にかなった」と「違法な」といった対立する概念を持ち、そして判断の基準(normative thinking)の対極に「善」と「悪」がある。そこで私たちの西洋文化においては、二つのうちの一つを克服することによって、これを排除することが求められる、「征服する」という言葉が多く使われるのである。これは、もちろん「環境問題」という言葉(フレーズ)の中でも使われているが、これはかなりやっかいだ。それ自身では何もすることができず、人間の判断にゆだねられているため、率直に言うなら、この問題は環境の伝達経路(チャネル)に関する文化的な問題として考えることであろう。

先に述べた議論は24ページで触れた考えを実質的に否定するものである。その考えとは、人間が「ハードな」科学的情報を受け取ると、それに対して非常に

Environment

合理的な方法で応答するというシンプルなモデルがあるというものである。どんな知識もそれぞれの伝達経路(チャネル)における誤った理解や他からの干渉にさらされている。ほかにも要素はあるが、私たちは決してゼロから出発することはない。必ず歴史が残したものがある。それは、現に存在する過去からのパターン(例えば資源利用や人口)であり、あるいは長期にわたって存在するアイデアの浸透である。今、私たちはこれらのいくつかを検証する必要がある。

広い視野

この章の最後のセクションでは、より体系的な方法で16の小論(vignetts)の背景を明らかにしたい。その重要なテーマは次の三つである。
- 人口。明らかに人の数と分布は、環境を考える際のあらゆる方法と関係がある。例えば、資源の利用およびこれにより生ずる影響など。
- これらの素材(material)に関する歴史的な見方について、人々が過去に何をしたかというより、むしろどのように考えてきたかという点。
- 人間と環境の具体的な結びつきの性質。生理的・心理的要求(basic needs)と、文化的に引き出される権利としての要求(demands)との違い、また環境が文化に及ぼす影響。

これは、第2章において人間および自然科学が私たちに与えてくれる世界についての考察へと私たちを導くだろう。

人　口

1996年、地球上における世界の推定人口レベルは5.83×10^9、すなわち58億3千万人である。全体的な人口増加率は年1.38％であったが、この比率で増えれば、半世紀後には人口が倍増することになる。しかし、今から1万年前は人口水準はおそらく400万人程度であったろう。その間に、地球上では経済および技術の大きな変化が起こり、それによって人類は生き延び、繁殖が可能となった。同時に地球それ自身も自然の変化を受け入れてきた。その最も顕著な要因をいくつか以下にあげる。
- 紀元前1万年から同5千年までの期間の地球温暖化。この時期に世界の主要な生物群系(熱帯林、サヴァンナ、および草原)が、おおよそ現在のような分布になり、人間の利用に対して安定した基礎的環境(backgrounds)となった。その後、気候変動

がこれより小さなスケールで発生したが、例えば、ヨーロッパにおける小氷河期（1550～1850年）のように、広域的には必ずしも重要ではなかった。
● 主として南西アジア、中央アメリカそして東南アジアの主な中心地で起こった植物の栽培および動物の飼育。ある種の遺伝子をコントロールして、生産力を高めたことにより、人口レベルのコントロールが、もはや困難ではなくなった。すなわち、単位面積あたりの人口をより多く維持できるようになった。
● 19世紀および20世紀の化石燃料利用の発達。石炭および、特に石油の出現は、食料生産性を高めるとともに、以前よりはるかに容易に地形を変えることができるようになったことによって、その生産地域の拡大を可能にした。物（goods）に対する需要は製造業をはじめ、これに関連する職業など、数百万もの人々の生活手段を生みだした。

ただし、上記のどの要因も、人口増加の単純な原因として解釈すべきではない。なぜなら、家族の規模の決定というのは、もっとずっと複雑なプロセスによるものだからだ。しかし、このような発展なしには、現在のレベルまで増加しえなかったであろう。これらの要因は許容できる部類の変化の例である。それというのも、これらは反応が起こるのに必要ではあっても、かならずしもその要因自体が反応を引き起こすわけではないからだ。本書では、このような要因に何度もお目にかかれるであろう。

20世紀までの人口増加

ヒト属（genus Homo）は、恐らく南アフリカでおよそ400万年前に進化し、私たちがその仲間であるホモ・サピエンス（Homo sapiens）は、恐らく4万年前に誕生したものと思われる。その後、およそ1万年前の氷河期（更新生）の終わりごろ、氷河の後退の開始に伴ってアフリカ大陸から急速に周辺に広がっていった。そして1995年には、57億5,900万人に達している。

人類の人口増加のコースは大きく四つの局面（phase）に分けられる。その第一は、後期氷河期（更新生）と初期最新世（完新世）（ホロセン、Holocene）からなり、人類にとっては狩猟採集が唯一の経済形態であった。これらの期間（文化的には、上部旧石器時代；Upper Palaeolithic、および中石器時代；Mesolithic）、$100 km^2$ の面積が支えられる人口はおよそ2～3人程度であった。ある推定によると、北半球を覆う大部分の氷河が溶けたことによる地球上の人口は、紀元前1万年前の100万人になるとされる。

その後間もなく、第二の局面の始まりが見分けられる。第一に、このときまで人類

Environment

が足を踏み入れなかったオセアニアおよびアメリカへ人々が移動し、拡散したこと。第二に、広い範囲で農耕が採用されたことである。この新石器時代の革命(Neolithic Revolution)は紀元前の最後の3千年の間で、1世紀あたり100％の人口増加率を可能にした。したがって、人口は紀元前500年には1億人に、紀元元年には1億7千万人に到達したと思われる。その後増加率は鈍化し、1000年には2億6,500万人となる。次の局面は、ヨーロッパおよび中国が中心的役割を果たしている。全体的にかなりの増加があったものの、いくつか阻害要因があった。13世紀始めの中国によるモンゴル侵入は3,500万人の死をもたらし、農業構造の大半を破壊した。ヨーロッパでは、疫病が人口を8千万人から6千万人にまで減少させた(Livi-Bacci, 1992)。世界的規模では、1400年に人口は3億5千万人で1世紀前に比べ1千万人増加しただけで、何らかの阻害要因が人口の上限を抑制したことを示している。

そのような抑制は近代になって取り除かれた。その近代とは、科学技術、植民地建設、工業の発展、新しい食料生産技術や科学に関する知識および近代医学のすべてが結びつけられて、中世に存在した障壁を取り除いた時代であった。人口増加は16、17世紀に始まったようであるが、とりわけ1700年以降、再び中国とヨーロッパがこれを煽った。19世紀に入ると、ヨーロッパの人口は135％増加し、そのうちの20％は他の土地へ移住した。この局面は、他とは次の点で異なっている。それは死亡率の低下、特に感染症による死者の減少によるところが大きいという点である。1400年に3億5千万人だった人口が、18世紀の第四半期には7億人に、1800年には9億人に、1900年には16億2,500万人に、そして1995年には57億5,900万人となった。これらの人々のうち、1％未満がオセアニアに、20％が南北アメリカ、12％がアフリカ、16％がヨーロッパ、残り(約51％強)がアジアに住んでいる。

今日の人口分布および動向

最近の世界の人口動態は、主に、次の二つのうちのどちらかのタイプである。一つは人口増加が遅いかほとんど停止しているタイプ、もう一つは急速に増加しているタイプである(Findlay, 1991)。

第1のタイプでは、死亡率の低下は19世紀に急速な人口の増加をもたらしたが、その後出生率は減少した。第2のタイプにおいては、死亡率が低下しているのに依然として高い出生率が続いていて、年間の人口増加率は平均して年2％となっている。人口増加の遅い地域はヨーロッパ、旧ソ連、日本およびオセアニア(世界人口の19％)ならびに北アメリカ(5.5％)である。人口増加の早い地域は、アフリカ(11.5％)、ラテ

32 第1章 人間社会、環境問題という自然の貯蔵庫

ンアメリカ(8.4％)、日本を除くアジア(55.8％)となっている。工業化の進んだ国は、合計で世界人口の22.4％を占め、発展途上国は75.6％である。1995年における世界の人口増加率は年1.68％であった。したがって、人口が2倍になるまでの所要年数(doubling time: δ)は42年となる(図1-10)。

　増加率の低い地域は、東西ヨーロッパ、旧ソ連、オーストラリア、ニュージーランド、北アメリカと、中国を含む東アジアである。中国の人口増加率は1％にすぎない。これらの地域における平均増加率は年0.8％である。旧西ドイツなど数ヶ国は実際に人口が減少したが、他は中国と同じレベルの年1％あるいはそれ以下であった。すべての国に物質的な水準の上昇と出生率の低下が同時に見られる。しかし、西ヨーロッパにおけるような出生率低下の社会的な理由は、中国あるいはルーマニアのそれとは異なっている。自発的に子供の数を少なくする理由には、子育てのための時間と賃金収入、高齢化に向けて国家や個人の年金の備えがあること(その結果、子供たちへの依存度は減少する)、社会における女性の役割の再評価などが挙げられる。結果的に、65才以上の年齢層がもっとも早く増加する現象を伴う人口の高齢化が進む。先進国では人口の13％が64才以上で、15才以下は22％である。一方低開発国では、その数値

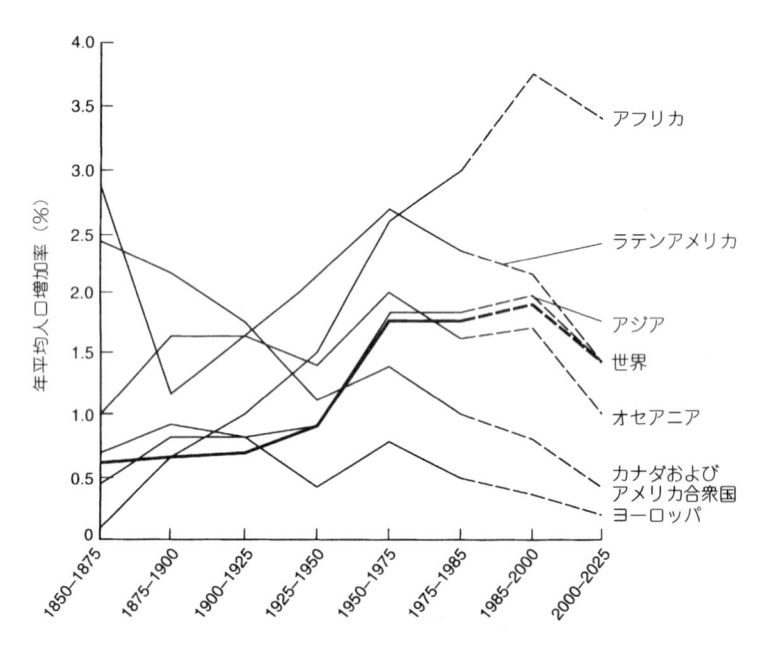

図1-10　1850年からの世界の人口増加率およびその地域
1920年から1975年に至るまでの増加傾向およびその後のやや平坦化に注意

Environment

広い視野

はそれぞれ4％と39％である。

　世界の中でより早く人口増加のが進んでいるのは、ほとんどの場合、低所得経済地域である。このような地域は、東南アジア、ラテンアメリカ、インド亜大陸、中東およびアフリカであり、これらの広範な範疇の中には非常に多くの人口や増加率をかかえる国がある。例えば、インド（1億9,400万人、年2.3％）、インドネシア（9億1,800万人、年2.1％）、ブラジル（1億5,900万人、年2.3％）などである。アフリカは人口増加率が世界で最も高い。とりわけサハラ以南が高く、ケニヤは年4.2％、17年で人口が2倍になる。急速に人口増加が進むこれらの地域では、年平均の人口増加率は2.5％で、人口が2倍になるまでの期間は28年である。

　これらの国は出生率は高く、収入は減少している。一人あたりの収入は、1980年から1986年にかけて、ナイジェリアでは28％減少し、フィリピンでは16％、アルゼンチンでは21％、ペルーでは11％それぞれ減少した。さらに、これらのほとんどの地域は対外的に多大な債務をかかえており、その債務を返済するために多くの土地を輸出用の作物生産にあてなければならない。その結果、一人あたりの穀物生産高は、1970年から1985年にかけてサハラ以南の数ヶ国では17％から25％減少し、ペルーでは24％、モザンビークおよびハイチでは50％減少したが、これには政治的トラブルが大きく関与している。これらの国の人々は、いまだに感染症や寄生虫病に高い確率でさらされており、また喫煙が増えているところではガンが増加している。このような人々が燃料用の木、土壌、水といった自然資源に対して、多大な影響を与えている。

　1日あたりおよそ19万2千人（アイスランドの人口の約半分）が増える世界においては、将来の人口予測に大きな関心が寄せられている。これらのほとんどは、現在の傾向に関する知識や経験に基づく推定であるために不正確になりがちだが、過去の予測の多くが誤りであったことは今になって判明している。それでも、徐々に高度なモデル化により将来人口の変動範囲についてより良い手引きが提供されつつある。この分野では、国連の存在が顕著である。将来の人口レベルに最も大きな影響を与える要因は、主として発展途上国の人々に影響を与える要因でもある。なぜなら、次の100年間に95％の人口増加が起こると予想されるのはそれらの国だからである。したがって、重要な変数となるのはこれらの国々における文化的な変化であろう。結婚年齢、労働力としての子供の重要性、養育費、女性の社会的、教育的および職業的な地位、また都市化の度合いに影響をもたらす。家族の規模を制限するための知識や物資の流入も重要であるが、このことはそれほど重要ではない。それは意思決定が先にあって、

それから子供を生む間隔をあけるための適切な方法をとることがもっとも重要だからである。低開発国の近代化は、まず生存率を高めることなのかもしれない。というのも、彼ら自身が栄養や衛生状態をよくすることが、幼児の生存率を高めることになると思われるからある。出生率を減らすための家族計画は、受け入れる側の条件が好ましければ成功することは疑いない。例えばコスタリカ（CostaRica）では、出生率が1961年には47/1,000であったのが、1985年には28.5/1,000に減少し、世界全体では1970年の32.2から1985年には26.0に減少した。

国連ミディアム・ヴァリアント・プロジェクションは最も一般的に用いられている将来人口を予測するための手引きで、世界人口は2100年までに2倍になるとしている。アフリカは最も増加率が高く、5億5,500万人の人口が2100年までに26億人、最大数の増加が見込まれるのはアジアであり、2100年までには27億から49億人になるという。別の予測によると、人口補充水準（RFL、すなわち自然増加という意味ではゼロ成長）は2035年までに達成され、世界の人口は2100年までに102億人のレベルで安定する（世界銀行の推定では、同じ年でこれより1億人多い）。もし一家族あたりの人口補充水準が2.1となるのが先に延びると、人口の絶対数は増加し、人口の安定化が達成される年は更に遅れる。逆の場合も同じである。したがって、仮にRFLが20年早く来るならば22億人減少するであろうし、仮に20年後に来ると28億人増加することになるであろう。その差が今日の総世界人口である。

人類と環境の文化史

人間の数も大切ではあるが、人間の文化はそれと同じくらい重要である。環境が人間にとってどういう意味を持っているかについて深く考えてきたことは、人類の文化において変わることのない特徴であったように思われる。その思索の対象は、ごく最近の科学的新造語である「環境」よりも、私たちにとっての「自然」に、より近いことばで呼ばれてきたようである。「環境」は19世紀に使われるようになった言葉であるが、対照的に「自然」は15世紀、既に現在のような意味で用いられていた。このような思索の一部は口伝えで世代から世代へと受け継がれていたが、他の文化とともにその多くが失われてしまっている。書き残された部分から、私たちはその系譜について知ることができる。しかし、過去の記録が常に淘汰されているように、私たちが知ることができるのはその残された部分だけである（Pepper, 1984；Brown, 1990）。

Environment

広い視野

時間についての環境面からの考察

　文字を持たない人々が人間と自然との関わりについてどのように考えていたかについて、北米大陸における土着民の考え方の例を挙げよう。これは単に歴史的な好奇心からではない。というのは、北米における環境問題に関連して、ヨーロッパ人が移住する以前の土着民の自然に対する姿勢に、新たな関心が寄せられているからである。最近の焦点は、少数のアメリカ先住民のよく知られている声明に端を発している。その声明とは、自分達の土地を移住者に譲渡するよう強制された時期に行われたものである。なかでも、シアトル酋長（Chief Seattle, 1854）の宣言は最もよく知られている：

　　この大地はどこも私たちにとって神聖なものである ─ 私たちは白人が私たちのやり方を理解しないということを知っている。彼らにとっては、ある土地は隣りの別の土地と同じである ─ 彼らは自分の母親、大地や兄弟、そして空を羊やキラキラしたビーズのように買ったり、略奪したり、売ったりするもののように扱う。

　しかし、この演説は環境活動家やキリスト教徒に受け入れられる文体となるように、何度も「書き直されて」きたことが指摘されている。アメリカ先住民の環境に対する敬虔（けいけん）さを疑う人々は、牛追いがバイソンを崖から突き落として大量殺戮（さつりく）を行ったり、ハドソンズベイ社に毛皮を継続的に供給する優先権を与えたりした点を指摘している。それでも、彼らの環境に対する配慮（environmental tenderness）を示す詳細な研究が、いくつか最近も報告されている。例えば、ユコンのコユコン・インディアン（Koyukon Indians）のような部族である。そこで、たった一人の考えによって大陸全体を論じることは至難の技であるが、もし仮に私たちがこれについてもっと深く研究していたなら、世界中の他の多くのグループに関しても、これは真実だったに違いない。

　今日、この分野については、西洋の考え方が支配的なことは明らかだが、その他の文字を持つ主要な文化は、世界およびその中の自分達の場所について特有の見方をしてきた。その顕著な例は中国および日本である。インドやイスラムの人的資源もあまり探究はされていないものの、これらに匹敵する。例えば中国では、タオイスム（Taoism, tao=道）が一つの思考・行動様式を示しているが、人間、自然および大地のあらゆるものは、自身のそれぞれの道筋をたどるがままにさせておく限り、基本的な調和をなすと考えられている。

　　止める時を知る、それは問題を回避する。

　　万物のタオは家から海へと流れる川のようなものだ。

紀元前6世紀の中国の実状やその当時の農業の拡大に、これがどのようにあてはめられたかということは全く説明されていないが、それでも最近、特に西欧的世界観の支配に代わる道を模索する人々の間で、タオイズムの非干渉主義の復興気運がある。この特徴は、仏教の影響をもっとも強く受けた日本文化に流れ込んでいる。日本人にとっての「自然、環境」は、「あるがまま」(self-thusness)として解釈される。何事も外部から指図されるのではなく、それぞれの道筋をたどるという意味である。これは人間と環境との間に境界線を引くことはできないということを示唆している。ただ、午後6時に東京の新宿駅の近くに立っていると、私たちの多くは、これが有効な概念 (concept)であるとは考えにくい。芭蕉の次の句が示すように、徳川時代や明らかに不変の農業経済下においては、それは違っていたかもしれない。

「田一枚　植えて立ち去る　柳かな」
芭蕉

しかしここにも、今後、思索を深めれば報いてくれると思われるアイデアの源がある。「今日の西欧的世界観は、近代科学技術の発見によって完全に染められている」という意見に反対する人はほとんどいない。しかしながら、科学技術の登場以前に、多くの社会が自然の中における彼らの場所について考えていた。私たちが想像するとおり、古代ギリシャの思索者たちは、その論題に多くの時間を費やしたし、ヘブライ社会においても中世イスラームおよび初期西洋キリスト教社会においてもそうであった。紀元前3千年紀の初期シュメールにおいて、ギルガメシュ叙事詩として知られる書物の中で、ある注釈者が次のように書いている。

「自然人」であるエンキドゥは野生動物と共に後ろ足で立ち上がり、ガゼルのように速く……町から来た売春婦に誘惑され……そして徐々に誘い出されて、服を着ることを学び、人間の食物を食べ、羊の番をし、狼やライオンと戦い、そしてついに、偉大な文明都市ウルクにたどりついた。

これは、狩猟採集から農業への移行についての寓話のように見えるが、ヘブライ聖書や旧約聖書に記されているような人類の堕落による文化に伴うものではない。ヘブライ聖書自体は、自然からの搾取を認めている(創世記1：2)として非難されてきたが、さらに詳しく分析すると、自然に対する人間の支配という考えは、正義と信仰に厚い人間にのみ与えられたものであると述べており、一方、罪人は自然災害によって罰せられたのである。

ギリシャにおける思索の伝統の中で、ストア派の思想は最も強い影響を与えてきた。

Environment

広い視野　**37**

　端的にいうと、彼らの主張は、地上は人類の生存にもっとも優れた場所であるというものである。それは、あらゆる意味で完全であり、かつ美しい。人間の教養は、病気と戦い、自然と戦い、過度の欲望をコントロールする。地上は人間のためにあきらかにデザインされている。反対に「この地球の大部分は人間にとって好意的でない (inhospitable) かまたは役に立たない」という考えは、エピクロス主義と関係がある。エピクロス学徒は、あまりにも多くの地域が山や森、岩や海によって占められており、それゆえ意図されたデザインであるという証拠はないと主張した。初期のキリスト教徒の考えは、明白な理由からストア派の考え方を支持する傾向にあった。しかし、キリスト教神学もギリシャ哲学の宇宙論も、自然は利用するものであるとみなしていた。つまり、いかなる自然の対象物も聖なるものでなく、その形を変えることによって神の報いを受けることはないと考えた。さらに、より高等な動物に対してさえ道徳的に考えるには値しない、すなわち動物に対して残酷であるということそれ自体は間違った行いではない、と考えた。

　その後の重大な展開は近代科学の誕生である。著名な名前を二つ挙げよう。ルネ・デカルト (1596～1650) とフランシス・ベーコン (1561～1626) である。この二人を挙げれば、コペルニクス、ケプラーおよびガリレオらの貢献を無視してしまうことになってしまうが。デカルトの主たる業績は、自然を七つの基本的物性 (体積、長さ、時間その他) に、0から9までの数字を加えたものに還元することによって理解される機械として捉えたことである。デカルトにとって、人間の思考はこれらの性質で説明できるものではなく、したがって、精神と物体の分離、主体と客体の概念を導入したのである。ベーコンも同様に、「事実」を人間 (事実は人間を通して現れる) から区別する方法を模索した。彼の研究態度は、まず多くの観察がなされるべきこと、そして、その後に関係性を司る法則を定式化することができる、というものであった。信頼に足る知識の収集の目的は、そのような知識は自然を支配する力を持ち、ひいては人間の進歩を成し遂げるというものであった。ベーコンの最終的な目標は、人類の堕落以前のエデンの園再構築であった。今日の科学技術の大半はこれら異なる考え方から発展してきており、「客観的な」現象、すなわち感覚あるいは計測器を媒介とした感覚の延長によって観察できる現象に基づいている。したがって、法則の構築が可能となり、その法則は現象の行動についての規則性を説明し、将来の予測を可能にするのである。そして、予測は支配するために利用される。システムがより確定的になればなるほど予測能力は高くなり、科学的にも成功と考えられ、予測可能性に対する評価の順位は科学者の間で高くなるのである。したがって、物性を扱う物理学は生態学より

も上位にランクされている。これら二つの分野は、いずれも社会科学よりも高い位置を占めているが、その理由は、私たちは予測可能性において、下向きのトレンドを描くからである。理論および法則の発見による実際的な成果は、よい機械というものはその行動を完全に予測しうるものであるという考え方を根底にしたテクノロジーであった。

今日、環境に対する考え方は、上記のいくつかのテーマと多くの点で関連性を示しているが、同時に、(a) 19世紀以来、学問分野の総数が増えるにしたがって、より多様になり、また(b)人々が人間－環境を全体として見るようになるにつれ、よりホリスティック(全包括的)になりつつある。しかし、寛大かそれともケチか、また、問題があるのか、それとも無いのか、とういう一般的なテーマは取り残されている。やがて、私たちは、これらの論題へと戻る必要があるであろう。

人間と環境との間のつながり

社会学者アブラハム・マズロウ(1968)は、「あらゆる人間には以下のような基本的欲求がある」と指摘している。そのうちのあるものは食物、水、保護などの純粋に生理的な欲求、その他に愛情やセックスなど主として感情的な欲求、さらに仕事を持ちたい、他人から尊敬されたいと願う社会的欲求である。今日的な意味で興味深いのは、これらの欲求の源泉や環境に対して意味するところである。仮にこれらの欲求のうち、最も基本的な部分だけが満たされるとしても、50億人分の食料、水や保護に関する環境的フローへの要求はきわめて強いものになるであろう。また、他人に評価されたいために、ポルシェやクジラのヒレアシのハンドバッグを手に入れることが必要であるとしたら、市場操作の可能性も実に大きい。

基本的なニーズ

人間と環境との相互作用を相対的に図る物指しを見つけることは可能である。この一つは、商業用エネルギー消費量である。商業用エネルギー資源の所有率は、通常、他の場所から資源へのアクセスを意味するか、または地方の環境を操作する能力を意味する(図1-11)。大人一人が生存するための必要量は1日あたり2,000～3,000kcal(短期間ではこれ以下でも可能)であるが、ある程度の尊厳ある暮らしをするとなると、汚染されていない水、燃料、食料、基本的な薬品および基礎的な教育が必要である。これらを供給するためには、1日一人あたり$27-37\times10^3$kcalを必要とする。ある開発途上国の標準消費量が表1-1に示されているが、ここで想起しておかなければいけ

Environment

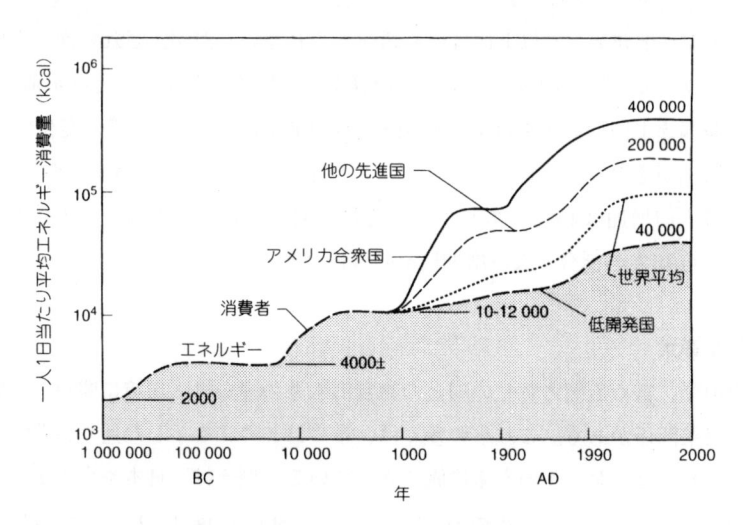

広い視野　**39**

図1-11　非常に長期間にわたるエネルギー使用量の増加　(Simmonsより、1989)

HIEおよびLIEにおけるエネルギー消費は特に注目に値する。エネルギー獲得能力に関するそれぞれの動きは自然的および人為的環境をより大きく操作できるかにかかっている。

表1-1　いくつかのLIE諸国におけるエネルギー消費量（1991年）

地　域	一人あたり商業消費 (GJ)	一人あたり石油消費量 (MJ)	石油の比率	
			1991	1971
世　界	60	3,702	6	5
アフリカ	12	7,275	38	42
マ　リ	1	5,627	89	90
ザンビア	20	6,812	26	52
中　国	23	1,724	7	7
ネパール	1	10,247	93	97
エルサルバドル	10	10,950	43	61
ブラジル	23	13,328	36	51
アラビア	26	4,628	15	21
フィジー	14	16,175	53	60
パプアニューギニア	8	15,083	65	78

Source: WRI (1995) *World Resources 1994〜95*. Oxford University Press. 1995. Table 21.2

ないのは、バイオマスエネルギーは主たるエネルギー源ではあるが、商業用エネルギーの計算には含まれていない。また、各国の環境的な結びつきに関する、より複雑な見積りもある。人口、ライフスタイルおよびテクノロジーに基づいたものであるが、そのような見積りは、最終的に世界の異なる場所における相対的な物質的水準につい

て、エネルギー消費データ以上には何も語ってくれない。だが、これらから人口増加とライフスタイルが環境の変化に及ぼす影響を読み解こうとすることは可能である。例えば、発展途上国の農業地域では1961年から1985年にかけて、環境変化の72％に対し人口増加がその責任を負っており、エネルギー消費の増加は28％である。一方、先進国では人口増加は46％、エネルギー消費は54％である。地球全体のCO_2に対しては、44から45％の割合で人口増加にその責任がある。

文化的な要求

　世界の中で、富める国と貧しい国との物質的水準の違いは、環境に関連した問題に明らかな因果関係がある。これらの多くは、章のはじめにも示した通り、非常に空間的広がりをもったスケールのうえに成り立っている。例えば、日本やカナダのような豊かな国は資源をあちこちに求めることができる(Simmons, 1991)。地球全体でみると、高収益経済(HIE = high income economy)国グループが、現在、世界の肥料生産の約58％、石油の75％、天然ガスの86％を使用している。ここから、世界の工業廃棄物の91％、工業排水の93％、また、化石燃料から排出される二酸化炭素の74％を排出している。これを担っているのは、地球人口の22％である。したがって、私たち先進国の人間一人が使用する石油の量は、低開発国の人間一人が使う量の12倍で、工業廃棄物は40倍、その中に含まれる有害な廃棄物の量は75倍である。1970年代の西洋人が一生の間に使用する量を換算してみると(当時の西ドイツにおいて)、460tの砂と砂利、99tの石灰岩、39tの鉄、1.4tのアルミと1tの銅に相当する。これらの産地はきわめて身近な所(例えば砂利)からおそらく別の大陸(例えば銅)まで広範囲に亘るであろうが、産出量が増えれば、鉄鋼のようにリサイクルされることがあるだろう。先進国のライフスタイルが環境に与える影響は、その一例を自動車に見ることができる。1993年の試算によると、10年で車1台あたり44.3tの二酸化炭素、4.8kgの二酸化イオウ、46.8kgの二酸化窒素、3.25kgの一酸化炭素と36kgの炭化水素、加えて1,016m^2の汚染された空気を生産している。これは、1台の自動車がその一生で枯れ木を3本、病気の木を30本生産するということである。車1台は、200m^2のアスファルト(tarmacadam)とコンクリートの敷設に相当する。すなわち、ドイツでは駐車およびドライブに必要な面積は国土の3,700km^2に及び、これは住宅地に相当する面積より60％多い。また、車を処分すると26.6tのゴミが生産される。全部ひっくるめて、1台あたりの車の外部コスト(燃料および車体にかかる税金を差し引いた収益からさらに差し引かれる汚染、事故、騒音のコスト)は、1980年代では概ね年間2,400ポンド

Environment

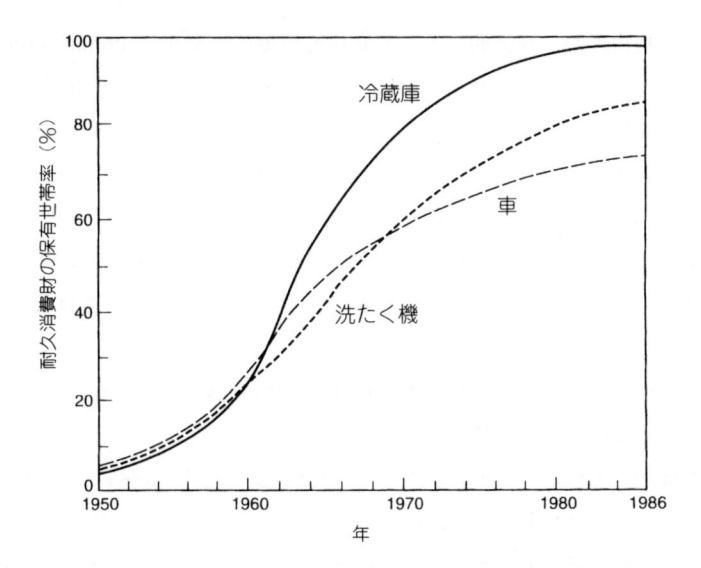

広い視野　**41**

図1-12　1950年から1986年にかけてのフランスにおける耐久消費財の所有状況によって計測される豊かさの上昇　これらのカーブが示唆するエネルギーと水の需要を考えてみよ。

(6,000マルク)であったが、これはあらゆる形態の公共輸送機関のフリーパス、あるいは15,000 kmの一等車の鉄道旅行に匹敵する金額である。図1-12は、西洋の一国の富がこの40年でどれだけ豊かになったかをグラフに示したものである。

今日のインターリンケージ(内的接続)

　本章には、本章の基調となる一つの課題があった。それはすなわち、人間と人間を取り巻く環境との交流(相互作用)に関わる事象の複雑さを示すことである。利用される資源の種類および量は膨大であり、個体群は空間的にも文化的にも非常に多様化しており、また全ては背景に長い歴史がある。ただ、全体像を考える上で必要なことは他にもある。それは、
- 人類が、いまも核戦争を行う可能性を保持しており、このことが気候、生態系、そしてすべての人間の生命および文化という財産を脅かしている。
- 今日、人間の行動のスケールおよびスピードには先例がない。そのために、問題に対するどんな伝統的なアプローチ(取り組み)も部分的な意味しか持たないようにみられている。
- 予測不可能なことや不確実性が増大しつつあり、かつて予測可能な世界とつながっていた古い考え方は、もはや現実的でなくなっている。

- 政治的、生物物理的、経済的、そして文化的事象のつながり(connectedness)などの相互依存性が、ローカルおよびグローバルなスケールの相互作用(各スケールの相互作用も含む)とともに強まりつつある。そして、そこからは、(a)また新たな危うさ(vulnerability)が生じるが、しかし(b)新しい形態の同調(シナジー)および協調(相助作用および協同作用)が可能になる。

これはすなわち、この進化するシステムに合わせて、世界と私たちのいる場所を考えなくてはならないということである。そこで私たちの考え方の特徴は次のようになるだろう。

- 複雑な生物物理的、社会経済的、歴史的および政治的要素を一つのフレームワーク(枠組み)の中に包含する視点
- 異なる空間的(例えばローカルとグローバル)および時間的(遅い、速いなど)なスケールにおけるプロセスを同時に考える視点
- 自然および人間が異なるスケールで支配するエコシステム(直線的でもなければバランスがとれているわけでもない方法で進化する)の変動および構造的な変化を同時に考える視点
- 科学的な意味で計測できる現象の報告と、質的な報告および(または?)数量的というよりは倫理的な根拠に基づいた判断が求められる報告との調和を図る方法

これらのどれもそれ自体簡単なことではなく、まして同時にこれらの視点を持つことはむずかしい。それでもなお、本書のなかでその輪郭に触れているように、私たちは常にどのようにすればこれらの視点をうまく取り入れることができるのかを考えていなければならない。

次の2番目の囲み部分は、本章の主要な区切りをしめくくるものである。これは主に前章を要約し、次章へ向けての道しるべとなるものである。ここでは、本書に必要な区分の枠組みを越えて、理想的には、テキストが全体としてのまとまりをみせるように、各部を結び付ける役目をはたすことを意図している。

> 第2章では、われわれの仕事と密接な関係がありそうな、自然科学における主要な発見について考えるつもりである。私たちは、科学とはいったいどのような情報を私たちに与えてくれるのか、ということを思い起こさなければならない。それはつまり、一人の人間の感覚と関係しているのではなく、観察によって実証可能な情報だということだ。しかし、科学的情報は単に公平な「事実の積み重ね」である以上に、予測とコントロールが真の課題であるようにみえる、

Environment

社会的環境のなかから生まれてくる情報でもある。私たちは宇宙からの地球の画像を比喩として用いるとすると、対象に近づけば近づくほど、数量的な計測が可能になるので、その解像度は高くなる（例えば、異なる土地利用の地域についてなど）。そして拡大され、または縮小されたある部分（例えば砂漠）を見て、その測定値から説明を求めるような（データを単純に言い換えようとする）還元主義の手法を調査に用いる機会が増えるのである。また、私たちは画像を作り出し、これらを処理する機械を作った（衛星から偽色彩〈可視光以外の電磁放射エネルギーを計測して色合成により彩色映像として表現する技術を偽色彩法という〉の写真を見るとこれは明白だ）のは人間であること、そしてすべての事実は、まず私たちが探しているものが何であれ、それが何であるのか、またおそらくはなぜなのかを知りたいという思いが先に立って、集められたものであることを忘れないようにしなければならない。科学は、あまりにも多様であるため、本書では、科学の発見を検証する際に注意深くあらねばならない。

もっと詳しく読みたい人へ

　最初の章は大変広い範囲を扱っていることから、どれ一つとして、この内容全てについて詳細に述べている資料はないので参考資料は挙げていない。したがって、ガイア仮説をもっと詳しく知りたい読者は、ラブロック（Lovelock, 1989）から始めると良い。環境経済に関する本は最近過剰であるが、生態学との接点が最も良く示されているのは、Barbier *et al.*（1994）である。政治的観点から書かれたものには、Eckersly（1992）がある。Wall（1990）は、環境の変化に対し社会および個人レベルでの責任について述べている。Luchmann（1989）の本は易しくはない（訳者の序文を最初に読んでみるとよい）が、読む価値はある。生物集団の歴史はLivi-Bacci（1992）によって、ある予測と共にわかりやすく述べられている。Findlay（1991）の本は解説が多く、私たちのテーマについて密接なつながりがある。公開大学講座のテキストにおさめられているBrown（1990）による人間の態度の変化についてのエッセイは、面白い素材に満ちている。Pepper（1984）は19世紀以降に関して特に優れている。最近の消費水準に関するある種のデータは、シモンズ（1991）に見出すことができるが、この種のもっと最近の記事は、FoEおよびグリーンピース（Greenpeace）のような団体のキャンペーン誌や専門紙ニューインターナショナリスト（New Internationalist）を探すとよい。

Barbier, E.B., Burgess, J.C., Folke, C. (1994) : *Paradise Lost? Ecological Economics of Biodiversity*. Earthscan, London

Brown, S. (1990) : Humans and their environments: changing attitudes. In Silvertown, J. and Sarre, P. (eds) *Environment and Society*. Hodder and Stoughton, London: 238-71

Eckersley, R. (1992) : *Environmental and Political Theory. Towards Ecocentric Approach*. UCL Press, London

Findlay, A. (1991) : Polulation and Environment: Reproduction and Production. In Sarre P (ed) *Environment, Population and Development*. Hodder and Stoughton, London: 3-38

Livi-Bacci, M. (1992) : *A Concise History of World Population*. Blackhkwell, Oxford

Lovelock, J. (1989) : *The Ages of Gaia*. OUP, Oxford

Luhmann, N. (1989) : *Ecological Communication*. Polity Press, Cambridge

Pepper, D. (1993) : *Eco-socialism. From Deep Ecology to Social Justice*. Routledge, London and New York

Pepper, D., Colverson, T. (1984) : *The Roots of Modern Environmentalism*. Croom Helm, London

Wall, D. (1990) : *Getting Thee. Steps Towards a Green Society*. Green Print, London

第2章 Environment

自然科学からの情報

　「文化」という言葉をそれほど深く理解していなくても、どんな人間の営みにも、必ずそれぞれの文化が介在していることがわかる。食物のような、誰にでも必要なものでさえ、それを口に入れるかどうかは、その人間が属する文化がその食物を受け入れているかどうかに大きく影響される。生のナマコは食べられるのに、ブルーチーズにはためらう人たちがいる。食物などとは対照的に、人類の営みとしての科学は、文化間の相違にもっとも影響されにくいものの一つだが、これは特殊な歴史的環境の下で発展してきた。だから大多数の人間にとって、科学は文化的営為そのものであって、天地創造以来、不変というようなものではない。自然科学においては、広く認められた厳密な手順によって結果が得られるのだが、この世界を構成する人間以外の要素に自然科学が適用される時には、特別な立場をとる。このことは人間という生物の数々の身体的、行動的特性にもあてはまる。しかし、科学は宇宙の本質に基づくある種の先見的な仮説の上に成り立っており、理論と事実の記述である。両者は当初思い描いていたよりも緊密な関係にあることが多く、本章ではある程度両者に注意を払うつもりだが、自然界に関する昨今の報告によって、より詳細な議論が可能になるだろう。

科学からみた世界および私たち

　科学は、物事の本来の姿を偏見なく説明することができることを示唆している(Chalmers, 1982)。未来を予測するためには、自然科学によって伝えられる、ある種の情報について知る必要がある。未来の予測は、自然を私たちがコントロールできる範囲を広げやすくするために行われる。自然科学によってもたらされる情報のタイプは、多様性においても専門性においても種々雑多だが、おしなべて還元主義的性格を持つ傾向がある。これは、調査研究中の事象が限りなく複雑であるため、それがなんであろうと、その構成要素や機構が2次的なシステムに細分化されて扱われていたこ

とからであり、高い精度で既存の技術を利用できるからだ。海洋、大気、陸地、淡水域といった一時的貯蔵庫を経由する複雑で相互作用的なチッソ、イオウ、リン、炭素のような元素の動きは、測定を行えるように個々のサイクル(本章の該当個所を参照のこと)に分けて扱わなければならないことが多い。こうした還元主義的モデルが新しい発想の源として、あるいは、実際の行動の手引きとして役に立つある種の有効性を、どの程度失ってしまっているかということを本章の最後に問われなければならない。

自然についての問いかけ

自然に関する私たちの知識は、二つの源のどちらかから来ている。一つは直接的経験である。早朝、イヌをつれて川辺を散歩していると、時々カワセミを見かける。その瞬間に、私がその鳥について"知る"ことは直接的であって、他の知識はほとんど介在していない。

かわせみの翼は舞い降りようと軽やかに応え、静寂が訪れ、……

リンネ分類体系によればカワセミは、カワセミ科カワセミ属に属し、イギリスおよびヨーロッパでの分布、さらにその摂餌や営巣の習性にいたるまで、様々な事を知っているが、その朝一番で思ったのは、それがこのあたりではめったにみられない鳥であること、そしてカワセミを見ることができて、今日は豊かな気持ちで過ごせるだろうことである。ただし、研究者なら誰も驚かないだろう。もう一つの知識の源は、もちろん大半が自然科学である。いつどこで行っても同じ結果が得られるような手順にしたがって、忍耐強く観察を積み重ねることによって、はじめて真に比較可能なデータを産む。しかしながら、環境にかかわる多くのケースと同様、自然科学においても、新しい化合物を研究する場合に比べ、対照実験はあまり行われていないことに注意が必要をはらうべきである。

システムの機能について

環境システムというものは、巨大なスケールで機能するものだと見なされることが多い。したがって、より小さなスケールのサブシステムにまで分解されない限り、これは実験にはまず適さない。一つの都市全体、およびその周辺地域の気候を実験的に操作して取り扱うことは簡単にはできない。しかし、ある気候条件下、地形条件下の都市内における光化学スモッグ発生機構の再現は可能だ。ところが、この発生機構モデルで、植物や人間などに及ぼす影響のすべてが分かるようにはならないだろう。と

Environment

科学からみた世界および私たち　*47*

いうのも、ボランティアの被験者に、実験室で様々な濃度の光化学スモッグに体を曝して欲しいと頼むわけにはいかないからだ。実験動物を使うことも議論の的になりやすい。

　環境システムは複雑で、その空間スケールは巨大ではあるが、そのことが様々なタイプの自然科学の調査研究を行う妨げにはならなかった。個々の環境システムに対して、様々な古典的自然科学が適用されてきた。例えば大気研究の場合、物理学が気団の動きを扱い、それを力学的に説明するのに数学が用いられる。雲を形成し、雨を降らせる雲の核となるエアロゾル(雲霧状物質)の性状解明には化学が適用できる。こうした諸科学のある一部分が適用され、組み合わされて新たな知識の結晶となる。それを、日々の気象現象を扱う場合は気象学、何年にもわたるその変化パターンを扱う場合は、気候学と名付けている。海洋は地球物理学者、化学者、生物学者の測定領域に属してきたが、そうして得られた知識が結びついたものが海洋学である。同様な知識の組み合わせが、淡水環境では水文学となる。氷塊は物理学者、気候学者、地形学者の調査研究対象で、それらが統合されたものが氷河学である。地表面については、他の環境システムよりも明らかに多くの調査研究が行われてきたし、関連科学のリストは多い。気候学、地形学、生物学、土壌学、地質学、これでもリストのほんの一部にすぎない。その成果がおおよそ自然地理学だと考えてよいが、近年では、単に静的なパターンを描き出すよりも、動的な側面を描き出し説明することに重点が置かれるようになってきた。そこで陸上における自然のシステム全体のモデルを提供することが生態学に求められてきた。「景観生態学」はそこから生まれ出たものの一つである。地球規模のシステムというスケールにおいては、生態学はその関連分野が広いこともあって、もっとも実り豊かな科学の一つと言えよう(図2-1)。

　個々の基礎科学、そしてそこから体系的に派生する研究においては、異なる種類の、また異なる精度のデータが利用される。例えば、イギリスの土壌については、非常に細かく図化され、5万分の1の土壌図が刊行されており、詳細に分類された土壌型を知ることができる。さらに図上の各土壌型について、化学的性質および水分状況に関する研究報告が掲載されている。これとは対照的に、全球気候モデル(GCMS)の基本メッシュは緯度、経度各1度の方形区でデータ入力されるのだが、地球規模の気候モデル化に必要な基本気候データすべてがそろっているわけではない。また、イギリスでは今世紀に入って定期的に、ほぼすべての半自然植生区について詳細な生態学的調査研究が実施されてきたが、これとは対照的に、第三世界のかなりの地域では、現存種に関する基礎的な調査すら行われていない。

48　第2章　自然科学からの情報

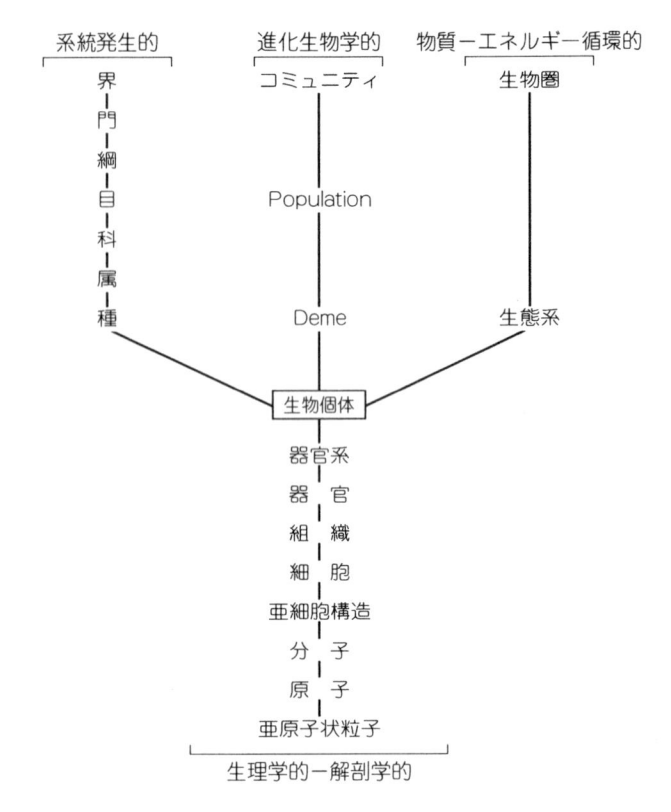

```
系統発生的        進化生物学的       物質－エネルギー循環的
  界           コミュニティ            生物圏
  門              │                    │
  綱              │                    │
  目           Population              │
  科              │                    │
  属              │                    │
  種            Deme                  生態系
   └──────────────┴──────────────────────┘
                  │
              ┌───────┐
              │生物個体│
              └───────┘
                 器官系
                 器　官
                 組　織
                 細　胞
                亜細胞構造
                 分　子
                 原　子
                亜原子状粒子
              生理学的－解剖学的
```

図2-1 生態学の段階（Pickettetal., 1994）

この学問分野の調査研究はきわめて小さなレベルから出発するが、生物を個体レベルで区分して扱う。さらに分類（系統発生的）、コミュニティ形成（進化生物学的）、生態系機能（物質エネルギー交換）といった段階に分かれていく。もしも物理学が中心となる学問分野であるならば、さらに上の段階として"宇宙"が加えられるべきだろう。

情報を収集する際のこのような差異は、データ処理の量の違いに比例する。調査によっては、実際の生データが用いられる。環境影響評価の一部として実施される昆虫類の緊急調査では、生物学的多様性に関しては、おそらく全生息種数および希少種のリストアップにとどまるだろう。これに比べて衛星画像データは、デジタル信号を意味のあるパターンに読み替え、送受信できるように観測機器をプログラムする技術、衛星を製造し打ち上げる技術などを含む、高度な技術の成果なのである。

科学的データの伝達

こうした科学およびそれらから生じるテクノロジーすべてのアウトプットを調べようとすると、その範囲の広さに当惑してしまう。大陸間を数秒で行きかう専門家用デ

ジタル・データのコンピュータ・ファイルが一方にあれば、他方には大音響のロック・ミュージックといった、いい加減にでっち上げられたストーリーや、20秒単位のティーンエージャー向けテレビ・マガジンの愉快なアイコンがある。その間にはほぼすべてのものが見いだされるが、この段階で特に考慮するに価する問題が二つある。

- 官僚や政治家といった政策決定者のために用意される科学的調査の説明集。こうしたレポートはオリジナルより必ず短いものになり(多くの報告書、そして書籍でさえ「行政要約版」が存在する)、どんなシステムや問題も単純化される傾向がある。とりわけ、どんな結論あるいは予測もその不確かさをありのままに伝えないことで、確約を求める消費者に迎合することがある。
- 説明につきまとう言葉の重要性。方程式、図表、写真はしばしば説明の助けになるが、最も重要なことは言葉に依存するものである。それゆえ、それをどう使うかは、どんな科学的業績の発表に際しても常に重要になる。多くの発見が比喩的な言葉で表現されているからだ。

重要かつ不可避の教訓は、「科学におけるコミュニケーションは常に選択を伴う」ということだ。プロジェクトの組織化の作業から成果が印刷され公表されるまでのどの段階においても選択が伴う。後の方の段階では、最も明白な事例だけを例示するために、学会誌の編集者たちはいつも論文を短くしようとする。かくして、どんな論文や記事も成熟した調査技術が用いられている場合でさえ、そもそもの調査対象であった外の世界の事実の羅列になる。地図は(固有の)テリトリーを示すものではない。

科学の文化的内容

数多くの知的・実用的成果、および国際的な活動(他のどんな人類の営為にも並ぶものがない)にもかかわらず、自然科学は文化的内容を欠いているとは限らない。自然科学とは、離れたところから全ての対象を観察しようとする意識的態度である(Ziman, 1980, 1994)という、理想的な立場にあるわけではない。最悪の場合、政治的動機のために一つの学問分野が閉ざされることもある。ナチスは物理学のある分野の研究を、それが"ユダヤ科学"であるという理由で葬り去った。1945年以降のソ連では、調査研究の成果を発表しようとするならば、それをマルクス・レーニンの理論と一致させる必要があった。同様に、ダーウィンの進化論は長い間受け入れられず、マルクス主義が政治的に正しいとされていた(皮肉にもマルクスは資本論の第一巻をダーウィンに献呈したがっていた)。反対に、政府は政治あるいは軍事目的で科学に資金を投入しようとする。このように、ある種の科学知識に対する支出はゆがめられている。実

質的に役立つ成果がなにも得られなかったSDI(スターウォーズ)計画に費やされた数十億ドルは、日常茶飯事のわかりやすい一例にすぎない。

社会がそのことに気安くお金を使うことを、住民や社会を支えるエリートたちに許している。しかしこのことが社会科学者たちに、自然科学には秘密のアジェンダ(備忘録)が存在するのでは、との疑いを抱かせてきた。これはある面、秘密ではない。科学とテクノロジーは物質的豊かさをもたらすように思えるのだが、そのような主張の向こうに、自然の支配に焦点を合わせた、より深い文化的なもくろみが時に見受けられる。ある時には成員すべての当面の繁栄、もしくは一部の人のための利益の名の下に行われている。さらに言えば、人間でないすべての物に対する人間の優越性を押しつけようとする意志の名の下に、これは行われている。その理由は、階層構造を形成する人類のむずかしい特性のようなものに突き動かされているからであろう。その階層構造の中で全宇宙は〈神－男性－女性－子供－動物－その他の生物－非生物〉といった直線的支配モデルをかたちづくる。この階層構造の中で、一番大事な要素が「男性」であり、このモデルを動かす科学というものが本質的に男性中心の活動であるということがしばしば主張されてきた。文化的活動としての科学は、男性的精神の自然の産物と見なされている。論理的には男女同権の科学も存在し得るはずだが。

したがって、科学は人類文化の一部である。どんなに熱心に試みても、すべてに超越した、いわゆる自由運動ではあり得ない。データは、既存の理論もしくは政策にまで照らして集められる。

🌱 私たち自身に問う

私たち自身の種は、自然科学の解剖学的視点から免れることはできない。人体の分子構成や物質代謝の点から人類の独自性を説くことがわれわれの使命であると、何人もの著名な生物学者が述懐している。その最たるものは、おそらく「生物は、DNAがさらにDNAをつくり出すための手段にすぎない」という社会生物学者E.O. Wilson (1975)の発言だろう。彼の考えによると、遺伝子は行動を支配する力のそもそもの源であり、脳は遺伝子の指令を実行するためだけにあるということだ。したがって、仮に利他主義などの人間行動が魅力的に見えたとしても、それは一組の特定の遺伝子を永続的に受け継いでいく上での、一つの役割を果たしているにすぎないと考えた。これは、部分の総計はさらに小さな部分の総計にすぎないと主張しているので、強固な

還元主義者の考え方のようだ。にもかかわらず、事が生理学的な事柄になると、還元主義科学の成功に疑問が投げかけられることはめったにない。なぜなら、生理学によって人類にたくさんの現代医薬がもたらされたという、多いに賞賛されるべき共通理解があるからだ。例えば、厳密な実験と十分に吟味された理論体系によって伝染病と闘う薬がつくられたように。

人類の文化

人類の文化はその土地や民族によって様々に異なってはいるが、他の現象と同様に分析の対象となり得る。ある学派は、主に種の存続が確実になるような自然環境への一連の適応行動として、人類の文化を動物の行動と比較して見てきた。このように、文化は進化の過程の一部であり、ホモ・サピエンスの場合、まさに継続的な適応の表現として、身体の変化が起きてきたと思われる。もしも、現在の人間行動の方向性が、自然環境に適合していないようであれば(急速な人口増加や、技術を駆使した戦争がよく引き合いに出される)、私たちの種は比較的早い時期に絶滅する運命にあるという結論が導かれることもある。化石年代を通じて、ずっと痕跡をたどることのできる種はまったく存在しないように、実際、人類という一つの種が永久に存続できるという明白な理由は何もない。だが、「環境問題」に対する私たちの態度は、私たちの種の存続を確かなものにしたいという願望が根底をなしている。そうでなければ、ろうそくを両端から、または真中から燃やしたり、派手に並べ立てて、あっという間に燃え尽きさせてもよいはずだ。

環境に対して明らかに適合していない理由の一つに、文化間相互のずれを指摘することができる。この解釈によれば、人間行動の特色の多くは、私たちの進化の歴史の少なくとも9割を占めてきた狩猟採集段階に植え付けられたと説明される。したがって、男性の攻撃性は狩猟文化においては肯定された特色であったが、産業化社会においては何ら社会的に認められたはけ口を持たなくなっている。同様に、獲物が突然視界に入ったときのような瞬間的刺激には、私たちは巧みに反応するが、じわじわと忍びよる脅威を感じ取るのは、あまり得意ではない。後者は「釜ゆでカエル症候群」と呼ばれている。湯がたぎる鍋の中に落ちたカエルはすぐに飛び出すだろうが、冷たい水の入った鍋の中にいるカエルは、じわじわと熱が加えられると、まさに逃げ出すべき瞬間になっているのに、気がつかず死んでしまう。

このような文化論はまた、私たちの知覚システムの限界に関する議論によって支持される。なぜなら、私たちが周囲から受け取る刺激、そしてそれをどのように脳の中

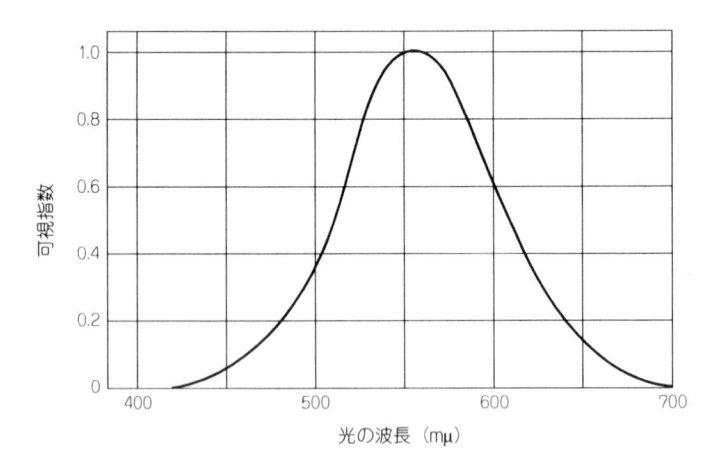

図2-2 太陽光下での人間の目の感受性 (Gregory, 1972を改変)
私たちは自然界に存在する波長のほんの一部しか受け入れていないことを示している。
他の感覚についても当然、同じことが言える。

で組み立てているかに神経生理学は基礎を置いているからだ。人間の視覚は三次元像を描くことには秀でているが、低光量下では他の多くの動物と比べて限定されることが珍しくない。太陽光の下でさえ、その感受性の範囲は限られている(図2-2)。同様に、私たちは一定の範囲の周波数を超える音を聞き取ることができない。地球上には、私たちの行動に影響を与えるかもしれないのに知覚できない刺激が、おそらくたくさんあるものと思われる。低レベル電離放射は、よく報告されているその一例だ。私たちは、自然的・人工的発生源からの低レベルのイオン化性放射線に曝されているが、このことは、測定機器の助けを借りて知覚を拡張することなしに知る方法はない。あまり解明されていないために、かえって論争の的になっている例として、高圧線が発する電磁波が人体へ及ぼす影響の問題がある。

空間スケール

とりわけこの50年は、本当の意味で地球規模の自然の仕組みに注意が払われることが増えてきた。そうしたメカニズムは、単に地球のどこかで起きていることはいうまでもなく、実際、相互に関連しあっている。例えば土壌侵食は、世界中どこででも起こりうるが、ある箇所の土壌浸食が別の箇所の土壌浸食に重要な意味をもつというわけではない。一方、フロンガス(CFCs)のようにエアゾール(霧状)のかたちで存在し、長い間分解しにくい化合物を放出すると、これらは大気の循環プロセスによって

Environment

地球環境の科学

ガス状の外皮となり、この惑星をすっぽり覆うため地球規模で重要な意味を持つ。なお、本章の残りの部分のほとんどは、地球規模と係わっている。

こうしたプロセスの研究方法には、一般に二つのタイプがある。一つは、大河が海へと毎年運ぶ土砂の量のように、小規模の調査を積み重ねていくものであり、もう一つは、地球規模の調査研究として計画されるものである。観測衛星データを用いた海洋温度の測定などは、後者の例と言えよう。世界的規模の研究の場合、成果として、一般に（炭素や銅や水といった）研究対象の循環モデルが貯留量と流動量（フロー）を示す図表のかたちで得られる。このような貯留－流動モデルは、しばしばもっと小さなスケールでも同じように作られるが、短期的な変化を扱うにはあまり適さない。例えば、天気予報にはほとんど利用されない。

以上のように、自然科学においては、動物行動の一形態として人類の文化をいささか狭い見方で解釈されるようだ。あたかもアリやヒヒの行動であるかのように、実際の文化の多様性も研究し、また同様の用語で記述することができる。本章の残りの部分で取り上げるいくつかの例では、人間が他の生き物や環境に与える影響を、異質であるが行動原理は同じ種によって手を加えられた変化という観点から見てみる。

地球環境の科学

科学は、地球全体の大規模な機能的システムの研究という、手に負えそうにもない仕事を請け負っている（図2-3）。例えば、地形、海洋の循環、大気の動き、動植物の分布など。科学の目的は、そうした情報を知性ある個々の人間にとって、理解できるような普遍的なかたちで伝えることである。「一粒の砂に世界をみよう」とウィリアム・ブレイクは謳ったが、あたかもそのように一部は知的挑戦として、またそれだけでなく、人間社会が今や偉大な自然のサイクルの一部にその進路をはずしてしまう力を持っていることを十分認識して。

世界的規模の研究

すばやく情報伝達ができるようになるまでは、ある現象に関する情報を地球規模、あるいは世界的規模の観点に立って蓄積することは時間のかかる仕事だった。科学者

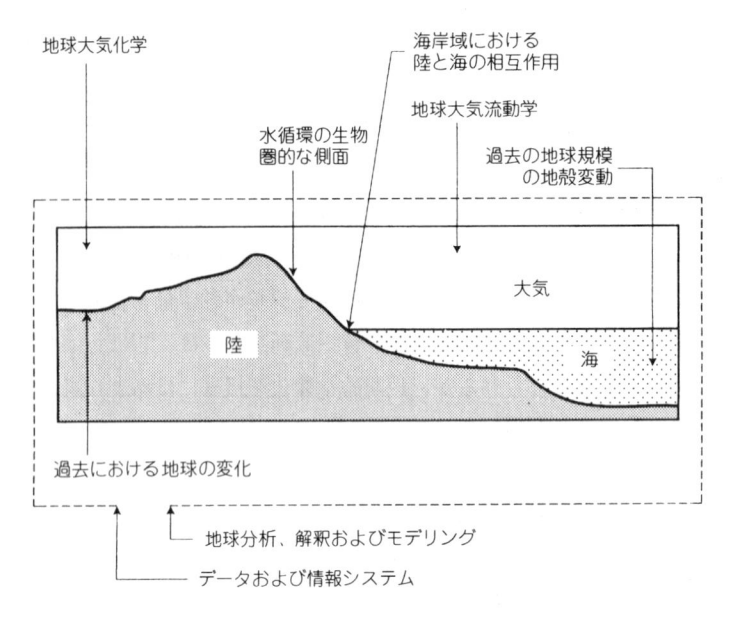

図2-3 地球規模の様々なシステムとそれらの間の相互作用を解明する一方法

各々のシステムは個別に、さらに一つかそれ以上の他のシステムとの関連性に関して、調査期間中一定の周隔を置いて調査研究される。こうしたシステムの枠組みは、主要な国際的調査プログラムに実際に適用されている。

は自ら行動し、考えをまとめる。そして学会誌に掲載された論文や、時折出版される著作を読みながら、志を同じくする他の人たちとの文通に延々と没頭する。そのよい例がチャールズ・ダーウィン(1809～1882, Desmond and Moore, 1991)である。今日では、情報伝達ははるかに迅速になっている。印刷物からの情報は莫大な量にのぼり、現在ではインターネットの情報が加わる。コンピュータはほんの20年前には信じられなかったスケールで大量のデータ蓄積・処理を可能にし、またこうした変化に貢献してきた。自然科学の分野においては、金融と同様に情報伝達手段によって、ほとんど瞬時に情報をやりとりできる地球規模のシステムが作り上げられた。そして水文循環や炭素循環といった自然のサイクルに、人類が創造した地球規模の「サイクル」が加わることになった。

モデルの性格

前節で述べたように、作られたモデルのほとんどは、どんなスケールにしろ貯留－流動型であるが、「プール」と「移動」という言葉が使われることもある(図2-4)。こうしたモデルには多くの優れた特色がある。特に、どんなスケールでもそのプロセス

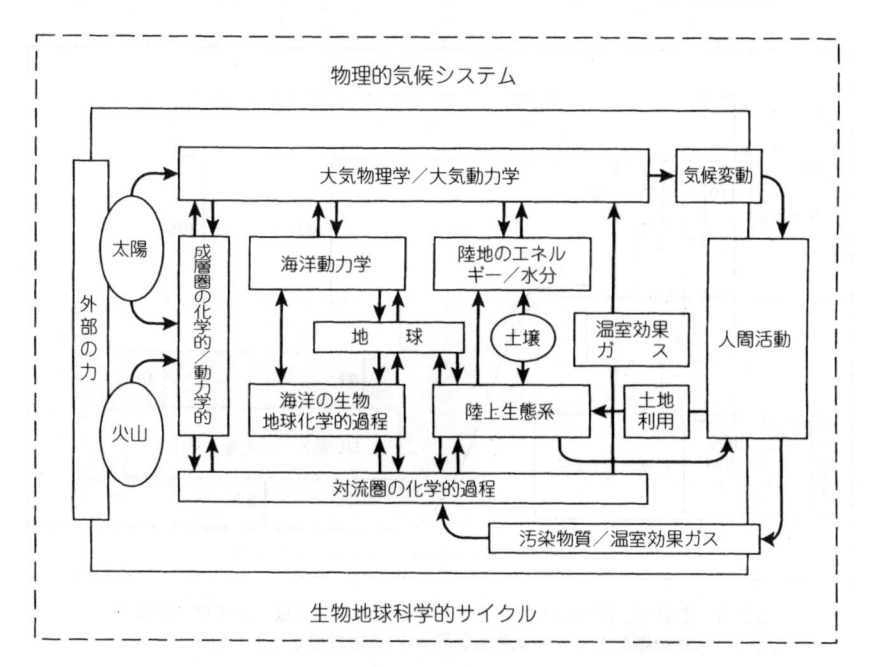

図2-4　生物圏と気候システムの相互関連を示す貯留ー移動モデル（地圏ー生物圏国際共同研究）
ボックス間の元素や化合物の流動を測定し、ボックスが自然本来のものか人間活動の結果生じるものを含んでいるのかを知ることができる。

全体をよく見通せる利点がある。貯留量や流動量だけでなく、あるプールにおける特定要素の滞留時間を数量的に表せるのである。また、それらの相違を認識するにはどちらかといえばよいだろう。こうして、そのサイクルの全体像が得られれば、そこにおける自然と人間の相対的役割を解明することが、たいていの場合可能になる。こうしたモデルには欠点もある。個々の貯留庫の中身はブラック・ボックスになりやすい。実際、なんら測定を行わずに欠けている数値を中間値で埋めるのはたやすく、また重要な空間的あるいは一時的変動を無視するおそれのあるやり方で数値を平均化しがちだからだ。さらにこの方法は、全体像を把握しやすくするので、こうしたモデルが刻々と変化するデータを伝えることに向かないという認識が薄れる心配もある。

全般的成果

海洋、チッソ、イオウ、炭素といった様々なサイクルの調査研究は個々別々に行われてきた。幸いにも、そのことによって多くのシステムが相互に関連しているという認識が弱まることはなかった。例えば、海洋の温度と地球規模の気候変動現象との間

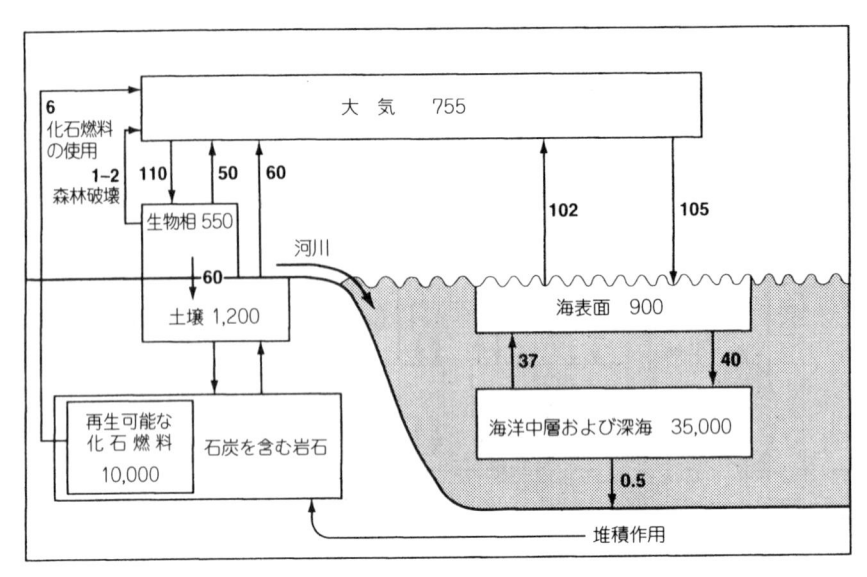

図2-5 主要な貯留庫の大きさとそれらの間の年間流量を示す地球規模の
炭素循環サイクルの単純なモデル (Middleton, 1995)

海洋中の莫大な炭素の量には読者のほとんどが驚くはずだ。
単位 貯留庫の炭素：Pg(10^{15}g=10億t)、流量：Pg/年

には、多くの場合、つながりがあるように思われる。氷期－間氷期サイクルは大気中のCO_2濃度変化に同調している。また炭素は、有機物プールと無機物プールの間を循環していると以前から考えられてきた(図2-5)。

　ここ50年の研究の結果、地球規模のサイクルのいくつかは、少しどころか、人間社会の影響を大きく受けている可能性があることが分かってきた。このことは、土壌や生命体のみならず、様々なスケールでの気候現象にもあてはまる。地球規模のスケールでは影響を受けないものも当然ある。人間による干渉が、その地域外にほとんど影響を及ぼさない程度に小さなものである限りは、水文循環は変わらない。いくつかのサイクルは、明らかに影響を受け変化しているが(大気中の微量ガスにみられる濃度上昇はそのよい例だ)、システムがどう変化するかの予測精度に与える影響、そしてもっと直接的には、私たち人間一人一人や社会に及ぼす影響というものがよく分かっていないのだ。私たちはこれらの相互関連モデルを作ることはできるが、それが不確実であることを、全面的に認めねばならない。

　ここで二つの重要なポイントが浮かび上がってくる。第一のポイントは、地球

Environment

大気と水　57

をめぐる種々の元素の動きは、様々な空間スケールで生じるということだ。しかし、真に地球規模のスケールと言えるのは、それらのうちの一つであることが多い。これに加えて考慮すべきなのは時間という要素であって、大半のモデルは日々の動きではなく、3ヶ月以上の期間を扱っている。第二のポイントは、こうしたサイクルには、しばしば「生物地球化学的」というラベルが貼られていることだ。このことは、ある元素が貯留庫から貯留庫へと次々に動いていく過程に、生物が関係しているということである。当然そこには、人類が深く関与する機会も増えるということだ。

大気と水

　ここでは、大気と水の時間的、空間的動きをモデル化した地球規模のシステムに焦点を合わせることにする。短期的な自然の変化のみならず、氷期－間氷期型のような長期的気候変動についても近年の（どんな論文でも、それが印刷に付されるやいなや時代遅れになる運命にあるのだから、最新の、とまでは言えないが）学説を取り上げておきたい。当然その次に取り上げるのは海洋の中心的役割、すなわち、その物理的性質および海水準についてである。最後に、莫大な量の淡水が氷のかたちで存在していること、そして、巨大な氷塊の増減が気候変動や海水準変動といった現象と密接に結び付いていることを記憶しておきたい。

過去200万年における地球規模の変動

　更新世として知られる地質時代に起きた地球物理学的変動の詳細について、専門的資料を検討しなければならない。この時代は250万年前から160万年前頃から始まり、完新世（Holocene）の始まりである1万2千年前に終わった。地球を人類が保有している状況において、この時代の気候や他の地球物理学的側面における重要な変化を想い起こす必要がある。ここで次のような二つの代表的プロセスを区別することができる。

- 1万年前後の短期的加速期があることを条件として、おおむね10万年周期で起きる長期的変動。大昔から科学者いたならば、こうした変動の予測は十分可能だったろう。
- 隕石の衝突のような予測不可能な大災害。現在の状況では、人類にとって最も重大

な災害は、おそらく大規模な火山噴火だろう。ましてや群発的な噴火は一層深刻だ。

更新世

鮮新世から更新世への移行期で特筆すべきは、全世界規模で起きた寒冷化であり、最初に発見された北半球における約230万年前の氷河の痕跡にその形跡が見られる(Goudie, 1992)。その後、両極から赤道方向へ拡大する氷河期と温暖な間氷期の間の一連の気候変動を裏付ける根拠が見つかっている。そうした根拠は、陸上堆積物、アイス・コア、深海底堆積物コアなどから見つかり、例えば年代測定法に用いられる試料が異なるにもかかわらず、ほとんどの結果が一致している。高緯度地帯では、現在でも短期的気候変動に呼応して消長する氷河に出会うことがある。その外側には、下層土中の厚い氷の層が夏期に融けるため、土壌が不安定な周氷河作用がみられる地帯が拡がる(永久凍土地帯)。図2-6は、ウィスコンシン氷期と呼ばれる最後の氷河期最盛期において、氷床および永久凍土が最も拡大した範囲を示している。

今では高山を除き、中緯度地帯に氷河はみられない。更新世の間、中緯度地帯は一連の氷河の消長を経験した。氷床に覆われていた時期もあれば、間氷期には北緯50度でカバやゾウが生息するほどの、現在の非氷河期よりも暖かな時期もあった。氷河の縁を吹き渡ってくるひどく冷たい風によって、現在ではレス(黄土)として知られる土壌状の分厚い堆積層が形成された。氷期-間氷期サイクルの長さは正確には算定できないが、中緯度地帯では間氷期は長目に見て1万年から13万年の間続いたようだ。また、氷期は亜間氷期として知られる短い小康期間を伴いながら、9万5千年から17万5千年続いたようだ。北半球の中緯度地帯では、氷期の最盛期と間氷期の最暖期とでは、年平均気温におよそ8℃の差があったが、亜間氷期では、その差は2〜4℃にすぎなかった。赤道付近や南半球の中緯度地帯では、最寒期と最暖期の差はおよそ4℃であった。

低緯度地帯では、寒候期は極圏に近いところでは現在より寒冷で乾燥していたようだ。氷期の高山では氷床が形成され、森林は海抜の低いところへと後退した。乾燥化は、地域によってはサバンナが緑豊かな樹林地に取って代わることを意味した。そして、更新世の終わり頃になって、低地の熱帯雲霧林(熱帯雨林)が現行の分布にようやく近づいてきたらしい痕跡がある。また、気候の変化に伴って、湖の水位も著しく変動した。

地球規模でみれば、更新世における最も注目すべき変化の一つは海水準変動である。

Environment

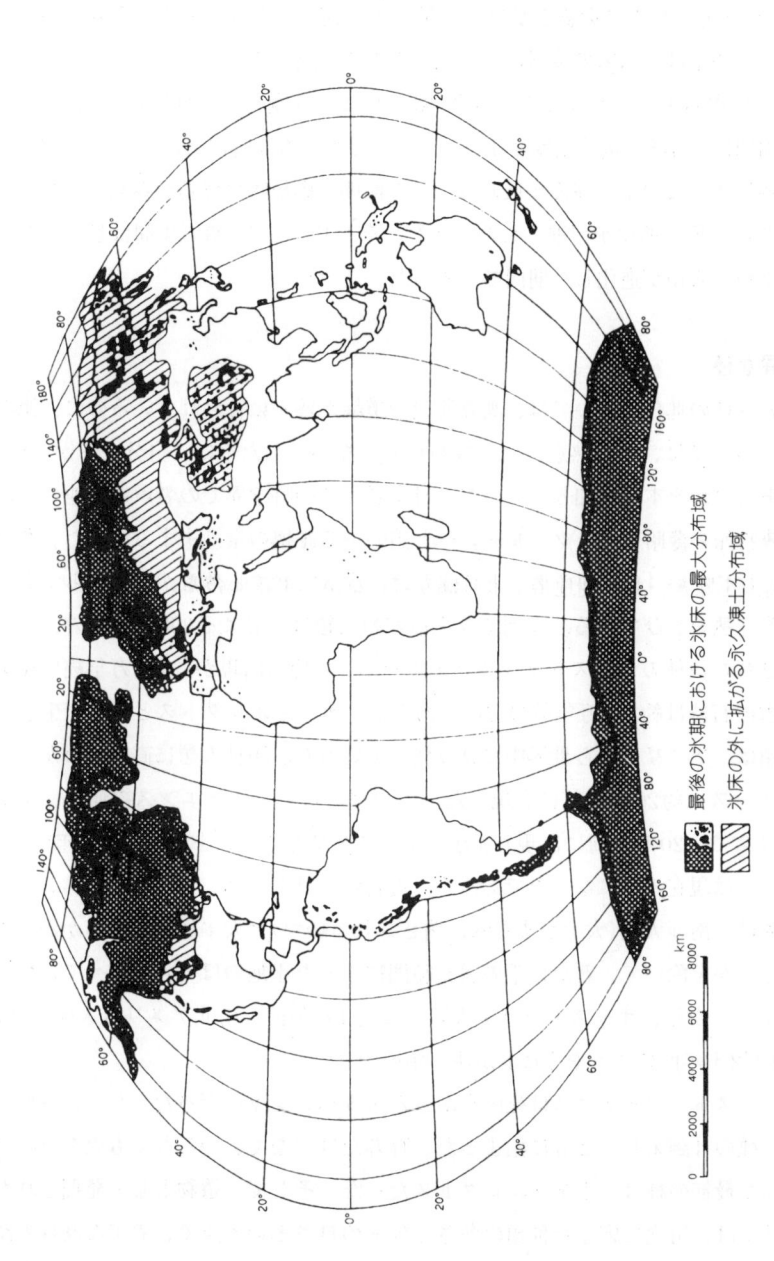

大気と水　59

図2-6　更新世最後の氷期における氷床および永久凍土の最大分布域 (Williams et al., 1993)

最後の氷期における氷床の最大分布域

氷床の外に拡がる永久凍土の最大分布域

氷床の厚さは通常2〜3 kmで、しばしば120 mもの厚さの岩盤を剥ぎ取った。ユーラシア大陸と北アメリカ大陸がいかに広範囲で寒冷化したかに特に注目。

海水準は海洋の水量（水は暖まると体積が増し、凍った状態では氷山として海面から顔を出す）や陸地の動きに影響を受けて変動する。何百万トンもの氷の重みに押しつぶされていた陸地は、氷床の後退につれ元のかたちに戻っていく。

したがって更新世は、およそ10万年周期でしばしば変化する世界だったようだ。こうした周期は、海洋の塩分濃度変化というような変化も同時に引き起こした。だが、それと同時に重要なのは、海面が低かったこの期間に動植物の移動が容易になり、その結果、新たな種の進化が促進されたことだ。そして、この200万年間は私たち自身の種、すなわち人類が進化した期間でもあった。

他の特異な種

ヒトという種の進化については、調査研究や議論が盛んに行われているのに、他のグループについては、同じ熱意でとり扱われていない。私たちは、自分たちがいつ、どこから来たのかを本当に知りたいのだ。科学者たちの科学界での名声は、他の種に関して、博物館の薄暗いバック・ルームへと追いやる証拠の量で決まるようだ。進化をまったく信じない「創造科学者」との論争は、調査に対する熱意が少なからずあると、いっそう熱をおびてくる。識別できる最初の人類は、およそ200万年前の、ヒトの祖先とされた数種のオーストラロピテクスで、この種は出現から100万年後に絶滅した。最古の石器は約250万年前のものがあるが、ホモ・エレクトスとして誕生した最初の人類は、アフリカから世界中に移り住んでいった。現世人類に直接つながるホモ・サピエンスは約20万年前に出現した。この種はホモ・サピエンスの亜種、ネアンデルタリスで、20万年前に出現し3万年前頃に絶滅したが、おそらく9万年から4万年前にヒトは現在の姿になったであろう。更新世が終わると、ホモ・サピエンス・サピエンスは、南極大陸（大半がまだ氷に閉ざされていた）と太平洋上のはるかかなたの島のいくつかを除いて、新たに手の届く範囲になった土地のほとんどすべてに移住していった。しかし、オーストラリア大陸へは約4万年前、南北アメリカ大陸へは2万年から1万2千年前にようやくヒトが住み始めた。

なお、オーストラロピテクスは死肉をあさるスカベンジャーだったらしく、狩猟はヒトという種の「到来」とともに始まった。野外だけでなく、いろりでも火を自在に使いこなした最初の種は、ホモ・エレクトスだった。そして、遺物として発掘された彼らの道具には、用途に応じた種類の多さと効率の良さという点で、着実な改良の跡がみられる。4万年前以降、創造性の爆発があったようで、その頃にフランスとスペインの有名な洞窟芸術が現れた。

初期の人類が身を置いた環境が、彼らの進化に何の役割も果たしていないとは信じられないが、確かなことは分からない。寒冷で乾燥した氷期には森林域が減少した可能性があるし、オーストラロピテクスにも起きたように、サバンナに適応できる種が結果的に減少した可能性がある。氷期はまた、寒冷な環境に耐えることのできる集団を孤立させたかもしれず、ネアンデルタール人の特異な相貌は環境条件がつくりあげたものだろう。だが、人類における進化は、先史時代でさえ、自然選択というよりは文化的選択による結果だと考えられる。1万年前以前に関する確かな知識を、私たちはまだたいして持っていないかもしれないのだが(Bilsborough, 1992)。

現　世（Holocene）

　更新世最後の氷期は、1万5千年前から1万年前まで続いて終わった。その後、地球全体で、おおよそ千年につき2.5℃の割合で暖かくなり、最終的には全体では5℃、氷床地域では8℃気温が上昇した。この間、二酸化炭素濃度は190ppmから270ppmに上昇した。地球全体の気温と二酸化炭素濃度との間には単独の原因によるのか、複合的な原因によるのか、その因果関係は解明されてはいないが、何らかの関係があることを示唆している(Roberts, 1989)。

　気温の上昇は急速な海面上昇を伴ったが、9千年前頃にはその速度は両者とも緩やかになり、地球全体の気温はある水準に達した後、低下し始める。中緯度地帯では、一般に現在より2℃ほど気温が高かった。最も気温が高かった時期は、地域によって様々であったようだ。例えば、南極大陸では1万1千年前から8千年前の間、北極圏では5千年前から4千年前の間というように、現世で最も気温が高かった時期（高温期と呼ばれている）は5千年前頃まで続いた。その後は、ごく最近まで地球全体で気温が下がる傾向が続いた。5千3百年前頃にスウェーデン南部で森林限界が45m下がったことは、寒冷化の始まりを告げるものであった。その後、気候変動周期をさらに解明する証拠が積み重ねられた結果(Bell and Walker, 1992)、次のようなことが明らかになった。

- AD700～1300年の「小暖候期」。例えば、AD985年までに古代スカンジナビア人の集団がグリーンランド南部に住みついたが、14世紀中頃にはそこを放棄した。
- AD1550～1850年の「小氷期」。アルプスでは氷河の伸張、なだれ、洪水などが起きた。ノルウェーではこの時期、自然災害のために税軽減の訴えがたびたびなされた。他の地域でも、不作や生産性の低下があたりまえのことだった。同様の現象がAD1490～1880年のペルーでもみられる。

●1860〜1920年の回復期を経て、1980年までの停滞期（小氷期とさえ言える）の後、観測機器の完備した期間でもある最も暖かい10年間を迎えた。例えば、1980年代では、この100年間で地球全体の平均気温が最も高かった年を5回経験した。この時代は気候変動が激化した期間でもあり、1910〜1970年の期間は降雨の少ない年がきわめて多かった。

このように規則的な周期も火山噴火によって乱されることがある。1981年のバリ島火山噴火のように、噴火の規模が大きいと地球全体で1℃程度、気温が低下する。地域によっては1.5℃も低下し、それが2年間も続くことがある。そのほかにも、いくつかの事例を記録からたどることができる。

100年単位の出来事がここで問題になるわけではない。10年単位あるいは地域単位でみて、気候は必ずしも安定していないということが重要だ。10年単位あるいは地域単位の変化のどちらも、人類にとって重要な意味を持つぐいの変化であるということを示しているのかもしれない。技術の時代においては、他の時代に比べてその重要性は確かに低いかも知れないが、これまでに例に出したなだれ、地滑り、地球規模の気温低下といった現象を防ぐことは、おおかたの先進技術の能力を超えており、そうした技術の恩恵に浴せる地域においてさえ、これを防ぐ手立てはないことを考えるべきだ。

人間活動に起因する地球温暖化に関して、当面の関心はどこにあるのだろうか。気温とCO_2濃度、経済活動によって絶え間なく排出される塵灰やエアロゾル、氷期－間氷期の繰り返しの間に歴史的関係性があるならば、「超温室効果」として知られる放熱現象（radiative forcing）によって、間氷期のただ中を進んでいるように思われる。その間氷期の気候は、私たち自身が変えつつあるのだが。それは氷の攻撃と戦う魅力的な方法に見える一方、海水準や沿岸域の嵐に放熱現象が及ぼす影響を考えると、気候変動が激化する可能性の高さとともに（したがって、天気も気候もその予報がますます難しくなっている）、自然がその進路をはずれないように、よりいっそう慎重になる。気候変動に関する1992年のリオデジャネイロ会議で協定が調印され、続く1995年のベルリン会議で規制が強化されたのは、このような理由からだ。先進国の排出限度を定め、定められた期限で達成すべき削減目標が設定されたのである。

更新世と現世の歴史は、変化と不確定性の歴史である。そうした変化のうち、あるものはおおざっぱにみれば、通常の周期の一環であったように思われるし、また、あるものはそう簡単には予測できないものだ。人類の文化の発展は、確か

Environment

大気と水　*63*

> に予測不可能なものであった。人類の文化と自然環境とが作用し合って複雑なシステムがつくられたが、それだからこそこのシステムは古典的な物理学のように決定論的なものではないようだ。したがって、「これをやったら何が起きるか」というたぐいの予測に従うことはないだろう。

海　洋

　地球は水の惑星と呼んだ方がよいであろう。宇宙から地球を見ると、その表面の大半を占めるのは海の色で、その色で地球は青く見える。海洋は地球表面のほぼ71％を占めるが（海洋面積$3.61 \times 10^{14} m^2$、地球の総表面積$5.1 \times 10^{14} m^2$）、その体積は$1.37 \times 10^9 km^3$で、重さでは地球の総重量の0.02％にすぎない。海洋は無機物を高濃度に溶かし込んでいる点が、水文循環の他の構成要素とは異なっていて、この溶融成分が「塩分」と呼ばれている。海洋の塩分は地域による違いはあるものの、おそらく2億年前頃から地球上どこでも約3.5％で一定であった。このように広大な面積を占めているために、海洋は海水準のような直接的現象だけでなく、気候や気象のような大規模なシステムにも強い影響を及ぼしている。

大気との相互関連

　大気は二酸化炭素（CO_2）を海水の最上層に溶かし込んで供給する。同様の方法で、各種の無機イオンも海の生き物の栄養源となる。海洋は大気に、主に硫化メチル（DMS）のかたちで、年間3,900万tものイオウを供給する。そのDMSは、そのほとんどが海洋中の植物プランクトンの一グループによってつくられ、エアゾールのかたちで大気に入り込む。そして、水蒸気の凝結核の元になり雲量や降雨量を増加させる。雲量が増えると、負のフィードバック（可逆）効果で海は冷やされ、DMSはあまりできなくなる。こうしたプロセスによって、強温室効果による地球温暖化が多少弱まるかもしれないが、漁獲量の減少など、海洋生産性の低下という代償を払うことになると言われている。

　エルニーニョ現象を見ると、大気が長期的に海洋を支配していることがはっきりとわかる。エルニーニョは2年から7年ごとに南太平洋で起きる一種の振動である。クリスマス頃（だから、スペイン語で「子供：El NiNo」と名付けられた）、通常より5℃ほど高い暖かな海水が、ペルー沿岸の冷たい湧昇流に覆いかぶさる。これが太平洋全域の海面上昇など、いくつかの地域的影響を及ぼすが、何よりも著しい影響はプ

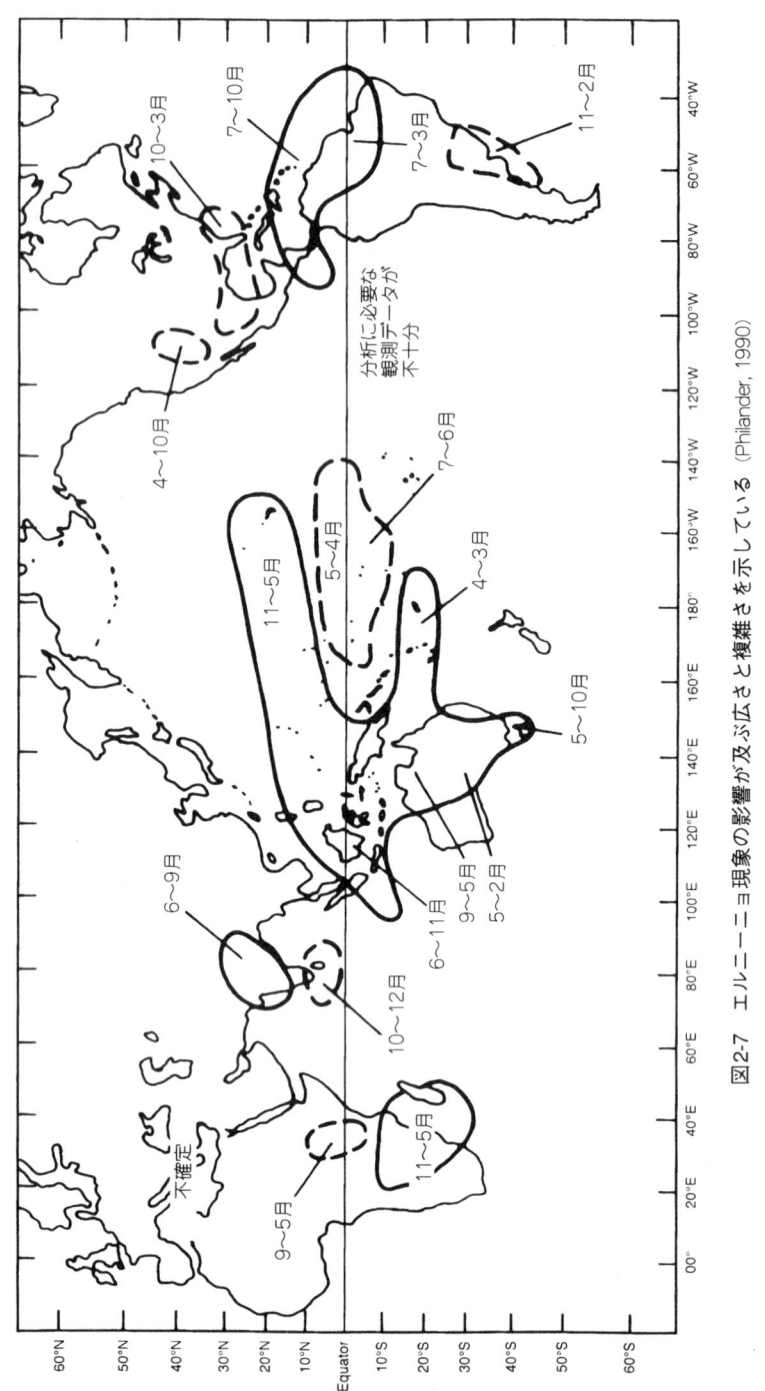

図2-7 エルニーニョ現象の影響が及ぶ広さと複雑さを示している (Philander, 1990)
実線内は雨量が増加する地域、波線内は減少する地域。影響を受ける月も示されている。

Environment

大気と水

ランクトンが減り、その結果、ペルーのイワシ漁が不振(現在では乱獲のせいもあって、さらに悪化している)に陥ることだ。もっと広い範囲では、エルニーニョの年は南(東)アフリカ、オーストラリアを含む西太平洋、南アメリカ北部で平年より雨が少ないことが分かってきた。とりわけ衝撃的な事実は、モンスーンがインドにもたらす雨を減少させるということ、すなわち、エルニーニョとインド農業の生産性とが直接に関係するということだ(図2-7)。この関係性により、現象全体がENSO(エルニーニョ-南方振動)と名付けられた。さらに、洪水や干ばつ、またハリケーンを複数の大陸に引き起こす可能性の因果関係が判明し、エルニーニョ現象がもたらす被害額が算定された(表2-1)。また、地球規模の一時的な寒冷化を引き起こす鏡像効果や、エルニーニョと反対の効果を地域的に及ぼすラニーニャと呼ばれる現象が、エルニーニョの年の翌年に起きることがある。その現象を説明する多くの仮説が出され、たくさんのモデルが構築された結果、それが起こる可能性についての予測的中率は高いレベルに達している。もう一つの興味深い自然現象の相互作用の例は、1883年のクラカタウ火山や1982年のエル・チチョン火山のような大規模な噴火があると、地球全体が明らかに寒冷化することだ。大気中への膨大な量の岩屑噴出物が本当に地球規模の寒冷化を引き起こすのか(クラカタウ火山の場合、5千万tの噴出物が50kmの高さで

表2-1　1982〜1983年のエルニーニョの影響

災害	場所	被害額 (単位：万ドル)
洪水	ボリビア	300
	エクアドル，ペルー北部	50
	キューバ	170
	合衆国ガルフ湾沿岸	1,270
台風	タヒチ	50
	ハワイ	230
旱魃および山火事	南アフリカ	1,000
	インド南部，スリランカ	150
	フィリピン	450
	インドネシア	500
	オーストラリア	2,500
	ペルー南部，ボリビア北部	240
	メキシコ，中央アメリカ	600
計		8,110

出典：NOAA [USA] (1994) *Reports to the Nation: El NiNO and Climata Predition.* Washinton DC: University Corporation for Atmospheric Research p.22.

大気中に放出された)、あるいはエアロゾルが成層圏を暖めるのか、意見は分かれている(Thompson, 1995)のだが、111年間に10回の大規模噴火では、データは限られている。

海水準変動

「環境問題」についての今、心配されていることの一つは、海面の上昇が多くの商工業地域や居住地域に悪影響を及ぼすのではないかということだ。近年では、海水準とそれに伴う潮汐や風津波の高さが注意深く観測される傾向にあるほか、過去の気候変動と海水準変動との間に関係性が見いだせないか、データをさかのぼって分析が行われている(Emery and Aubrey, 1991)。

海水準の変動にはいくつもの要因が関係することも問題だ。特に気温は、疑いなく重要な要因だ。地球の平均気温が1℃上昇すると、海水が暖められ膨張し海面は約60 cm上昇する。造山運動によって局地的に地表面が隆起し、それが地球規模の影響を及ぼす可能性もある。また、ジオイド面で±180 mもの不規則な高低差をもたらすジオイド性ユースタシーがある。アイソスタシー(地殻均衡)は、陸地や海底が更新世の間、氷床の重みの下にあった後、元の状態に戻る現象である。また、ユースタシーは氷が溶けて水量が増える現象である。もしも、グリーンランドと南極の氷冠が完全に融けたら、海面は66 m上昇するだろう。更新世の間、海水準は相当の幅で変動した。氷期には、現在よりも120 m近く低下することがたびたびあり、175 m低かったことさえあったようだ。現世に入ると氷が溶けて海洋の体積が増したため、地球上のほとんどの場所で海面は上昇したが、他の要因の相互作用によって、様々な規模の複雑な海水準変動が起こるようになった。過去1万年間における海水準の変化をイギリス南部の東海岸についてみれば、更新世末以来のきわめて急速な海面上昇が、最近の2千年間は非常にゆるやかな変化に変わってきた。だが、規則的な海面上昇が見られたのは初期の段階のみである。その後は、海水準変動のグラフはかなり不規則な曲線を描いており、海面上昇がかならずしも海岸線の進出を引き起こしたわけではなかった。これは、おそらく一時的な海退期をともなったからだと考えられる。現在の海水準動向図(図2-8)では、海水準が低下している場所よりも上昇している場所の方が多いように見受けられるが、ことはそれほど単純ではない。例えば、イギリスでは「ちょうつがい線」と呼ばれる線を境として、北へ向かって相対的に土地が隆起し、南へ向かって沈下している(Tooley and Jelgerssma, 1992)。1985年3月、チリ沿岸を襲った地震のような破滅的な自然現象が事態をより複雑にする。これによりチリの海

Environment

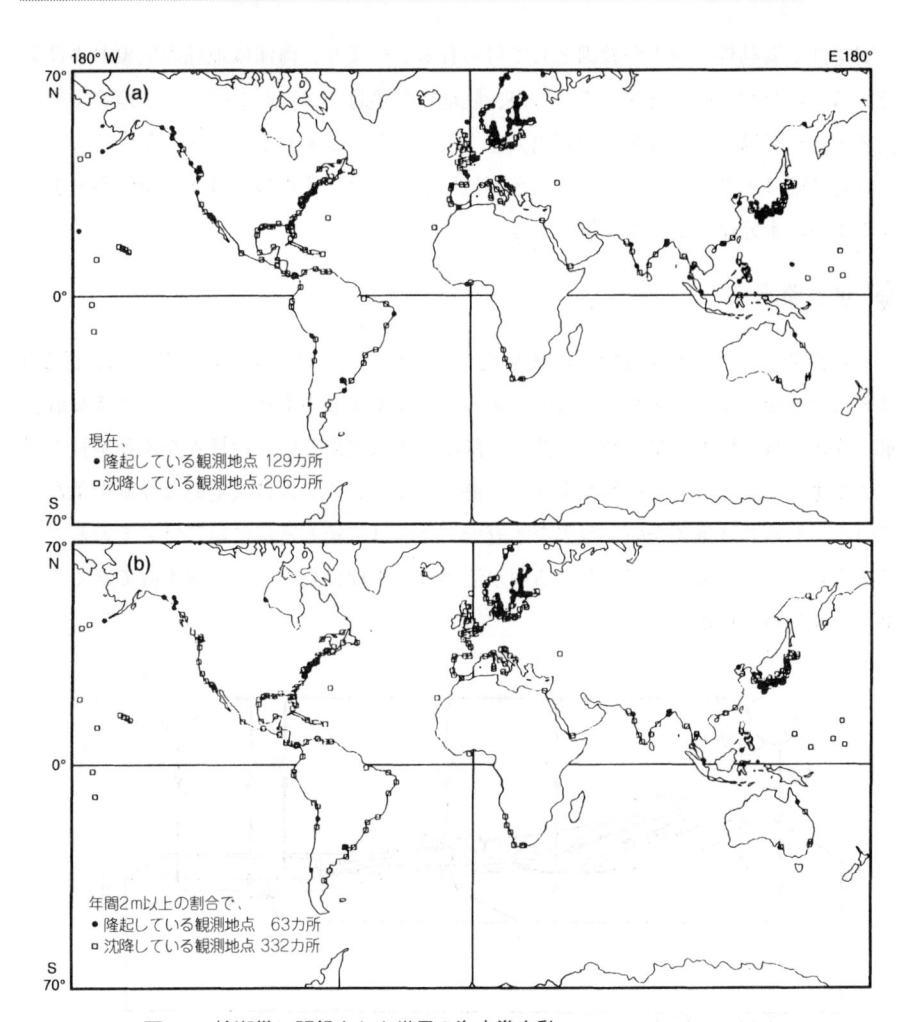

大気と水　67

図2-8　検潮儀に記録された世界の海水準変動（Emery and Aubrey, 1991）
(a) 現在、隆起・沈降している観測地点、(b) 年間2mm以上の割合で隆起・沈降している観測地点。沈降が観測されている場所が増えており、この傾向が続けば、2025年には全体が沈降に転ずる。

岸線は33cm隆起し、潮間帯の生物相は壊滅的打撃を受けた。

まとめると、現在の海水準は更新世末の最速の1/10の割合（過去5千万年間の平均の約10倍）で変化しているが、この変動率の上昇は気候変動よりも、テクトニクスと人間活動に起因するところが大きい。しかし、気候変動が及ぼすどんな影響も他の因子に付け加えられ、別な因子による影響を打ち消すように働くことはない（Tooley, 1994）。

安定性と変動性の両方が教訓として得られる。つまり、海洋は地球の気象および気候システムを潜在的に支配しているが、陸地との境目では変動しやすい。地質学的年代スケールでは、その変動幅は相当大きなものになるはずだが、人類の年代スケールでは変動幅は小さい。しかし、人口密集地にとっては、その規模は多大な関心を引き起こすのに十分な程重大な現象である。

🌱 氷と淡水

水の惑星において水が貯留、流動を繰り返すサイクルは水文循環と呼ばれ、**図2-9**はそれを分かりやすく図解したものである。海洋や氷冠のような、いわば大きな貯留庫に蓄えられる膨大な量の水は、蒸発、降雨、雨水流出といった様々な流動過程と相互に関連している。前に述べたように、海洋はこのシステムに決定的な役割を果たしている。とりわけ重要なのが巨大な氷冠で、それは気候と密接に結び付いているからである。また、陸地から海へと至る雨水流出は、人間社会の主たる淡水源であることから、きわめて重要だ。

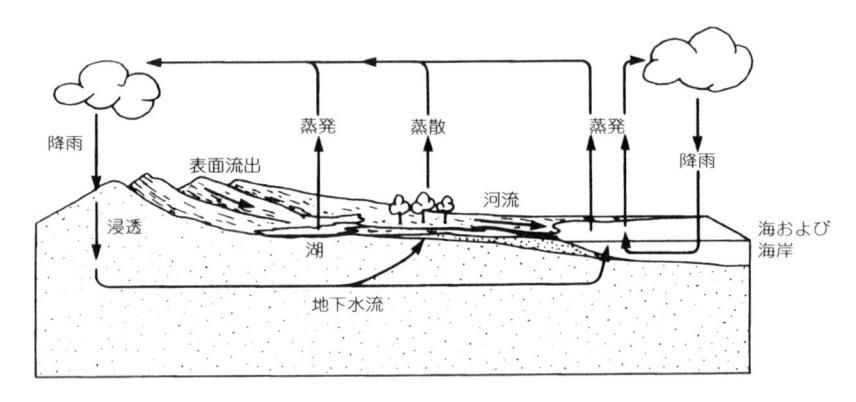

図2-9 様々な気圏システム、生物圏システム、地圏システムを循環する水の動きを示す水文循環の定性的概念図

氷冠と氷河

現在、地球上の水の約1.9％が氷のかたちで固定されており、そのほとんどが両極の氷冠と山岳氷河である（**表2-2**、**図2-10**）。極地には面積にして地球全体の約84.5％、グリーンランドには12％の氷がある。過去300万年間の大半は、地球上には現在よりも多くの氷が存在していた（図2-6は更新世後期における氷の最大勢力範囲を示している）。氷や雪の日射反射（アルベード〈日射反射率〉は、氷や雪では80～90％なのに

Environment

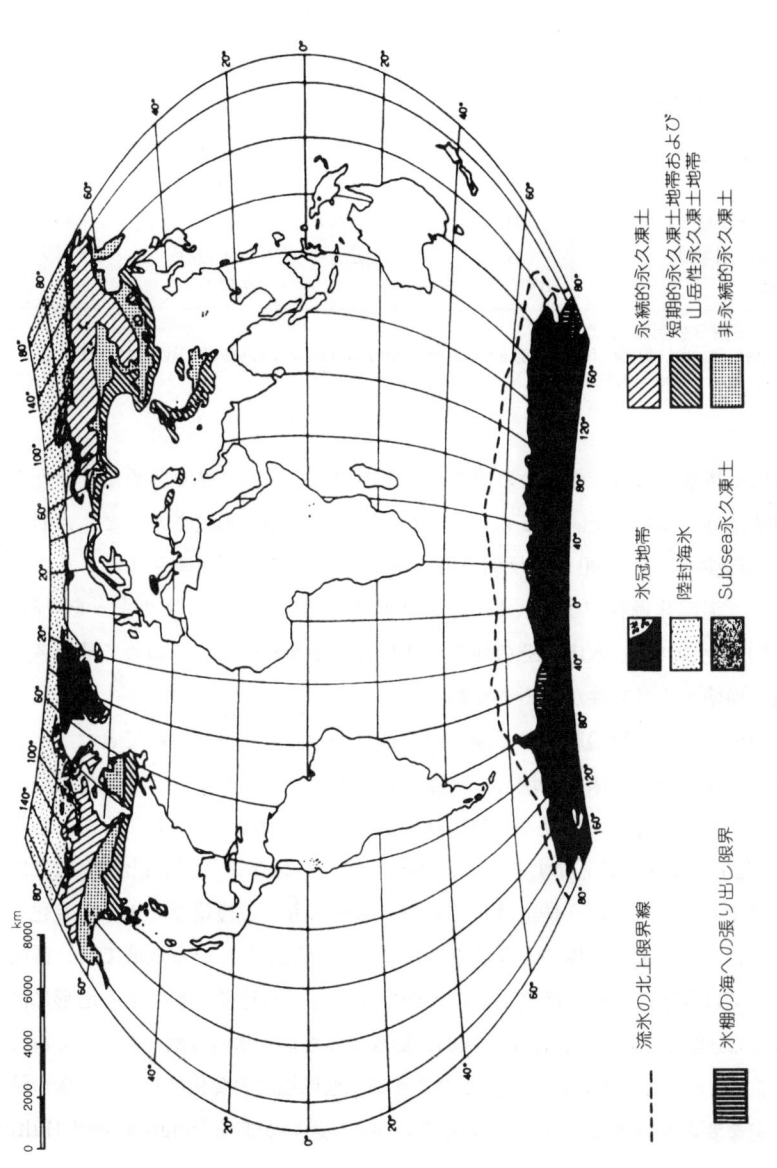

大気と水　**69**

図2-10　現在の世界の氷河および周氷河地帯 (Williams, 1993)
氷冠地帯は地球上で最大の淡水貯蔵庫である。

表2-2 地球上の氷の分布 (更新世の最拡大期と現在の比較)

地 域	更新世の最大面積 ($\times 10^6 \text{km}^2$)	地球全体に占める割合 (%)	現在の面積 ($\times 10^6 \text{km}^2$)	地球全体に占める割合 (%)
南　極	13.2	28.0	12.65	84.5
北極地帯	13.8	29.3	0.23	
北アメリカ山岳地帯	2.5	5.3		
シベリア	3.7	7.9		
スカンジナビア	6.7	14.1	0.005	0.03
グリーンランド	2.2	4.6	1.8	12.0
その他の北半球	4.0	8.6		
南極を除く南半球	1.0	2.2	0.026	0.17
地球全体	47.1		14.97	

図2.6および図2.9を参照のこと.
出典：Suden, D. and Hulton, N. (1994) Ice volumes and climatic change.In N. Roberts (ed.) *The Changing Global Environment*. Oxford: Blackwell, 150-72.

比べ、草地や耕地では18〜25％)の能力が、正のフィードバックを強めるということが観測の結果分かってきた。つまり、ひとたび巨大な氷冠が形成されると、入射日射エネルギーの少なくとも90％が反射され、さらに氷の形成が促進される。またその逆もあって、温暖化過程では地表が暖まれば暖まるほど多くのエネルギーを吸収し、温暖化が加速化される。氷床はその膨大な体積にもかかわらず、きわめて速いスピードで形成、崩壊する可能性があるようだ。

これについては、地球温暖化の予測という観点から詳しく調べられてきた。氷冠が融けたり、南極西部の氷床が崩壊して高波が押し寄せたりした場合、どの程度の海面上昇が見込まれるかについて様々な算出結果が示され、議論を巻き起こした。地球の平均気温が200年間で6℃上昇すると、おそらくグリーンランドの氷冠が融け、22cm海面が上昇するだろうという推定は正しいが、事態はもっと複雑だ。氷床の変化をモデル化するとした結果、南極のようにきわめて寒冷で乾燥している地域では、温暖化過程においては氷床の体積は増大することが分かった。同時に、氷の下の地形に沿って氷が割れて分離し、さらに、氷が二次的に形成する地形が氷の分離パターンを決める重要な因子になることも考えられる。このように、地球規模の変化に対する氷床の活動には不確定な要素がつきまとうし、地域によっても違いがある (Sugden and Hulton, 1994)。

このような氷の多様な活動は、周氷河地帯でよく見受けられるが、ここは一年中、地面が凍結する永久凍土が特徴となっている。北半球の20〜25％前後 (旧ソ連の実に

50％）が永久凍土の下にある（図2-10）。現在、北半球から年間およそ25～40tのメタン（CH_4）が大気中に放出される。メタンはCO_2の20倍も熱を保持する温室効果ガスである。それゆえ、高緯度地帯では、CO_2濃度の上昇による温暖化過程において地球全体の平均よりも温度上昇率が大きくなるだろうと、多くのGCMs（地球気候モデル：Global Climate Models）が予測しているので4℃の温度上昇が続くなら、メタン放出量が年間45～65tに増加するという予測は多大な関心を呼んでいる。そこで、CO_2抑制の複雑な因子の一つに、植物の果たす役割がある。CO_2濃度の上昇が植物の光合成を促進するならば、CO_2を取り込むことにより、温暖化を抑制し永久凍土が融けるのを妨げ、現在年1％の割合で増えているメタンの放出を抑制することにならないだろうか。このように、予測をたてるには不確定な要素が多く、机上の空論に陥りかねないが。

水文循環

水の惑星地球は約$13.8 \times 10^{18} km^3$のH_2Oをその懐に包み込んでいる。地球上の水は無数の貯蔵庫に配され（図2-10参照）、それらの間を様々な割合で移動しており、この貯蔵、流動の全体が水文循環として知られるものである。圧倒的に巨大な貯蔵庫は世界中の海洋であって、全水量の97.9％がこれらの海にある。特に驚くことではないが、最大の流動は大気－海洋間の蒸発と降雨である。もっとも、今のところなにかの役に立っているようにはみえないので、ほとんどの人が関心を持っていないが。塩分をまったく含まないか、ごくわずかしか含まない淡水は、じつは地球に存在する水のうち2％だけで、そのほとんど（75％）が氷の状態で、残りの大半が土壌中や岩石の亀裂中に存在する。したがって、水源として利用しやすい河川や湖に存在する淡水は、淡水全体のうちのほんの0.33％である。また、大陸から海洋へ注ぐ水量全体の15％がアマゾン川に集中している。おそらく大気中には海洋中の10万分の1以下の水しか存在していないが、その循環速度は速い。大気中での水の滞留時間は平均11日だが、海洋中では表層部の海水の動きだけはたいへん速いが、それ以外の部分ではその動きは鈍く、滞留時間は250年程と考えられる（Chorley, 1969）。

水文循環において水は、太陽のエネルギーによって動かされる。おそらく日射量の変化が氷河期を引き起こし、莫大な量の水が氷として固形化されることから、長期的にみてこのことはうなずける。また、太陽エネルギーは大気を動かし、気象パターンを基本的に左右していることから、短期的にみてもあてはまる。わけても、地表で生物が生存できるのは雨のおかげであり、陸上の動植物に含まれている水の量は全部で

1,100 km³ にのぼり、その滞留時間は約17日である。地表面に存在する水（大気中に存在する水の2倍にのぼる土壌水を含む）こそが人間社会の主要な資源であり、また、資源の供給をコントロールし、改善しようとする際に障害となるのもこの問題である。

> 氷と水は明らかに、密接な結びつきを持っている。しかし、水の重要性は直接的であり、いくつかの貯留庫を循環する短い時間尺度にその重要性が現れている。氷はその反対にずっとゆっくり変化するが、その量が膨大であって、しかも日射反射効果があることから、地球規模での氷の重要性は決して無視できないのである。

陸　地

　地球の地表面は驚くほど変化に富んでいる。最も深い海溝（フィリピン東方のミンダナオ海溝は11,516m）は、ヒマラヤ山脈の高さを上回る深さがあるが、海抜0mから8,848mの間の超氷河地形、土壌、生物群など、その多様性はすばらしいものだ。こうした陸上生態系もまた、変化に富んでいる。カゲロウの短い一生からゾウの一世紀にもおよぶ一生、巨石を転がす鉄砲水から緩斜面を目に見えないほどゆっくり滑り落ちる土クリープまで、手つかずの自然条件下でも変化は常に起きている。

　地表の土壌流出速度は、植被の存在（自然のままにしろ、人の手が加えられているにしろ）に大きく左右される。これは、鉱物質が土壌、もしくは岩の微粒子のかたちで地表から流出し、時には海にまで流れ去る速度である。大気、海洋、土砂の堆積などに影響を及ぼす生物地球化学的循環にとって、母岩の風化や侵食は欠かせない要素である。それは構造運動プロセス、海抜、気候、岩型による侵食の受けやすさ、そして前に述べたような植被などにも影響を与える。空間という意味では、陸地全体の25％の面積でしかない湿潤な熱帯地域は、海洋へ流れ込む溶存シリコンの65％、イオン形態物の38％、固形物の50％を産出するがゆえに、きわめて重要性が高いと言える。

　化学的風化過程および物理的風化過程はほとんどの場合に関係している。化学的風化によって岩石はもろくなり、さらに物理的風化によって完全に崩壊する。だが、その二つの重要度は地域によって異なる。化学的風化は湿潤温暖な地域や常に植物に覆

われている地域において重要性が高い。反対に、物理的風化は寒冷で乾燥している地域や、地形が急峻で植被がまばらな地域で、大きな役割を果たす。植被は土壌を覆い、固定することで短期的には侵食を防ぐ働きをする。その一方で、植物がつくり出す生物酸は岩石を破壊する働きもする。

あらゆる高さの斜面は、土壌を下方へ運ぶ決定的要因である。例えば、斜面の形状は、風化作用と重力や水による土壌の運搬作用との関係によって決まってくるようだ。風化による土壌の供給量が、土壌を運び去る運搬作用の能力を上回るとき、斜面で起きているプロセスを「運搬限界的」と呼ぶことができる。逆に、風化による土壌の供給量が、土壌を運び去る運搬作用の能力を下回るときは「風化限界的」と呼ばれる。もちろん土壌は、必ずしも海へまっしぐらに移動しているわけではない。どんな地形にも、侵食地、堆積地、窪地など様々な地形要素が含まれているからだ(Summerfield, 1991)。

これらが複雑に絡み合って、裸地化や海への土壌流出の速度には大きな差がでてくる。隆起が続いている高温多湿な土地では、その速度は最も速くなる。台湾はおそらく世界で最もその数値の大きい地域で、13,000 t/km^2/年の固形物と650 t/km^2/年の溶存物質が地表から周辺の海へ流出している。裸地化は、きわめて多様な自然の一面である一方、人間活動によって大幅にその速度が速められ、そのような場所では土壌侵食が起きているとみなされる。そうした活動のうち最も土壌侵食を伴いやすいのは、森林伐採、耕作、建設行為である。

しかし、過去1万年を通じて、人間の感覚に最も直接的に訴えかけてきたのは、土壌や動植物のシステムで、地球上のあらゆる要素が組み合わされたものであった。個々の観察結果が統合され、科学によってバイオームと呼ばれる地球規模の分類体系にとりまとめることができるようになった。

世界の主要なバイオーム

地域の色分けがしやすく最も幅広い生態系単位は、バイオームと呼ばれている(Archbold, 1995)。これは、土壌型と気候のある特定の要素を組み合わせ、その地域に支配的にみられる生活型(例えば、落葉樹、草本)のことである(図2-11)。この図は必ずしも現時点の姿をあらわしているわけではない。というのも、図上の地域の多くが人間活動によってその姿が変えられてきているからだ。むしろこの図は、人間活動が突然停止し、その結果、生き残っていた動植物が空いた場所に入り込み、本来の生活を取り戻した時点での世界の姿であると言った方がよいだろう。気候はこうしたバ

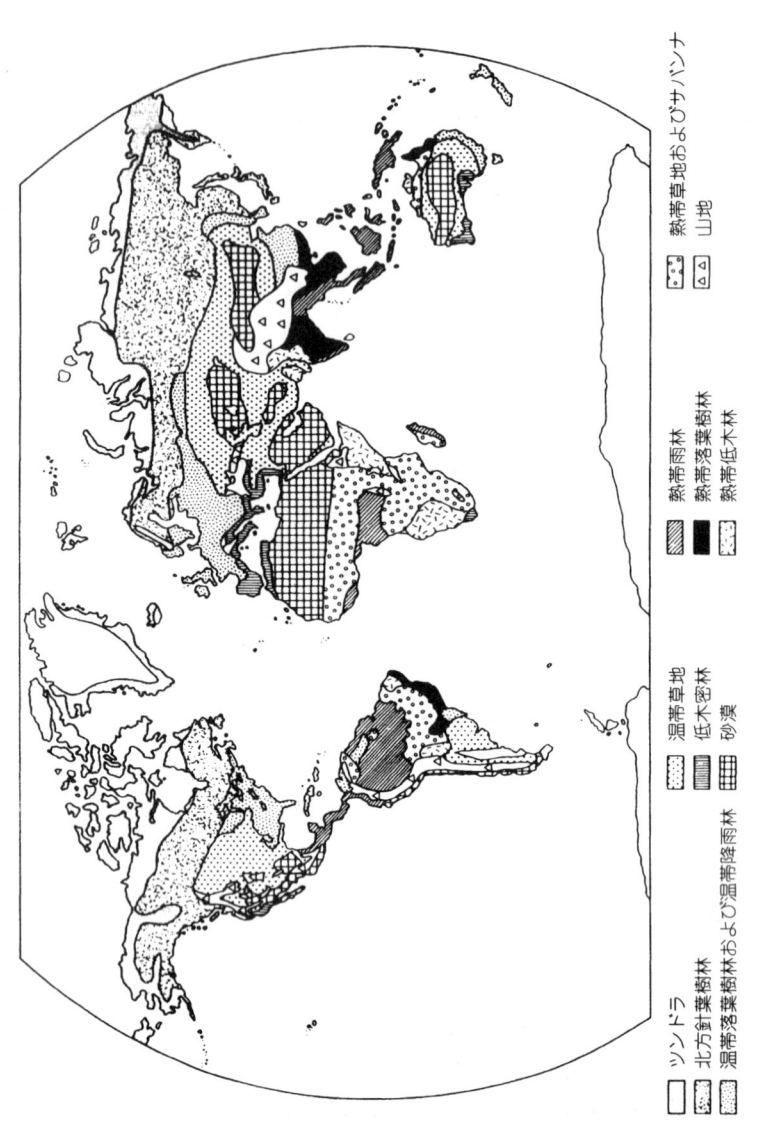

図2-11 植生によって特徴付けられる世界の主要なバイオーム (Simmons, 1979)

各バイオーム区分は動物のコミュニティや土壌としばしば関連しており、また明らかに主要な地形や気候と関連がある。しかし、この図は人間活動による地表植生改変の有無は無視している。

凡例: ツンドラ／温帯草地／熱帯雨林／熱帯草地およびサバンナ／北方針葉樹林／低木密林／熱帯落葉樹林／山地／温帯落葉樹林および温帯降雨林／砂漠／熱帯低木林

イオームの消長を左右する重要な因子である。したがって、新種の移入や種の絶滅などを心配する生態学者や生物地理学者は、地球温暖化の影響には特別な関心を持っているのである。

バイオームの第一段階の生化学的プロセスを支配しているのが気候である。このプロセスは太陽エネルギーを植物の組織として固定するもので、純一次生産力（NPP）として知られている。光の強さはほとんど制約条件とはならないが、水と温度はしばしば制約条件となる。そのため、砂ばくや外洋から熱帯雲霧林に至るまで、その生産力は様々に異なっている。

砂　漠

砂漠は、年平均降水量が250 mm以下で、しかもたまにしか雨が降らない地域でみられる。気温の下がる夜間に降りる露だけが、降雨以外の唯一の水源である。降った雨のほとんどが、強烈な日射によってたちまち蒸発する。生態の反応はというと、まず貧弱な植生、当然、植被地よりも裸地の方が多い。次に長期間にわたる乾燥状態や、そう簡単には水が手に入らない環境に耐え抜くことができる、動植物の驚くべき適応能力である。

砂漠では純一次生産量がきわめて低く（ふつうは$90 g/m^2$/年程度だが、岩や砂が多い場所では$3 g/m^2$/年以下になることもある。ちなみに、温帯落葉樹林では$800 g/m^2$/年である）、おまけにその大半が、太陽光がほとんど届かない地下でつくられている、という事実に驚く必要はない。おそらく緑の状態にあるのは、地上の生物量のほんの1％にすぎないだろう。なぜなら、そのような植物組織は水分を失いやすい部分でもあるからだ。

砂漠における植物社会に関して言えることは、植生は密接に水分条件と結び付いているということである。すなわち、利用できる水が増えるほど、植生の密度は高まる。カリフォルニアのモハヴェ砂漠のような比較的湿り気のある地域では、2～3 mの「優占種」は別として、背丈の低い（0.1～1.0 m）灌木が散在するクレオソート・ブッシュのような灌木林植生がみられる。さらに、サボテン（*Opuntia*）のような多肉植物の茂みが時折みられる。雨期になると（この地域では通常は春）短命な植物が生長し、砂漠は一面の花畑になる。対極にあるのがサハラの砂丘地帯で、ドリングラス（*Aristida pungens*）のような、ほんの数種の植物が、まばらに生えているだけだ。そして、岩や石ばかりの砂漠では、草本か小さな灌木を支えられるだけの微細な粒子状の土がなんとか溜まっている場所を除いては、植生がまったく存在しない地域が広がることになる。

動物がまったく生活を営んでいないわけではない。この暑く乾いた環境で生き延びるために生物は進化し、巧みに適応してきた。夜間活動することで水分の損失を最小限に押さえ、また多分、捕食者から逃れるためもあって、ほとんどの種が夜行性である。砂漠型のミミズやナメクジのように、湿った皮膚や多孔性の皮膚を持つ動物はみんな夜行性だ。日中、活動する動物もいるが、気温が50℃にも達すると穴を掘って潜り込んだり、植物の茎によじ登ったり、飛んだりして、ほとんどの時間、地表から離れて生活している。数種のバッタ、甲虫、クモだけが、最も暑くなる時間帯でも活動している。

砂漠では、生き物の生息数は少ないにもかかわらず、地上の植物現存量に影響を及ぼすような人間活動は、どれも生態系を劇的に変えてしまう可能性がある。家畜の放牧を例に取ると理解しやすい。ラクダのような動物の放牧は、頻繁に移動しさえすれば、砂漠における安定したシステムとなり得る。北アメリカのように、レクリエーション目的に使われる砂漠では、植物、殊に多肉植物にダメージを与える車によって、生態系が深刻な被害を被る可能性がある。また、枯れたサボテンをたき火にくべることは土壌から有機物を奪い、同時に昆虫やクモのような節足動物のわずかな隠れ家を破壊する行為である。このように、砂漠の生物相は、脆く壊れやすいようにはとても見えないが、人の手によって変えられる可能性は間違いなく高い。

ツンドラ

ツンドラは主に北半球でみられ、最も北に位置するバイオームである。なぜなら、それより北には北極海か万年雪、万年氷がひろがっている地帯だけだからだ。これによく似た生態系は、南極周辺の島々や南極大陸縁辺部でみることができる。

北半球においては、北方林帯（p.82参照）の北側は、背丈が低くまばらな植生の中に、小樹林が散在するゾーンへと変わっていく。そしてついに、高木が存在しない広大な植生帯に至る。そこでは低灌木のヤナギ、カバ、ハンノキの類が最も背丈の高い植物である。植生の変わり目は、最暖月の日平均気温10℃のラインに一致するようだが、こうした場所では植物が生長できる期間は3ヶ月以上ある。しかし、地表から数cmだけを除いて、大地は一年中凍り付いており（永久凍土）、夏になると、それ以外の季節には氷の状態であった水が融けだし、植物が利用できるようになる。

草本類や低灌木のような、やや背丈の高い植物が生育できるほどの長さの生育期間があり、また、夏期には長い日照時間のおかげで生育期間は長くなる。ツンドラ地帯での純一次生産量（NPP）は平均で$140 g/m^2$/年と低い値だが、砂漠や外洋よりは高い。

Environment

陸地　77

　比較的背丈の高い植物についてみれば、その生産物の多くが地下部のもので、例えばアラスカのポイント・バロウにおける地下部と地上部の純一次生産量比は1：1.2である（温帯落葉樹林での値は1：3.0位）。また、落葉層は分解速度がきわめて遅いため、大量の栄養分を蓄えている。

　動物たちはツンドラの気候に様々な方法で巧みに適応している。ジャコウジカ(*Ovibos moschatus*)、ホッキョクウサギ(*Lepus arcticus*)、オオカミ(*Canis lupus*)、カリブーあるいはトナカイ(*Rangifer tarandus*)など、雪上に暮らす温血動物は、たいてい熱を逃がさない厚い毛皮に包まれている。カリブーの群の季節移動は食物を得やすい場所を求めて毎年繰り返されるが、これについては詳しく研究されている。カリブーは森林の周縁部で冬を越し、5月中にツンドラで子を産み落とす。それから北極海沿岸へ移動し、ハエを避けるために高地へしばしば居場所を移す。カリブーの群には常にオオカミたちがつきまとっているので、群は移動し続け、そのため餌となる草が食べ尽くされることはない。

　北極圏の動物の多くは、その生息数が増えたり減ったりする。なかでもレミングの例は最もよく知られている。生息数が安定しているのは、海の食物網と結び付いている動物である。アザラシや小型のセイウチ、そして、トウゾクカモメやカモメといった、海でも陸でも餌をとれる様々な種類の海鳥がその例である。この食物連鎖の頂点に立つのがシロクマ(*Thalarctos maritimus*)で、現在、絶滅が危惧され、極地国際会議の議題に上っている。

　このような環境下では、人間の及ぼす影響力は必然的に大きいはずだ。なぜなら、このような短い生育期間では植物の回復力は低く、コロニーを作る力も弱いからだ。イヌイットのような狩猟採集文化圏では常に人口密度が低く、人々は季節によっては、漿果、鳥の卵や雛、小型のクジラなどで足りない分を補いながら、もっぱらアザラシやカリブー、魚を食べて暮らしてきた。しかし北極圏も今では、石油、天然ガス、鉱物、観光、軍事目的などのために開発され、産業に携わる者ばかりでなく、近代化の波を受けた現地の人たちから加えられるツンドラへの圧力の影響も、深刻なものになっているかも知れない。道路建設、油田からの油漏れや火災、これらすべてが永久凍土を融かし、地盤沈下を促進する。人間による様々な圧力が重なった結果、ヨーロッパ人が現れる以前、数百万頭いたカナダの荒地トナカイ(*Rangifer tarandus arcticus*)は、1949年には67万2千頭、1958年には20万頭にその数を減らした。特に、1949年から1960年にかけては、産まれた仔の数がきわめて少なく、乱獲が減少の一つだった。生息地が広い地域にわたっていることと、ハンターの多くがトゥリー

ティ・インディアンで、狩猟規則を守ることを法的に強制できない部族であったため、捕獲数を制限することが難しかった。また、カナダ北部地域の開発によって、カリブーの越冬する地衣類に富む森で火災が頻発し、その結果、彼らの餌が減ってしまったことも減少に拍車をかけた。

温帯草地

樹木は流れに沿って生えているだけで、植生全体は背丈が低く、草本が優占する。一種の温帯ツンドラを思い浮かべれば、自然のままの温帯草地がどのようなものか、ある程度想像がつくだろう。一般に、年間250〜750mmの降水量は、森林を支えるには少なすぎるが、砂漠の降水量よりは多い。したがって、草地は森林と砂漠の中間形態と見られている。植生がモザイク状になるのは、落雷による火災が原因の場合もあるだろうが、人間活動によって火災が起きることの方が断然多いのである。北アメリカ北東部の樹林地帯を探検した初期のヨーロッパ人は、アメリカ先住民が主に狩りをしやすくする目的で火をつけたために、樹林の中に見通しのよい大きな草地ができていることを記録している。

こうした草地の平均生物量は$1,600 g/m^2$、平均純一次生産者は$600 g/m^2/$年である。ところが、植生で目に付く部分は地上部のみであっても、大半の種は地下部の深く土壌に根を下ろし（2m近く）、実際、植物生物量のかなりの部分が地面の下にあり、それが$2,000 g/m^2$に達する場所もある。

草地の動物生態系には、いくつかのきわだった特徴がある。北アメリカはバッファローとエダヅノカモシカ、ユーラシア大陸では野生のウマとサイガ（アンテロープの一種）、アフリカ南部ではアンテロープ、南アメリカではグアナコ（ラマの一種）というように、温帯草地では数種類の大型哺乳動物が優占する傾向にある。大型の草食動物は、オオカミやコヨーテといった捕食者から身を守るためもあって、開けた場所では群をつくる傾向がある。こうしたことのすべてが、草地の相互作用的な生態系の形成にかかわっている。大型哺乳動物が選択的に草をはむことは、植物社会のバランス維持におおいに貢献している。すなわち、草食動物の標的として目立つほどの丈になるまで確実に育つことができれば、個々の植物が生き延びる可能性が大きくなるということだ。草地の芝土は栄養分や有機物を豊富に保持し、長い乾季の間、水分を保ち、地表面の植生が破壊されたときに起こる侵食を防ぐ働きをする。

人間が草地を利用してきた結果、概して、こうした緊密な結び付きの環を切り離してきた。放牧によって餌として適した草は食べつくされ、土はむき出しになり、そこ

Environment

に含まれるミネラル分は溶脱しやすくなる。また、農耕や採掘、時には灌漑も手伝って、ミネラル分や腐食の豊かな蓄積が失われる。北アメリカの大草原地帯でもカザフスタンのステップでも、不適切な農法のために不作に見舞われたり、土壌流出が見られたが、それでも農業は続けて営まれている。かくして、人の手の入らない草地は、まれにしかみられなくなっている。というのも、草地のほとんどが家畜の放牧によって改変され、除草剤や殺虫剤など殺生物剤の使用、低木類の除去、マメ科植物の播種、あるいは、単に人間の利用に伴って起こる新しい種(外来種を含む)の侵入などによって農業的生態系に入れ変わったり、それまでとは異なる種組成に変わったりしてきた。

熱帯サバンナ

熱帯サバンナは第一に考慮すべき熱帯バイオームで、いろいろな面で森林と草地の間に位置すると言える。また、熱帯サバンナという言葉は、ほとんど空の見えないような樹林地からまばらに茂みが点在する草地まで、様々な植生型に当てはめられてきた。それらすべてに共通するのは、地表面の植生は常に草本が優占していることだ。その生産力は生えている樹木の密度によって様々である。熱帯サバンナの平均生産力は$900 g/m^2$だが、樹林地に近い樹木が生い茂ったサバンナでは$1,500 g/m^2$にも達し、低木林砂漠といった様相を呈する場所では$200 g/m^2$の生産力しかない。サバンナ・バイオームは熱帯気温帯に属する赤道両側の広いゾーンに形成される。年間総雨量は、砂漠周縁部に位置するサバンナの250 mmから、熱帯雨林に境を接するサバンナの1,300 mmまで様々だが、特徴的なことは、少なくとも年に一度は乾季があることだ。典型的なサバンナ植生の目に付く特徴は樹木と草本である。樹木はきわめて多くの種類にわたり、樹高は通常6〜12 mでしっかりと根を張り、樹冠は扁平である。サバンナの樹木は、一年のある時期、もしくは一年中葉を落としたり、水分を蓄えやすいかたちをしていたり、葉の数を減らすなどして乾燥に耐える工夫をしている。さらに、たいていは厚い樹皮や芽鱗(がりん)を持つことで耐火性も備えている。草は、しばしば3.5 mもの丈にまで伸び、乾季に発生する野火の豊富な燃料源となる。そして、草の地下部だけが乾季を生き延びる。

人間が乱獲をせず、時々起きる野火によって変化に富んだ生息地が維持されている地域では、サバンナはきわめて多様な動物相を支えることができる。例えば、東アフリカのサバンナは、アフリカ野牛、ヌー、シマウマ、たくさんのアンテロープ類など40種を超える大型草食哺乳類、その他に同じ生息地の16種もの草食動物が暮らす、

地球上で最も多様な草食脊椎動物の世界を支えている。さらに、様々な種類のスカベンジャーと捕食動物が、この豊富な草食動物相に支えられている。ただし、野火がサバンナ・バイオームの生態学的特質の決定要因であるか否かについては議論の余地がある。南アメリカには野火がみられないサバンナ型植生の地域があり、そこでは人間がやってくる以前から開けた草地が継続して存在していたことが、生態学的歴史研究によって指摘されている。しかし、アフリカでは、気候、土壌、植生、動物、野火などの微妙なバランスの産物として、サバンナをとらえるという見解に傾いているようであり、人類がこのバイオームを創造してきた鍵となる要因として、野火を挙げている。

硬葉生態系

この生態系の名の由来は、そこで優占する低木や灌木に主としてみられる適応方式である。これは、上皮にワックスがかかったような厚い皮状の葉を持つことで、これは長い乾季が訪れる気候に対する適応方式のことである。この植生型は、カリフォルニアではチャパレル、南ヨーロッパではマーキーあるいはガリグー、オーストラリアではマリ・スクラブとして知られ、「地中海性気候」地域の典型的な植生である。

優占する樹木や灌木の樹高は3〜4mで密生し、中に入れないような藪になることもある。地中海沿岸地域では、野生のオリーブ(*Olea europea*)、イナゴマメ(*Ceratonia siliqua*)、*Quercus ilex*のような常緑カシ類、カイガンショウ(*Pinus pinaster*)のようなマツ類、イワナシ類あるいはストロベリーツリー(*Arbutus unedo*)、エリカ属(*Erica*)、ハリエニシダ属(*Ulex*)、ヒトツバエニシダ属(*Genista*)のヒース状の灌木、シソ科やジャコウソウ属の草本などが共通してみられる。カリフォルニアでは、何種類もの灌木状のカシ類、ソリチャ(クロウメモドキ科*Ceanothus*)の仲間、シャミーソ(バラ科*Adenostoma*)、マザニタ(ウラシマツツジ属*Arctostaphylos* spp.)、数種のマツ類などがみられる。オーストラリアのマリ・スクラブは、樹高2〜3mのユーカリ低木林からなる。このバイオームの平均的な地域では、約$700 g/m^2$/年の純一次生産量があり、そこから約$6,000 g/m^2$のバイオマス(植物生産物)が生じる。ある調査区画では、*Quercus ilex*が茂る地上部のバイオマスは315t/haで、そこから3.8t/ha/年の落葉があり、土壌中には518t/haの有機物が含まれていた。リン分をあまり含まない土壌で、植物の多くがきわめて速く成長する。リン分の不足を補うメカニズムがそこには存在しているようだ。すなわち、マット状の根を落葉層に張りめぐらし、根に含まれる酵素が雨期の生育期に備えてリン分を蓄積する働きをする。落葉層は、腐食のかたちではそれ

Environment

ほど深く土壌中に層をなしておらず、土壌断面は赤く、明るい鉄のような色をしており、地中海地域に特徴的なこの土壌には、テラロッサという名が付けられている。

　豊富な食物、それに格好の隠れ家を提供する灌木の茂みがそこら中にあることが豊かな動物相を支えている。南カリフォルニアでは、201種もの脊椎動物が確認され、その75％が鳥類である。現存する哺乳類の中で最も多くみられるのは地表棲のリス、モリネズミ（*Neotoma fuscipes*）、それにミュールジカ（*Odocoileus hemionus*）だが、人間が環境に重大な影響を及ぼすようになる以前には、オオカミやアメリカライオンのような捕食動物、グリズリー（*Ursus arctos horribilis*）のような、様々な種類の食物を食べることができる雑食動物がもっとふつうにみられた。モリネズミは一年で、ある種のカシの実をすべて食べ尽くすことで知られているが、このことは、小型哺乳類が生態系の中で果たす役割を考える上でのヒントになる。

　このような気候の下では、山火事の発生などはごくあたりまえの出来事であり、驚くにはあたらない。カリフォルニアのサンダイマスの森では、この75年間で8回の落雷による山火事が起き、アメリカ先住民による失火もたびたび報告されている。そこに生育する植物のほとんどが山火事の発生に巧みに適応しており（例えば、山火事の後、ユーカリの仲間は萌芽樹のように幹からおびただしい数の枝を落とす）、そうした植物が長い年月をかけて選択淘汰されてきたことは間違いない。山火事は、ある種の植物の種子にとっては発芽の刺激となり、大量の植生や落葉を灰に変え、それによって有機物の無機化過程を加速化しているようだ。また、植物の根から分泌され、落葉層の分解や土壌中のチッソ固定過程を阻害する植物毒性の化合物（他の植物やおそらくバクテリアや土壌生物にとって有毒な）を壊しているらしい。オーストラリアでのある研究によって、山火事が遷移において果たす役割について解明されたが、それによると、山火事が発生しなかったユーカリ林ではユーカリが更新されず、モクマオウ、バンクシャ（ヤマモガシ科バンクシャ属）、アカシアの仲間に取って代わられたと報告されている。

　チャパレルやそれと似たかたちの植生型は、その出現頻度が人間活動によって増しているとしても、明らかに自然の山火事が重要な役割を演じているバイオームであるとみなすことができる。しかしながら人間の及ぼす影響は、山火事だけというわけではない。地中海地域での数世紀にわたるヤギやヒツジの放牧、階段状の耕地造成、シカの大群の管理、殺生物剤を使っての草地への改変、灌漑を含む農業的利用、定期伐採、そして都市化。これらすべてが、時に応じて硬葉低木林地にダメージを与えてきたのである。ロサンゼルスのサンタモニカ連山における宅地開発のように、ごく最近

の出来事もあれば、レバントにおける牧畜のように、はるか昔から行われてきた古いものもある。

北方針葉樹林（亜寒帯林）

北方針葉樹林バイオームでは樹木が優占している。かなり多くの降雪があり、地下2mまで土壌が凍り付くような長く寒い冬があるにもかかわらず、このバイオームでは常緑針葉樹がよく育っている。それは、ここの夏が期間は短いが昼間が長く、平均気温が10℃の日が少なくとも1ヶ月はあることが助けとなっている。

このような環境条件下で、常緑針葉樹は生き残るために独特の適応を遂げてきた。一年中、光合成を行えるように水を蓄え、水が凍り付いてしまった時や強風のために蒸散の速度が増した時、常緑針葉樹は針状の葉のおかげで乾燥に耐えることができる。また、樹冠は雪が周囲に落ちるような形をしているので、積もった雪の重みで枝が折れることはない。大木になると樹高40mにもなることが珍しくなく、こうした大木がこのバイオームの構造を支配している。安定した樹林では、樹冠から射し込む光は比較的弱いので、低木層はあまりみられない。通常、林床は植物でいつも覆われているが、その組成は、その場所の水分条件と光条件によって様々である。このバイオームのうち最も乾燥している場所では、地衣類やコケ類が林床を覆っているのがみられるだろう。地下水が豊富な場所では、ガンコウランのようなヒース状の低灌木がみられるようになる。そして、ひどくじめじめした場所では、ミズゴケ属のような湿原性のコケが林床を覆い、窪地では樹木が生えない湿地が形成されることが多い。

優占する樹木のサイズ、そして、その樹木が条件さえ良ければ年間を通して光合成を行う能力は、この樹林の純一次生産量が時には南方の樹林の純一次生産量と、それほど違わないことを意味する。例えば北日本では、トウヒ樹林の純一次生産量は$2,000g/m^2$/年であるのに対して、南日本の落葉樹林は$2,160g/m^2$/年である。だが、このバイオーム全体の純一次生産量の平均は大変低く、$800g/m^2$/年である。また、年に10回近くも落葉があり、それが林床に蓄積されるために、落葉層のバイオマスは100～500kg/haにものぼる（落葉樹林では落葉は年5回、バイオマスは100～150kg/haである）。有機物のゆっくりとした無機化過程は、山火事のために短い周期で中断される。山火事は自然条件下でおそらく頻繁に発生し、林床には炎が走り、前回の山火事以来、蓄積していた比較的少量の落葉を焼き尽くす。人間が導入した防火施策のおかげで、有機物は蓄積しやすくなり、大火事が起きると、樹脂の滴で勢いを増した火は幹をかけのぼり、樹冠まで燃え出してしまう。脊椎動物の中で、齧歯類は、

一面の雪にすっかり覆われる冬を、生き抜く特徴がある。ビーバー(*Castor fiber*)は、このバイオームの典型的動物で、生息地を変えるという点でゾウに似ていると言えるだろう。大型の哺乳動物の中で、オオジカ(*Alces alces*)を含む様々な種類のシカは、山火事によってつくり出される二次植生に主として依存するという特徴がある。ヒグマ(*Ursus arctos arctos*)を含むクマ類は、代表的な雑食動物である。少ない個体数しか残っていないが、北アメリカではグリズリー(*Ursus arctos horribilis*)がそれにあたる。ヤマネやアナグマのような小型の食肉動物、またフクロウやタカも、主に齧歯類を捕らえて食べる。また、このバイオームに特徴的な大型食肉動物はオオカミ(*Canis lupus*)で、シカやトナカイやオオジカの個体数を調節する重要な捕食者である。

　このバイオームが形成されてからこの方、人類はずっとこれを利用してきた。これは、シカ、オオジカ、魚などの自然資源によって成り立つ狩猟採集文化の基盤であった。だが、いまやそこは世界の軟材産業の中心であり、殊に、森が適応できる範囲を明らかに超えるほど山火事が頻発した場合、ある時は一時的に、ある時は長期にわたり、産業活動のために生態系は著しく変化してしまう。また、生態系の栄養分の補給はバイオマスと関係しており、短い周期での資源収奪と皆伐のために、このバイオームの生産力が永久に低下する可能性がある。

温帯落葉樹林

　北方樹林の南には、もっと生産力の大きい樹林型がみられるが、この樹林は一年中、(休みなく)成長し続けるわけではない。冬季、樹木はその葉を失い(落葉習性)、したがって、優占種には休眠期がある。優占種の落葉習性は、太陽から受けるエネルギーレベルの低下と冬の間の水の凍結に対応する休眠の一形態とみなすことができる。それにもかかわらず、平均純一次生産量は1,200g/m^2/年にもなる。このバイオームの優占樹木の樹高は40〜50mである。それらの葉は、熱帯産樹木の葉が皮のように厚く幅が狭いのに比べ、薄く幅が広い傾向があり、果肉質のものよりも堅果や翼のある実をつけるものが多い。こうした樹木は、ときにはアイビー(*Hedera helix*)やノブドウ(*Vitis* spp.)のようなツル植物、コケ類や地衣類のような着生植物の生育場所になり、幹から藻類が生えることもある。通常、樹冠は密になり、そこを透過する光量によって下層植生の特徴が決まる。すなわち、その優占樹種固有の葉量密度が下層植生に関係するということだ。

　樹木の下、殊に樹冠の隙間から光が射し込んでくるような場所では、低木層が形成される。季節毎の樹林の様相がしばしば地表の植物相に反映されるが、その植物相は

二つのグループに分けることができる。早春のグループは、優占木が葉をつける前に葉を拡げ、花を咲かせ、実を結ぶ。夏のグループは、葉が密に茂った樹冠から漏れる低光量の環境に耐えることができる植生である。最下層にはコケ類が生え、きわめて乾燥した場所では地衣類がみられることもあり、また、明らかに最下層の植生は、夏の透過光量の多寡にそれほど左右されることもなく成立している。

　動物たちもまた、気候型に対応している。ウグイスのように昆虫を主食とする鳥の仲間は、ふつう冬になると暖かいところへ移動する。アメリカクロクマのように、あまり長い距離を移動できないものの中には冬眠するものもいる。そうでないものたち(例えば、シカ)は、雪を掻き分け、そこから顔を出した新芽を餌にして冬を越し、一年中活動し続ける。

　無機栄養物を土壌に還元する役目を果たし、様々な動植物相が成立しているところが落葉層である。この還元過程には大きく分けて二つの段階がある。まず最初に、一次分解者(ヤスデ、ワラジムシ、甲虫類、ミミズ)が落葉枝にとりつき細かく砕く。次の段階では、細かくなった落葉枝と一次分解者たちの糞は二次分解者(ダニやトビムシ)の餌となり、有機物はさらに細かくされる。また、水分を含んだ有機物は、バクテリア、カビ、原生動物などによって分解され、おおむね無機化は完了する。地表付近には、長い年月をかけて堆積した層はほとんどないが、たいていの場合、腐植物が数cmの厚さで層をなしている。

　農業社会が長い間続いた後、西欧的な産業社会がこの温帯落葉樹林帯で成長してきた。その影響として代表的なものは次の二つだった。第一は、森が切り開かれ農地に生まれ変わったことだった。次に、残った森は木材生産用や家畜化された草食動物の餌場から、美しい風景や狩猟を楽しむ場としてまで、じつに様々な目的でさんざんに利用されてきた。その結果、ヨーロッパの落葉樹林で人の手の入っていない「自然林」とは言えないが、大昔から(少なくとも中世暗黒時代以後)ずっとその場所で続いてきた樹林地という意味では「原生林」と言えそうだ。ある森を「自然林」と呼ぶには、生態学者や歴史学者が人智の限りを尽くして調べても、史前史後を通して、人間が及ぼした影響の、どんな痕跡も見つけられないという由来証明書が必要なのだ。

熱帯常緑樹林
　高い生産力を実現するために、最も有利な条件を備えているのは赤道低地帯だろう。常に気温が高く、一年中雨が降ることで大木がどんどん育ち、落葉はすみやかに分解し、栄養分も短い周期で循環する。

Environment

　このような樹林は、高く安定した気温と湿度、降雨量は年間2,000mmを超し、最も少ない月でも120mm以上という気候の下に成立する。優占する植生は、きわめて多種にわたる。ブラジルのある地域では、$2km^2$の中で300種もの樹木が確認されている。樹木は概して樹高が高く、3層で構成されている。最上層は樹高45〜50mの最も背の高い樹木から成り、太陽の光を散乱させながらも、樹高25〜35mの低い樹冠層まで光を透過させる。低い樹冠層は、ほぼ連続した樹冠を形成し、入射光の70〜80％を吸収する。この層に隙間がある場合、ふつうは樹木密度の低い下木層の密度が高くなることもある。このような樹木の層構造のために入射光はほんの数％を除き、ほぼすべてが吸収され、樹冠の隙間、林縁部、川沿いを除けば、灌木類や地表植生は通常みられない。

　ここに生息する動物は、樹木に比べると生産力の面でははるかに小さいものの、他のどんなバイオームよりもたくさんの種類がみられる。餌となるものが豊富で、環境が比較的安定していることが、そうした状態を成り立たせているものと思われる。樹木と同じように、動物の社会も階層的構造をなしている。最上層で生活するものの大半は、この密生した樹木で構成された環境でほとんど一生過ごす鳥や昆虫たちである。その下の樹冠層は樹上で生活する、サル、ナマケモノ、アリクイ、小型食肉類など、多種多様な動物たちのすみかとなっている。彼らは、めったに地面に降りることはないが、下木層に棲む動物たちは樹上から林床までを動き回ることもある。地表棲の動物は、樹上棲のものほど種類は多くないが、シカ、齧歯類、イノシシ、野ブタなどがみられる。

　熱帯雨林の生産力は、有機物を循環して栄養物を保持するメカニズム次第であるように思われる。それがうまく機能すれば、膨大な量の雨によって栄養物が溶脱することはない。樹冠からは大量の落葉枝が供給されるが、腐植の回転率が日に1％しかないので、落葉層の堆積は進まない。平均気温が30℃以上の場合、落葉の分解速度は供給速度を上回る。25〜30℃で分解速度と供給速度がほぼ等しくなる。落葉枝の分解に主要な役割を果たしているのは、樹木の根部で菌根叢を形成するカビ類だろう。その働きによって無機栄養分は、分解された落葉層から根へ直接吸収される。このようにして、雨水流出による栄養分の損失は押さえられる。土壌動物が落葉枝そのものよりもカビの方を食べざるを得なくなるほどだ。例えば、ミミズはほとんど土壌をかき混ぜないので、上部の有機物層と下部の無機物層とは画然と分かれている。

　強烈な日射、大量の降雨、迅速な栄養循環が生み出すものは、きわめて高い純一次生産量で、熱帯雨林の平均純一次生産量は、乾燥重量で$2,200g/m^2$/年である。この

バイオーム全体の生産量を合わせると37.4×10^6t/年にもなり、これは地上のどのバイオームよりもはるかに多い量である。

いまや、様々な政府や木材生産企業の手によって、熱帯雨林が年に1,100万haもの割合で失われている。その結果、5000年前には1,600万km^2あった熱帯雨林が、今では、たったその2/5しか残っていない。このペースで破壊が進めば、30年後には地球上からこのバイオームは消滅してしまうだろう。このことについての科学的な関心は別として(例えば、東南アジアの熱帯雨林には25,000種を超える顕花植物が生育しているとみられている)、当然、このような大量の生物資源は、経済的な面からも、遺伝的な面からも、大いなる可能性を秘めた貯蔵庫であるはずだ。

島　嶼

島嶼について論じることは、陸と海のバイオームを理解する上での橋渡しとしてふさわしいように思える。ここで、海洋はおそらく陸上の動植物層にまで、強い生物学的影響を及ぼしているらしいことを忘れてはならない。例えば北極圏では、その生活圏に点在するツンドラでは養いきれない大変な数の動物たちを、数多くの小さな島々が支えている。だが、そうした動物たちは、直接にしろ間接にしろ、栄養面では海に依存している。島にはある種の生物学的な限界がある。島では、近くの大陸に比べて種の多様性が低く、殊に列島では大陸から遠ざかるほど多様性は低くなっていく。

もちろん、島の生態系は一般的な環境要因によって様々な様相をみせている。さらに、土地の高低と地盤の構造が主要な決定要因となる。海抜4,170mの活火山マウナロアも、海抜15mを決して超えることのない低い環礁も、ハワイ諸島という言葉でひとくくりにされる。島の生態系は、必ずしもその構造が特異だというわけではない。例えば、最も近い大陸から3,200km、最も近い群島からは700km離れているハワイ諸島では、常緑降雨林、常緑季節林、サバンナ、草地、低木林、高山ツンドラ、半砂漠など、様々な自然群系がみられる。これらは、大陸の熱帯山地と同じように、ごくふつうに海抜高度順に並んでおり、また、植物は大陸のものに似た形態をとることが多く、似たような種が出現する場合もある。

たいていの場合、人間が島の生態系に及ぼす影響力は強大であった。これは、人間が持ち込む動植物が島の原生種よりも競争力で勝っていること、あるいは島に棲息する生物の多様性が低いため、生態系の中にまだ占められていない場所があることに原因がある。

また、島の動植物相は、一つの島あるいは一つの諸島でしかみられない固有種の割

合が高いことが多く、種の絶滅が起きやすい。ドードーの絶滅はおそらく、その最もよく知られている例だろう。

海洋

　海洋には、生物にとって恵まれた場所もあれば制約を受ける場所もあり、その結果、そこでの純一次生産量は大きな違いとなってあらわれる。本質的に、河口地域や珊瑚礁のような沿岸地帯では生産力は大きい(水が動くことによって食物がもたらされ、老廃物が運び去られるので、生物は食物を獲得し、老廃物を取り除くエネルギーを節約できるのが、生産力を大きくする要因の一つである)。大陸棚地域、殊に湧昇流によって海底から栄養分が供給されるような場所は、沿岸地帯に次いで生産力が大きく、外洋では生産力はやや小さい。

　このように純一次生産量に違いがあることは、海洋において生物の成長を支配している主要な因子の一つが、栄養分の供給であることを示唆している。栄養分が豊富で、太陽光が行き届く海洋の表層部(200m以浅の有光層)での生産力は大きいはずだ(そのような深い光合成ゾーンでは、陸上の生態系は存在しない)。比較の範囲をもっと広げるとすると、海洋はきわめて湿潤なツンドラに似ていると言えるだろう。

　海洋の一次生産者は、60mの深さまでは主に植物プランクトンであり、特に中緯度地帯では、大型の海草類がきわめて高い純一次生産量を担っている。一次消費者に位置するのは動物プランクトンで、植物プランクトンそのものか、それから生じるデトライタス(有機堆積物)を摂取している。そして、次に位置するのが動物食性の動物プランクトンである。さらに、魚類を含む海洋における様々な栄養段階の長大な食物連鎖が、食肉動物を頂点として構成され、完全に草食性の大型動物はほとんどいない。海底に生息する大型の消費者には、ヒラメ、カレイ、大型のエビのように自由に動き回るもの、イソギンチャクや二枚貝のように固着生活を営むもの、ヤドリイソギンチャク、二枚貝、腹足動物、棘皮動物、甲殻類のように海底の砂や泥に穴を掘って暮らすものなどがいる。バクテリアも海底表面の堆積物中に大量に存在し、陸上生態系の落葉層で果たしているのと同じ役割、すなわち、栄養分の還元をそこで行っていると考えられる。

　大陸棚ゾーンで活発に泳ぎ回っているのは、魚類、大型甲殻類、カメ類、海鳥、哺乳類などである。広い地域を動き回るものも、中にはいるかもしれないが、水温、塩分濃度、栄養分が障壁となって、生息する生態系の他の構成要素に影響を及ぼしているため、生き物の分布は一定の制限を受けている。たとえ水温などの環境条件には直

接影響されないとしても、餌場と深く結び付いている。大陸棚における食物連鎖の中で、微少なプランクトンとそれを餌とする魚類は、重要な鎖の環の一部になっている。ヘリング(タイセイヨウニシン)、メンハーデン、サーディン、ピルチャード、アンチョビ(カタクチイワシ科の小型種の総称)といったニシンの仲間は、この鎖の環の大変重要な構成要素であり、ある種のイワシは実際は、太平洋における草食動物と言える。もっと大きな魚になると、その食物は小型の魚に変わっていき、さらに三次、四次の食肉動物まで加わった、長い食物連鎖の環がみられることもある。

　大陸棚の外に拡がる外洋は、完全に外洋種と底生生物の世界だ。海洋の植物プランクトンは、きわめて小さなものがほとんどで、動物プランクトンは、他の生物の幼生以外は一生を小さなプランクトンの状態で過ごす種類である。そして、プランクトンの生産力は低いにもかかわらず、ウミツバメ、アホウドリ、グンカンドリ、アジサシといった繁殖期にだけ陸地にやってくる海鳥の特徴的な暮らしを、最終的には支えていると言える。海鳥たちの行動は制約を受けていないようにみえるが、そのほとんどが特定のタイプの表層水と結び付いている。また、完全に陸地と結び付きを持たないのが、イルカやクジラのような海の哺乳類も同様である。

　様々な陸上生態系に比べ、海洋生物の生息数がどのように変化しているかについてはほとんど知られておらず、乱獲によるクジラの減少のような劇的な例を別にすれば、人間による干渉が、どのような結果をもたらすかを解明するのはなかなか難しい。例えば、下水や肥料の流出による海洋の富栄養化の問題は複雑で、実に様々なかたちで種組成、生産力の両方が影響を受ける。また、塩素化炭化水素殺虫剤(例えば、DDT)やポリ塩化ビフェニル(PCB)のように、容易に分解しない物質が及ぼす影響についても同じことが言える。もっとも現在では、こうした有害物質が海鳥のような食肉動物に対して及ぼす影響に関しては、かなりよく解明されている。これと同じくらいに重要なのは、ただちに定量化はできないが、河口域や塩生沼沢地などの多くの海洋生物が幼生の時期を過ごす潮間帯の生息地の埋め立てによって、どのような影響がでるかという問題である。何よりもよく解っていることは、クジラや魚の数を相当に低いレベルにまで減らしてしまう、人間の影響力である。「海洋は広大で生命に満ち溢れているので、人間が影響を及ぼしているのは沿岸の狭い地域だけで、また、海洋は無尽蔵の食料供給源で、底無しの汚水だめである」、などと思っている人は、今では誰もいない。しかしそのように解ってはいても、いざ改善するための行動に移るとなるとその動きはとたんに鈍くなってしまう。

　きわめて生産力の高い潮間帯の環境は、干潟と塩生沼沢地を併せ持つ河口域である。

Environment

陸地

　潮汐の影響、強い流れと濁り、変化しやすい塩分濃度、といった条件の河口域は、そこに棲む生物たちに相当なストレスを強いる。そして、広い範囲の塩分濃度に耐えなければならない。植物では耐塩性(塩生)をもつスパルティナ属(*Spartina*)、アッケシソウ属(*salicornia*)、ホタルイ属(*Scirpus*)のようなイネ科あるいはイグサ科のもの、アオサ(*Enteromorpha*)のような緑藻類がそうした場所でみられる。一方、干潮時の泥の上は、珪藻類や藍藻類で覆われる。また、濁りがひどいために植物プランクトンはほとんどみられない。

　不利な条件を補う面もあり、乱れた強い流れのために溶存酸素濃度は高い。また、塩水と淡水が混じり合うと、流れがあるにもかかわらず、河川が運んできた栄養分を河口域において長期間保持する、栄養分トラップとして機能する。少なくとも熱帯では、河口域の栄養分も海洋、それも殊に、植物プランクトンによって使い尽くされていない有光層より下の深海からくる。そこでは、潮汐作用によってゴミや老廃物が取り除かれて栄養分や有機物が運ばれ、その結果、安定した生物相が成立し、排泄や食物の獲得に無駄なエネルギーを費やさなくてすむ。河口域における平均純一次生産量は $1,500\,g/m^2/$年(大陸棚では $360\,g/m^2/$年、外洋では $126\,g/m^2/$年)で、その値は熱帯季節林に匹敵する。藻類や植物などの生産力はそのほとんどが、軟体動物や環形動物などのデトライタス食の生物が活動し、バクテリアが分解する重要なステージを含む分解者の連鎖に組み込まれる。ハマグリ、トリガイ、イガイといった二枚貝類は、特に高い生産力を示す。北ヨーロッパでのイガイの乾燥肉部バイオマスは $200\,g/m^2$ にも達することが報告されている。適切に管理されたイガイの生息地では、生重量で $2,000\,g/ha/$年もの生産力を実現することが可能で、これは草地における肉牛のおよそ $50\sim100$ 倍の生産力に相当する。このような生態系を重要な餌場としている鳥たちを含む食肉動物たちは、こうした固着性の動物を主な食物として生きている。人間が利用する重要な資源として大陸棚で捕獲される魚種の2/3が、その幼魚期を河口域で過ごす。また、産卵場所を目指して海から川をさかのぼる途上、河口域を通らなければならない魚もいる。このように、河口域は漁業対象魚の重要な養育場所なのである。

　こうした生態系が拡がっている平坦な場所は、様々な産業目的に利用しやすく、一般に河口域では環境汚染が大変起こりやすいと言える。こうした河口域は、鳥たちのすみかだという理由だけからだけでなく、外洋だけでは成立しない海洋環境全体に欠かせない構成要素であるという意味で、地味だが優先順位の高い保全対象に値する。

　バイオーム地図は、部分的に推定によるところがあることを再度強調する必要があ

る。本章の最初に述べたように、この地図は人間活動が突然に停止した場合、その場所で遷移が進行し、地球が本来の姿に戻った状態をおおよそ表わしている。

> 言い換えれば、人類が自然を著しく改変する前、更新世後の大きな気候変動はあらかた終息し、変化した環境に植生が適応した後の、過去のある時期（おそらく、BC1000年頃）の地図とも考えられる。だが、その頃でさえ、西南アジアの広大な地域が農業や牧畜のために改変されていたに違いないし、東南アジアでは、土地が穀物栽培に利用転換されていた痕跡が広い地域に残っている。この地図は現時点の真の姿ではない、と言いきってもよいだろう。例えば、ツンドラの大部分は現在、まだそのままに残っており、ほとんど改変されていないが、ユーラシア大陸の落葉樹林のほとんどが失われ、ザイールやアマゾンの低地熱帯林は急速に縮小している。このことはバイオームの実態について、判断ができない部分があることを示している。農業や牧畜によって改変されてきたケースでは、偶然または意図的に保全されていたかにかかわらず、手付かずになっていた地域について調査研究がなされてきた。だが、そうした地域の生態系が太古の状態とどの程度違っているのか、正確には分かっていない。

関係性と全体性

　太陽エネルギーは、地球の様々なシステムの中で循環した後、宇宙空間に放出される。ある意味ではそれは、使えるかたちに集中した太陽エネルギーが地球に放射され、そして拡散して何も使えない熱が放出される、いわば一方通行の流れと言える。その間、惑星の表面部分では、水はこのエネルギーによって循環し、水文循環が形成される。その中では様々な元素が水に溶け込んだり、固体や気体の状態で循環している。こうした元素は通常、生物の中にも非生物の中にも存在し、これらがあるからこそ、生命活動が可能になる。これらはエネルギーの流れとは異なり、惑星から決して失われることがなく、永遠に再利用される。この流れは生物地球化学的循環と呼ばれている。そのスケールは非常に大きく、滞留時間がきわめて長いものが多いが（表2-3）、ある種の人間活動は、こうしたサイクルの一部を相当に手ひどくかき乱すまでになり、生物や人間社会に現に問題を引き起こしていたり、将来的な問題を投げかけたりしている（Butcher *et al.*, 1992）。このようなサイクルの中で最も重要なのが、炭素、チッソ、

Environment

関係性と全体性

表2-3 生物地球化学的サイクルの主要構成要素

地球の各相	化学物質の形状
気圏	ガス状 エアロゾル(雲霧質)を含む粒子状
生物圏	気体 固体 液体(溶解状態および懸濁状態) 生物体
地圏(地殻)	固体
水圏	溶液 粒子状
Noosphere	紙などに記述および電子的形態

イオウ、リン、それに水銀や銅といった、いくつかの金属である。こうした事象を考える上で一番簡易な方法は、一連の貯留－流動モデルを設定することだが、もちろんこれは古典的還元主義者の方法であり、たくさんのサイクルが相互に関連していることを見落としてしまうようだ。もう一つの試みは、これらのサイクルのフィードバック機構と内在する推進機能が、個々のサイクルを単純に足し算した以上のものになるという、ガイア仮説の考え方である。この仮説は、惑星のシステムとその住人たちへの全抱活的アプローチの一例と考えることができよう。

生物地球化学的循環

以下に要約した解説は、ボックスアンドアロー(box-and-arrow)モデルに基づいており、(a)これらは時系列の変化を伝えるものではなく、(b)根拠としているデータは、未だ収集中である。したがって、相互関連性の中には、その重要性を過小評価している可能性があることを繰り返しておく必要がある。

炭素循環

炭素はこの惑星上の生命の鍵となる要素である。それ故、炭素循環の研究は非生物的貯蔵庫ばかりでなく、地球上の生命すべてが対象となる。様々な生物地球化学的循環に関して、地殻作用での数百万年単位から、海洋－大気間のガス交換や光合成作用での秒単位まで、炭素循環がかかわる時間尺度は広い範囲にわたっている。したがって、モデルの多くは、同じような時間尺度で展開するプロセスを部分的に選び出したものであることを忘れてはならないだろう。

元素としての炭素は、非結晶の炭素、石墨、ダイヤモンドとして、そして100万種類を超える化合物のかたちで存在する。現在、もっとも注目の的となっているのが二酸化炭素(CO_2)である。大気中のCO_2は、岩石の侵食速度や火山活動によってその量が増減するが、深海における炭素(特に、炭酸カルシウム($CaCO_3$))の沈降堆積作用によってもバランスが保たれている。海洋中には39,000 Pg(1 Pg = 10^{15}g)、大気中には725 Pgの炭素が存在する。しかし、1957年以降、CO_2濃度の正確な測定が続けられていることもあって、このように循環している炭素の中で現在、最もよく知られているのが、大気中に蓄えられたCO_2の量である。以来、年間0.5%の割合で増加していることが示されている。大気中の炭素は主にCO_2の他に、メタン(CH_4)や一酸化炭素(CO)などのかたちでもいくらか存在する。最終氷期の終わり頃、およそ200 ppmだったCO_2濃度は、19世紀までの1万年もの間ほぼ安定していた。しかし、産業革命以前は約270 ppmだったものが、1959年には316 ppmに、1995年には357 ppmに上昇した。

海洋中では、炭素は4種類の形態で存在している。溶存無機炭素(DIC)および溶存有機炭素(DOC)、粒子状有機炭素(POC)、そして生物体中の炭素である。重要なのは、海底に炭素が固定されるプロセスは、降り注ぐ有機炭素と炭酸カルシウムをつくり出す生物によって完全に支配されていることである。有機炭素固定の90%前後が、

表2-4 大気中に放出されるメタンの発生源

(単位:10^{12}g/年)

発　生　源	総　計	範　囲
石炭採掘, ガス掘削	80	45〜100
埋立地	40	20〜70
動物の腸[a]	80	65〜100
動植物体の燃焼	40	20〜80
自然の湿地*	115	40〜200
メタン・ハイドレイドの崩壊*	5	0〜100
シロアリ類*	20	2〜100
淡水域*	5	1〜25
海洋*	10	5〜20
総計	505	222〜965
人間活動によって近年増加した量	65	もっと大きい可能性あり

[a] 近年の増加分の主な発生源は畜牛である.
複数の情報源から集計.
各バイオーム区分は動物のコミュニティや土壌としばしば関連しており, また明らかに主要な地形や気候と関連がある. しかし, この図は人間活動による地表植生改変の有無は無視している(Simmons, 1979).
*印の項目は人間活動によって影響を受けてきたかもしれないが, 本来, 自然発生的なものである.

Environment

海洋における生命活動の大半が営まれる大陸棚で生じる。大気－海洋間では、80Pg/年の炭素が交換され、そのうち5.2Pgだけが沈殿堆積する。陸上では陸上生物相が、光合成によって植物組織のかたちでCO_2が固定される場となっている。陸上のバイオマスには560Pg前後の炭素が含まれ、おそらくその90％が森林に固定され、60Pg程が落葉層で分解されるのを待っていて、やがてCO_2として放出される。地圏は最大の炭素貯蔵庫だが、流動量は最も少ない。地殻にはおよそ20×10^6Pgの炭素が存在するが、河川によって運ばれるものや、地圏の活動を象徴する火山活動によって流動する量は1.0Pg/年以下である。大気中の炭素で陸地に由来するもののほとんどがCO_2として存在するが(180Pg/年の割合)、流動量の1％はメタンとして存在し、その25％が1940年以降の世界的な畜牛の飼育頭数増加によって増えた分である(表2-4)。また、山火事や野火が発生源のCO_2量は7Pg/年である。

本節で手がかりを得て人類が炭素循環に及ぼす影響については、残りの一連のサイクルを解説した後、他のサイクルと一緒にまとめて詳しく考察するつもりだ。

チッソ循環

地球上に存在するチッソの明細目録は、大気と地殻の重要性を示している(表2-5)。しかしチッソは、生物組織や炭素、イオウ、リンといった元素などとの関連で取り上げられることの方が多い。実際、生物や人間活動は、チッソが移動する主要な通路で

表2-5　主なチッソ貯留庫

(単位：10^{12}g/年)

貯留庫	貯留量
地殻	6×10^8
土壌中の有機物	6×10^4
土壌中の無機物	1×10^4
動植物体陸上	1×10^4
海洋	
無機物	6×10^5
有機物	2×10^5
動植物体	8×10^2
大気	
チッソガス	4×10^9
二酸化チッソ	1.1×10^3
その他	3.0

出典：D.A. Jaffe (1992), The nitrogen cycle in S.S. Butcher et al. (ends), 263-284.

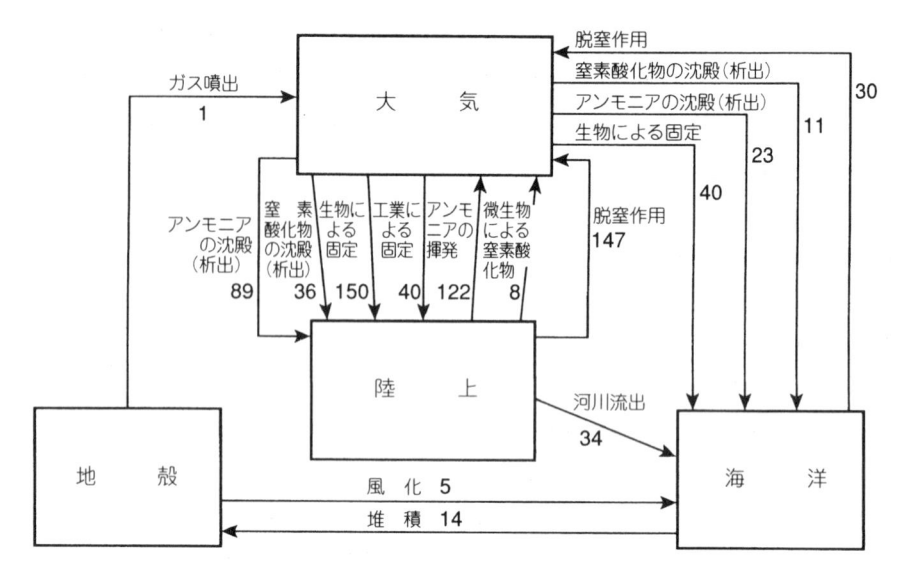

図2-12 チッソ循環模式図（単位：Tg＝10^{12}g/年）

大気から他の貯留庫への純移動量は81Tg/年、
人類が直接かかわっているチッソ固定量は約100Tg/年。(出典：Jaffe, 1992)

ある。巨大な貯蔵庫間を流動するチッソの量はきわめて少ない。N_2流動量の95％は、生物相と土壌の間、生物相と水の間でやりとりされるものである(図2-12)。

　代表的なチッソの動きは三つの過程を伴う。一番目は、大気中のチッソ(N_2)がアンモニア(NH_3)のような化合物に固定される過程である。二番目は、生物がエネルギーを得るために、アンモニアがNO_2^-もしくはNO_3^-へと酸化される硝化過程である。三番目は、NO_3^-が気体のN_2もしくはN_2Oへと還元される脱窒過程である。三つの過程は、いずれも微生物の働きによって進行する。なかでも、家畜を含む動物の排泄物から大気中に放出されるアンモニアを出発点とする過程は、その代表的なものである。これは、雨もしくは乾燥した沈殿物のかたちで戻ってくる。この中で最もよく知られているのが、人工的につくり出されたNO_x(窒素酸化物)が大気中に放出される過程で、大気中に放出もしくは生成された反応性チッソ54.0Tg(Tg＝10^{12}g)から約22Tg/年のチッソがつくられる。非生物に存在する(アビオティック)チッソは、対流圏のエアロゾル形成、さらに成層圏および対流圏のオゾン・レベルに関係している。成層圏に存在するNO_xの滞留時間は1日～30日で、オゾン(O_3)生成を助ける。反対に対流圏では、オゾンを破壊する傾向にある。

　地殻以外のチッソ貯蔵庫としては大気が圧倒的に大きく、そこには地殻以外の場所

Environment

関係性と全体性　**95**

に存在するチッソ総量の99.9％が気体のN_2のかたちで存在する。アンモニアのような化合物は1年以内に分解されてしまう。陸上では、チッソのほとんどが死んだ生物体中に存在し、4％だけが生きている生物体中にある。無機物中のチッソは、陸上に存在するチッソの6.5％にすぎない。海洋に存在するチッソの95％を海水に溶け込んだN_2が占めるが、その量は地殻以外の場所に存在するチッソ総量のわずか0.5％にすぎない。

イオウ循環

　イオウは生物のからだにとって必須の要素である。なぜなら、イオウは、タンパク質を含んでいる組織を構造として保つ働きをするからだ。それ以外にも、自然環境の中で働く酸としての比重も大きい。岩石の風化においても、「酸性雨」においてもイオウは重要な働きをする。大気中において、イオウは雲の主要な凝結核構成物質であり、したがってイオウ循環は、水文循環や雲量に左右される地球全体の放射レベルと相互に影響し合う。いまや人間の生産活動によって排出されるイオウの量は、自然に排出される量に匹敵するほどなので、イオウ循環は人間活動によって最もかき乱されやすいサイクルの一つだと言える(図2-13)。

　地球上に存在するイオウのうち、圧倒的な量が地殻の岩石中にあるが(表2-6)、最

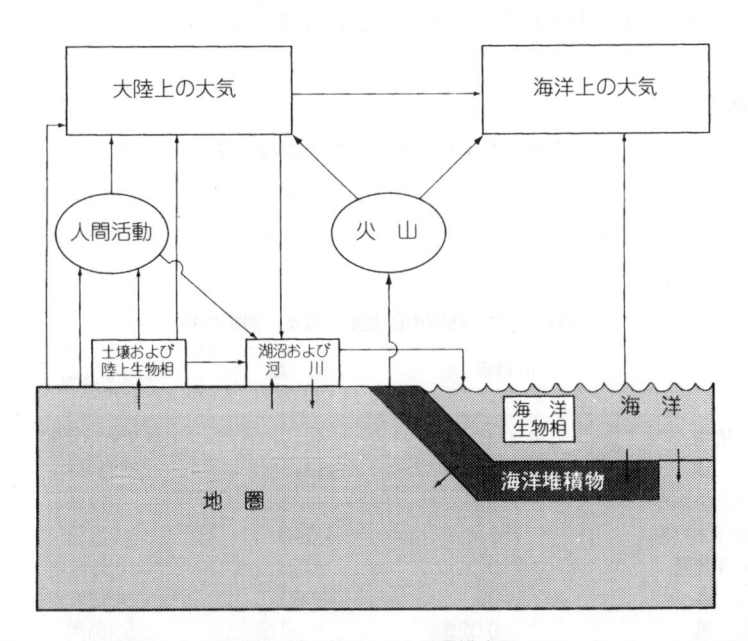

図2-13　人間活動を含む生物地球化学的イオウ循環模式図（出典：Charlson *et al.*, 1992）

表2-6 イオウの貯蔵庫

(単位：Tg=10^{12}g)

貯蔵庫	貯蔵量
地圏	2.4×10^{10}
海洋堆積物	3.0×10^{8}
海水	1.3×10^{9}
土壌および陸上生物相	3.0×10^{5}
湖沼および河川	300
海洋生物相	30
海洋上の大気	3.2
大陸上の大気	1.6

出典：R.J. Charlson et al. (1992), The sulfur cycle. In S.S. Butcher et al. (ends), Table 13-3.

も大きな流れはこの貯蔵庫を経由していない。大気中に存在するイオウの量は少ないが、滞留時間は日単位で測れるほど短く、流動量は大きい。イオウを含む物質の中で最も重要なのは硫化メチル（DMS：CH_3SCH_3）で、海洋から放出される物質のなかでも最も量が多く、地球規模での自然のイオウ循環を調整する役割を果たしている可能性さえある。生物に由来するイオウの総量57 Tg/年のうち、39Tg/年をDMSが占めている。一方、人類は80Tg/年ものSO_2を大気中に放出している。

リン循環

生物圏において、リンは様々な生物地球化学的循環を支配しているにもかかわらず、リンが気体のかたちをとることは全くないことに驚く（**表2-7**）。大気中では、雲や雨の凝結核を構成する物質のごく一部としてだけ存在するが、リンがほとんど存在しな

表2-7 リン循環の貯蔵庫、流量、滞留時間

	貯蔵量 (Tg)	流量 (Tg)	滞留時間
堆積物	4 (15)	4 (9)	1.8×10^{8}年
陸地	200,000	88〜100	2,000年
陸上生物相	3,000	63.5	47年
海洋生物相	138	1,040	48日
海洋表層	2,710	1,058	256年
深海	87,100	60	1,452年
大気	0.028	4.5	53時間

出典：R. Janke (1992), The Phosphorus cycle. In S.S. Butcher et al. (ends), Table 14-5.

Environment

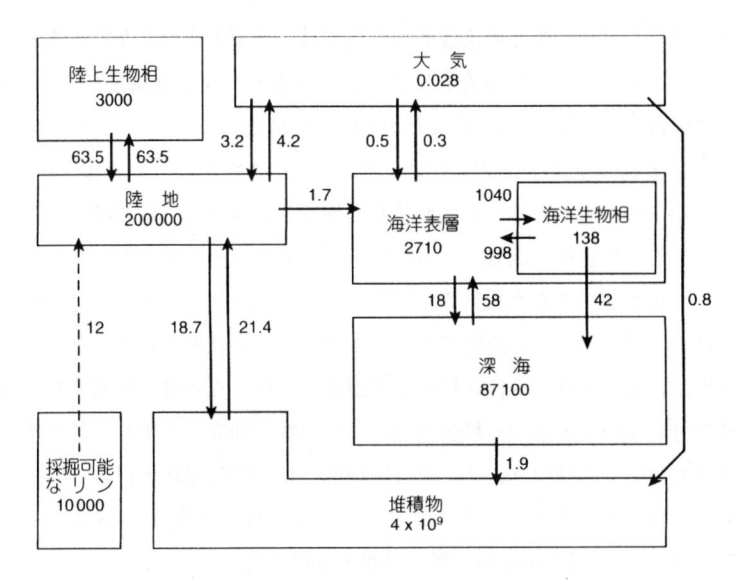

関係性と全体性　**97**

図2-14　地球全体のリン循環（単位：100万トン）（出典：Janke, 1992）
矢印線横の数字をよく見て流動量の違いを認識する必要がある。

い地域では、このルートから陸地や海洋に供給されるリンは重要なはずだ。陸上生物圏におけるリンの循環は、一つの閉鎖系とみなすことができる。リンは土壌から動植物によって吸収され、動植物の死がいの分解過程を経て、また土壌に戻っていく（図2-14）。陸上の生物相以外では、沈降作用や運搬作用によって流れ下り、ついには海洋底に到達する堆積物（リンは堆積物とともに移動する）のようにふるまう。海洋中では、リン分に富む底層堆積物が冷たい海水の湧昇流に乗り、表層へ運び上げられる現象がみられる（エルニーニョ現象で、暖かな海水におおわれていなければ、ペルー沖を流れるフンボルト海流でみられるように）。このように濃縮されたリン分によって、海洋の植物プランクトンの繁殖が促され、さらに魚が大増殖する。

　イオウの場合と同様に、リン循環も人間活動に強く影響される。リン鉱石の採掘、そして、それを肥料として使用することで、河川水中のリン分が増加し、海洋中のリン分も増えていく。

金　属

　鉄の欠乏が貧血症を引き起こす一つの原因であることは誰でもよく知っている。それにもかかわらず、金属に対して私たちが抱いているイメージは、産業経済の基礎と

なる物質としてだけで、生体の構成要素としては、まず考えつかない。また、ある種の金属は生命にとって不可欠な存在であるにもかかわらず、高濃度に濃縮されると、生命にとって毒物ともなり得る（銅などがそのよい例だ）。

地殻は常に金属の主要な貯蔵庫となっていて、様々なかたちの風化作用によって、金属はそこから解き放たれる。金属が移動し堆積する場合、しばしば、その化学的形状を変化させるため追跡が困難になる。例えば、海水中の水銀は微生物の働きによって、メチル水銀かジメチル水銀に変化する。この二つはどちらも水に溶けないが、脂質（脂肪）には溶け、生体内で濃縮される。この二つの形状の水銀は、金属としての水銀よりも生命に対して強い毒性を持つことが多い。様々な水域で金属の動きは粒状有機物と結び付いているようで、移動の過程で微生物が仲立ちをすることが多い。こうした特性は河口域で結びつき、そこでは物理的、化学的相互作用によってしばしば金属が沈殿し、河川を遡ることさえ起こる。そして、河川（地圏から海洋への金属の主要な運び手）が運ぶ金属のほんの一部だけが海洋に到達する。

しかし、金属を産業に利用すれば、自然のサイクルに加えられる金属の量も頻度も多くなり、時には自然の濃縮速度を上回る（p.134参照）ほどになること意味する。そして、「環境問題」が必ずと言ってよいほど持ち上がり、たいていは「環境汚染」のレッテルを貼られることになる。

人間による擾乱

主な生物地球化学的循環には、そのほとんどが産業革命から現在までの期間に、人間活動によって無視できない変化が、例外なく生じるようになってきた。最近では、新しい技術が導入されたり、環境中の化学物質を検出する方法が改良されたり、問題となっている成分物質の濃度が上昇するなどで、時々そうした変化が見つかるようになってきた。

炭素循環の場合、問題が拡大していったのは、化石燃料を燃やすようになってからだった。地殻に貯蔵されている化石燃料中の炭素の量は、5,000〜10,000 Pgのオーダーと見積もられている。化石燃料の燃焼により排出される炭素の量は、地球全体で1860年には0.1 PgC/年（PgC=10^{15}gC）だったが、1914年には0.9 PgC/年、さらに1980年代には50 PgC/年にもなっていた。そして、1960〜1980年の間、大気中の炭素濃度は年に約1 ppmの割合で上昇した。大気中に存在する炭素のもう一つの発生源は陸上生物相である。その量、化石燃料の燃焼と同じ位の量（1.8〜4.7 PgC/年）になるかもしれないが、その40％が海洋に吸収されているらしい。これは、チッソ循環やリン

循環、さらに鉄や亜鉛のような金属循環もおそらく関与して、これらの相互作用で栄養分が供給された結果、大量の植物プランクトンが発生し、それらによってCO_2がいっそう吸収されるからだと思われる。炭素の存在分布と流動の問題は、いまだにある種の不確定性を伴わざるを得ず、地球規模の気候変動シナリオにおいて鍵となる役割を演じているという意味からも、徹底的な調査が必要な課題だ。

　チッソ循環に人類が演じている役割には、三つの異なる側面があることが知られている。最もよく知られているのは、火力発電所や自動車から排出されるNO_xの問題である。強い日照と動きのない大気という気象条件下で大気中にオゾンが生成し、このオゾンが光化学スモッグの主要な構成要素となる。すなわち、NO_xの発生量を減らすことが、光化学スモッグ被害を減少させる鍵となる。二つ目は、肥料、化石燃料、下水汚泥などから排出されるN_2Oの問題である。不活性であるため滞留時間の長いフロンガス(CFCs)とこれらのガスが共に作用して、成層圏のオゾンと化学反応し酸素に変えてしまう。この現象は冬の間中、両極上空で形成される渦の中で顕著であり、オゾン層を破壊して「オゾンホール」を生じさせる。フロンガスの使用を段階的に削減し、最終的にゼロにしようという国際的な動きが起こったが、フロンおよびフロン類似物質は滞留時間が長く、オゾン層の回復は遅々として進まないだろう。成層圏におけるオゾンの減少は地球温暖化を促進させ、紫外線の透過量が増えることによって、人間に対しては皮膚ガンを増加させるなど、動植物の組織にダメージを与える。三つ目は、肥料製造の目的で大気中のチッソを工業的プロセスによって固定することである。微生物も同様にチッソの一部をN_2Oのかたちに変えているが、この役割については前に述べたとおりである。

　時間尺度の重要性は、リン循環のケースで理解できたはずだ。肥料製造や他の産業利用を目的としたリン分に富む岩石の採掘は、リン循環に影響を及ぼす代表的な人間活動である。短期的には、しばしばチッソの働きも相まって、これが淡水や沿岸の水域の富栄養化をもたらす。長期的には、海洋中のリン分の増加によって海洋プランクトンが大増殖し、CO_2の吸収が加速される。だが、これについては、まだ推論の域を出ていない。

　金属循環への人間活動の影響については、水銀のケースで理解できたはずだ。現在、大気中へ移動する水銀の量は8.5×10^{18}gだが、そのうち3.3×10^{18}gが人間活動によるものである。陸地から海洋への水銀の移動量は4倍に増えた。増加した分は、もちろん均等に分散するわけではなく、濃度の高い地域がみつかっているが、そうした場所では、ある種の生物に相当なストレスがかかっている。

生物地球化学的循環において人類が演じている役割について考える際に、次に挙げるような地球規模の現象が伴うことを必ず注意しておかなければならない。
- 地球規模の気候変動(水、炭素、チッソ、フロンのような含ハロゲン炭素化合物)
- 酸性雨(炭素、チッソ、イオウは化石燃料の使用に伴い必ず生じる)
- 食料生産(炭素、チッソ、リン、イオウ)
- オゾンホール。フロンは長い間滞留し、特に1956年から1985年にかけては、成層圏のオゾン層を急速に破壊する原因となった。

地球規模の温暖化、二酸化炭素濃度、メタン濃度はすべて正の関係にあることが、反対に、これらと硫酸イオン濃度とは、むしろ負の関係にあることが、ここまで述べてきたことから理解できたことと思う。また、ある種の正のフィードバック作用が存在するために、人間活動によって、しばしば変化の速度に拍車がかかることがあり得る。しかしながら、個々のサイクル間の関係性は、いまだ調査研究のおよんでいない面が多く、予期せぬことが起きる可能性がある。こうしたシステムおよびそれらのフィードバックの環を地球規模でモデル化したある理論は、その全抱括的(holistic)性格故に他のどんなモデルよりも人々の注目を集めてきた。このモデルこそがガイア仮説である。

ガイア仮説

地球という惑星の様々なシステムが、相互に関連しているという概念には長い歴史がある。18世紀、地質学者のジェイムズ・ハットンは、地球は一つの超生命体であり、生理学者による研究が必要だとまで発言するに至った。1877年、チャールズ・ダーウィンの盟友、T.H. ハックスレイは、大気の組成バランスが崩れる原因は生物にあると主張した。今日、この仮説はかたちをかえこそすれ、FRS(王立協会員)にして、ガス・クロマトグラフィーの専門家、ジェイムズ・ラブロックによって、その重要性はおおいに増している。1960年代、彼は部分部分について知るだけでは認識できない固有の性質が、総体としての地球には備わっていることを提唱した。そして、そのシステムの全体性をあらわす比喩として、ギリシャ語で大地の女神を意味する「ガイア」と名付けた。

仮説の変遷

ラブロックの仮説が姿を現したのは、彼の処女作(1979年刊行)の中で、ある現象を地球規模で考察する過程でのことであった。主要な生物地球化学的循環のほとんどが、

地球規模で相互に関連していることは確実だとみなされ、電子的コミュニケーションによって、どんな場所同士でも即座に情報交換ができるようになり、新たな地平が拡がったように思われた。宇宙空間から捉えた地球全体に関する情報が、一般にも入手できるようになり、このような方法論を裏付ける証拠が揃ってきたようだった。ガイアという言葉は比喩的な表現であったにもかかわらず、神秘主義者やニューエイジの宗教家たちによって取り上げられてきた。ここで私たちは、彼の研究過程の中でさえ、弱い調子から強い調子へと、その主張が前進していったことを踏まえながら、ガイアという言葉がどのような科学的変遷を経てきたのかを考えることにしよう。

　ガイア仮説の不変の原則は、一つの統一体としての地球という惑星は、その構成要素のふるまいを知るだけでは、予測不可能な性格を持っているということである。ガイア仮説が単純な理論(すなわち、「弱い」ガイア仮説)であった段階では、地球の生物が気温や大気組成に影響を及ぼしていることを主張する程度であった。さらに進んだ段階では、生物が非生物世界に影響を及ぼし、それと同時に、ダーウィンの進化論で言うところの進化上の圧力が生物にかかる共進化モデルが描かれる。このモデルが、生物と非生物が負のフィードバック・ループによって結ばれ、非生物世界が能動的に適応してバランスをとる、フィードバック機構の提唱へと導くことになる。さらに強力なガイア仮説へと向かわせたのが、目的論的(teleological)段階である。すなわち、地球の大気は生物相によってではなく、生物相のために動的平衡状態に保たれると考えた。厳密に言えば、これはダーウィン主義者の世界観とは矛盾する考え方である。そして、様々な形態の生命にとって最適な環境をつくり出すために、生物相が非生物界を操作しているという考え方に至ったのである。

　実証できる仮説もあれば、そうでないものもある。目的という概念とその意味について、現在でもたびたび議論が戦わされている。また、ダーウィン主義者が金科玉条としている個体レベルにおける自然選択は、あまりにも排他的な考え方ではないか、あるいは、単純な適応行動というより、むしろ目的のある適応行動があり得ることをほのめかす、集団レベルでの自然選択という考え方があってもよいはずだという議論も出てきている。ガイアという比喩的に表現されたものはメカニズムなどではなく、もっとはっきり言えば、メカニズムという言い方も比喩的であり、おそらく生命の潜在能力を正確に描くことができるものではないと批判する見方もある(Schneider and Boston, 1991)。

　ガイア仮説における最大の知的挑戦は、科学の枠組みの中で目的という概念を

扱った部分にある。この概念は、ダーウィン主義者の生命およびその適応に関する考え方の中に収まらないというのが一般的な見方のようだ。また、「目的論（teleology）」という言葉は、生物と非生物的環境との親密な結び付きをあらわすには、不正確な表現だという意見もある。

フィードバック

地球の様々なシステム、特に気候システムに汚染物質が及ぼす影響に関して関心が高まっている中で、ガイア仮説では、問題のある領域として地圏よりも大気圏に重点を置きながら、生物－非生物間のフィードバック・ループに、特に焦点を絞ってきた。ガイア・モデルを基礎として用いて、現時点で生物－非生物間の環は負のフィードバック（自己修復的もしくは恒常的、いずれの場合も、その安定化機構が働く過程で、急激な温暖化が起きる可能性がある）なのか、正のフィードバック（現在の趨勢がいっそう激化したり、手に負えないような変化が起きることも十分あり得る）なのかの予測を研究者たちは試みることができる。

雲量、水蒸気移動、氷雪量といった地球物理学的フィードバック、生物地球化学的循環、対流圏および海洋における化学的過程（前に述べたDMSの役割を含む）、陸上生物相（日射反射率、炭素貯蔵容量、過剰なCO_2や永久凍土および泥炭地から放出されるメタンによって起きる「肥沃化」を含む）、人間社会のエネルギー需要などを算定し、予測が立てられてきた。それらを総合して得られた値は$0.32 \sim 0.98$の範囲であった。この数値はフィードバック・ループが全体として正の方向に機能し、地球の平均気温は通常の予測値よりも$2 \sim 3$℃高い、10℃も上昇する可能性があることを意味する。気温上昇が$2 \sim 5$℃以上になると、気候システムはまず間違いなく不安定になることから、この計算結果は不確定な要素が多い現時点で、あえて慎重論を唱える人たちに援軍をおくるデータだと言える。

この世界を動かしている生物物理学的プロセスに関して、私たちが学んできたことの多くが、誰もが認める信頼できる情報源から得られたものである。自然科学は上記で説明した事柄に関し、とりわけ支配的である。だが、ヤーズリー（1991）は、そうしたきわめて信頼性の高い情報をたくさん積み重ねても、まだ難しい問題が残っていることに注目してきた。それは不確定性の問題である。例えば、開発計画の立案に際して、どの提案を採用すれば環境に与えるダメー

ジを少なく押さえられるか、というような問いかけだ。それに答えるのは不可能な場合が多い。確実な証拠を集める時間、もしくは資金が十分でないことがよくある。また、その現象が深海のように観測しづらい場所で起きていることだったり、有機リン殺虫剤が使われだした頃のように、測定が困難だったりするかもしれない。さらに、生態系のふるまいに関する理論の水準が低いため、予測が難しいことも一因として加えることができる。このことは、地球規模まではいかないとしても、複雑な様相を呈するスケールの大きな現象を扱う場合問題になってくる。こうしたことは皆、部分部分を単純に足し合わせたものとは異なるふるまいをするという統一体の性格の一面であるし、古典的な還元主義的科学のこうしたことを説明し、かつ管理操作する能力には、ある種の限界がある。また、生態学者や自然地理学者のような自然科学者は、彼らが言うところのシステムを構築してこなかったことを、私たちは知っておくべきだ。その結果、いつの場合でもかえりみられない部分が残ってしまうのである。情報が十分に得られる場合でさえ、企業や政府のような集団は、こうしたシステムを相当程度操作したり影響を及ぼしたりする。このことを理解することによって、人類が地球をどのように利用しているかを、きちんと考えられるようになる。

もっと詳しく知るために

　科学の本質と社会的役割については、超熱狂的なものから、まったく懐疑的なものまで、たくさんの書籍が刊行されている。それらの中で、知的活動としての科学の本質に関するAlan Chalmers(1982)と諸科学の社会的関係に関するJohn Ziman(1980, 1994)は、むしろ正反対の趣があるにもかかわらず、どちらかといえば中間的立場のものと言える。Desmond and Moore(1991)によるチャールズ・ダーウィンの伝記は、優れた読み物である。生物地球化学的循環については、たびたび題材にされるが、人間活動が及ぼす影響をきちんと考察している点で、Butcher *et al.*(1992)に勝るものはないだろう。洪積世および現世における自然環境の変化に関しては、Goudie(1992)、Roberts(1989)、Bell and Waker(1992)らが論じている。人類の進化に関する研究は、それ自体がめまぐるしく進化発展を遂げているが、Bilsborough(1992)は優れた著作と言える。海水準変動に関しては、Tooley(1994)は概論的なもので、ヨーロッパにつ

いて、やや特殊な素材を論じたものにTooley and Jelgersma(1992)がある。いまでは、いささか時代遅れの感は否めないが、Chorley(1969)の集めたデータは、その範囲が広く多岐にわたることでは他に類をみない。氷について、もっとよく知りたければ、Sugden and Hulton(1994)は信頼できる手引き書と言える。バイオームについては、ほとんどの生物地理学の教科書類で言及されているが、Archbold(1995)の詳細な報告(通常ほとんど取り上げられない動物に関する記述もある)は情報の宝庫だ。J.E. Lovelockが提唱したガイア仮説が、まとまったかたちの一冊の本としてはじめて刊行されたのは1979年のことであった。Schneider and Boston(1991)はこの仮説の持つ意味を論じた、知的見地、実際的見地の両面にわたる小論を集めたものである。Yearsley(1991)によって提示された不確定性の概念を、Treumann(1991)は予測手法を導入して論じている。

Archbold, O.W. (1995): *Ecology of World Vegetation*. Chapman and Hall, London
Bell, M., Walker, M.J.C. (1992): *Late Quaternary Environmental Change, Physical and Human Perspectives*. Longman, London
Bilsborough, A. (1992): *Human Evolution*. Blackie, London
Butcher, S.S., Charlson G.H., Orians G.H., Wolf G.V. (1992): *Global Biogeochemical Cycles*. International Geophysics Series vol. 50, Academic Press, London
Chorley, R.J. (ed.) (1969): *Water, Earth and Man. A Synthesis.*
Desmond, A., Moore, J. (1991): *Darwin*. Michael Joseph, London (published by Penguin in 1992)
Goudie, A. (1992): *Environmental Change,* 3rd edition. Blackwell, Oxford
Lovelock, J.E. (1979): *Gaia. A New Look at Life on Earth*. OUP, Oxford
Roberts, N. (1989): *The Holocene. An Environmental History*. Blackwell, Oxford
Schneider, S.H., Boston, P.J. (eds) (1991): *Scientists on Gaia*. MIT Press, Cambridge, MA
Sugden, D., Hulton, N. (1994): Ice volumes and climatic change. In Roberts, N. (ed.) *The Changing Global Environment. Blackwell,* Oxford, 150-72
Tooley, M.J. (1994): Sea-level response to climate. In Roberts, N. (ed.) *The Changing Global Environment*. Blackwell, Oxford, 172-89
Tooley, M.J., Jelgersma, S. (eds) (1992): *Impacts of Sea-Level Rise on European Coastal Lowlands*. Blackwell, Oxford
Treumann, R.A. (1991): Global problems, globalization and predictability. *World Futures* **31**, 47-53
Yearsley, S. (1991): *The Green Case. A Sociology of Environmental Issues, Arguments and Politics*. Harper Collins, London
Ziman, J. (1980): *Teaching and Learning about Science and Society*. Cambridge University Press
Ziman, J. (1994): *Prometheus Bound: Science in Dynamic Steady State*. Cambridge University Press

Environment

第3章

人類による地球の利用

　本章で扱うのは資源の問題である。資源とは、豊かさを実現する上で欠かせないものとして、人類が自然環境から採り出す物質のことだ。このような行動は、時には意図的に、時には図らずも、必ずと言ってよいほど環境を変化させてしまう。第1章でみてきたように、そうした資源からつくり出されるものによって、社会を恵み豊かな環境にすることが可能になるのである。

資源の利用

　資源の利用と聞いて、誰もがまず思い浮かべるのは、必要最小限の需要を満たす供給量、健康に害のないこと、象徴として重要性を持つ素材、レクリエーション資源として人気のある場所などといったことだろう。さらに体系的に整理するなら、生命を支え、廃棄物を処理し(言い換えれば治癒力を持つ)、それ自体が配慮を払うべき重要な構成要素である環境中に、物質を取り込むことと考えてもよいだろう。

生命を維持するための資源

　生命を維持するための資源には、あたりまえのことだが、生物としての人間の生存と繁殖に必要な物質が含まれていなければならない。必要最小限の食物と衛生的な水、衣服と雨露をしのぐ家は、どんな世界でも必要とされる。だが同時に、このような必要最小限の水準(もしくはそれ以下)をすき好んで望む人間はいない、ということも忘れてはならない。ごくあたりまえの生活水準を実現するためには、もっと多くの資源を要することをUNO(国際連合機構)は示している。高所得経済国(HIEs)の中で私たちは、莫大な量の飲料水、多様な食物、建築資材、交通網、教育や医療などのサービスを求めている。例えば、ハンブルグ市全人口の生理的エネルギー消費量は5,000TJ/年ほどだが、社会全体で消費する量は100,000TJ/年にのぼる。したがって、こうした

物質の持続的供給に、どうみても依存しているような特殊なライフスタイル、もしくは文化を支える資源の利用形態もこの範囲に含まれる。こうした資源の中には、どうしても必要というよりも、むしろ象徴的な意味で利用される場合もある。昔、アメリカ先住民の族長の頭飾りをこしらえるためにワシを殺したことは、今アジア人に媚薬を供給するために、サイに加えられている仕打ちよりも必然性が高かったとは決して言えない。しかし、どうしても必要だということについては、両方とも文化的背景を踏まえた上で理解しなければならない。インド人やビルマ人は、生涯働いて瞑想と祈りの生活に入れるかどうかという程度の蓄財ができるにすぎない。一方で、西欧人は飛行機で遠い国まで行って休暇を楽しむことが多い。つまり後者は前者よりも、かなり多くの資源(殊にエネルギー資源)を使っていることになる。

癒しの資源としての環境

　資源を使えば廃棄物が生じる。どんな人間も新陳代謝の過程で、固形や液体の老廃物を生み出す。少人数なら老廃物の処理は簡単なことだが、ひとたび村落、およびそれ以上の規模になると、上水道と老廃物とを切り離しておくことが、ぜひとも必要になる。物質の利用が高度の段階に達した都市社会は、プラスチック類、古いテレビ、庭から出るゴミ、いらなくなった服といった膨大な量の固形廃棄物を処分しようとするし、こうした廃棄物を居住地から取り除く必要がある。そこで、資源の流れについて考える際、システムの最終段階がどうなっているのかを忘れてはならない。私たちが生み出す廃棄物の問題を避けて通ることなどできないだろう。

資源としての環境

　私たちが望んでいるのは必ずしも特定のモノではなく、生態系全体あるいは環境全体であったりする。例えば、野生生物を絶滅から救おうとすれば、広大な土地や水域を保護区域に指定し、野生種が優占になるようにその環境を管理することになるだろう。野外レクリエーションの場合も、環境全体が必要となる例だ。そこでは、ウィンタースポーツには雪、ロッククライミングには岩の露頭、そして日常生活を思い出させるものがないこと、といった風景や環境要素がうまく組み合わさっているかどうかで満足度が左右される。自然的・文化的景観要素が結び付いて神秘的な雰囲気を醸しだし、訪れる人々が居ずまいを正さずにはいられないような神聖な場所を持つ文化もある。京都近郊の社寺とその庭園のいくつかは、まさにそんな場所だ。

Environment

🍎 人類社会が消費する資源の量

　人類が消費する資源の量に関するデータで最も手に入れやすいのは、世界資源研究所 (World Resources Institute) の年次報告書 (もしくはデータ・ディスク) 「World Resources」のような情報源である。こうしたデータから、資源消費と廃棄物問題について、何か得られるものがあるだろう。

　どんな社会でもその出発点となるのは一人一人の人間である。資源を供給し、廃棄物を処理するシステムの、備えるべき条件を考える上で鍵となるのは、人が一年間に、あるいはその一生に消費する資源の量である。平均寿命が世界的に伸びているために、たとえ人口増加がなくても、あらたな需要が発生する。西欧の産業社会に例をとると、460tの砂利、166tの原油、39tの鉄鋼、1.4tのアルミニウム、1tの銅、等々の資源をドイツ人は70年の生涯で消費する計算になる。また、ドイツ人は約190kgの紙を消費するのに比べ、隣国のポーランド人の消費量は31kgにすぎない。アメリカ合衆国内で廃鉱となった採鉱地や採炭地の面積はおよそ900万haにものぼり、これはハンガリーの面積にほぼ等しい。

　西欧諸国の消費水準は、所得の低い国々よりも当然高い。北米人一人当たりのアルミニウム消費量はインドの25倍、日本人は隣国である中国人の9倍の鉄鋼を消費している。所得の高い国々は、貧しい国々の約10倍の非燃料用木材を消費しているが、消費量はどこの国でも増えている。例えば、オーストラリアでは1950年からの30年間で2倍になっている。都市ゴミも同様の傾向を示しており、1980年代には年間一人当たり、アメリカ合衆国で864kg、日本で394kg、イギリスで357kgに達している (Smil, 1993)。現在、このうちプラスチックゴミが占める割合は約8％である。

　10年間も車を乗りまわせば必然的に、CO_2を44t、COを325kg、NO_2を47kg、SO_2を5kg、未燃焼の炭化水素を36kg排出することになる。その間、道路を維持するために車一台あたり200m^2のタールマカダムとコンクリートを必要とする計算になり、旧西ドイツでは3,700km^2の地表がそれらで覆われ、住宅建設用に使われた量よりも60％も多かった。廃棄物という観点では、排気ガスは車一台あたり樹木を1本枯らし、3本病気にしていることになる。経済という観点では、1980年代の旧西ドイツにおける車一台あたりの外部費用 (大気汚染、事故、騒音にかかる費用から、燃料や車に課せられた税を差し引いた額) は年間6,000ドイツマルクと算出された。これは、鉄道の一等車で15,000kmの旅ができる金額であった。

資源のタイプ

　平凡な手法だが、資源は大きく二種類に別けられる。再生可能またはフロー（流動）資源と、非再生可能資源またはストック（貯蔵）資源という分け方だ。前者は主として生物起源の物質と水からなる。生物が世代を重ねて再生産していく性質を持っていることは、持続的供給が可能であることを意味し、水文循環によって水は流動し続け、時には人間にとって利用可能な形態をとる。再生が不可能な資源は主として地質的なもので、石炭や鉱石のようにひとたび燃やされたり精錬されたりすると、人類文明の時間尺度内では、それらが二度と形成されることはない。環境自体はほとんどの場合、前者のグループに属する。「ほとんどの場合」とは、レクリエーションに利用するにしても、その場所が見出された当時のまま、まったく同じ状態を保てることもあれば、取り返しのつかないダメージを与えてしまうこともあるということだ。したがって、その分類は言うまでもなく絶対的なものではない。生物資源の過度の収奪は絶滅を招きかねない。逆に言えば、金属を徹底的に再生利用すれば、あらたに採掘する必要性を減らすことができる。

　資源の消費には多くの不平等が存在する。それが最も著しいのは、先進工業国と発展途上国（LIEs）との間の不平等で、新興工業国（NICs）の資源消費量も急速に増えている。需要を完全に満たすことを基本姿勢として資源に圧力を加えることは、多くの場合、資源供給と廃棄物処理の両面から環境にストレスを与えることになる。レクリエーションや旅行のような、非原材料的利用はモノを消費しないはずだ。したがって、人々がどこへ行っても同じような体験を繰り返し味わいたいと望んでいる場合、環境に対する干渉の程度によっては、不安定な環境をつくり出してしまう可能性がある。

再生可能な資源

　水や生物的な資源が本当に再生可能なものならば、それらはいつでも手に入るはずだが、決してそうではないことを私たちは知っている。地球全体としてみれば十分な量があるにもかかわらず、地域によっては水不足になることがよくあるし、生物的な資源が急速な人口増加に伴う需要増に追いつかないことも多い。そこで持続的利用

(sustainable use)という考え方がたびたび適用される。すなわち、現在の利用の形は、どんな資源についても、将来の再生産の土台を崩すものであってはならないという原則である。

🍎 食料と農業

　人間はのどを通るものなら、ほとんど何でも食べられるだろうが、理想の食ということになると、いまだに意見が一致していない。私たちにはエネルギーを生み出す炭水化物、タンパク質、ビタミン、ミネラルのどれもが必要だが、どれだけの量をとればよいかを正確に決めることは難しい。というのも、人によって運動量や耐久力にずいぶん違いがあるからだ。また、体を維持していくのに必要なものも、例えば、大人と子供と妊婦とでは明らかに異なる。平均的な成人で2,200～3,000kcal／日（そのうち、30～40％が動物性タンパク質）を食事として摂取すれば、十分に健康を保てるだろう。そして、一部に飽食状態の人間がいることは確かだが、一方で栄養不足の人間が多いことも明らかな事実だ（図3-1）。

　時代、文化、環境によって食料生産は様々なシステムに分化してきた。その一つが移動耕作で、草地や森などの自然植生を一時的に切り開きながら、耕作地をつぎつぎと替えていく比較的単純なシステムである。現在、世界中でごくふつうにみられるのが、植物の栽培や動物の飼育のためだけに土地を利用する恒久的な農業である。このシステムでは、動物は肥沃な土壌を維持する上で欠くことのできない要素であることが多く、その場合は殊に、化学肥料はほとんど使用されない。牧畜は動物にほぼ依存するシステムであり、そこで得られる生産物は農作物と交換される。こうしたシステムのどれをも補うのが園芸であり、特に裏庭などで集約的栽培が行われている。また、工業的食料生産物もあり、例えば、石油精製過程で出てくる副産物から微生物の助けを借りて食用品が生産されている。

　世界の食糧生産システムは、増加する世界の人口を養うことに成功してきた。1989年までの20年間の年平均増産率では、根菜類は0.8％、穀類は3％、牛乳・肉類・魚類は2％、その他の食料は2.5％というように、殊に近年、生産量は増加の一途をたどってきた。実際に、世界の穀物生産は1965年の1.0×10^9tから1989年の1.8×10^9tへと増加した。こうした傾向をたどる中でも年によって若干の変動があり、殊にアメリカ合衆国においては、その年の穀物作付け面積が政府の政策によって効率的に決定されてきた。生産量の増加率は開発途上国では先進国よりも高く、もともとの生産量はそれほど多くはないが、インドと中国は最も効率的に生産性を向上させている国で

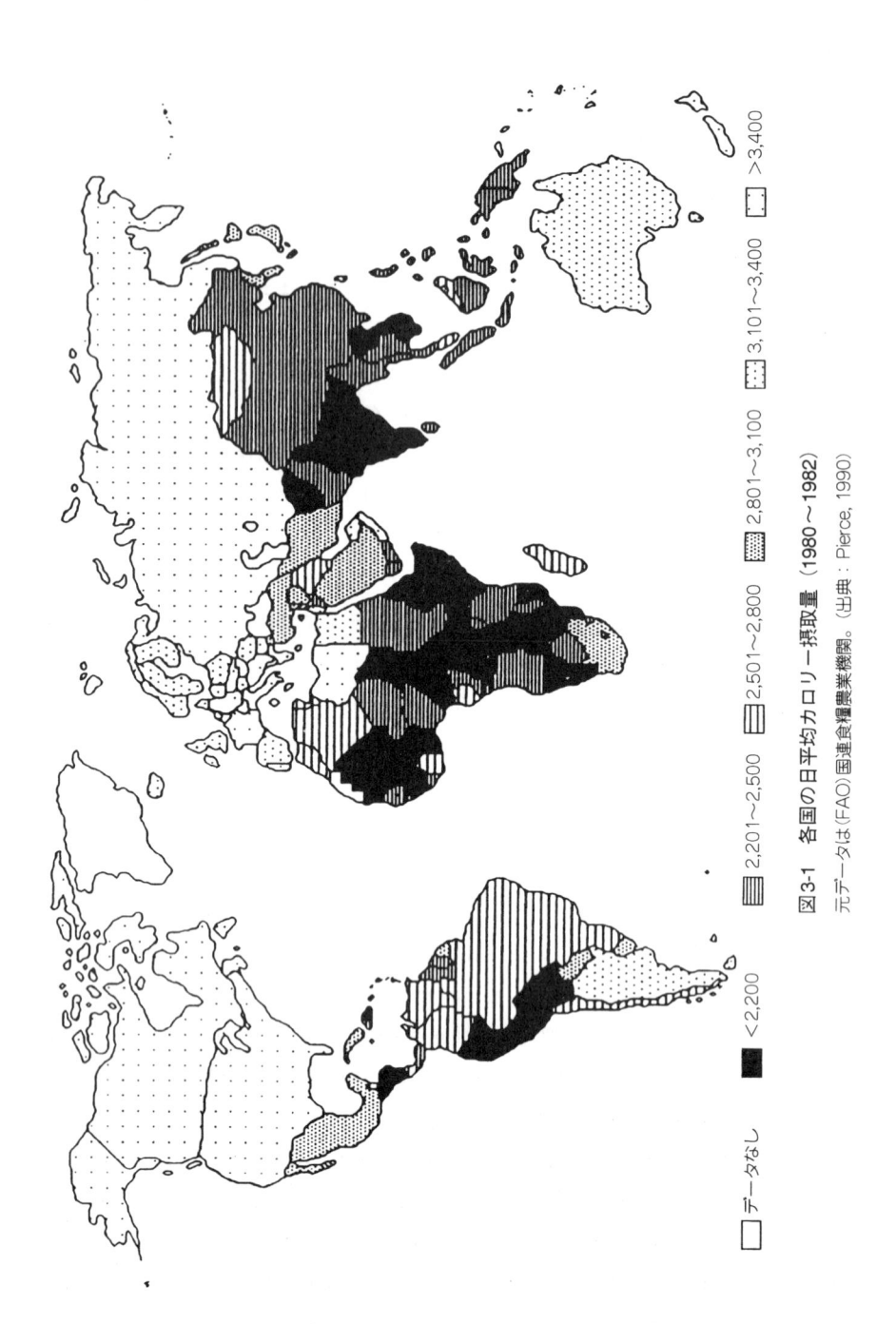

図3-1 各国の日平均カロリー摂取量（1980〜1982）
元データは(FAO)国連食糧農業機関。(出典：Pierce, 1990)

凡例: データなし／<2,200／2,201〜2,500／2,501〜2,800／2,801〜3,100／3,101〜3,400／>3,400

Environment

再生可能な資源 *111*

表3-1　食料生産指数（1979〜1981を100とする）

	総　量 （1978〜80）	総　量 （1978〜80）	1人あたり （1988〜90）	1人あたり （1988〜90）
世界全体	98	122	100	100
アフリカ	98	125	101	96
北米および中米	97	104	98	92
南　米	97	126	99	105
アジア	97	139	99	117
ヨーロッパ	99	108	99	105
旧ソ連	105	121	106	112
オセアニア	103	109	104	95

出典：WRI（世界資源研究所）*World Resources 1992〜93*, Table 18.1.

ある。唯一アフリカだけが、一人あたりの生産量が低下してきた大陸である。不安定な降雨量、それに加えて戦争、貧弱な輸送システム、非効率な政府の施策といった要因が相まってこうした結果を招いてきた（表3-1）。したがって、食糧確保の程度には国によってかなりの違いがある。それは、国内消費を十分に満たすだけの穀物を生産する能力が、その国にあるかどうかという観点で測ることができる（図3-2）。

　水と違って農産物には、大量の換金作物と輸出商品のある世界市場がある。ブルンジは外貨の93％をコーヒーの輸出で、スーダンは65％を綿の輸出で得ており、外貨のほとんどをこうして得ている国はいくつもある。なかでもアフリカでは、耕地の約13％が輸出用作物に充てられ、大半の低開発国（LDC）が同様の傾向にある。農産物貿易で優っているのは北米の穀物輸出で、ここからは通常 $100〜120 \times 10^6$ t/年が輸出され、この量は世界の穀物輸出量の87％を占め、どこかで収穫量が不足したときの緩衝役を果たしている。実際、世界の穀物援助の53％はアメリカ合衆国から送られ、第2位はEUの20％である。主な穀物援助を受けている国は、アフリカではエジプト、モザンビーク、チュニジア、アジアではバングラディシュ、パキスタンなどであり、1989年には1ヶ国あたり40万t以上の援助を受けている。

　この増産傾向のあった時期に、一方では一人あたりの作付面積が減少しつつあった。世界の平均作付面積（1990年で0.28ha/人）は、1971〜1975年で0.39ha/人であったものが、2000年には0.25ha/人へと減少することが予測されている。同様に、アフリカの低開発国（LDC）では0.62ha/人から0.32/ha人に、東南アジアでは0.35ha/人から0.20ha/人に減少すると予測されている。開発途上国における数字の低下は、主として人口増加と土地自体の問題（例えば、土壌侵食、灌漑地での塩類集積）に起因するが、

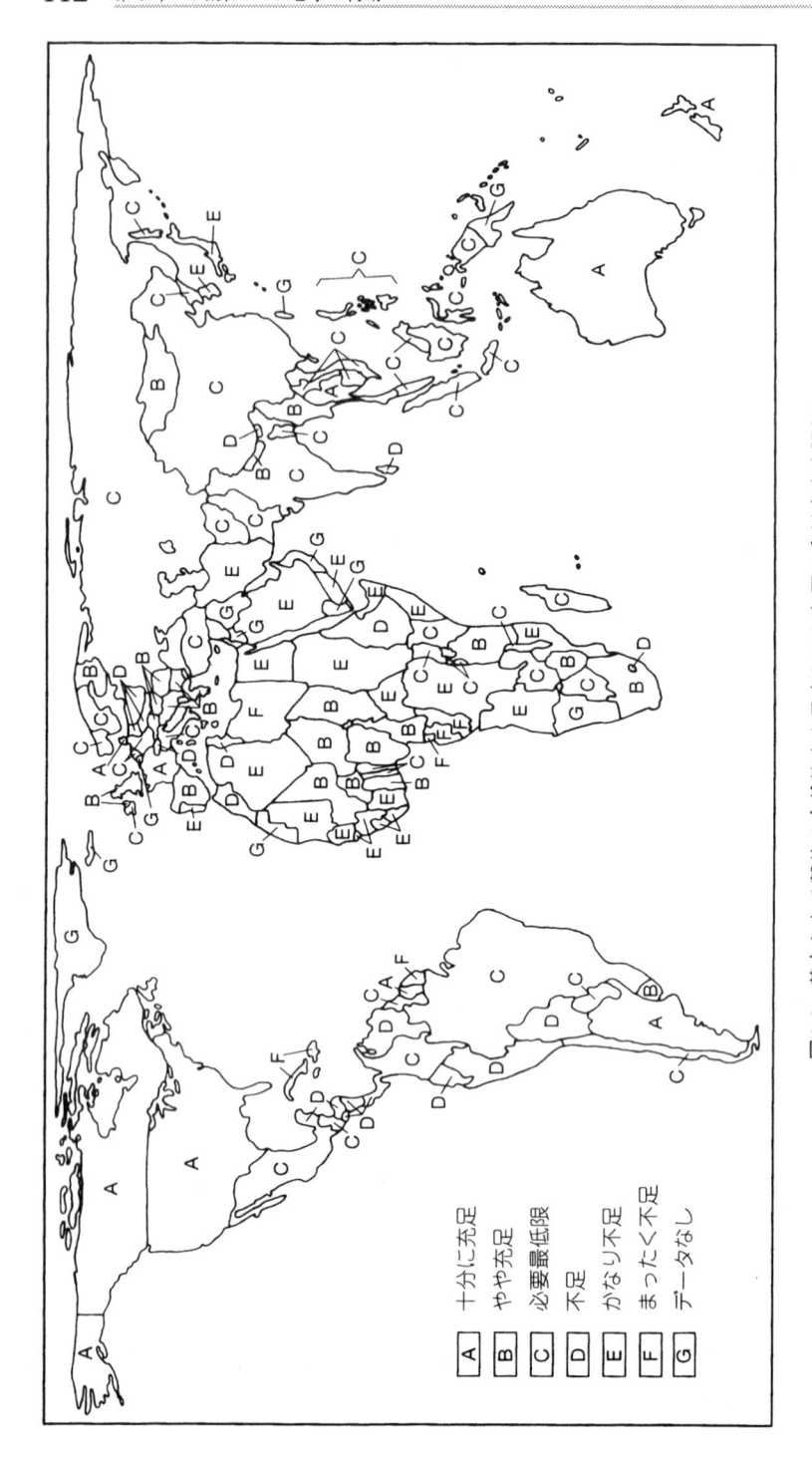

図3-2 基本となる穀物の自給能力を目安とした各国の食料安全度評価　不足分は今のところ貿易によって解消され、緊急援助もあり得ると仮定。（出典：Kidrom and Segal, 1991）

A 十分に充足
B やや充足
C 必要最低限
D 不足
E かなり不足
F まったく不足
G データなし

先進国では生産過剰と工業的土地利用への転換が原因となっている。こうしたデータは、それ自体としては警鐘を鳴らす程ではない。というのも、コストが増大している反面、面積および時間あたりの生産量は明らかに増加しているはずだからだ。したがって、地球全体としては人口増加に見合ったペースで食糧は増産されているようにみえ、最低限の自給ラインは達成されてさえいる。しかし、食糧を確保しようとする動きは世界中にみられ、食に対する飽くなき欲求も存在する。栄養不足は広域的問題であり、ほんのわずかな食べ物しか得られない人々もいれば、飽食の日々を送っている人々もいる (Brown, 1994)。

こうした問題に直面して、様々な解決策が模索されてきた。食料生産における技術開発が、ぜひとも必要だと主張する人々もいれば、これは基本的に経済問題であり、低開発国 (LDC) の都市部における食糧需要を増やすことが唯一の解決の途であり、そうすれば暮らし向きのよい都市生活者が、農村部からもっと食料を「引っぱり込める」はずだと主張する人々もいる。しかし、人口増加率の低下が、他のどんなアプローチよりも有効な社会的要因かもしれない。いまだに土地改良のような、社会的、政策的開発が何よりも解決の鍵となる手段だと考えている人々もいる。一方では、在来農法の長所と「ボトムアップ（下からの積み上げ）方式」の開発がほめそやされている。しかし、他方では国連食糧農業機関 (FAO) の GIEWS (Global Information and Early Warning System：地球情報および早期警報システム) のような、干ばつなどの異常気象に備えての高度な早期警報システムも求められている。また、何よりも地球全体で考慮すべきこととして、貧しい国々が余剰生産物を手に入れられるように先進国は消費を押さえるべきだ、という考え方がある。食糧問題は科学的・技術的問題であると同時に、社会的・政治的問題であることをこの章で学んで欲しい。

農業開発は、食糧問題に対する最もよく知られているアプローチだと言える。というのも、これは明らかに既存の政治的バランスを変えることを意味しないし、待望久しい「近代化」を実現する一因とみなされているらしいからだ。実際には、農業開発とは、一連の HYV (High Yield Variety：高収量品種) 穀物 (特に、米、トウモロコシ、小麦)、灌漑技術、化学肥料、殺虫剤、集中的水管理といったものを導入し、南の発展途上国へ先進国の農業技術移転を図ることを意味していた。純粋に生産性という観点からすれば、いわゆる「緑の革命 (Green Revolution)」は偉大な成功を収めてきたが、食糧問題の根を完全に絶ったわけではなかった。なぜなら、その成果が平等に分配されてこなかったからだ。そうした事情から近年、在来システムの改良がいっそう注目を集めることになった。つまり、それが富める者をより豊かにするのではなく、

最貧困層にとって役に立つシステムとなり得るからだ。灌漑システムは、その恩恵がしばしば裕福な土地所有者の手に集中するにもかかわらず、食糧の大増産を支えてきた。インドでは、1950年に55×10^6t/年であった穀物生産量が、1990年には194×10^6t/年へと上昇し、増産量の50％以上が灌漑地域でのものであった。実際、アジアは世界で灌漑地面積の増加分の56％を占め、1970年の166×10^6haから1982年の213×10^6haへと面積を増やし、2000年には297×10^6haに達すると予測されている。

発展途上国ではしばしば飢饉が起きる。食糧問題が長期化する兆候を示しているにもかかわらず、たいていの場合、その原因は干ばつや内戦といった、何らかの「外的な」要因にあるとみなされ、国際的な援助活動が行われることがある。根本的に重要なことは、慢性的な栄養不足あるいは栄養失調の状況を呈している発展途上国、殊に一人一日あたりのカロリー摂取量が2,500kcal以下の国々が存在しているという現実である。82の国がこの水準にあり、南アジアとラテンアメリカの貧困地域とアフリカ諸国がその大半を占める。例えば、1980年代半ば、エチオピア、カンボジア、モルジブといった国々は、どれも1,800kcal以下の水準に陥った。国連では、7億3千万人がカロリー不足の状態にあり、9億5千万人（世界人口の20％）ほどの人々が十分な食事が摂れないでいると推計している。しかし各国で事情は様々だが、自然環境条件よりも社会環境条件の方が慢性的な栄養不足の根本原因と考えられ、その地域における政治勢力の力関係が、土壌のチッソ量と同じぐらい重要な場合が多い。

熱帯低地以外の森林と樹木

低地熱帯林の現在の利用状況と衰退については、生物多様性の特別な事例として検討されている(p.123)。生物進化によって自然条件の許す限り、どんな場所でも樹木は生長することができるし、森林は有用資源の源であると同時に、時には農業的に肥沃な土地を生む貯蔵プールでもあることを念頭に置きながら、低地熱帯林について考える必要がある。

樹木を森林と同等に考えることは、樹木が森林以外の様々な環境においても同様に生育するのを忘れているということだ。広大な密林(林冠がほぼ閉じている樹林)が存在する一方で、疎開林(林冠が閉じていない樹林)、小樹林地、雑木林、さらに一本松までが、各々が生育可能な場所を得ている。

今日、世界には約$2,800 \times 10^6$haの閉鎖林があり、これは陸地全体の21％にあたる。それに加え、移動耕作が行われている地域に4500×10^6haの疎開林と樹林地があり、これは陸地全体の34％にあたるが、後者は大変な間違いを起こしやすい数字である。

閉鎖林と疎開林の面積を合わせると、全世界の耕地のほぼ3倍ということになるが、閉鎖林の43％は熱帯に、57％は温帯にある。また、針葉樹林の90％は先進国に、広葉樹林の75％は発展途上国にある。実際、世界の閉鎖林のおよそ半分がブラジル、旧ソ連、カナダ、アメリカ合衆国の4ヶ国に存在する(Mather and Chapman, 1995)。

　樹木、樹林地、森林の用途は多岐にわたる。貧しい国々では、いまだに家庭用薪炭の供給源というのがその最大の用途である。1989年における家庭用薪炭用の木材伐採量は$1.7 \times 10^6 m^3$にのぼると推計されている(図3-3)。この時の産業用木材の伐採量は$16 \times 10^9 m^3$である。旧来の農業中心的経済の下では、木材は燃料、建物・塀・道具などの材料、その他、種々の用途に使われる。工業国においては、建物や家具の材料が主な用途だが、紙やあらゆる種類の紙製品用の需要はさらに大きい。こうした需要の高まりのため、植林の10〜20倍の速度で伐採が進むという事態に至っている。過去1万年の間に、おそらく広葉樹林の33％、サバンナ樹林地および亜熱帯落葉樹林の25％が人間の手によって破壊されてきた。ごく近年までは、熱帯湿潤林は6％が伐採されたにすぎなかった。現在でも森林が残っている地域において、相当量の生産量が維持できなければ、再生可能な資源としての森林の世界的地位が脅かされることになると言われている。

　木材の産出以外にも、森林には人類社会にとって様々な価値がある。下層木や下草が生えている森林は、しばしば家畜の放牧に利用される。森林は土壌を保持し、水源域を保護する役目を果たし(例えば、徳川時代の日本では、森林の等級が法律で定められていた)、野生生物の宝庫でもある。また、森林が備えているすべての資質が様々な目的のレクリエーションの場として人気を集めている。さらに、森林は付近一帯の気候を調整する役割を果たしているようだ。例えば、アマゾン流域では、樹木からの蒸発散による水分の蒸発に莫大な量の太陽熱が消費される。この現象がなかったら、おそらくこの地域は現状よりもかなり暑くなってしまうだろう。地球規模でみても、森林は炭素貯蔵プールの一つである。大気中のCO_2を固定する森林の働きがなくなると、CO_2濃度は今よりもさらに速く上昇してしまうだろうし、おそらく地球全体の気候に重大な変化が起こるだろう。したがって、森林は人類の生命維持システムに不可欠な要素と言える。

第3章 人類による地球の利用

図3-3 1980年代における燃料用木材不足地域

■ 不足もしくは甚だしく欠乏
□ 充足
▨ 将来的に不足
▦ 砂漠および半砂漠
□ データなし

半乾燥地域および季節的乾燥地域、ならびに山岳地域が不足地域の大半を占めていることが容易に見て取れる。高度工業化地域は石油を買うことができるので、この問題を免れている。(出典：Williams, 1990)

Environment

再生可能な資源 **117**

❦ 水

　水文循環の節(p.71)では、この惑星に存在する淡水のうち、人類が資源として利用できるのは約0.3％という、わずかな量にすぎないことが明らかにされた。再生可能な資源(地質学的時間尺度でようやく補充される深さに存在する地下水を除く)としては、1990年の数字によれば、総量で約4,100万km^3、一人あたり7,690m^3、一人一日あたり1,870ℓという計算になる。これは平均の数字で、例えば北米人は一人一日あたり2,098ℓの水を利用できる。発電やレクリエーションといった利用形態は、トータルとして水量そのものは変化しないという意味では、非消費的と言えるかもしれない。違う見方をすると、そうした利用形態でも水源から水を引いてきて、その一部だけが何らかのかたちで水源に戻るとも言える。そこで生じる差が、「消費的」利用と呼ばれるゆえんである。利用された水のいくらかが速やかに河川などに戻される利用形態も含めて、データには「導水量」として表示される。表3-2は、地球規模のそうしたデータを示すものである。

　これらのデータから、全世界の水の導水量および消費量が20世紀中に4倍に増えてきたこと、また、絶対量は北米が圧倒的に大きく、増加率も北米が比較的高く、アジアは著しい伸びを示し、オーストラリアとヨーロッパもかなりの増加率であることが分かる。そしてアフリカは、世界の水準を常に下回っている。しかしながら、このデータは国ごとの違いを相当程度覆い隠している(図3-4)。水利用は、農業的利用(主に灌漑用)、工業的利用(食品加工や発電施設の冷却用をはじめ、種々の利用目的があ

表3-2　世界の年間水利用実態

	総導水量 (km^3)	再生可能 水資源の割合 (％)	総消費量 1980年 (km^3)	増加率 1900～1980年 (％)
全世界	3,320	8	1,950	2,741
アフリカ	168	3	128	126
北米および中米	663	10	224	594
南米	111	1	71	96
アジア	1,910	15	1,380	1,496
ヨーロッパ	435	15	127	397
旧ソ連	353	8	NA	NA
オセアニア	29	1	15	28

出典：S.L. Kulshreshtha (1993) *World Water Resources and Regional Vulnerability: Impact of Future Changes*. Laxenburg: IIASA, RR-93-10; WRI (1992) *World Resorces 1992-93*, OUP,Table 22.1, その他。

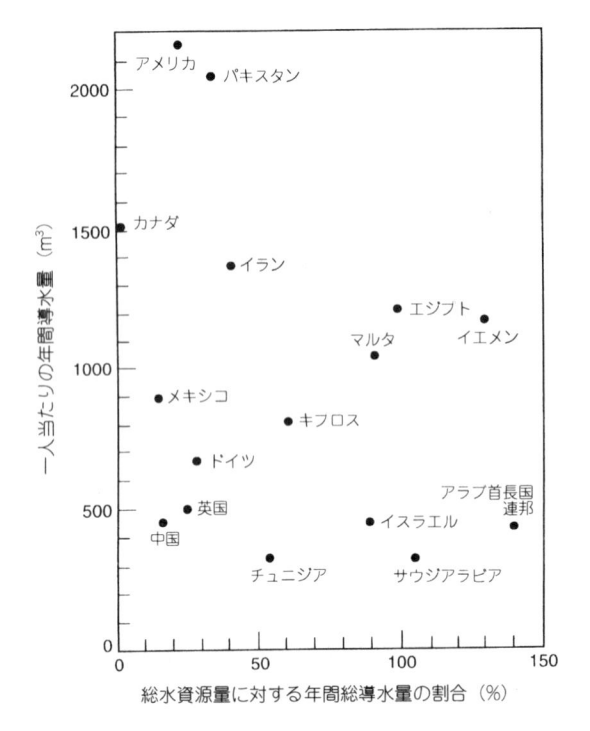

118　第3章　人類による地球の利用

図3-4　横軸は総水資源量に対する年間総導水量の割合

縦軸は一人あたりの年間導水量。右上隅へ行くほど水事情は悪化し、左下隅へ行くほど水は比較的豊富と言える。（出典：Smil, 1993）

表3-3　用途別水利用実態

(単位：km^3)

用途	導水量		消費量	
	(1950年)	(1980年)	(1950年)	(1980年)
農業	1,130	2,290	859	1,730
工業	178	710	14	62
都市	52	200	14	41
貯水池	6	120	6	120
総計	1,370	3,320	894	1,950

出典：複数の資料・データを加工。

る)、都市的利用(家庭での利用を含む)、貯水用と大きく四つに分けることができる。表3-3が示すように、農業に利用される水の量は他の用途よりも断然多く、人口増加や気候変動と関係していることから深刻な問題が生じている。

　絶対量からすれば、水文循環の中で人類が利用している水の量は、それほど多いよ

うにはみえない。水資源の利用率が最も高いのはアジアで約18％、これは世界平均よりも8％高い数字である。だが、こうした数字は、地域的・局地的には大きな違いがあるのを見えなくしているし、急速な工業化によって深刻な影響を受けている水質については何も語ってはいない。このように、気候変動、その地域の地形・地質、人口増加や都市化、清浄な水やエネルギーの需要増、こうした観点から、ここ数十年のうちに水不足にさらされる地域がいくつかでるだろうと考えられている (Gleick, 1993)。このことは、利用可能な淡水の大方をすでに利用してしまっている国について、特に言えることかもしれない。例えば、1990年ではイギリスが82％（ヨーロッパでは最高の数字で、2番目がベルギーの73％）、エジプトが111％、リビアが168％、イスラエルが96％である。湾岸石油産出国は、すべての国が100％を超えているが、たいして思いわずらいもせず、海水の淡水化にエネルギーを消費することができる。したがって現在、水不足の問題に直面している国（一人あたりの水供給量と水資源利用率を判定の基準とした）としては、筆頭にイギリスとペルーが、次に深刻なグループとしてはリビアなどの中東諸国が挙げられる。人口増加、気候変動、工業開発などに関して手に入る限りのデータを駆使して予測したところ、2025年までに最も水問題の深刻化が逼迫すると思われるのは、ヨーロッパの大部分、北米、アフリカ砂漠地帯、南アフリカ、そしてインド亜大陸という結果が出た。

　水があまり多すぎても少なすぎても、人間の営みに計り知れない混乱をもたらすが、それはしばしば「自然災害」と呼ばれる。洪水と干ばつは相対的な言葉だが、どちらもある社会が設定した水量の上限、もしくは下限から逸脱した状態をあらわしている。かくて1970年代と1980年代初頭は、旧ソ連およびアフリカ砂漠地帯がひどい干ばつに見舞われた時期だった。後者の場合、1984年のピーク時には3,000～3,500万人が影響を受け、そのうち1,000万人が故郷を捨てた。東南アジアでは、平均的な年で400万haの耕地が洪水によって破壊される。この種の災害への対策は四つのタイプに分けることができる。それは、①干ばつに備えて予備の水源を開発したり、上流に洪水調整ダムを造る。②氾濫原に投資しないように土地利用を規制したり、耐旱性品種を開発するなどして被害を受けにくくする。③十分な保険を掛けることで損失の負担を軽減する。④災害が再び起こらないことをひたすら願うといったことである。

　水資源の問題は、地球規模で最優先に取り組むべき課題にはみえない。手付かずの水源もあるし、慎重に管理すれば水を再利用できる可能性はいくらもある。しかし、発展途上国の3/5の人々が他の用途に使う水はもちろんのこと、安全な飲料水を確保できないという現実を無視することはできない。そうした中でも、水を確保しやすく

するためには、発展途上国において正確でまとまったデータを集めることが求められている。また、水資源利用を経済的かつ公平な方向に推し進める適切な法整備が必要だ。さらに、水質や水量は、土地利用、工場排水、レクリエーション、野生生物保護といった外的要因に左右されることを忘れてはならない。集水域は役に立つ単位ではあるが、国境をも含む政治上の境界を越えてしまう場合もある。そこで、法制度がしばしば重要な意味を持つことになる。

海　洋

　海洋は、地球表面の71％を占めている。したがって、そこが資源の宝庫であることを、折にふれ願わないではいられない。海洋の塩分濃度は平均35‰で、陸地から流れ込む水で常にいっぱいに満たされ、時にはミネラル分も資源として期待されている。しかしながら、塩そのものとマグネシウムやホウ素といったいくつかの物質は別として、今のところ海水中のミネラル分にはそれほどの価値はない。実際、脱塩された(すなわち、淡水)海水のようにミネラル分を含まない方が利用価値が高いこともある。水資源に乏しい豊かな産油国の多くや島嶼の一部では、瞬間蒸留法や逆浸透法といったハイテク技術でミネラル分と水を再分離している。湾岸のいくつかの国は、どんな用途にも脱塩水に大いに依存しているので、1990～1991年の湾岸戦争中、海水の取り入れ口へ押し寄せる油膜にひどく悩まされたことは記憶に新しい。

　海洋の生物資源は、資源を利用する側からすれば、当然いちばんの関心の的になっている。生物資源は陸地との境界近く、大陸棚の辺りに最もみられる。というのも、外洋では無機栄養分が少なく、ふつうは、それが植物プランクトンを出発点とする一次生産力の阻害要因となるからだ。ペルー沖を流れるフンボルト海流付近でみられるように、冷たい湧昇流によって無機栄養分が海底から表層へ押し上げられるような場所では、例外的現象が起きる。このような場所では、暖かな海水が覆われるような年には、エルニーニョ現象が起きる(p.63参照)。海洋中に固定されている炭素の総量($20～60×10^6$g/年)は、陸上における固定量にほぼ等しい。沿岸域における生産量は$50～170$g/m^2/年程度で(湧昇流が生じている場所では、$1,800～4,000$g/m^2/年)、外洋では100g/m^2/年以下で、これは陸上の砂ばくと同程度である(表3-4)。

　海洋における食物連鎖は微小な生物から始まるが故に、実際問題として、人間が収穫できるのはその上位に位置するものであることが多い。したがって、それは生態系がつくり出すエネルギーすべてを得ているわけではないことを意味する。例えば、北海における植物プランクトンのNPPは900kcal/m^2/年だが、タラのような肉食の成魚

Environment

表3-4 海域における生物生産力

	面積比率 (%)	純生産量 (g炭素/m²/年)	魚介類生産量 (10⁶トン/年)
海　洋	90.00	50.00	1.60
大陸棚	9.90	100.00	120.00
湧昇流	0.10	300.00	120.00

"Photosynthesis and fish production in the sea", *Science*, 166, 72-6 (Ryther, 1969). ©1969 American Association for the Advancement of Scienceから著作権者の許可を得て転載。

のNPPは0.6kcal/m²/年にすぎない。したがって、海洋の主要な再生可能な資源である魚類は、比較的簡単に乱獲されやすく、殊に浅瀬や大陸棚に生息するものにはそれがあてはまる(Cushing, 1975)。全世界の漁獲量は1950年には2千万トン程度であったが、1980年代後半には1億トンに近づいている。FAO(国連食糧農業機関)では、年間1億トンという漁獲量は、おそらく持続可能な漁業を維持できる限界にきていると訴えてきた。現在、漁獲量の約35％がフィッシュミールに加工され、動物の餌になる。また、捕獲されてもそのまま捨てられる魚の量は、なんと2,700万トン（総漁獲量の8％）にのぼると推定されている。漁の対象は魚だけではなく、その他の海の動物(軟体動物、頭足類、甲殻類、ほ乳類)や植物も様々に利用される。その上、伝統漁法あるいは機械化された漁法だけが資源を獲得する唯一の方法ではない。養殖も広く普及しており(総水揚げ量の約11％を占める)、殊にアジアの沿岸水域において、マングローブ林を埋め立てた淡海水地域で盛んに行われている。

　どんな生態系の文化的背景を持つにしろ、多くの漁業関係者の関心事は、常に一定の水揚げを維持できるかどうかである。伝統漁法においては(機械化された漁法とは対照的に)、魚が成魚サイズまで成長し、次の世代を再生産する妨げとなるような圧力はめったに加えられることがない。一方で漁業崩壊化は、19世紀末に導入された蒸気機関を動力とするトロール船、第二次大戦後ではナイロン網や電子工学の助けを借りた魚群探知機、といった工業技術導入化(図3-5)でもある(Cushing, 1988)。このことは、漁法とエネルギー消費との関係に注意を向けさせる。一定量のタンパク質を獲るために投入するエネルギー量を尺度とすると(魚の生重量の平均9％がタンパク質)、5トン以下の漁船を使う伝統漁法では、1kcalの化石燃料に付き37kcalのタンパク質が獲られ、5トン以上の漁船を使う機械化漁法では14kcalしか獲られない。陸上の食料生産で同様の計算をすると、畜牛で20〜44kcal、野菜で2〜4kcal、穀類で2〜4kcalである。文化が重要な役割を担う例として、クジラの場合を考えてみる必要がある。

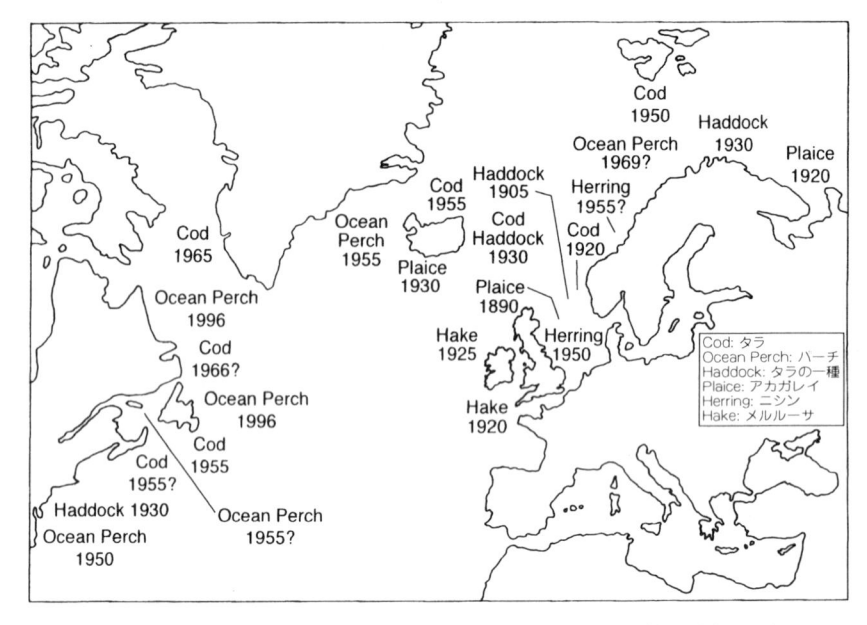

図3-5 北太平洋において漁業資源(これ以降、漁獲量も)が顕著に減少した年

蒸気機関で動くトロール船の力がどの漁船団でも発揮された大戦間にその年が集中していることに注目。また第二次大戦後ではナイロン網や音響探測といった新しい技術の導入が減少に関係している。
(出典:Pickering and Owen, 1994)

　現在、おそらくシロナガスクジラの生息数は200〜1,100頭程度だが、100年前には25万頭もいた。そして、主なクジラの仲間すべてについて、同様の下降グラフを描くことができる。今日では、クジラを殺す必要は何もない。なぜなら、照明用や潤滑油用に油を採る必要はないし、その肉を食用とする国の数もわずかだからだ。1982年、向こう10年間の国際的捕鯨禁止条約が締結されたが、その後はミンククジラが再び、日本、アイスランド、ノルウェーの捕鯨対象となった。雇用を確保するという面もあるが、本当のところは、分厚いステーキにかぶりついたり、排気量の多い車を乗り回す人たちと同様の感覚でクジラを捕るのではないかと疑ってしまう。

　漁獲量の規制なくしては、近い将来に向かって漁業資源を再生可能なものとして残していけないというのは、どんな漁業形態にも共通した考え方だろう。さもなければ、成魚になる数は少なくなり、個体数は減る一方だ。そこで、三通りの方向性が考えられる。第一は、いまだ利用されていない動物(例えば、近年におけるイカやオキアミを含む)を新しい資源として探し続ける。第二は、しっかりした管理の下で、水産養殖の増産を図る。第三は、危険ではあるが、行き当たりばったりで不平たらたらの堕

落したライフスタイルが、時と伝統の制裁を受けるのを待つことだ。

> ここでは再び、生物の重要性をみてみる。生物には自己再生産能力があり、また、育種計画や遺伝子工学によって改良することができる。それには、水は100％欠くべからざるものであり、量的には常に再生可能だが、求められる質はきわめて高いことが多い。様々な目的を充足するために、水は生物、非生物のどちらにも、できるだけ潤沢である必要がある。水の大半は海洋に存在するが、実際には、陸地の近く以外の海水は、それほど大きな資源とは言えない。そうした場所では水質汚染のため、簡単にその利用価値が下がってしまう可能性がある。

資源としての環境

　ここでは二つのまったく異なる事項が論じられる。一番目は、人類社会への生物資源の供給という、きわめて現実的な問題である。人類は常に様々な種を利用してきたが、工業化が進むと共に画一化が生じ、利用される種の範囲は狭められてきた。同様のプロセスで多くの生物生息地が改変され、たくさんの種を各地で絶滅させてきた。そこで、将来そこに行けば必要なものが手に入る、遺伝子プールに関心が寄せられている。二番目は、最初の問題と同様に、ある程度は工業化がその要因となっている。人々は豊かになるにつれ、美しいと感じる場所で休暇を過ごしたり、つかの間のレクリエーションを楽しんだりするようになる。そして、都会と切り離されていると感じる贅沢さを持つまでになり、比較的自然が残っている場所を守ろうとするようになる。こうした文化的特性は、自然的世界とみなされているものを保護する動きを伴う。そこでは、自然環境は全体としての価値を持つと考えられている。

生物多様性

　再生可能な資源に関する様々な疑問に共通するのが、資源を供給する貯蔵プールの将来についてである。この場合、再生可能な資源には数多くのシステムがあるが、それらの基盤である生物の多様性について語っているのである。生物多様性(biodiversity)という言葉は次のような意味で使われている。(a) 種内の遺伝的多様性。例えば、ある大陸における畜牛の様々な品種。(b) 一定の地域における種の多様性。例えば、ある沼沢林内におけるコケ類の種数。(c) ある生物地理学的地区内におけるエコシステ

ムの数。例えば、東アフリカと中央アフリカの一部を横断する湿地、樹林地、サバンナ、草地(Groombridge, 1992)。

　バイオテクノロジーの新たな要素としての遺伝子操作技術の出現は、生物多様性の調査研究や政策決定において、遺伝的多様性に注目が集まることを意味していた。生物の形態や機能として表現されるのは、遺伝物質の1％以下だと言われている。したがって、操作可能な遺伝子を探す試みは常に費用がかかることになる。にもかかわらず、現代農業の切迫した状況から、農業生産の遺伝子的基盤が大幅に減少してきているため、遺伝子操作技術はおおいに待望されている。例えば、カナダ(大幅な余剰生産力を有する数少ない地域の一つ)の小麦生産は、生産量の75％を四つの品種に、残りの半分以上を一つの品種に頼っている。また、アメリカ合衆国のジャガイモ生産の72％が四つの品種で占められ、エンドウマメにいたっては、たった二つの品種にかたよっている。アメリカ合衆国で生産されている大豆のすべてが、アジアの一ヶ所で採集された6本の株が元になっている。また、ブラジルのほぼすべてのコーヒーの木は、一本の木の子孫である。ヨーロッパおよび地中海地域で確認されている畜牛145品種のうち、115品種が絶滅の危機に瀕している。

　以前よりも多くの人々が、種の絶滅という問題に関心を寄せるようになってきたが、そのほとんどがカリスマ的な動物がかかわっていた場合であった。絶滅寸前の状態にあるジャイアントパンダ、カリフォルニアコンドル、インドトラなどがそれに当てはまる。おそらく500～5,000万種の植物、動物、菌類、微生物が存在し、そのうち約140万種が科学的に記述されてきた。現在、10年間に全生物のおよそ4％のペースで絶滅しているが、これは白亜紀以来、最も速いペースであると見積もられている。絶対数では、25,000種の植物と1,000以上の脊椎動物の種および亜種が絶滅の危機にあるとされている。狭い地域にたくさんの種が出現することもあるが(ガラパゴスのような島嶼がよい例で、隔離された結果、固有種(*endemics*)として知られる、他ではみられない種が多数形成される)、陸地全体の約7％を占めるにすぎない熱帯低地林には、現在知られている種の70～90％が存在している。

　経済発展による土地利用の変化は、エコシステムの多様性喪失につながると懸念されている。それは、しばしば野生種が生息する自然状態の土地から、家畜化した種が飼育される耕地への変化を伴う。そしてそれは、19世紀以来の農地の拡大と森や草地の減少、あるいは、ここ100年間の都市や交通網の拡大といったデータから、いくらでも推し量れる。土壌侵食もエコシステム全体(そこに含まれる無機栄養分を含む)を衰退の途に向かわせる。このプロセスこそが、生物多様性喪失の核心にあると言える。

農業の工業化は多くの土着の種を失わせる原因になっているが、遺伝子操作でも、従来の技術による科学的育種でも、企業的規模で取り組めば新品種を生み出すことができる。しかし、工業界には、土地の疲弊によって失われた動植物の種、あるいは、土地利用の高度化や増大する人口を養うための耕地の拡大によって絶滅した動植物の種を取り戻そうという考えはない。どの場合でも、地球規模での絶滅は遺伝子資源が永遠に失われることを意味する。小規模なスケールでの絶滅は、わずかな損失かもしれないが、最終的には全面的な絶滅の危険性が増大することは避けられない。

生物多様性喪失へと向うこうした傾向と反対の動きは、次の二つのプロセスを軸として展開している。

1. 本来の場所以外での保護活動。遺伝子資源は人工的環境下で保存される。これは、植物園や動物園で現在でも行われている形態で、飼育繁殖プログラムを軸とした保存の試みが展開されている。生息環境が改善されれば、当該種を野生の状態に戻すことを究極の目的としている。その他の形態としては、遺伝子バンクと種子バンクがあり、通常、研究施設と関連がある (Sandlund *et al.*, 1992)。

2. 本来の場所での保護活動。これも二つのタイプがある。

   (a) 保護管理による保全維持。「通常の」経済活動プロセスから切り離された特定の土地もしくは水面で生物を中心とした管理を行い、当該動植物を保護する。管理目的は、第一に保全対象種を長期にわたり世代交替を重ねさせ維持することにあるが、レクリエーション、観光、科学的調査研究といった求めにも対応できるようにするのが第二の目的である。密猟者を惹き付けなくするために、サイの角を取ってしまうといったような、奇妙で極端な管理方法を採らざるを得ないこともある。

   (b) 持続可能な利用による保全維持。直接的な利益があれば、はるかに多くの人々が保護活動に共鳴するに違いないことが分かっている。例えば、密猟されないようにゾウを完璧に保護するよりも、適正価格で適正量の象牙の供給を維持するようにゾウを管理するという考え方がある。だが、持続可能な利用の道を選んだからといって、そこから上がる収益が平等に分配される保証はない。

2.の(a)(b)の場合、種が存続可能な最小限の面積という概念が重要である。近親交配とその結果生じる繁殖力の低下を防ぐに十分な遺伝的多様性は、動植物の集団があるサイズ以下になると不足してくる。したがって、自己再生産可能な状態にある存続可能な集団を維持するためには、保全すべき地域を決定しなければならず、そのために通常、多くの調査研究が必要となる。そこで、深刻な問題は動物園で起こることが

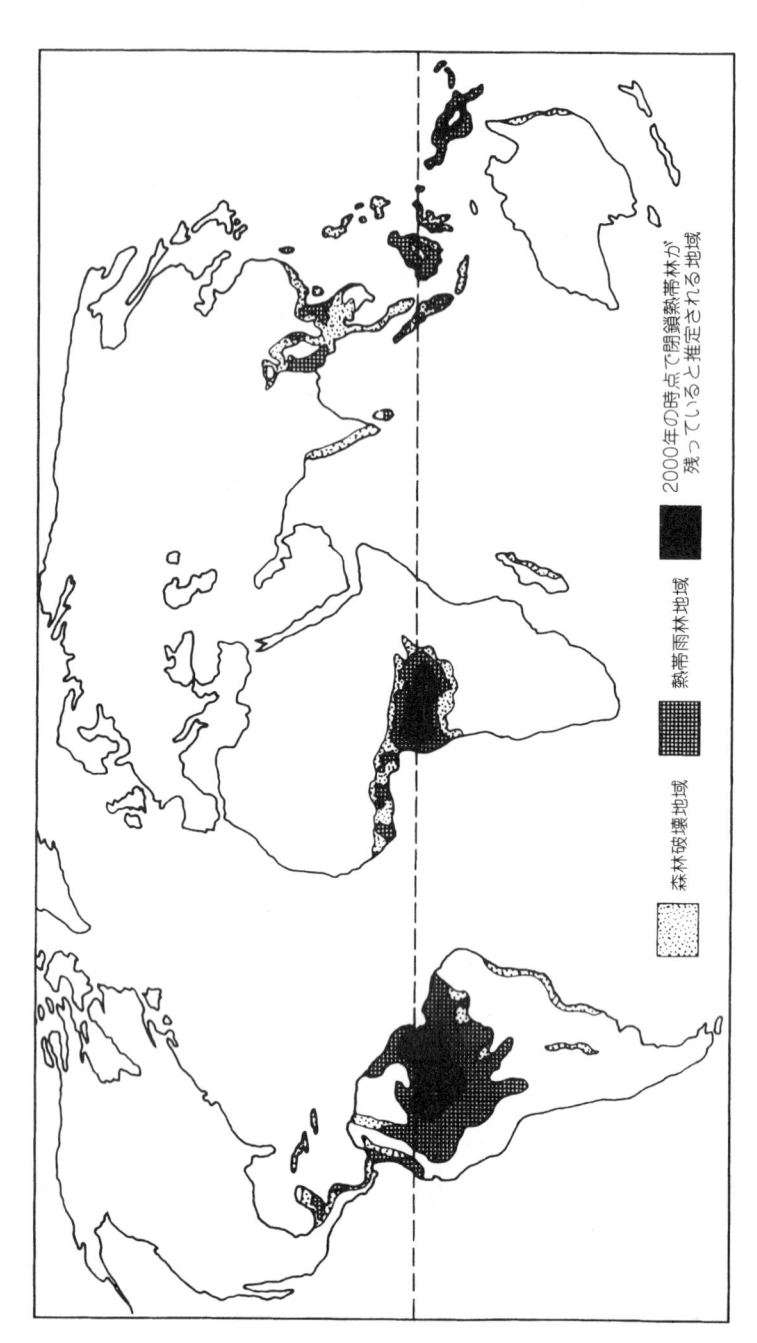

126 第3章 人類による地球の利用

図3-6 閉鎖熱帯林（完全な樹冠をもつ）の破壊の進行状況

点、アミ、スミで示された地域は今世紀初頭、閉鎖熱帯林であったところ。点の部分は現在では森林が失われている地域。アミの部分は現在のペースで森林破壊が進行しても2000年の時点で閉鎖熱帯林が残っていると推定される地域。スミの部分は現在のペースで森林破壊が進行しても2000年の時点で閉鎖熱帯林が残っていると推定される地域。
（出典：Pickering and Owen, 1994）

凡例：
- 森林破壊地域
- 熱帯雨林地域
- 2000年の時点で閉鎖熱帯林が残っていると推定される地域

Environment

資源としての環境　*127*

よくある。

　熱帯湿潤林(TMFs: Tropical Moist Forests)の伐採、採掘、そして草原への改変という問題は、生物多様性の喪失に関して最も激しい議論が戦わされている場の一つであった(Park, 1992)。1980年代末における改変速度は毎分27haほどで、この数字は約11万km^2/年に相当し、このペースでいくと熱帯湿潤林は85年以内に消滅することになる(図3-6)。こうした森林を開発する権利をめぐる論争が起こっている。その権利は、地元の人々、巨大企業、行政府が独占すべきなのか、それとも森林が持つCO_2の固定機能など地球規模の気候問題という観点に立てば、国際社会が権利を持つべきなのであろうか。森林としての熱帯湿潤林は、きわめて多様な可能性を秘めているが、それには次のようなものがある。

- 食用植物(200〜3,000種)
- 収量の増加あるいはウィルス抵抗性を高めるなど、作物の品種改良に利用できる野生の遺伝子
- 1989年の木材輸出額は60億ドル
- トウ(90％以上の種が絶滅の危機にある)
- 薬用動植物(90種が世界中で利用されており、年間取引額は3億5千万〜5億ドル)
- 観賞用動植物(ラン、羽毛、毛皮の年間輸出額は30億ドル)
- 肉および卵の大半が地元で消費される
- 使役用動物(16,000頭のインドゾウが労働力として使われている)
- 趣味としての狩猟(年間売上高16〜23億ドル)
- ペットおよび展示用に捕獲される動物(年間売上高13〜23億ドル)
- 動物の家畜化、熱帯林に生息する動物で家畜化されたものは約200種、ある種のブタやペッカリー(イノシシの一種)の品種改良に導入する原種

　こうしたプロセスすべてに共通しているのは、熱帯湿潤林から得られた富が再度そこに投資されないということで、一攫千金の対象や人口密集地から流出する人々の受け皿となり、熱帯湿潤林は非再生可能資源となってしまうからである。そのような価値観の転換を図るのは手に負えそうもない仕事だが、それには次のような課題を持って取り組むことが必要となる。

(a) 保全だけでなく、生産に携わる人々も含む持続可能な利用のための幅広い地盤づくり。

(b) 地元住民の雇用、および彼らが先祖から受け継いできた知識の活用。生物資源を利用して生産的な雇用を創出し、健康状態、栄養状態を改善することで、真の利害関係

を持たせる。同時に、地元の文化と調和するような管理手法を築き上げる必要がある。
(c) 利用可能な情報の活用および必要に応じた情報の整備補強。アリは熱帯の陸上生態系においてエネルギー循環の大半を担っているが、1980年代までには、アリの種の同定ができる昆虫学者は全世界に8人しかいなかった。
(d) 生物多様性に焦点を絞ることができる、新たな制度の考案。自然のシステムは統合的であり、政治組織の一部局のようでもあり、しばしば単なる断片でもある。要するに、同じ目的に向かって働く政府や事業主体を助ける方法は、どうしたら見つかるかということだ。

　最近のバイオテクノロジーの発展により、生物多様性への関心が高まってきている。DNAを操作する技術の登場は、自然保護本来の必要性を時代遅れなものにしてしまうのだろうか。作物生産、集団遺伝学、進化生物学などに多大な関心が寄せられているにもかかわらず、自然保護に応用遺伝学が貢献する可能性は比較的小さいように思われる。遺伝子操作された生物が自然に解き放たれた場合、その行動を予測するための遺伝学的情報の性格については、あまりにも知られていないのが実状だし、商業的に遺伝子操作された生物についても同じことが言える。遺伝子操作された生物の所有権は、ほとんどいつも先進工業国の世界的規模の大企業に付与され、大企業はそれによって何らかの生産プロセスから最大限の利益を上げることになる。このことは、野生生物の新たな利用法が発見された場合にも当てはまる(Mannion and Bowlby, 1992)。現在そうした開発やマーケティングは、世界の一流企業にゆだねられることが多いようだし、そこから得られる利益(たいていアフリカのサファリ休暇が伴う)は、富める者へと還流していく。

資源としての景観

　様々な文化圏において、殊に西欧では、景観を深く理解することが世界観の一部をなしている。絵画によって目を開かれたのがその始まりで、現在では他のいろいろなメディアに影響され、「遺産」運動にすっかり巻き込まれながら、様々な種類のアウトドア・レクリエーションという市場を見出している。奇妙なのは、休日を海辺の砂浜で過ごすのもこれと同じ文化的レクリエーションの一種に思えるのに、その供給に携わる人々の金銭的動機以外の理由によって、それを文化的と呼ぶことにためらいを覚える。つまり、自然資源と一口に言っても、多様であるということだ(Simmons, 1991)。その頂点の一つにエコツーリズムのたぐいがあり、マウンテンゴリラのような特殊な動物を見たいがために参加者は長い道のりを歩き、きわめて簡素なキャンプ施設で過ごす。エコツーリズムの快適版は南極大陸への船旅だろう。この対極に位置

Environment

資源としての環境　**129**

するのが、太陽、海、砂、雪を求めて大勢で押し寄せる行動で、これには環境の大幅な改変が伴う (Mathieson and Wall, 1982)。地中海やカリブ海沿岸の半自然的な海岸線を都市的な姿に変えてしまったのは、その最たる例と言える。アルプスのフランス側やイタリア側で、ウィンタースポーツ客がゴミを投げ捨てるのを見れば、環境に与える影響のことなど、ほとんど何も考えていないことがわかる。

　こうした状況の下で、再生可能という概念を分析するのは難しいことだ。なぜなら、この概念は環境と利用者の双方とかかわらざるを得ないからだ。明らかに、海岸や森林は観光客がレクリエーションに利用しても、影響を受けないままでいるようにすることはできるし、前に訪れた一団の観光客たちにも、次に訪れる観光客たちにも、同じ環境を提供することができる。同じように明らかなのは、海岸や森林は、そうして利用することによって、ほんの少し変化したり、すっかり荒れ果ててしまうこともあるということだ。観光客に餌をねだりに現れるスカベンジャー動物は、いたるところにいる。齧歯類、鳥類、サルなど様々な種がこの範疇に入る。これとは対照的に、レクリエーション利用者の不注意なタバコの投げ捨てによって山火事が起こり、森がほとんど丸焼けになることもある。利用者の体験というものは、お膳立てされたものという感が強いにしろ、どんな人数であろうと、仲間の存在を嫌う心的傾向が明らかにある。したがって、金銭もしくは、厳しいが肉体的条件次第で独占できるレクリエーション体験を追い求め続けることになる。もう一方の極にあるのが、似たような人々が大勢集まり、同じ体験を求めるもので、そのためにホノルルやマジョルカのホテル産業がビジネスとして成り立つ。再生可能性とは、いわば、農業成立以前の天地創造説のたぐいで語られる年の巡りのようなものだ。

　総体としての環境という言葉は、すばらしいアイディアのように響くが、単一のシステムよりも維持管理が難しいことが多い。一つの問題は、コントロールしようとする対象の複雑な動きを十分に予測できるだけの知識を管理者が持っていそうもないことだ。したがって、予期せぬ結果によって重大な事態が生じやすい。「統合的管理」という言葉は、すばらしいスローガンではあるが、実際は、それほどのものではないかもしれない。海の中のように、生物の数が自然に変動するところでは特にそうである。また、管理の対象となる単位が大きければ大きいほど既存の政治的境界を越えることが多くなり、そこに関係する複数の政府が、共通の管理計画に同意しないケースも多くなってくる。

非再生可能資源

現代のテクノロジーによって宇宙空間に射出される物質は別として、地球は閉じた系と言える。したがって、私たちが非再生可能資源について語る場合、主として無機物、そして炭化水素エネルギー資源を意味する。後者は、利用すれば形が変わってしまうので、人類がすぐに再利用することはできない。しかし、それは様々な形態で地球上に存在し続ける。

資源の主な分類

資源はおおよそ次の3種類に分けられる。
- 石炭、石油、天然ガスのように、使えば「消費される」もの。その過程で、それらの複雑な構造はきわめて単純な構成要素に分解される。
- 無機物のように、利用後、技術的・理論的には再生可能な物質。主としてコストが再生利用の程度を決める要因となる。
- 金属やガラスのように、複雑な再生過程を経ずに再利用できる再生可能な物質。

さらに、生物が単純な化学組成の物質から複雑な組成の物質をつくり出すような方法、あるいは、水文循環において太陽エネルギーが水分子の位置を変えるような方法では、新たにつくり出されない物質を加える必要がある。

利用上の実際的問題

実際問題として、金属、セラミック、プラスチックといった物質は、用途により分散されるので、それだけをより分けることが難しい。例えば、プラスチックの袋や包装などがそうだ。かなり希釈された状態で使われ、水や大気中に拡散してしまうので、物理的に再生不可能な物質もある。ガソリンの添加剤としてエアロゾルのかたちで使われる鉛がそれにあたる。それと正反対に、極度に濃縮され、毒性が強すぎて取り扱えないものもある。原子力発電所から出る廃棄物などは、このたぐいだ。

最後に、あまりにも長い間、隔絶した存在でいるために、実際上、どんな用途にも再利用できないでいる物質を挙げておこう。巨大な建物に使われている鉄筋は、莫大な量の物質を封じ込めているのである。

Environment

🍂 全般的特徴

　非再生可能資源の一般的特徴は、要約すると、ほとんどが地圏の産物であり、利用にあたっては、たいてい複雑な工程を要する（エネルギー消費と廃棄物の産生に関係がある）。そして、世界的流通過程に組み込まれ、地球上のいたるところでやりとりされ、19世紀以降、量的にますますその比重が高まり続け、それらの大量消費の有り様は「一方通行」のプロセスであるため、浪費の度合いが増している。こうしたことから、最適な消費速度とは、という疑問が生じている。将来の世代が必要とすると分かっているものに重点を置くべきなのか、また、それ故にできるだけ多くの資源を保全すべきなのか。それとも、資源なしでやっていく方向に知恵を絞るように、できるだけたくさん資源を使ってしまうのが、子孫のためにいちばんよいことなのか。資源経済の複雑な世界は、この最後の問いにおおいに関係する。

🍂 それはどれぐらいあるのか

　このような分析には、どんな非再生可能資源についても、「それはどれぐらいあるのか」という基本的な質問がつきものだ。地球上の鉱物資源すべてが開発され尽くしていないという理由だけを取ってみても、これは簡単な質問ではない。事実、一定期間に実際に利用可能な資源の量は次の五つの要因に左右される。

- 技術的知識および設備が適正な場所に十分な量が配置され、利用可能であること。
- 人口増加、経済状態、嗜好、政策、代替案の有無といった、常に変化する様々な変数を含む需要レベル。
- 生産および加工コスト。これには資源の性格、埋蔵場所が反映される。さらに、コストに反映するのが最新の生産技術である。ただ、これにはエネルギーだけでなく、資本、貸出金利、税率、国有化やテロのリスクも含まれる。
- 最終価格。これは前項のファクターだけでなく、生産者の価格戦略、政府の補助金や税金も反映する。
- 代替品の魅力と入手しやすさ。原材料に対して、再生資源を使う割合を含む。

　こうしたことから、非再生可能資源には物理的に決められた量（必ず存在しているはずだが）というようなものはなく、経済や社会の動きによってつくり出されるものである。共通する変数の一つは価格である。ある資源の価格が上昇すると、採掘を試みたり、効率のよい回収法を開発する値打ちが出てくる。このようにして、地層からの石油回収率は、1940年代の約25％から、近年では約60％にまで上昇している。

🌱 土地資源

　毎年毎年、土地が得られ失われる。地球の表面の一部が役に立つ地表面という意味で資源となったり、その地位を失ったりする。海岸の侵食と堆積はいちばん分かりやすい例だが、地滑りや土壌侵食も重要だ。脆い岩でできている崖が大きなエネルギーを持つ波にさらされる場合のように、こうした変化のあるものは自然の営みの結果である。海岸の構築物が泥や砂を防ぎ止め、海水面より上に陸地をつくり出す場合のように、人間活動によって生まれるものもある。火山から噴出した溶岩が森や耕地を覆い尽くす場合のように、時にはもっと甚大な損失が生じることもある。オランダのような国が堤防を築き閉め切ることで、広大な沿岸の干潟や塩沼を牧草地や耕地に変え、土地を獲得する場合もある。土地が足りなくなったとき、多くの社会集団が選択するのは、農地を拡張する場合と似た方法である。選択肢の一つは利用密度を高めることで、都市内の引く手あまたな土地に高層建築ができたりすること。第二の選択肢は、「埋め立て」によって外へ拡張するもので、これは様々な意味を持つが、以前は役に立たないとみなされていたり（例えば、産業廃棄物処分場）、ふつうは、その価値が数字では測れない（例えば、沼地）土地を経済の枠組みに組み入れることをたいていは意味する。

　土地不足が深刻化する一つの要因は、その土地がほとんど、もしくは、まったく金銭的価値がない状態にまで荒廃してしまうことにある。例えば、有害廃棄物処分場は危険で不毛な土地になってしまうために、他のどんな用途にも向かなくなるはずだ。地下水の汲み上げや採掘によって地盤沈下しやすい土地にも、いくつかの用途はあるかもしれないが、不安定な状態が続いているならば、そのままほっておかれるだろう。また、計画的な土地利用システムの下でさえ、雑草や投棄された注射針以外何も見あたらない、用途変更を待っている荒廃地が生じる可能性がある。したがって、土地は古典的な非再生可能資源ではないかもしれないが、人間社会が改変するのと、とても同じスピードでは自然の営みによって作られることはない資源の部類に近付いている。

🌱 鉱物資源

　鉱物資源が採掘される鉱床は、資源を利用する人類の尺度とはまったく違う自然の秩序の地質学的時間尺度の下で形成されたという意味で、典型的な非再生可能資源と言える。現在、おそらく人類の90％が工業的ライフスタイルを維持するばかりでなく、まさに生存していくために鉱物資源に依存している（Blunden, 1991）。

生　産

　約100種類の非燃料鉱物が取り引きされ、世界のGNPのおよそ1％を担っている。このうち20種類の金属がとりわけ重要で、砂利、石綿、粘土、ダイヤモンド、ホタル石、黒鉛、リン鉱石、塩、石灰岩、シリカ、宝石用原石など18種類の非金属もまた同様に重要である (Vanecek, 1994)。鉄鋼の強度を高めるタングステンのように、少量しか必要としないものもある。宝石用原石のように、希少性にその存在価値があるものもある。さらに、目立たないがきわめて重要なものもある。例えば、加工から包装にいたる工業的食品生産加工システムのあらゆる段階で、金属が使われていることを考えてみればよい。こうした価値尺度の行き着くところは、戦略的鉱物としてある鉱物を選び出し、ある種政治的に誘導された世界市場での品薄状態（これは兵器の製造や運用の妨げとなる）に備えて備蓄する動きとなる。

消　費

　過去80年間ほど、鉱物の消費量は様々な要因によって上昇し続けてきた。人類の歴史において、かつてなかったほどの量の鉱物を1950年前後以降、消費し続けていると断言できる（図3-7）。その大半は、北米と西ヨーロッパ（日本も急速に追いついている）で消費され、アメリカ合衆国経済は、国民一人あたり20t/年の新しい鉱物資源を必要とするまでになっている。発展途上国の消費量は全体の約10％にすぎないが、現在その量は急速に伸びている。

　過去20年間、世界の鉱物資源貿易の伸びは、いくつかの要因によってGNPの伸びを上回ってきた。したがって、西ヨーロッパ、日本、アメリカ合衆国は輸入に頼るようになってきた。燃料鉱物も含めれば、日本の総輸入額の40％を鉱物資源が占めている。巨大な鉱床を有する発展途上国の中には、外貨を得るために輸出に頼らざるを得ない国がある、ということをこのような貿易パターンは意味する。例えば、銅はザンビアの輸出額の95％、鉄はザイールの輸出額の67％を占める。ある研究によれば、OPEC（石油輸出国機構）型のカルテルを結ぶことはいつでも可能らしいし、実際、発展途上国は、たいてい不利な貿易条件を受け入れがちであるらしい。こうした要因が先進国におけるリサイクルを促進している。ブリティッシュ・スティールの製品は、その50％がスクラップを原料としているし、アメリカ合衆国のような国でも、鉛の35％、銅、ニッケル、アンチモニー、水銀、銀、プラチナの20〜30％が再生利用されていることを忘れてはならない。鉱物資源の消費国では輸入量が増加し、自給率が低下する傾向を示している。発展途上国、日本、中央統制経済国家の消費量は増大傾

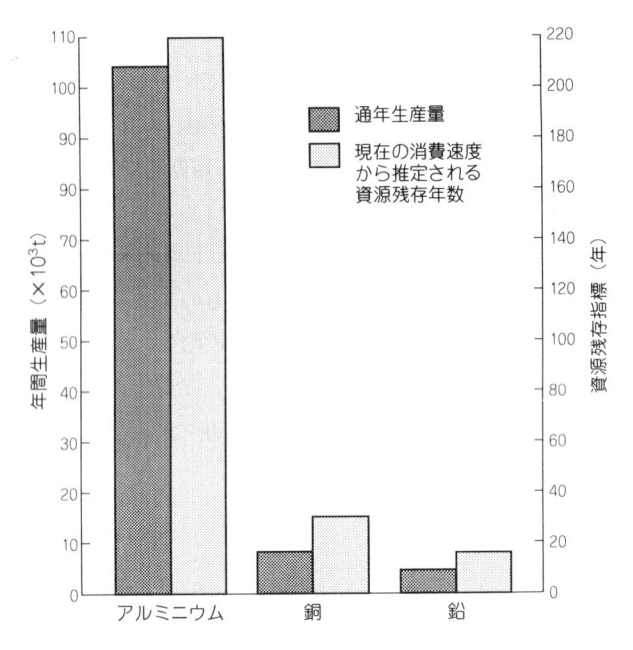

図3-7 鉱物資源の消費・残存率 (World Resources, 1994〜95のデータを改変)

向にあり、一般に、環境への配慮が緊急の課題となっていない国以外では、最低限のコストで、いっそう大規模な生産体制がとられることになるだろう。また、あまりなじみのない資源に関する調査研究が進むだろうし、経済水域（Exclusive Economic Zones：EEZs）外の海底資源を開発する競争が起きるだろう。

環境への配慮

鉱物の採掘や精錬が環境に及ぼす影響を、世界中どこでも無視できなくなっている。陸地の場合、$2〜3 \times 10^{12}$ t/年の岩石や土砂が採掘などによって動かされ、このペースでいくと、2000年までに陸地全体の約0.2％に相当する24×10^6 haほどの土地が影響を受ける計算になる。アメリカ合衆国の場合、このうち採掘によって影響を受けた土地が60％ほど、残りの大半は残滓の投棄場所として使われた土地で、地下での採掘が原因で地盤沈下が起きた土地が3％という内訳である。ここの鉱物、例えば銅についてみると、アメリカ合衆国では5.5×10^6 tの銅精鉱を産出するが、これは245×10^6 tの銅鉱石が採掘され、240×10^6 tの選鉱くずが出ることを意味する。そして、1.6×10^6 tの粗銅を生産すると、スラグのかたちで27×10^6 tの固形廃棄物が生じる。採掘で生じた丘や穴、汚染された土地は、まさに産業革命後100年間の著しい特徴ではある

Environment

がこれより小規模でなら、それ以前にも、ごくふつうに見られた風景だ。いまや採掘によって荒廃した土地を修復する方向に世界の趨勢は向かっているし、地球上のそうした土地の40～60％が再利用できるとする試算もある。先進国では、都市近郊の巨大な穴は、都市ゴミや産業廃棄物の埋設場所として常に需要がある。また、こうした国では、様々なエネルギー源を利用して丘を平らにならすことが可能になり、その土地があらゆる用途に転換利用されている。その土地で利用でき有効だと思われる手法を駆使することで、住宅、森林、農地、レクリエーションなど、様々な用途に可能性が開けてくる。

　鉱物と環境は、莫大な量のエネルギー使用を介して部分的に相互に作用しあっている。金属の精錬は鉱物の加工プロセスにおいて特筆すべき工程であり、そこでは副産物として酸性雨の原因としてよく知られているイオウが生じる。巨大な銅の精錬施設からは、排出されるガスになんら処理を施さなければ、一日に7,400tものイオウが排出される。そうした施設の風下では、たいていの場合、帯状に植生が影響を受け、降下物が厚く降り積もる地域では、生き物の姿がほとんどみられなくなる。その様子は、イオウ泉周辺の植生パターンに酷似している。人間もそうした場所では悪影響を受け、身体ばかりか家財も高濃度のイオウにあまりよい反応を示さない。

　施設管理者が残滓を河川に垂れ流すまま放置したり、廃棄物の山から流れ出る雨水が表流水に混入するなど、採鉱によって河川が影響を受けることもある。アルザスの炭酸カリウム鉱山から塩が流入している問題は、ライン川における汚染事例の一つとしてよく知られている。また、イギリスのペンニン地区を流れる河川は、19世紀に流入した高濃度鉛廃液の影響をいまだに被り続けている。鉱物の中には、沿岸域のような低エネルギー環境において堆積物中に蓄積したり、生体間蓄積によって広範囲の生物種にとって致死的な濃度にまで高められるものがある。洪水が起き、有害な金属が農地にまき散らされることもある。フィリピンでは、13万ha近くの灌漑地が灌漑システムを通して入り込んだ選鉱くずによって汚染されていると言われている。

　深海での採掘が生態系に及ぼす影響については、まだよく分かっていない。深海において、マンガンやニッケルといった鉱物団塊の採掘（図3-8）が推し進められた場合、こうした場所にまばらに生息する生物にどんな影響があるのだろうか。これとは対照的に、近海の海洋生態系への影響については、よく分かっているほうだろう。例えば、海底の沈泥を大量に巻き上げることで、リンやチッソが欠乏している状態におかれている生態系に栄養分を供給し、たいていの場合、良い影響を及ぼすことになる。他方、沈泥が海底一面を覆って生物を殺したり、ごくまれにではあるが、濁りの程度によっ

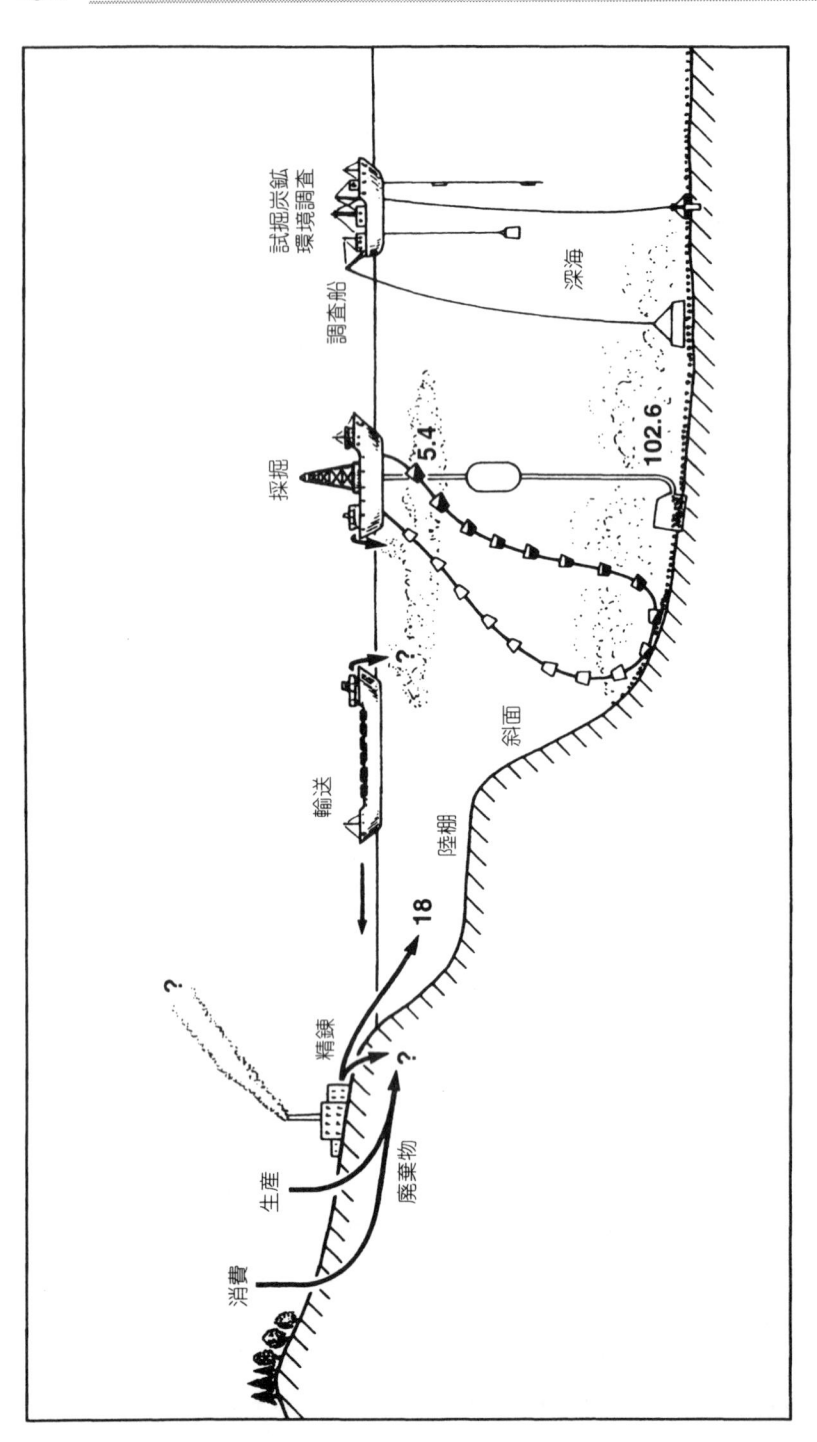

図3-8 およそ10隻分の海底でのマンガン団塊採掘によって引き起こされる擾乱および環境汚染のシナリオ（単位：100万t）（出典：Simmons, 1991）

Environment

ては光合成を阻害することもある。

　したがって、先進国においては、ある程度まで環境への影響を和らげる採掘方法を採用するよう、通常、政府が強力に干渉している。発展途上国の多くが、自国のものに対しても同様の配慮が払われるべきであるが、外貨獲得の必要性に直面している彼らの政府や多国籍企業の力のために、不十分な対策しかとられないことが多い。

資源の未来

　あらゆる種類の資源について、将来、その供給がどうなるのかを考えると、「非再生可能資源」という言葉が、ある種否定的な意味合いを帯びてくることがある。こうした資源を使うのは、どこか間違っているのではないかという常識的判断が働いたりする。にもかかわらず、現代文明はまさにそうした資源の上に成り立っているし、実際、それらを使ってきたというきわめて長い歴史がある。同時に、人口増加、資源の需要増、低品位の鉱石精錬に費やされる余分なエネルギーなど、豊かな未来を望めそうもないことばかりだ。総じてリサイクルがエネルギーをそれほど消費しないものであり、再利用に費用があまりかからないとすれば、第一段階として、再利用の方向に踏み出すことが人々の利益になることを多くの国が悟るだろう。西欧社会がその後、次の段階に移行できるかどうかは別問題である。なぜなら、それには熱エネルギーの問題や様々な製品の寿命を伸ばすことで実現する資源の節約などが関係するからだ。例えば、自動車の製品寿命が50年であるような社会（危機的な状況でないとして）、あるいは17才の人間が残りの人生をたった一足の靴で過ごすような社会に私たちは適応できるだろうか。さらに言えば、戦争に備えて備蓄され、管理されている非再生可能金属、鉱物、エネルギーを放棄する用意がすべての国にあるだろうか。

　古典的な代用品の例をここでは見つけなければならない。水や食物なしでは私たちは生きていけないが、鉄を必ずしも必要としない文化もあるし（19世紀まではそうだった）、供給が不足すれば他の資源が変わりになるだろう。実際、代用品の決定にあたっては、エネルギーの価格と手に入りやすさが鍵となる場合が多い。というのも、鉱石の品位が低いほど製錬工程で最終製品の単位あたりに必要なエネルギー量は多くなるからだ。化石燃料のような非再生可能エネルギー資源の問題には、ほんとうに大きな関心が寄せられている。わずかな資源でやりくりしていくべきなのか、それとも、それなしでやっていけるように知恵を絞るべきなのか。

廃棄物とその流れ

　資源を使っていく過程で、人類社会は社会の大部分にとって有害と受け取られ、したがって処分しなければならない廃棄物を生み出す。多くの場合、「環境」(すなわち、大気、海洋、河川、地下)は、「去る者は日々に疎し」の格言が当てはまる場所だ。ある場合には、掛け値なしに人間や他の生物にとって有毒であり(例えば、気体に含まれる高濃度のイオウ化合物)、また、ある場合には古い靴のように不快なものとして扱われる程度だ。一般に、社会が豊かになるほどモノは簡単にゴミとみなされるようになり、貧しい人々ほど、そうしたいらなくなったモノを原材料とみなすようになる。

　資源の消費同様、人口が増え、原材料やエネルギーの消費量が増えるにしたがい、廃棄物の量も増加してきた。汚染物質の濃度がたいして高くなければ、それほど不快感はなく、人々の健康や暮らしに脅威を与えはしないので、人々は廃棄物をほとんど気にしていない。その場合でも自然界にはまず存在しないか、あったとしても低濃度で存在している物質を環境中に排出するならば、人間による環境汚染として取り上げてもよいだろう。汚染物質が高濃度になると、廃棄物は人間の健康、生態系、環境全体にダメージを与え、文化的にも不快感を抱かせる。このレベルになると、一般的には公害と呼ばれる。さらに、科学やテクノロジーは自然界に存在しない物質をつくり出し得るし、その物質が環境にもたらす副作用は、かならずしも予測できるものではない。また、複数の汚染物質の間にはシナジズム(synergism：相乗作用)と呼ばれる予測不能の相互作用が発生することがある。

　なお、汚染物質はいくつかに分類することができる。ここでは、環境のどの部分に主として排出されるかでタイプ分けをしてみよう。

陸地の汚染

　陸地は人間が暮らしている場所なので、汚染物質の濃度が高くても驚くにはあたらないが、西欧では、ほとんどの国や自治体が、汚染物質を少しでも「見えにくい」場所に捨てようと懸命になっている。測定機器などの助けなしでは、感知できない排出物もある。放射能は、その中で最も重要なものだろう。核兵器の地上実験は、ツンドラの地衣類や草食動物に生体間蓄積された放射核種の爪痕を残してきた。1986年にチェルノブイリで起きた部分的メルトダウンのような事故も、周囲の土地をどんな用

Environment

廃棄物とその流れ

途にも利用不能にしたばかりか、そこから数千kmも離れた場所までも放射能で汚染した。原子力発電所には寿命があり（25～40年程度）、運転停止後、放射能で強く汚染された構造物が残る。構造物は解体して他の放射性廃棄物同様の扱いで処理するか、その場で解体せずにコンクリートで埋め固めてしまうしかない。こうした場所では、監視活動がきわめて重要になるし、この方法で電力の多くの部分をまかなっている国ではどこでも、実に多くの要素が監視の対象となるだろう。

目に見えない脅威のレパートリーに最近加わったものがある。それは、高圧線から発生する電磁波が付近の住民に健康被害を与える可能性である。低レベル放射能が及ぼす影響の場合と同様に、その明確な因果関係を証明することは難しい。しかし、騒音や振動にはそのような難しさはない。これらには、音量とそれによって聴覚が受けるダメージとの間に正確な物指しがあることが知られている。また、建物や人に対して、振動（例えば、大型車両からの）が与える影響全般については詳細な報告がある。

大量の固形廃棄物が他の目的に使えるはずの土地に捨てられている。これは、特に廃鉱や採石場跡で起きることが多いが、工業団地でも見られる。固形廃棄物は家庭や公共施設から出されるものが多く、その量においても質においても、それを排出する社会を反映している。ゴミ捨て場は、底の方から水漏れしないような構造にして、ゴミを捨てるたびに土をかぶせるべきだ。そうした条件が整っていないと、有害な廃棄物が地表水や地下水に漏れ出すことがある。さらに、ネズミやメタンガスを発生する発酵バクテリアの巣窟となり、火災が発生することもある。人の管理下で生産されるメタンはエネルギー資源として有用だが、だからこそ、ゴミの山にはいっそう慎重な管理が要求される。一般に、廃棄物を再生・再利用することで公式・非公式に生計を立てている人々によって、処分場の資源は、しばしばほじくり返されるが、固形廃棄物処分場は隣近所にあってほしいものではない。ただ、やがてはそこが埋め立てられて、遊び場や森を造るのに適する土地になる可能性もある。

最後に、いまでは操業を停止してしまった産業によってつくり出された荒廃地を取り上げる。それは地形的な問題（空洞や小丘だらけ）や、鉛や銅のような金属で高濃度に汚染され、利用することが難しい土地だ。たいていの場合、土地の改良は可能で、そうした土地も様々な用途に適するように修復できるが、その土地で採掘などを行った事業主体が修復費用を負担しなかった場合、社会的費用負担が大きくなってしまう。現在、最も進んだ国では、空洞や小丘の原因者に前もって修復や費用負担を義務付けているが、貧しい政府はそうしたくてもできないのか、あまり意欲的でない。

何かを生産している土地は、ただちに有害もしくは不快感を与えるとは限らないが、

ありとあらゆる種類の残滓を抱え込む可能性がある。そこで、例えば食物連鎖のような、残滓が取り込まれる貯蔵プールを形成することが考えられる。有機リン殺虫剤（例えば、DDTのたぐいが蓄積された場合）のような物質は、土壌中ではきわめてゆっくり分解し、動物の代謝系や脂肪の中ではほとんど分解しない。そうした物質が分解すると、変化した物質は、元の物質よりも生命にとって、より毒性が強いものになることがある。その結果は、農業地域の野生動物に程度の差はあるが、致死的もしくは半致死的な影響として現れている。というのも、有機リンを排泄する能力は動物によって異なり、能力の低いものほど脂肪組織中に有毒物質が蓄積されていく可能性があるからだ。一定割合の動物を殺してしまう致死的濃度に達することもあるし、半致死的濃度では生殖ホルモンの量を抑制したり、ある種の鳥の場合には卵殻を薄くする働きをし、ほとんどの卵が正常に孵化しないこともあった。この現象は、特にハイタカやハヤブサのような捕食性の鳥において顕著にみられたが、このクラスの殺虫剤

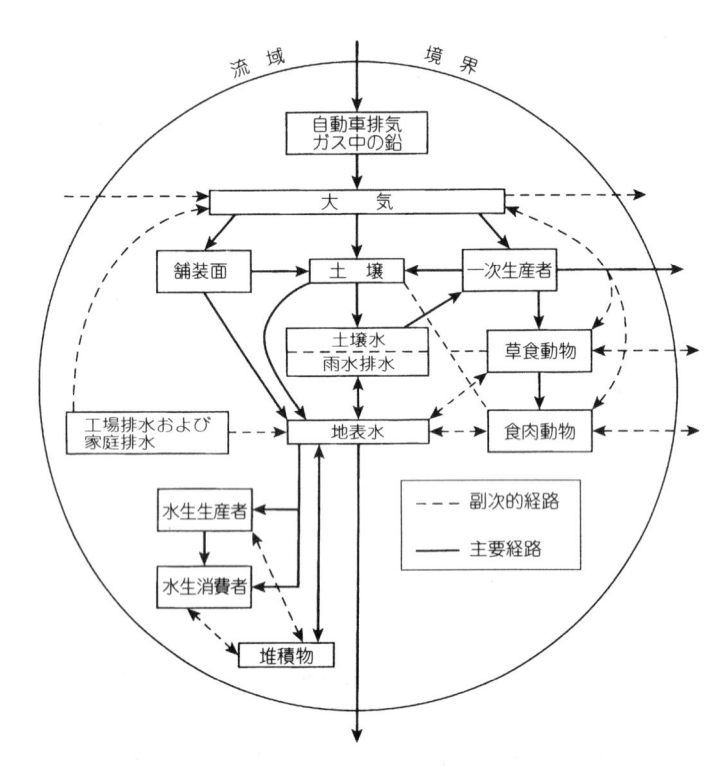

図3-9　自動車燃料の添加物が大気中にエアロゾルのかたちで排出され、それに含まれる鉛の小規模な流域内における流動モデル

図中に人体に関する項目は特に設けられてはいない。（出典：Burgess, 1978）

が残留性の弱いものに替えられた地域では、それらの数は回復してきている。このことが、西欧社会において、環境意識を高める働きをしたレイチェル・カーソンが「沈黙の春」を執筆する引き金となった。なお、有機リン殺虫剤が原因で野鳥類の個体数が減少したことであったが、産業活動もまた、鉛のような物質蓄積の原因者となることがある。鉛の濃度は都市部や道路の近くで高く、植物では、特に果実のような成長の遅い部分に蓄積しやすい。そうしたところに人体が直接鉛を摂取する経路があり、致死的なものにはめったにならないが、ある濃度以上の鉛は中枢神経系に害を及ぼす可能性がある。図3-9は、鉛の流れが実際その地域の生態系と同じぐらい複雑であることを示している。

　私たちが暮らすこの土地が、廃棄物のほんの仮の宿であってくれることを誰もが望んでいる。だが、悲しいことに人間の生活習慣も相まって、その生化学的性格から、私たち自身の種を含む動物体の代謝に変化を生じさせるほどの長期間にきわめて多くの物質が残留し続け、そのうちのあるものは確実に身体に悪影響を及ぼすと言われ続けている。

淡水域

　河川は、ゴミを捨てるのに絶好の場所だと思われている。というのも、水の流れは汚いものを薄めたり、問題を他人に押しつけてくれるからだ。河川や湖はその姿が変わってしまうことがよくあるので、以前とは生物相が変化しているのを見ても、驚くにはあたらない。

　例えば、上海市付近を流れる黄浦江などは、水量の1/4〜1/6に相当する未処理の汚水を受け入れているが、中国の78の主要河川のうち、54河川がひどく汚染されていると言われている。いたるところで見られる水質汚染過程の一つが、人間が原因となって起きる栄養分過多、すなわち富栄養化（eutrophication）である。チッソやリンといった栄養分の濃度は、自然状態では河川によって異なるが、植生によって吸収されるために、おしなべて低いレベルにある。高濃度のチッソやリンを含む農地から流れ出る雨水は、生物学的変化を誘発しやすい。ごくふつうに目にするのが水の華（浮遊植物大増殖）と言われる現象で、チッソやリンのような栄養分が低レベルの時には増殖が押さえられていた藻類が、汚水の流入によって急速に増殖したものだ。だが、藻類が死滅するとバクテリアが爆発的に増え、水中の酸素を大量に消費する。水温が高いといっそう酸素濃度は低くなり、魚はたちまち死んでしまう。例えばアメリカ合衆国では、農場からの流下水によって河川の64％、湖の57％が汚染されている。ヨー

ロッパでは、多くの河川でNO_3濃度が高くなってきている。WHOの勧告した上限値は11.3 mg/lだが、イギリスでは1978〜1988年の期間、河川の1/3がこの数値を上回っている。下水の状況によって、それが河川や湖に放出される前に必要な処理レベルが違ってくる。その指標となるのが水中に生息する大腸菌の数である。インドに例をとれば、ヤナヌ川の大腸菌群数は、ニューデリーに入る前には7,500/100 mlだったものが、この都市の下流では2,400万/100 mlにもなっている。バクテリアは、煮沸するか、何らかの方法で消毒せずにその水を飲んだり料理に使ったりすると病気を引き起こすが、ほとんどのバクテリアは、塩素を使うことでたいていの場合死滅する。

もしも、雨水排水に元素や化合物が溶け込んで汚染されていると、地下水もそうした地表の状態を反映して汚染されやすい。井戸水中のNO_3についてアメリカ政府が勧告した上限値は10 mg/lだが、おおよそ8,200の井戸でこれを超える値が測定されている。高濃度NO_3が成人に及ぼす影響についてはよく分かっていないが、乳幼児は745 mg/lの濃度で「青色児症候群」の症状が出ることが分かっている。また現在では、多くの帯水層で殺虫剤が検出されているし(例えば、アメリカ合衆国の40の州でアルジカーブ)、発展途上国ではおそらく、もっとたくさんの物質が高濃度で検出されるだろう。地下水には、汚物だめやゴミ処理場から浸出した栄養分や化合物が入り込んでいる。西ヨーロッパでは、様々な種類の汚染物質が漏れ出さないように、ただちに対策を取るべきゴミ処理場が、少なくとも7,300ヶ所あると見られている。

1800年頃からずっと、火力発電所は大気中に放出されるイオウの量を増加させ続け、その多くが酸性物質のかたちで降り続けてきた。湖や河川では、その結果がpHの低下となって現れ、あらゆる種類の動植物が影響を受けたが(1850年にはすでに珪藻類に異変が起きていた湖もあった)、特に影響が大きかったのは漁業や釣りの対象となる魚類だった。流域全体の生態系が雨水排水に影響を及ぼすので(土壌酸性度は明らかに場所によって異なる)、酸性化の正確な過程は予測できないが、工業国の淡水域の多くが、以前は6.0以上のpHを示していたものが、現在は4.8〜5.5の水準になっている。酸性化の度合いは、スカンジナビア、アメリカ合衆国北東部、カナダ南東部、スコットランドで著しい。ノルウェー南部では、1,700の湖で魚がいなくなってしまった。こうした水域における酸性化の影響は広範囲に拡がっていく。例えば、バクテリアの活力が低下するために、リグニンやセルロースが分解されにくくなる。そのために、枯れた植物が湖底に積もり始め、やがて嫌気性のバクテリアがこれを分解するようになり、メタンや硫化水素が発生する。河底に生息する生物はそうした変化に特に敏感なので、巻き貝、二枚貝、ザリガニなどがいなくなる。pHの低下は、ある

種の金属が河川水中へ溶脱するのを促進し、そうなると飲料水の中に金属が検出されるようになる。また、pH4.5の井戸がいくつか見つかり、その井戸水には検出可能な濃度の鉛、水銀、カドミウム、アルミニウム、コバルトが溶け込んでいた。こうした傾向を喰い止めるには、その源から手を着けるべきで、コストはかかるが、火力発電所の排出物中に含まれるイオウ分を相当程度、除去することはできる。ヨーロッパでは、ほとんどの国が電気料金を約6％引き上げ、10年後にイオウの排出量を30％削減すると約束した。なかでも中央ヨーロッパは、イオウ分をきわめて多く含む褐炭を重要なエネルギーとしているので、大きな責任を負っている。酸性化した湖は石灰処理によって元の状態に戻すことができるが、これにはかなりの費用がかかり、豊かな国でしかこの方法は使えない。例えば、スウェーデンでは1970年代から1980年代にかけて、最初の10年間で3,000の湖に石灰処理を施すことが計画された。

　河川水の汚染のなかでも、おそらく最も長い間にわたって積み上げられてきた原因の一つが堆積物によるもので、農業や牧畜が始まってこのかた、水質を変化させ続けてきたに違いない。雨水による河川への土砂流入がとりわけひどいのは、集約的農業が行われていたり、裸地化が進行していたり（特に傾斜が急峻な場所は）、急速に都市化していたり、工業用地として開発されていたりする場所である。アメリカ合衆国のような国では、ある測定基準に則り汚染河川と認定されたもののうち、河川長にして47％で堆積物が一次汚染因子であった。大量の堆積物は河川の生態系を劇的に変化させる。例えば、水位が全体として上がり、それにより洪水の危険性が増大する。また、微細な無機物で川底が一面に覆われてしまうために、たくさんの動物（特に魚類）が命を落とし、光合成が阻害される。このように、堆積作用はごくありふれた現象だが、土地利用全体から生じるのでコントロールするのがきわめて難しい。

　汚染に関しては、どんな全体像をつくり上げるのも困難であり、状況はある国では良い方に、またある国では悪い方に急速に変化している。共通して言えるのは、汚染源がはっきりしているケースでは浄化しやすく状況を改善しやすいが、汚染源が特定できない（特にチッソや堆積物）場合はそうはいかず、それがほとんどの国の技術や制度の課題となっているということだ。多くの先進工業国において、法制度に基づいた規制メカニズムが廃棄物の量を減らそうと働いている。例を挙げると、ライン川の河水に含まれる鉛の量は、1975年には24μg/lであったものが、1983年には8μg/lに減った。こうした汚染物質を削減する手法は国によって様々で、しばしばイデオロギー的意図を持つ。その政府の社会主義的傾向が強いほど、そうした規制は発動されやすい。反対に、自由貿易主義者は売買が可能な排出権システムを好むが、そのコス

トは企業にとっても個人にとっても、そもそも汚染しないようにする方が概して安くつく。こうした規制の仕組みは、公的基金で運営される独立した監視組織に依存しており、どちらの場合も科学的データを提供できる。また、社会全体の圧力にさらされているので、客観的なデータへのアクセスが必要である。しかし、こうしたデータは秘密にされることが多い。社会主義政権の多くが真実の公開によって起きる政治的動揺を恐れ、資本家の多くが商売上の秘密という観念に囚われているからだ。

海　洋

　海洋で汚染物質となる主な廃棄物は6～7種類である。ほとんどの人にとって、個人的体験やメディアの注目度という点で最も分かりやすいのが下水と油だ。下水は酸素を消費して海洋に影響を及ぼす廃棄物の代表と言えるが、下水や排水には他の有機物(例えば、製紙工場からの排水)、あるいはリン酸塩や硝酸塩のような富栄養化物質が含まれている。下水は、沿岸に設置された様々な長さのパイプラインによって未処理のまま海に注ぎ込まれもするし、処理後、脱水された状態の下水汚泥として投棄されもする。1,000人の人間が一年間に排出する固形物の量は25トンにものぼるのだから、沿岸の広大な水域が影響を受けるのは当然だ。こうした物質が及ぼす影響のなかでも大きいのが、バクテリアが生息する底質を供給することで、バクテリアが成長し増殖する過程で海水に溶け込んでいる酸素の一部もしくはすべてを消費してしまう。酸素がすべて消費されてしまうと嫌気性バクテリアが繁殖し、メタン、硫化水素、アンモニアといった気体が放出される。ほとんどの魚はよその場所へ逃げるが、残った魚はプランクトンのためにえら呼吸が困難になる。底層の生物の上にはプランクトンが大量に降り積もり、しまいには大半の生物が窒息死する。また、高濃度の栄養分は「赤潮」を引き起こす。赤潮とは、えらなどで漉し取って餌を採る軟体動物のような生物にとって、その排泄物がしばしば毒性を持つ恐ろしい渦鞭毛虫の異常発生である。未処理の下水もまた、人の健康に害を及ぼす可能性がある大腸菌群や寄生虫卵の温床となる。未処理の下水とそれに伴う固形物は、沿岸域のアメニティの価値に計りしれない不快な影響を及ぼす。

　油の場合は、自然の漏出によって、おそらく0.5×10^6 t/年ほどが海に流入している。さらに、人間の経済活動によって13.8×10^6 t/年の油が流入しているのだが、一年間に消費される3.0×10^9 t/年の油の50％が海を経由して運ばれていることを考えれば、それほど驚くことではない。油汚染のなかでも最も人目につき、大騒ぎになるのはタンカー事故による大規模な油流出だが、輸送ターミナル、タンク清浄施設、沿岸の石

Environment

廃棄物とその流れ

油生産現場、精製所などからも少しずつ漏出し続けている。大きな漏出事故が起きると様々な対策が企てられる。海ではオイルフェンス、スリック-リッカー(油膜除去剤のような)、乳化剤などが用いられ、海岸の地表面が堅いところでは、蒸気で洗浄したり乳化剤が大量に使われる。油が浸み込んだ砂は、人の手や機械で油をこすり取るしかない。結局は、油の流出も除去作業も環境に影響を及ぼすが、短期間で元に戻るものもある。プランクトンや魚、観光客数などは、ふつう何ヶ月にもわたり影響を受けることではない。だが、鳥類、殊に繁殖率が低い種類は、何年にもわたり数を減らしたままになる可能性がある。また、漏出地域の魚は油臭くなり、売り物にならなくなることもある。

金属は火山の噴出物、ちり、岩石の風化、蒸気、腐植などを経由して海水に入り込み、海水の自然の成分となる。だが、実に多種多様な人間活動が金属の移動速度を速めており、河川や大気中の金属の量を全体的に増加させている。また、下水の垂れ流しでも同じことが起きている。次のような金属が最も憂慮されている。

- 遷移金属(例えば、鉄、銅、マンガン、コバルト)。これらは低濃度では生命にとって必須のものだが、高濃度では有毒である。
- 重金属あるいは非金属(例えば、水銀、鉛、スズ、セレニウム、ヒ素)。これらは生物は利用しないもので、低濃度でも有毒である。

なかでも水銀は格好の例だ。岩石の風化や脱気によって自然に放出される量は、年に約28,500〜153,500 tで、それに人間活動による約8,000 tが加わる。あるものは大気経由で、あるものは雨水排水経由で工場排水として河口や入り江に流入する。海や河口の微生物の働きによって、無機水銀がメチル水銀に変化する。メチル水銀は、(a)生物によって濃縮されやすく、(b)無機的形態の場合よりも毒性が強い。海の生物の大半がその体組織中にいくらかの水銀を蓄積しているが、環境中の水銀濃度が高い地域ほどその濃度は高い値を示す。水銀は食物連鎖によっても濃縮されるので、1950年代の水俣湾では、プランクトンの水銀濃度が5 ppmであったのに対し、魚の水銀濃度は10〜55 ppmであった。水銀は脳の機能を損なうため、死者43人、慢性障碍700人にのぼる被害者が出たが、これは水俣病症候群として知られている。現在、日本では海産物の水銀濃度を規制する基準が設けられ、魚や他の海産物に含まれる水銀の規制値は、ほとんどが1 gあたり0.5 μgから1.5 μgの間とされている。

ハロゲン化炭化水素として知られている合成化学物質類は、いつまでも生物圏に残留するようだ。これらは酸化されないし、バクテリアにも分解されず、したがって条件が揃うと生物濃縮される可能性がある。これらは水銀やメチル水銀とは違い、自然

界では知られていない物質で、完全に人間がつくり出したものである。その代表的なものは、殺虫剤とPCB(ポリ塩化ビフェニル)の二つである。殺虫剤には有名なDDTなどの類、アルドリン(ナフタリン系の殺虫剤)およびその類似物質、リンデン、トキサフェンなどがある。PCBは工業的に合成された化学物質で、その高い安定性で知られている。これらの物質は、先進工業国では慎重な規制の下におかれているが、発展途上国ではマラリア対策としてのDDTなど、いまだに広く使われている。使用済みのPCBはしばしば焼却後、海に投棄されたが(1995年までに北海では段階的に廃止)、この行為によってCO_2、塩酸、金属類などが生じ、さらに少量のダイオキシンが検出されたと言われている。陸上と同じように、海洋においても生体間蓄積が起こっているはずで、食物連鎖の段階が進むにつれ順次ハロゲン化炭化水素の濃度は高くなっていく。海水と生物体の間の濃縮係数は往々にして4万〜70万位にもなり、代謝に影響が出ていることが確認されている。植物プランクトンの場合、海水中にきわめて低濃度のDDTが存在しているだけでNPP率が低下する。また、海鳥の場合は、海水中にDDTが蓄積している海域では卵殻が薄くなる現象が一般に見られる。人体への影響に関しては、確信を持って報告することは難しい。1968年、日本においてPCBが原因物質となって様々な座瘡(ニキビなどの皮膚病)症状を引き起こすカネミ油症事件が起きた。食品中のDDT濃度を規制するということが何を意味するかというと、特に1960年代後半、北米のスーパーマーケットでは牛乳の販売許可が下りなかったということであった。しかし、世界中の海洋生態系中に存在しているハロゲン化炭化水素に関する予想に、私たちは確信をもてないでいる。すなわち希釈されて生命に無害なものとなるのか、生物濃縮されて一種の化学的時限爆弾となるのかを。

　放射能は自然条件下で存在している。平均値は、海水で12.6 Bq(ベクレル)/l、砂で200〜400 Bq/kg、泥で700〜1,000 Bq/kgである。これに大気中核実験(現在は禁止)、原発や処理施設から計画的に放出されるもの、固形放射性廃棄物の投棄などといった人間活動に起因する放射能が加わる。放射性核種のあるものは海水中に残留し(例えば、セシウム137)、あるものは砂や泥の中に残る(例えば、プルトニウム240)。民間施設から計画的に排出された放射性核種によって、野生の動植物に影響が出ることが知られているが、まだ実証されていない。放射能についても生物濃縮が起きることが知られており、その排出上限値は、人体を守るために様々な放射性核種について設けられた国際的基準値よりも低く設定されている。人体へ取り込まれる経路も徹底的に調査されている。例えば、アイルランド海周辺の魚類や甲殻類の摂食量の多い人々が綿密に調べた結果、セラフィールドの再処理施設から出る排水中に含まれる放射性核

Environment

廃棄物とその流れ **147**

種の主要な経路は、ロブスターであろうという結論が出た。堆積物にプルトニウムが吸着しているということは、微粒子が干潮時に砂浜から陸へ向かって吹き上げられていることを意味しているが、これも放射性核種の経路の一つと言える。徹底的な監視活動と綿密な調査研究にもかかわらず、原発周辺で子供の白血病が多発するおそれはいまだに続いている。そして、このことが原発と関連性がないことが疫学的に証明されるか、因果関係が解明されるまで海洋(他の場所でも)への放射性廃棄物の排出は、人々に疑いの念をおおいに抱かせるだろう。

　固形廃棄物は常に海に捨てられてきた。そして、固形廃棄物がかならずしも運び去られてしまうわけではないという事実を浜辺は突き付けてきた。今日、海底の浚渫は大量の粒子状物質を舞い上がらせ、海底の生き物を覆い隠してしまうが、同時に大量の栄養分を放出させる。したがって、浚渫が及ぼす影響は複雑だが、短期的にはその影響は否定できない。北海だけで年間$30〜35×10^6$tの砂や砂利が浚渫されているという事実から、その激しさが推し量れるだろう。北米の東海岸でも同じような影響がある。固形廃棄物の最も新しいメンバーはプラスチックだが、地球上のどこの海岸でも歩いてみればこれが分かるだろう。非分解性の容器は、その大半が船から捨てられたものだが、プラスチックが粉々になった直径$3〜4$mmの大量のペレットは工業的産物で、陸地から近かろうと遠かろうとほとんどの海岸で見つかる。主として20世紀に出現した、もう一つの廃棄物には弾薬がある。これは時代遅れになって海に投棄されたか、沈没した船と一緒に沈んだかしたもので、動かすにはかなりの危険を伴う。

　海洋の汚染カタログの最後は熱付加である。大半は発電所から排出される。おそらく周辺の海水温よりも$12〜15$℃ほど温度が高い。冷水域においては、排水は周囲の海水と混ざり合い、海水温は$0.5〜17$℃程度上昇する。暖水域においては、そこに生息する生物にとって、耐え得る限界にまで水温が上昇する可能性があるので、いっそう大きな影響を受ける。北海や北大西洋においては、排水口周辺の生物で影響を受けるのは1ha未満の範囲だが、亜熱帯では40haもの海域の生物が影響を受けると報告されている。また、排水中に溶け込んでいる塩素や金属によっても、生物は影響を受けている可能性がある。

　こうした汚染物質のほとんどすべてに関して言えることは、河口域がこれらに対して脆弱性であるということだ。なぜなら、そこは浅く、堆積物が積もり、潮汐のために水が入れ替わる量が少なく(汚染物質の濃度も増す)、最も汚染されやすい場所であるからだ。しかし、自然のままの状態であれば、そこは高い生物生産力を有する場所

であり、人間が利用する様々な魚たちの繁殖場所となっている。河口域は海のどんな部分よりも、人間の手によって変化させられてきた場所なのである。

🌱 大気汚染

　大気はその動きのほんの一部しか分かっていない複雑なシステムで、短期的な天気予報レベル以上の正確な予測は不可能なことが多い。したがって、汚染物質の経路や濃縮の過程を追跡したり予測することは、海洋におけるそれよりもずっと難しいことが多い。実際、地球を包んでいる大気を汚染する物質のほとんどが、実に様々な経路で何らかの影響を私たちに及ぼしている。先進国では、大気汚染によって国民総生産(GDP)の1～2％にも相当する被害が生じているとする報告もある。

　微粒子(より正確に言えば、浮遊粒子状物質：SPM)は主として、直径0.1～25μmの炭素、炭化水素、イオウ化合物のごく小さなかたまりからなる。これらは、砂漠や海洋上の風の流れ、火山、森林火災、土壌侵食などといった、様々な自然現象によって大気中に放出される。これに、燃料の燃焼、火災、耕作、裸地化、工場排煙などの人間活動によって放出されるものが加わる。大気中に自然に放出されるSPMは年間 $1,320 \times 10^6$ tほど、人間活動によるものは年間60～300×10^6 t程度と推定されているが、人間活動に起因する排出源は、いずれにしても自然的な排出源よりもかなり小規模だと言える。SPMの大半は、排出源もしくは排出地域の風下の比較的近いところに降下する。したがって、人間活動による排出源に関して、被害とその直接的原因との間の関係は直接観察可能である。すなわち、大気の透明度への影響、あるいは、あらゆるモノや人体が受けるダメージの大きさは、SPMの濃度で直接推し量ることができる。その値は通常、都市部で20～$100\mu g/m^3$、農村部で$10\mu g/m^3$以下だが、1970年代のカルカッタでは$360\mu g/m^3$にも達したのに対して、ブリュッセルでは$18\mu g/m^3$であった。WHOの勧告している上限値は$60\mu g/m^3$である。これによって生じる問題の性格が明らかであることと(1952年のロンドンにおけるスモッグのSPM濃度は$6,000\mu g/m^3$であったが、$4,700\mu g/m^3$を超えると死者が出た)、そして排出量を削減する技術が開発されたことによって、ここ20年の間にほとんどの先進国でSPMの濃度は低下している。これはたいていの場合、担当官庁が定める国レベルの法規制によって実現したものだった。

　地球の表面から大気中へ、あるものは自然的発生源から、あるものは人間活動によって大量の気体のカクテルが放出されている。数々の環境汚染物質に関しては、これらの物質の多くに自然の流れがあるが(光合成によって植物に取り込まれ、呼吸に

Environment

よって動物から排出されるCO_2などは、その分かりやすい例だ)、人間活動によって加えられるものがある。気体の場合は、燃料(特に、化石燃料)の生産も使用もあらゆるスケールで目立つ汚染源であると言える。しかし、予期しない汚染源もある。例えば、畜牛は膨大な量のメタンを排出し、地球温暖化の一因となっている可能性がある。必然的に、私たちの関心は二つの大問題に集中する。それは、私たちの健康への影響と、予測不可能な地球温暖化の問題である。だが、それ以外にも見過ごすわけにはいかない問題を多くの様々な物質が引き起こしている。あるものは環境の快適性を損なう可能性がある。例えば、オゾンやペルオキシアチルニトラート(PAN/s)を主要な構成要素とする光化学スモッグによって、著しく視界は悪くなり、殊にロスアンゼルス、東京、メキシコシティーといった盆地に位置する都市に特徴的に、様々な密度の茶色のもやが拡がる。こうしたスモッグは、ほとんどの人にとって粘膜を刺激する程度で終わることが多いかもしれないが、それでも快適性を損なうことに変わりはない。また、森林地域でも大気中にふくまれる2種類の汚染物質、二酸化イオウとチッソ酸化物が原因で樹木の枯れ下がりや枯死が発生し、大気汚染の影響がおよんでいることに気付かされる。イオウは酸性雨にも含まれているが、主として自動車の排気ガスに含まれる高濃度のチッソ酸化物と共に排出されることが多い。殊に、温帯の先進工業国(ドイツは特にひどい)では、こうした化学物質のために樹木の生育が阻害されたり枯れたりし、経済面では森林の生産性を低下させるだけでなく、レクリエーション資源としての価値や美しさも損なわせている。

　どんな目的にしろ、燃料を燃やせば廃熱が出る。熱は直接、もしくは冷却槽や冷却塔などの冷却システム経由で大気中に排出される。その影響が及ぶのは、主に局地的スケールである。大規模な火力発電所の風下では、積雲や濃霧の発生率が高くなっていることが観測されている。都市のような建物が密集したところでは、エネルギーが集中して利用されるために熱の放出量が多い。日中、構造物が太陽熱を吸収し、夜間に放出する。そのために、無風状態になると夜間に「ヒートアイランド現象」が見られる。ふつうは周辺の郊外地域よりも1～2℃高い程度だが、5～10℃も高くなることがある。しかし、都市は四六時中、大気中に熱を放出していて、その熱流はかなりの量に達することがある。ロンドンにおける平均日射量は106 W/m^{2}なのに対し、ある地区における熱流量は100 W/m^{2}で、234 W/m^{2}にもなる場所もあった。ニューヨークでは630 W/m^{2}の熱流量が記録されたこともある。都市の発する熱量が大きくなり、地表の凹凸の度合いが増すと、降雨量が増え、風下では雷雨に見舞われる頻度が高まる傾向がある。また、工業地域向けに時々提案されるエネルギー・パーク(エネル

ギー共同利用コンビナート）もおそらく同じであろう。こうした都市のデータから、都市から出る熱が地球温暖化の一因なのではという憶測を呼んできた。ある試算によると、現在、人類がかかわる熱排出量は、地球表面に降りそそぐ全太陽熱量の0.01％（7.4TW/年のエネルギー消費に相当する）にすぎない。もしも地球全体の熱の流れが影響を受けるとするならば、エネルギー消費は様々な規模レベルで大きくなっているはずだ。したがって、都市から出る熱のことをしばらくは忘れることができる。だが、化石燃料や核燃料から得られる熱はすべて付加的なもので、太陽から得られる熱に取って代わるものではない、ということを忘れているわけではない。

放射性廃棄物を運搬する機能を持っているのは大気だけで、海底の沈泥にはこれを運ぶ同じような機能はない。大気の重要性は1957年のウインズケール（現在はセラフィールド）、1986年のチェルノブイリのような核事故で生じた放射性の雲を拡散させる役割にある。後者は前者よりも100倍ほどひどい事故で、最初に発生した放射性の雲は、半減期一日以上の28,600万キューリーの放射性同位体が含まれていた。放射性の雲は7～10日間、ヨーロッパを漂い、20ヶ国の住民が降下物によって健康が脅かされるレベルの放射能にさらされた。また、1995年にはチェルノブイリの北、ベラルーシュ地方における子供の甲状腺ガン発生率は200倍になっていた。

世界の廃棄物を巡る環境は、国や地域によって相当に異なるが、私たちの態度は基本的に単純だ。豊かな国では、廃棄物は隣の国へ、海へ、大気中へ、よその国へと、どこかにやってしまいたいという気持ちが支配的だ。処分にかかる費用、生態系や貧しい人々の健康への影響という点からみればコストは高くつく。一般に、貧しい人々は廃棄物を再生可能資源の鉱脈とみなしているし、先進工業国の中にも、廃棄物が内に秘めているエネルギーを熱源として再利用している国がいくつかある。必要なのは、資源の採取から消費、再生の過程すべてをじっくり見通し、簡単に「行き止まり」としない経済システムではないだろうか。そうすれば、すべてが自然の生態系にかなりよく似てきて、廃棄物は他のものの食料＝素材となり、全体が無駄なくリサイクルされるだろう。

どの汚染物質が問題となるのか、そして不快ではあるが、生命や生態系を維持する上で脅威を及ぼすものではないとして、無視できるのはどれなのか。優先順位付けは、あなたがどこに住んでいて、何者なのかでおそらくずいぶん違ってくるだろう。発展途上国は、国土の大半が海抜の低い島々で構成されていない限り、「温室効果」（CO_2が増えた責任は、彼らにはほとんどない）にそれほど思い煩い

Environment

はしない。例えばブラジルがそうだが、LIEsは先進工業国のために廃棄物処分場を提供するよう求められることに憤慨しているかもしれない。先進工業国は癌発生率が紫外線量の増大と密接な関係があるという理由から、オゾンホールのような短期的で局地的な問題を最も憂慮している。しかし、同時に不安定な状態が長びくと、安定した秩序を脅かしかねないと考えるだろうし、資本家はこの状態を自分たちの利益が脅かされるものと考えている。

関 係 性

資源や廃棄物に関する報告書や記事は再三再四、その多様性について言及している。同じ位頻繁に、「ワールドワイド」「グローバリゼーション」といった言葉が使われている。相当複雑な仕事ではあるが、これらの様々なプロセスすべてがどのように相互に結びつけられ、またこれらが影響を与えている大きな地球規模のサイクルと、どのように関係しているのかを考える必要がある。

エネルギー・フロー

人類と宇宙を結びつける地球規模のプロセスのうち、スケールが大きいものの一つがエネルギー・フローだ。人類は地球への太陽放射というかたちで宇宙的規模のエネルギーの流れに遭遇し、炭化水素燃料を燃やしてつくり出される熱というかたちで、貧者の一灯をこれに付け加えている。人類の文化的営為は、エネルギー・フローに換算することができる(表3-5)。

この表を見る限り、ほとんどの自然のエネルギー・フローに比べ、人類の関与はまだスケールが小さいように思えるが、次の二点を忘れてはならない。
- 時たま起きる自然の地球物理的事象は、それによってひどい被害を受けたと感じたとしても、人間活動が原因で起きる事象よりもそのスケールは小さい。これは、そうした事象がとりわけ限られた空間で起きることに関係している。
- 化石燃料の使用($0.3\,\mathrm{cal/m^2/}$日)と、真に再生可能な資源である植物による植物による一次生産量(NPP)($7.8\,\mathrm{cal/m^2/}$日)との関係は、NPPの約半分が海洋においてつくり出されていることを思い出せば、とるに足らないとは言えない。後者の観点をさらに拡大すると、地球全体のNPP $2,245\,\mathrm{Pg/}$年($1\,\mathrm{Pg}=10^{15}\mathrm{g}$)のうち、$60\,\mathrm{Pg}$が様々な人間活動の影響下にある。影響の大半が陸地の表面に及び、その割合は$150\,\mathrm{Pg}$のう

表3-5 様々なプロセスの地球平均のエネルギー・フロー

プロセスもしくは事象	エネルギー・フロー（カロリー/m^2/日）
地球へ降り注ぐ太陽エネルギー	7,000
地球に吸収される太陽エネルギー	4,900
植物による一次生産	7.8000
動物の呼吸	0.6500
山火事	0.3000
化石燃料	0.1100
戦争非核	0.0500
洪水	0.0400
地震	0.0010
火山	0.0005

出典：J.F. Alexander, "A global systems energy model", in R.A. Fazzolar & C.B. Smith (ends) (1979) *Chnging Energy Use Futures.* New York and Oxford: Pergammon Press, vol. 1, 443-56.

ちの58Pg、約39％である。このことは、表3-5が物語る以上の支配的な位置に人類がいること、そして、私たち人類の位置に比べて、実際、スケールの小さな地球物理的プロセスがあることに気付かせてくれる。しかし、私たちの生活で中心的役割を果たしているのが植物に由来するエネルギーであり、現在、私たちを最も脅かしているのがCO_2であるのだから、人類と環境をつなぐ媒体としてのエネルギーの役割をこれ以上強調する必要はない(Smil, 1991)。

テレコミュニケーション

地球という環境を人類の世界(Smil, 1993)にしているものは、情報の入手・検索・伝達という基盤だと言える。これらは、どんな文化にも不可欠なものである。今日の工業化、脱工業化社会の中心は、コンピュータやテレビなどの情報を扱う様々な形態の電子機器であり、現在ではそれらが地球規模の広がりを持つ緊密な情報ネットワークを形成している。多分、情報伝達を即時に行えることがその優れた面であり、辺地の砂漠や森に住む人々でさえ、最新の洋服を置いているブティックなどが近所になくても、ミラノの最新ファッションを見ることができる。革命家も伝道師も同じようにテレビ局を占拠したがる。なぜなら、テレビ画面はかつて新聞や説教壇がそうであったように、有効で確実な情報伝達の手段だからだ。その結果は、欲望の爆発を伴う文化的多様性の破壊であり、均一化の一因となる人口増加により、資源の消費量は激増するだろう。しかし、的確な予測をするよりは、さしあたり想像の域に止めておくほうが

よいだろう。

> 資源について考える場合、口には出さなくとも浮かんでくる疑問は、その持続可能性についてだ。再生が不可能だとしたら、その資源はどのぐらい保つのか。再生可能なものだとしても、どれぐらい採取して良いのか。こうした疑問は持続可能性という概念の本質、そして、現実にどのように対応するかといったことが中心に議論が展開される。こうしたことについては、本書の後半で詳細に論じる必要があるだろう。だが今のところは、過去の黄金時代の理念、あるいは、ある種の均衡状態への回帰を伴う安定状態の理念などに基づくどんな考え方も考慮するに値しないことを肝に銘じておこう。未来は、今までも常にそうであったように、きわめて意識的な決定がそれを阻止するために為されない限り(徳川時代に起きたように)、状況に応じて変えることができるが、テレコミュニケーションによってどの文化も目新しい情報にさらされている限り、そのような方向へ踏み出すことは、おそらくできないであろう。

もっと詳しく知るために

資源の枯渇(そして環境悪化)は避けがたいと考える人々と、楽観主義者たちとの論争はいまだに活発だ。両者の支持者の意見はMyers and Simon(1994)に要約されている。楽観論的見解はSimon and Kahn(1981)の中にかなり詳しい。それほど論争的でない本としては、主に経済面からのアプローチを試みたRees(1990)、環境とのかかわりを特に意識したSimmons(1991)がある。生態学的連関を強調し、環境経済学への新たなアプローチを試みたのがBarbier(1993)である。Vaclav Smilの仕事、特に1993年の著作は、地球の様々なプロセスと人間活動との相互関連性をきわめて周到な方法で精力的に論じている。文献リストで紹介している公開講座用テキストは、すべて1991年にHodder and Stoughtonによって刊行された4冊からなるシリーズの一部で、本書で取り上げている素材のほとんどについて、解りやすく豊富な図版を用いながら、各章を数人の著者が分担して執筆している。1992年の国連リオ会議における重要なテーマであった生物多様性の問題は、Groombridge(1992)とSandlund et al.(1992)で詳しく報告されている。アンビオ誌の1992年21(3)は、生物多様性の経済学の特集である。また資源に関するデータが、世界資源研究所の年次報告書World Resources(Oxford

University Press)として毎年刊行されている。世界資源研究所の年次報告書の中で、様々な資源の利用が環境に及ぼす影響について、L.R. Brownと彼のチームが「State of the World」と題して特集を組んでいる。伝統的な自然との関係で資源とその利用について抱括的に述べたものには、Mather and Chapman(1995)がある。Barrow(1995)は発展途上国における開発に関して環境に着目して議論を展開している。

Barbier, E.B. (ed.) (1993): *Economics and Ecology: New Frontiera and Sustainable Development,* Chapman and Hall, London
Barrow, C.J. (1995): *Developing the Environment, Problem and Management,* Longman, London
Brown, L.R. (1994): Facing food insecurity. In Brown, L.R. (ed.) *State of the World 1994,* Earthscan, London
Groombridge, B. (ed.) (1992): *Global Biodivercity, Status of the Earth's Living Resources,* Chapman and Hall, London
Mather, A.S., Chapman, K. (1995): *Environmental Resources,* Longman, London
Myers, N., Simon, J.L. (1994): *Scarcity or Abundance? A Debate on the Environment,* W.W. Norton, New York and London
Rees, J. (1990): *Natural Resources. Allocation, Economics and Policy,* 2nd edition, Routledge, London and New York
Sandlund, O.T., Hindar, K., Brown, A.H.D. (eds) (1992): *Conservation of Biodiversity for Sustainable Development,* Scandinavian University Press, Oslo
Simmons, I.G. (1991): *Earth, Air and Water,* Edward Arnold, London
Simon, J.L., Kahn, H. (eds) (1981): *The Resourceful Earth,* Blackwell, Oxford

Environment

第4章

人類の世界

　ここまでは、自然界が過去1万年の間にどのように変化してきたかを見てきた。あるものは、気候変動のように比較的ゆっくりとした動きによって起きたものであり、あるものは、火山噴火のように突発的なものであった。また、この間は人間社会が周囲の環境に影響を及ぼし続けてきた期間でもあった。前章で見てきたように、自然資源を大量に獲得するために人類は環境を改変してきた。基本的に、環境の変化には二つのパターンがある。一つは、森林が伐採され耕地へと変貌していく場合のように、意図的にもたらされた変化、もう一つは、新たに切り開かれた土地から土壌が河川に流入し、ひどい洪水が起きる場合のような、人間活動によって偶然生じた変化である。

過去1万年の変化

　この期間のほとんどの間、この世界は、そして人間の経済活動も、おおむね太陽の力によって動いてきた。自然の生態系が太陽の放射エネルギーを固定し、それが生物間を次々と巡っていった。あるものは植物を、あるものは動物を、あるものは有機物の死骸を食べて生きていた。チンパンジーのように、それらすべてを利用するものもいた。農業のように、人類によって何らかの目的のために改造されたシステムも、太陽の力によって動くものであった。近自然的生態系、半自然的生態系、文化的生態系を創造する際、エネルギーの流れや物質をどんなかたちに変えるにしろ、太陽エネルギー放射が限定要因となっていた。こうしたシステムはどれも、化石化した炭化水素（すなわち、太古の地質年代に形成された光合成の蓄え）に由来する別口のエネルギー補助を受けられる場合のみ、この限定要因が消滅する。これが産業革命の生態学的基盤で、1800年に始まった、決して逆戻りできない変化である。

　工業化以前の時代と以後の両方に共通する行為の一つとしては、可燃物を燃やして

火をつくり出し、様々な目的に利用することがある。自然と人類との深い関係は、植物や動物の集団を自在に扱うために土地に手を加える手段として、火を利用することから生じた。そのために、後期旧石器時代から核分裂で発電した電気を使う時代まで、直接的にしろ間接的にしろ、火はずっと人類社会と環境とのかかわりにおける基本要素であった。しかしながら、19世紀以前に、石炭、石油、天然ガスといったかたちでエネルギーを濃縮して蓄えた巨大な倉庫群が、まったく知られていないわけではなかった。石炭はハドリアヌスの防壁を守る兵士たちが暖をとるために使われ、中世の中国ではいくつかの都市で、竹竿のパイプに導かれた天然ガスの灯が通りを照らしていた。しかし、蒸気機関の実用化によって、おそらく薪や労働力の価格上昇も手伝って、コークスを用いる鉄の製錬工程が考案され、これが人類と環境の関係を完全に変えてしまった。この時、古い時代（実際、何百万年も前の）のエネルギーへと移行したのである。しかもそれは、今ではつくられることのないエネルギー、つまり非再生可能資源への移行であった。その結果はまず、金属革命というかたちで現れ、鉄や鋼を基礎とする技術を発展させ、次に化学物質革命をもたらした。これにさらに、炭素繊維や超伝導物質のような新素材を含むプラスチック革命を加えるべきかもしれない。プラスチック革命は、かつて考えられなかったほどのスケールで自然環境を改変する力を人類に与えた。近年のもう一つの変化は、コミュニケーションのスピードと広がりに起きたことで、大型の汽船に始まり、今のところさしあたり衛星放送で終わっている。さらに、工業製品の生産システムが確立され、それが労働力をひき付ける結果となったことが挙げられる。このために、工業化を経験した国では都市が急激に成長した。工業化は工業だけに限定されず、現在では、ほとんどの形態の経済活動と相互に関連し合っている。例えば、農業は様々な燃料の恩恵を受けることが多く、大衆的旅行産業は低廉な輸送手段に全面的に依存している。今ではエベレスト登山でさえ、酸素ボンベやハイテク衣料を生産する工業基盤を必要としている。

　1942年、エンリコ・フェルミは連鎖核分裂反応の制御に初めて成功し、原子力の非軍事的利用への道が開かれた。そのすぐ向こうの地平線には、簡単に手に入り、しかも安価な水素同位体が燃料となる核融合によってエネルギーをつくり出す可能性が横たわっている。そして、まさに地平線の上に顔を出しているのは、風、波、潮汐、太陽光といった再生可能な自然の営みを利用する、いわゆる「代替エネルギー源」である。このように、人類がどのようにエネルギーを得てきたかという観点から、環境を改変する知識を時々の社会が組織化してきた道しるべとして位置付けることができる（図4-1）。その足取りの正確な日付を記すのは、まず不可能だろう。なぜなら、それ

Environment

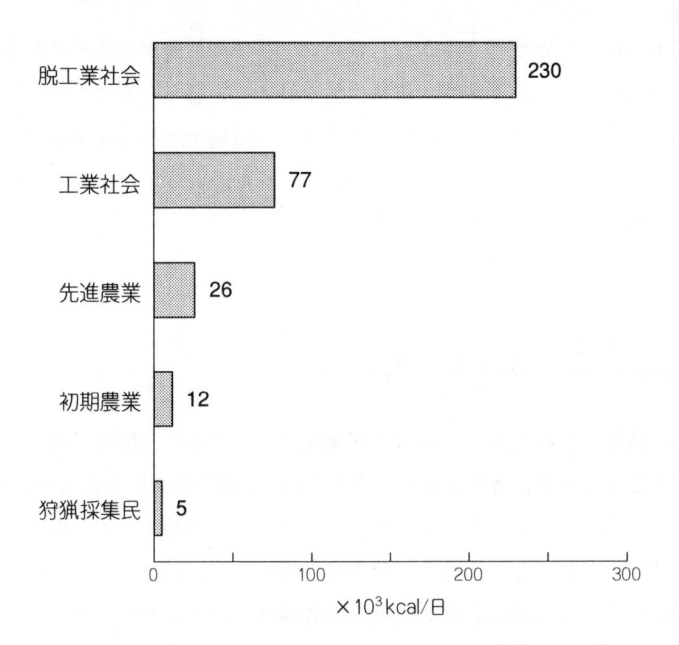

過去1万年の変化　**157**

```
脱工業社会  ──────────────── 230
工業社会    ────── 77
先進農業    ── 26
初期農業    ─ 12
狩猟採集民  │ 5
           0    100    200    300
              ×10³kcal/日
```

図4-1　社会形態別の日エネルギー消費量

下の二つはエネルギーを太陽に依存し、上の二つはおもに化石燃料や原子力に依存している。
後者の中には水力が重きをなしている地域もある。これらすべての段階が過去一万年の間に生じてきた。

らが異なる速度や頻度で、しかも様々な時や場所で起きたからである。紀元前10000年の時点では、ホモ・サピエンスのすべてが狩猟採集民だった。現在では、たぶん、ごく少数しかいないと言われているが、それほど少ないわけでもない。紀元前3000年頃から紀元後1800年頃までは、世界人口の大半が農民であったが、熱帯林や北方林、北極圏では、以前と変わらない狩猟採集民の集団が残っていた。工業が農業へ及ぼした影響は、緩やかで不完全なものであったが、今では世界の人々のほとんどが、工業分野に何かしらかかわっている。例えば、衛星放送を通じて触れ合う人々の数はどんどん増えてきている。

　　人類の経済活動を時代区分するのに、エネルギー源を用いることは可能である。しかし、これは、かならずしもエネルギーが人々の行動様式を決めるという意味ではない。ヨーロッパでは、薪の不足が化石燃料への移行に、ある程度の役割を果たした。が、ヨーロッパ以外のほとんどの社会では、そのことが工業化を押し進めることはなかった。ヨーロッパの人々は、化石燃料が経済的に見て利点があり、なおかつ、手に入りやすい資源だと考えたのだ。狩猟採集から農業への移行

に関しても、同じことが言えるかもしれない。移住や征服が力強くそれを押し進めたところ以外では、おそらく、農耕生活が好ましい暮らし方として、狩猟採集民に取り入れられたのだろう。ある社会では、人口増加の狩猟採集資源への圧力を克服するために、農業を取り入れたかもしれない。しかし、これが、世界中のどこでもそうであったという証拠はない。

人類が環境に及ぼす影響

ごく単純な技術しか持たない少数の人間集団は、おそらく、環境に対して、なんら継続的な影響も及ぼさずに資源を獲得できるだろう。熱帯林で焼畑農業を営む人々は、畑を切り開いた跡を残すかもしれないが、そこは、たった数十年で、周囲の手付かずの森と見分けがつかなくなる。他方、何千年にもわたり、石やレンガやコンクリートで全体が覆いつくされる都市もある。以下の考察は、ほとんどが長期的変化に関するものだ（必ずしも半永久的ではないが）。歴史的・考古学的記録の中で、その跡を辿ることが難しいような短期的な環境への影響は、ちょっとした行動によって引き起こされてきたことを覚えておくべきである。ふつうは、時間というふるいにかけられると、大きな変化以外の記録は、すべて消し去られてしまうのである。

狩猟採集民とその環境

私たちは狩猟採集民にロマンティックなイメージを抱きがちだ。彼らを原始的というよりも、真の自然児として天国のようなエデンの園に暮らしている、と思い描く。「彼らは、単に自然の使用権を行使して生きているだけで、簡単な物質文明レベルの下で、生きていくのにぎりぎり必要なものだけを、自然から得て暮らしていた」と。あるいは、「たびたび移動しなければならなかったので、家族の人数は自ずと制限され、人口爆発の要素など何もなかった」と。もしも私たちが、根拠のない黄金時代伝説を作り上げているとすれば、そうした狩猟採集民像を、厳密に検証してみる必要がある。

生態学とエネルギー論

本節では、完新世の間、狩猟採集民たちに独占されていた様々な自然環境を、手短に見ていく。また、彼らと自然環境とのかかわりによって生じたエネルギーの流れ、さらに、彼らの中には生態系を操作する方法を見つけ出していた者がいたが、そうし

Environment

た生態系の管理技術についても見ていくことにする。狩猟採集民の数は農業の世紀の間に減少に向かい、現在では工業化がそれを引き継いで減少は続いている。起源前10000年の時点では、人類は100％狩猟採集民だった。現在では、人類の0.001％ほどがその生活様式を引き継ぎ、その行動は、彼らの周囲のエネルギー多消費型生活様式の世界の強い影響を受けてきている。

19世紀以前の狩猟採集民集団と自然との相互関係とは、特定の集団（バンド）の縄張り内で、季節ごとに手に入れられる動植物を狩猟採集することを意味していた。季節によって得られる食物が変化すること、それに加え、血族関係や社会的な約束事といったことが、食糧資源採集権が及ぶ範囲の縄張り内を毎年、移動する方が望ましいどころか、不可欠にしたものと思われる。食糧資源が足りている地域では、比較的少ない人口を維持している狩猟採集民たちは、自然の使用権を行使するだけで暮らしていけたのだろう。つまり、将来的に食糧が不足するかもしれないという心配などまったくせずに、必要なものを集めていたのだろう。年代の研究対象となったカラハリ砂漠のブッシュマンたちは、日常、口にするものの種類はきわめて多岐にわたっていたにもかかわらず、ほとんどモンゴンゴ・ツリーの実だけを食べて生活していた。彼らは、モンゴンゴ・ツリーを植えたり、受粉させるといった世話をする必要は全然なかった。食べ頃になれば、全員を養えるだけの高いカロリーとタンパク質を豊富に含む木の実を十分集めることができた。彼らの近くに住む別のブッシュマンたちは（図4-2）、食料の一部を *tsama* メロンに頼っていたが、その収穫量は不安定だった。そのため、メロンが不作の年には必要な食料を得るために、かなり遠くまで旅をしなければならなかった。

だが、何らかの、もっと能動的な行動をとらないと、食料が手に入らないことがあると思わせるような自然環境もあった。そうした不安感に対して、ある民族は食糧供給を維持するには神の機嫌をとることが必要だと考え、主に非物質的な行為というかたちで解消を図り、ある民族はそれは自力でやっていく者を助ける神々の問題だと考え、動植物の維持管理を試みた。これは、植物の場合なら豊かな実りを確保するために、野生の稲の生えているところへ時期が来ると水が流れ込むようにしたり、野生のヤムイモを収穫しやすい場所に植え替えたりしたことを意味する。また、一定地域内の動物を殺さないようにして数の回復を図ったり、仔をはらんでいる雌の捕殺を禁じたりしたものと思われる。オーストラリアの一部のような半乾燥地域では、ウナギがたくさん棲みつくように、沼地の中やほとりに水路が掘られたようだ。

狩猟採集対象を地球的規模でみると、動物の狩り中心の高緯度地帯、魚がしばしば

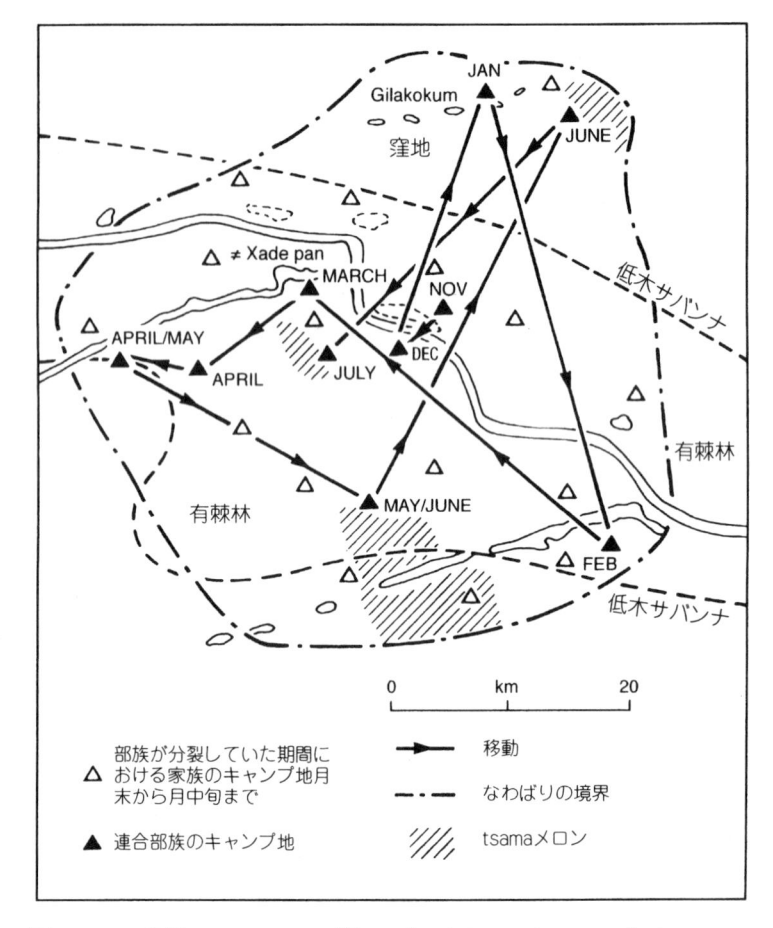

図4-2 1960年代、*tsama*メロンが豊かに実った年におけるG/wiブッシュマンの一部族の年間移動ルート

集団は一年中離合集散を繰り返したが、これは多くの狩猟採集民に共通した行動である。
(出典：Simmons, 1989)

重要な位置を占める中緯度地帯、植物性食物の採集中心の熱帯というように、おおまかに区分できた。しかしどの集団も、少なくとも20％程度の食料しか狩猟ではまかなえなかった。そのため、北極のような厳しい環境は別として、植物が主要な食物とならざるを得なかった。狩猟採集生活は、植物性の食料で必要量をできるだけ採り、また、できるだけ多くの肉や魚を獲ることを基本としていたようだ。

Environment

狩猟採集民によって生じた生態系の変化

　すべての狩猟採集民が生態系に変化を引き起こしたわけではないが、一時的にも、永続的にも変化を生じさせた者たちがいた。非永続的な改変といえば、ハンターが動物集団に加える圧力がよく問題にされる。これは深刻な問題かもしれないが、動物がその数を回復できないほど再生産能力にダメージを与えるものではない。ヨーロッパ人が到来する以前、北米の大平原地帯で行われたバッファロー狩りが一つの例と言えるだろう。バッファローの群が崖から谷底や砂地に追い落とされ、皆殺しにされたことが、数々の先史時代の遺物から分かっている。それでもふつうは、雄の群をねらい、雌が妊娠するのを妨げないようにすることで、獲物の数を維持するようにしていた。同じような行動が、はるかに北の北方林地帯に住むアメリカ・インディアンたちにもみられた。彼らは、自分たちの縄張り内の特定の場所に「休養地」を設ける伝統を築き上げ、乱獲で減少したヘラジカやビーバーの数を回復させようとした。狩りの補助的手段として、時には火を使うことがあったが(植物を焼き払うためというよりも、動物を隠れ家から追い出すため)、このために生態系が長期にわたり変化してしまうということは多分なかっただろう。

　だが、もっと興味深く重要なのは、狩猟採集民が環境に永続的な影響を及ぼしたケースだ。こうした場合、火が最も重要な道具の一つであり、オーストラリアの先住民であるアボリジニのケースが格好の例となることに思い当たる。火は藪や地中からたくさんの動物を追い出すことができるので、内陸部では狩りの補助手段として定期的に用いられた。その結果、ヨーロッパ人が目にしたものは、人為的につくり出されたと言える、定期的な火入れに適応した植生タイプであった。北部では、特定のソテツを含む植生に女たちが定期的に火入れをした。そうすることで実りが良くなると同時に、ソテツ自体も多少増え、常に移動している彼らにいつも恩恵をもたらした。北米では、森と草原の境に住む先住民に火入れをする習慣があるために(これも狩りをしやすくするためで、下藪を焼き払い、矢を放つのに見通しが利くように)、疎林と空き地がモザイク状に広がる景観が保たれた。先住民のインディアンが滅ぼされてしまうと、本来の森が急速にその土地を奪い返していった。最後の狩猟採集時代、紀元前7000〜3500年頃の後期中石器時代におけるイングランドやウェールズの高地に、永続的変化の一例をみることができる。ペニーズ、ダートムア、ノースヨークムアといった現代のムアランド(ヒースなどが茂る、水はけの悪い高原地帯)は、当時のそうした高地の大部分が森であったことを示す古生態学的証拠を提供してきた。それでも樹林地の中には、野火によって維持されていたらしい開けた場所があったが、野火の

頻度と広がりの範囲は、自然に起きたとは思えないものであった。農業が始まると、こうした開けた場所が消滅した樹林地はいくつもあったが、このことから火入れが狩猟採集生活に不可欠な要素であったことがわかる。しかしまた、ある場所では樹木を伐採してしまったために、土壌は水分を過剰に含むようになり（樹木は巨大な汲み上げポンプとして機能していたからだ）、泥炭層が発達した。泥炭層形成の条件が整ったところでは、厚さ2～3mに達して、その土地を覆い尽くし、そうした状態は今日でもみることができる（今では、侵食を受けていることが多いが）。これは、今日でもみられる、狩猟採集民によって形成された景観要素の一例である（図4-3）。

さらに、狩猟採集民が農民もしくは工業化した集団と接触するようになった時に、よりいっそう永続的な変化の例がしばしばみられる。北方樹林地帯が再び、格好の例を提供してくれる。そこでは、獲物をハドソン湾会社などへ売って生計をたてる無数の罠猟師のために、毛皮が得られる動物がほぼ完全に絶滅してしまった地域がいくらもあった。例えば、罠を仕掛ける地域に、ローテーション制を導入しようとした企業の努力もむなしく、毛皮を求める飽くことなき需要のためにビーバーが一掃されてし

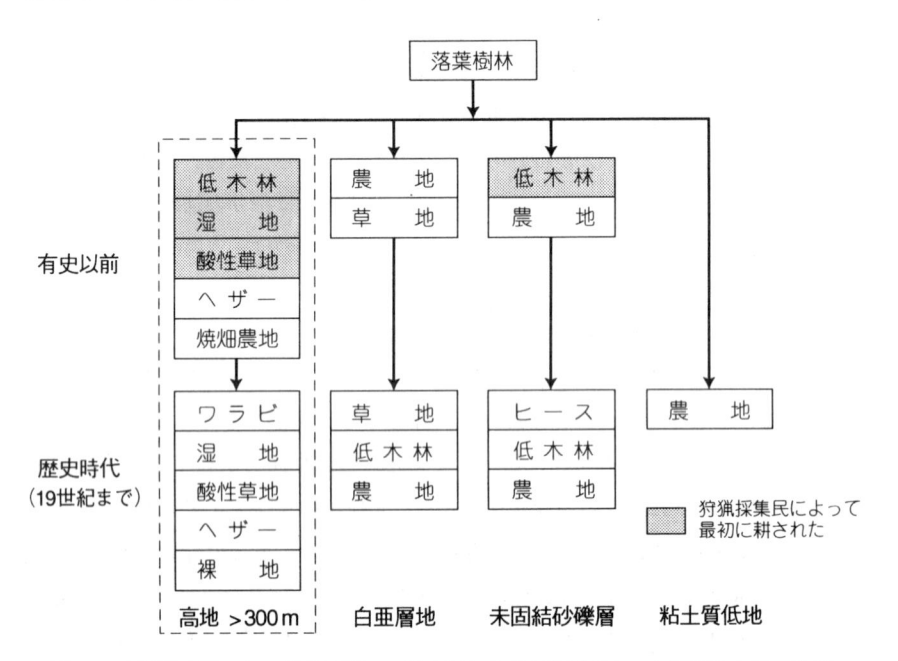

図4-3 中石器時代から19世紀の間に、元来ほとんどが森林であった場所の土地利用が、どのように変化していったかを示している

低地よりも高地の方が様々に土地利用変化してきたが、この現象は20世紀に入ると逆転した（本図では示されていない）。本図では集落はまったく扱われていない。（出典：Simmons, 1982）

Environment

人類が環境に及ぼす影響   163

まった地域がいくつもあった。今日のカナダ南部において、多くの地域で実際に起きたように、もしも流行が変わらなかったなら、北米のほとんどの地域からビーバーはいなくなってしまったかもしれない。

適　応

狩猟採集生活と自然との間を仲立ちするものの一つとして技術が挙げられる。そうした技術は、数千年の間に様々なかたちで発展してきた。更新世末、狩猟採集集団には植物と石しか材料が手に入らなかったが、金属が入手可能になると、必ずすぐに彼らはそれを道具としてとりいれた。近年になっても依然として狩猟採集生活を続けていた集団が、産業革命の産物の受け入れをためらうことはまずなかった。伝統的技術は、植物を掘り起こす木製の道具、キャンプにそれらを持ち帰るのに使うかごや革、さらに槍、弓矢、吹矢、パチンコ、網、毒などの狩猟補助具を中心としたものであった。そこに金属製の道具や鍬、ライフル、船外モーター、スノーモービルといったものが様々な時期に、いとも簡単に、以前からのレパートリーの中に入り込んできた。だが、そのどれも狩猟採集という、生活様式の実質的消滅を食い止めるものとはならなかった。

農　業

農業の成功はめざましいものであったので、人類の数は起源元年の時点で17,000万人であったのが(現在のインドネシアの人口とほぼ同じ)、1800年には95,700万人にまで増加した。これでも、今日の中国の人口よりも少ないが。さらに多大なエネルギーを投入し、狩猟採集時代よりも面積/時間あたりの生産量を増やしていこうとする方向に進んでいく。だからこそ、狭い土地で多くの人間を養うことができるようになった。生存農業の段階では、種々の仕事に投入でき、たくさんの人的エネルギーが必要で、これによって人々は年中無休の生活をしばしば余儀なくされる。だが、食べていくのがやっとの生活レベルから脱すると、実に多様な職業の分化をもたらすような余剰が生じるようになる。

生態学とエネルギー論

農業では、自然を利用する姿勢が狩猟採集と比べて徹底している。それは、選択改良した作物や家畜を利用することが基本となっている。ここでの生産物は、栽培化された植物や家畜化された動物のことである。しかし、それらは、食物や繊維や毛皮を

求める人間の欲求に合致するようにライフ・サイクルを変えられてしまったため、自然の中では生きていけなかったり、進化上の本来の地位を失い、野生種と競争できなくなってしまっている。農業においては何を作るにしろ、なんらかのエネルギーを投入する必要がある。すなわち、狩猟採集民とは違い、どんな作物でもそれを収穫できるようになるまでには、農民は種をまき、畑を耕し、囲いをつくり、家畜を集める、などといった仕事に多大なエネルギーを費やさなければならない。それでも生産力が頂点に達すると、エジプトのピラミッドを建設する人々を養えるほどに農業は莫大な余剰をもたらした。

起　源

　農業の始まりについてはいまだに、ほんの一部が知られているにすぎない。世界中のたくさんの場所が、様々な農業システムの出現という点で重要だが、そうした場所が栽培植物や家畜すべての起源ということではない（図4-4）。西アジアの丘陵部では、紀元前7000年前後に穀類を周囲で栽培していた定住村が発達したが、そこに住む人々は家畜も育てていた。おそらく紀元前4000年頃、同じ地域で家畜の群を主体とした遊牧が完全に成立していたものと思われる。東南アジアでは、西アジアにおけるコムギやオオムギといった穀類とほぼ同時期にコメが栽培されるようになり、中国北部ではキビの栽培が始まった。紀元前4000〜2000年には、トウモロコシ、ジャガイモ、マメ類、カボチャを基本とした新世界の農業が発展した。これらを起源として、様々なタイプの農業形態が世界中のほとんどの地域に広まり、その過程で狩猟採集生活に取って代わることも多かった。とは言っても、極度の乾燥地帯や寒冷地帯、奥地の熱帯林といった辺境の地から狩猟採集文化を取り上げることはできなかった。

地球規模の影響

　もしも、農業というものが収穫量の増加ばかりでなく、エネルギーの集中的な投入をも意味するとしたなら、それに相当するだけの大きな影響を環境に対して及ぼす可能性が高い。農業においては、狩猟採集におけるよりも、空間的にも生態学的にも、かなり大きなスケールで自然環境の改変が意図的に行われる（図4-5）。人類による最大の改変行為の一つが、穀物を栽培する目的で樹林地を永続的に切り開いたことである。こうした例はたくさんあり、先史時代や中世のヨーロッパでは落葉樹林が耕地になり、北米の落葉樹林は、ヨーロッパ人の入植が始まると先住民と共に消えていった。同じような話はアジア、旧ソ連、南米、オセアニアでも聞くことができるし、こうし

Environment

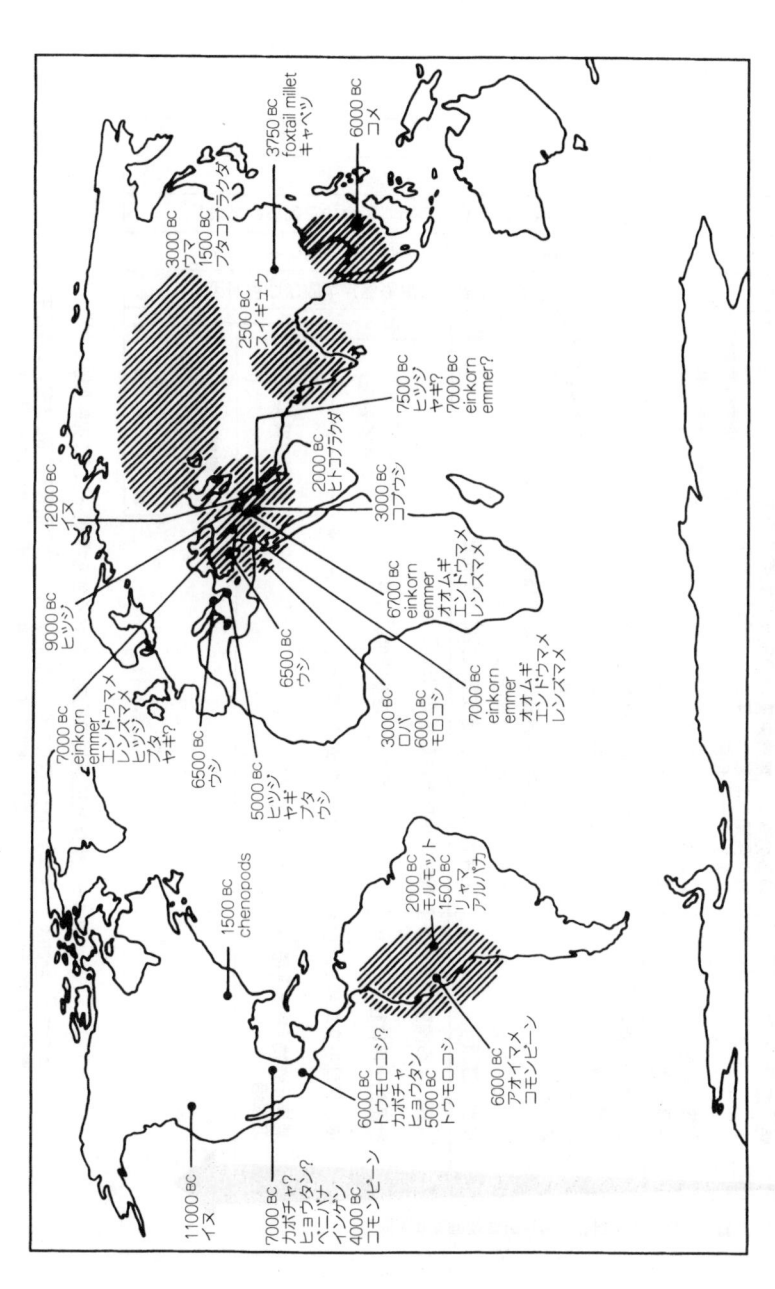

人類が環境に及ぼす影響　**165**

図4-4　動植物の家畜化・栽培化は徐々に進んできたものだが、その初期段階においてはいくつかの重要な場所があった。本図ではそうした鍵となる地域が示されている。この図から、例えば山岳地域がきわめて重要な役割を果たしたことが見て取れる。(出典：Simmons, 1996)

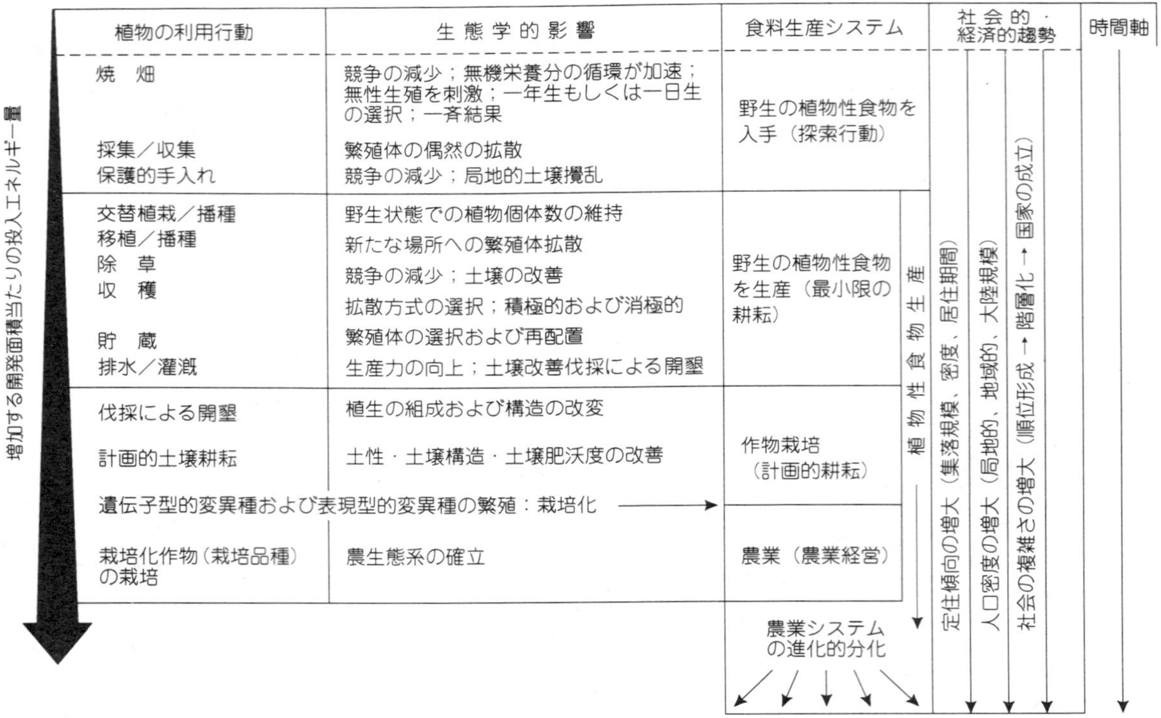

166 第4章 人類の世界

植物の利用行動	生態学的影響	食料生産システム	社会的・経済的趨勢	時間軸
焼畑	競争の減少；無機栄養分の循環が加速；無性生殖を刺激；一年生もしくはくは一日生の選択；一斉結果	野生の植物性食物を入手（探索行動）	生活の場所と移動性の様式（遊動性 → 定住化 → 国家の形成）	
採集／収穫	繁殖体の偶然の拡散		人口の規模（個別、再開発、大運動）	
保護的手入れ	競争体の減少；局地的土壌攪乱		社会的組織の様式（群集団、部族、首長国）	
交替植栽／播種	野生状態での植物個体数の維持	野生の植物性食物を生産（最小限の耕耘）		
移植／播種	新たな場所への繁殖体拡散			
除草	競争の減少；土壌の改善			
収穫	拡散方式の選択；積極的および消極的繁殖体の選択および再配置			
貯蔵				
排水／灌漑	生産力の向上；土壌改善伐採による開墾	作物栽培（計画的耕耘）		
伐採による開墾	植生の組成および構造の改変			
計画的土壌耕耘	土性・土壌構造・土壌肥沃度の改善			
遺伝子型的変異種および表現型的変異種の繁殖	栽培化	農業（農業経営）		
栽培化作物（栽培品種）の栽培	農生態系の確立			

← キャッシュの投入強度が増加する

← 管理手段の強化 →

図4-5　農業発達過程の初期における生態学的・文化的諸段階

本図では、物質的一生態学的変化が目につくかもしれないが、社会環境を見落とさないようにすべきだ。農業の発達にかかわった人々の文化が重要であったはずだ。(出典：Harris *et al.*, 1989)

たプロセスは今でも続いている。森林の伐採は、生態学的に重大な結果をもたらす。土壌は、侵食されやすくなり、雨水はすぐに流下しやすくなって、洪水や谷の増勾、栄養分の流出が伐採地域下流のどこでも起きるようになる。土壌の流失を食い止めるために(特に季節的な豪雨に見舞われる地域では)、たくさんの堤防や土手が築かれた。こうした行為は、本質的に傾斜地を平坦地に変え、土壌も水も、さらなる利用のために蓄えられるものである。水は季節によって不足することがよくあるので、蓄えておくために小さな貯水池が造られた。その究極のかたちとして、階段状の水を引き入れた耕地がある。階段状にすることで、コメだけでなく魚やエビのような動物性食物もよく育つ、水田兼養魚池のようなものに傾斜地をつくり変えている。また、こうした場所では多毛作も可能なことが多い。

いかなる農業システムも、栄養分が循環する自然の営みを模倣せざるを得ないので、厩肥、し尿、沈泥、すす、マール(泥灰土)など、人類は手に入る限りのものを作物に肥料として施さなければならない。おまけに、こうしたシステムは灌漑システムにみられるように、複雑な社会組織を伴う。今日のバリでは、寺院が水を分配する組織の中心点となっている。古代メソポタミアやエジプトでは、灌漑システムを円滑に機能させ続けるために、独裁主義的支配が必要だったと思われる。

それほど集約的ではない農業形態でも、そのレベルなりの影響を環境に及ぼす。焼畑農業は生態系を出発点に戻すが、これによって種組成が変わってしまうこともしばしばだ。ローテーションが速くなればなるほど変化も大きくなる。遊牧も植生の組成を変化させる。家畜は特定の草を選んで食べる習性があるため、一定の限界を超えると再生が不可能になり、その場所は棘や毒を持つ植物だけになったり、裸地になったりする。砂漠化はこうして起こる。例えば、アンデスの高山に広がる多くの牧草地には、気候や土壌による影響と同程度に、数百年にわたる放牧の影響が現れている。イギリスのムアランドの草地にも同じことが言える。ムアランド草地の種組成にはヒツジの放牧密度が反映され、密度の高い場所では、堅い葉を持つ甘松類(*Nardus*)が優占している。

その他の前工業化時代における影響

農業(牧畜を含む)は、人々を養うが故に社会の中核を為している。そのうちに、より多くの人間を養うと同時に、一部の人間がさらに良い暮らしをするために、ほとんどの集団がその生活域を拡げようとする。前工業化時代の社会も、自然環境を様々な目的に利用する段階に達していた。建築、農業、都市づくりなどの材料として、また、

燃料として。彼らはまた、公園や庭園に楽しみを求め、彼ら以前、以後の人類の大半と同じように戦争に明け暮れていたが、時には、そのために彼ら自身ばかりでなく、自然環境をも犠牲にした。

　農地の拡大は土地改変を意味する場合が多く、通常それは英語で「リクラメーション：reclamation」と呼ばれる。元々、比較的平坦な土地(図4-6)は、農地として人気があった。そして、塩沼などの沿岸地域にも排水設備を施した湿地にも干拓の長い歴史がある。前者の場合は、いかに良い護岸堤防を築くかが常に大問題だった。後者の場合は、大気のエネルギーを利用して水路から水路へと次々に水を持ち上げ、すみやかに海へと排水する風車を作り、操作する技術が重要だった。

　その他、様々な自然の生態系が開墾されてきた。例えば、ヨーロッパのヒースやムアといった荒れ地は、中世では開墾の標的であった。シトー修道会の修道士たちは、そうした地域で特に活動的であった。というのも、彼らは世俗の諸々の誘惑から離れて暮らすことになっていたので、寂しい荒れ地の谷間は、こうした条件に最適の場所だったのである。また森は、土地担保貸付銀行と同じぐらい、いつでも彼らの生産活動の役に立ってきた。主食を補う野生の食物が、たいていそこにあるし、なんと言っても木材があるのだから。大半の前工業化社会は燃料のすべて(家庭用および産業用)、様々な建造物(造船、建築足場、建物の骨組み)、道具や家畜の飼料など、こまごました無数の用途に至るまで木材に頼り切っている。木材は、雑木を伐採したり枝打ちすることで囲いを作るための柱や炭の材料となり、また、細かく切ることで良好な家畜の飼料にもなる。やや開けた場所で育つ落葉樹の湾曲した幹は、船体の材木として欠かせない。反対に、昼なお暗い針葉樹の林は、マストに最適な材木をつくり出す。

　工業について考えてみると、それは19世紀以降だけの特色ではなかったことに気づく。1800年には、世界中の様々な場所に作業場、石切場、鉱山、製粉所があった。その多くが動力を必要とし、動力は河川から引き込んだ水で動く水車によって供給された。また、精錬のための熱を必要としたものもあり、例えば15世紀、イギリスのサセックス・ウィールドで行われていたように、木炭を絶えず供給するために木材をなんとか調達していたようだ。そして、廃棄物が問題になり始める。皮をなめす工程では、必ず有毒な排水が生じたし、前工業化時代のオランダでは、そうした工程で出る廃棄物を除去するために、特別な下水施設(スティンカーズ)が設けられた。

　農業が相当の余剰を生み出す段階になると、有閑階級を支えることができるようになる。有閑階級は、宗教、学問、自身のためのモニュメント建設、領土の獲得、あるいは、単に愉快に過ごすことだけにさえ、ひたすら多くの時間を費やした。庭園がま

Environment

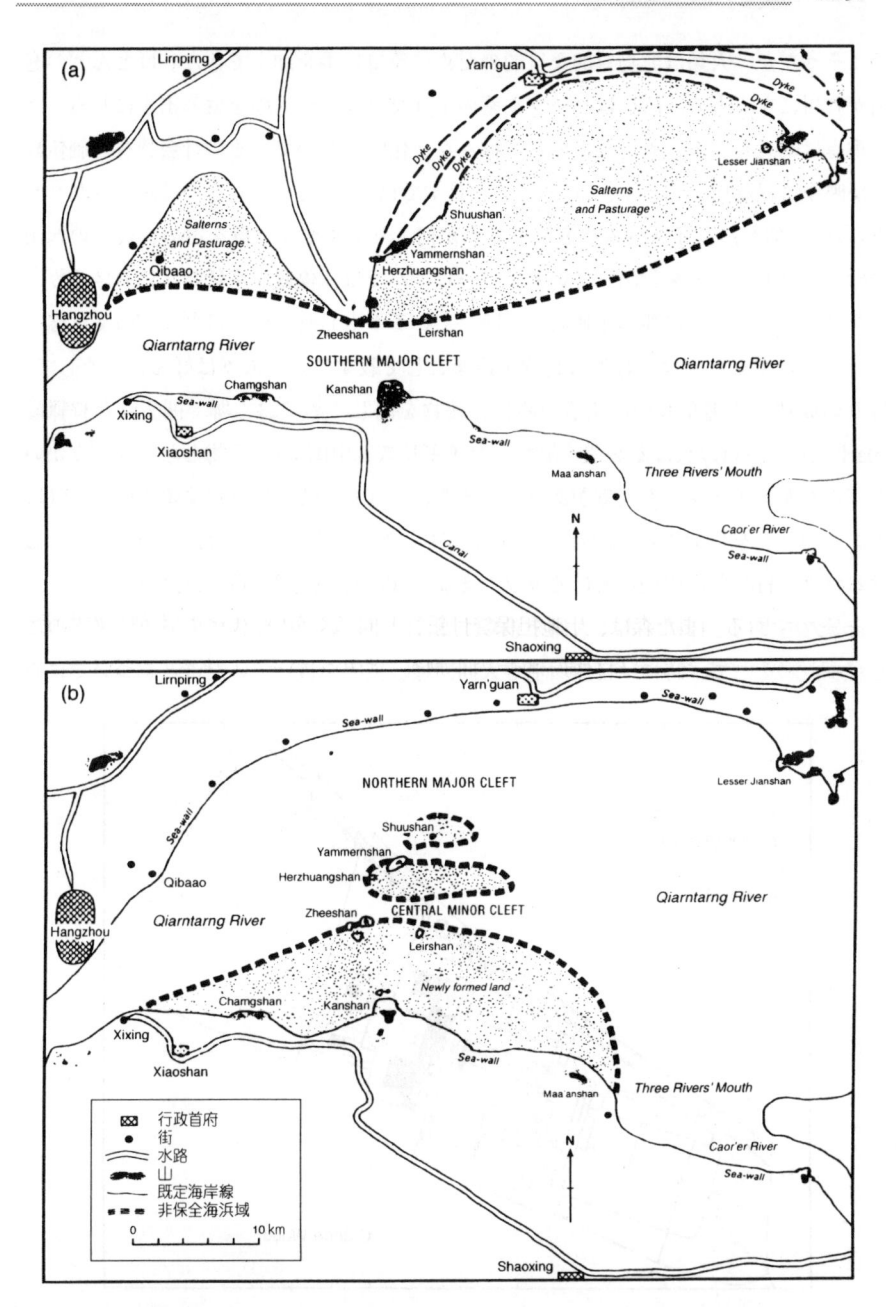

人類が環境に及ぼす影響 **169**

図4-6 中国Harngzhou湾における二度にわたる干拓工事跡の復元図

(a)は12世紀のもので、河口の北側部分に小規模な堤防を築いており、(b)は18世紀初頭のもので、さらに大規模に潮間帯の土地を計画的に拡張しようとした。しかし、両者とも既存の陸地部分を守るための防潮壁が存在していることに注意。(出典：Elvin and Su Ninghu, 1995)

さにそうだが、人類は非物質的な目的のために環境に手を加えてきた。ほとんどの庭園が食用になるもの、時にはハーブや薬のような役に立つものを生み出すにしろ、常に重点は楽しむことに置かれている。様々な文化圏において、その社会特有の価値観を反映する緑陰樹、花、水、草(そして、日本ではコケ)といったものの組み合わせがみられる(図4-7)。イスラムの庭園では水が何よりも重要な位置を占め、彼らの起源が砂ばくにあることを物語っている。ヨーロッパでは、優雅な宮廷時代におけるガーデンズ・オブ・ラブに他の価値観が反映しているかもしれない。ほとんどの文化圏において、野生もしくは半野生の動物を娯楽として殺すことを人々は好んだ。そして、狩りの成功を確実なものにするために、獲物を閉じこめておく塀で囲まれた狩猟園(park)がつくられた(はるか遠く隔たったイギリスと中国で)。獲物としてはシカがいちばんだが、イノシシも人気があった。また、そうしたことに反対する人々(例えば、インドの仏教を信仰する統治者)は、森を守り、特定の種(起源前3世紀のインドにおけるゾウ、1107年の中国におけるカワセミなど)の殺生を禁じる布告を発した。

自分たちと同じ仲間である人間を殺戮することは、いつの時代でもあたりまえのことだった。そして、時には自然環境も人間同様、被害を被っていたことをついでに心

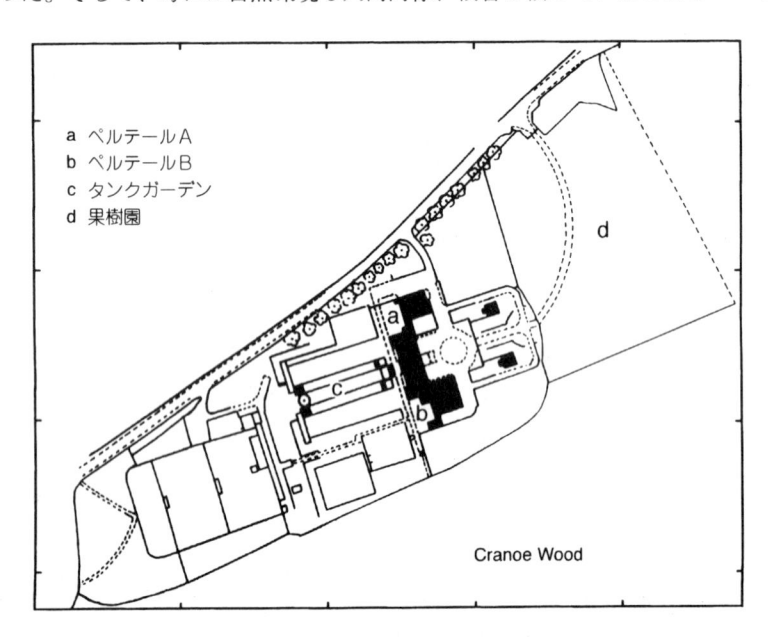

図4-7 花　壇(パルテール)
両側に花床を配した長方形の池(タンクガーデン)、家屋へのアプローチを形成する実用的果樹園などを正式な構成要素とした英国式庭園設計。(出典:Tooley and Tooley, 1982)

に留めておくべきだ。パイロスの戦いでは、島中の植物をすべて焼き払ったために、アテネ側はスパルタ軍の動静を把握することができた。氏族抗争に明け暮れた時代のスコットランドでも、同じような行為で森を荒廃させた。ローマ人たちは、カルタゴ周辺の野や畑に塩をまいたので、たびたび井戸水が汚染された。こうした変化の大半は一時的なものだったが、マッシリア（現：マルセイユ）における顕著な例をプルタークが記述している。「おびただしい数のチュートン人が殺され、土壌は豊かになり、地面の下、深くまで腐った死体でいっぱいのありさまだった。そして、その後、何年も大変な豊作が続いた。」

適　応

　人間の関与によって生じた自然界でのこうした変化の背後には、自然の生態系を改変することができるという人類文化の特徴があった。技術は人間と環境の主たる仲介役であり、産業革命以降に言えることだが、この間、道具を手に入れやすいかどうかについては、社会集団によってそれほどの大差はなかった。鉄の入手、金属全般の知識、耕耘の効能、航海技術の知識、情報の記録、こうした発明の一つか二つを欠いてはいても、ほとんどの社会集団に共通したものだった。ただ興味深いのは、そうした技術の採用に当たっては文化的イデオロギーの承認が必要で、これには社会集団によってかなりの相違があったらしいことだ。中国人は、一種の環境静寂主義を説く道教が支配的であった間、中国南部および中央部で、土地利用、植生、土壌、水の現状を大幅に改変した。そして最終的には、ヨーロッパのキリスト教文化圏と生態学的イデオロギーの面ではたいして違いのない結果となった。ヨーロッパではベネディクト会のモットー「labore est orare」が、森の開墾や塩沼の干拓に対する神による承認の象徴となっていた。また、農業経済の発展によって、エジプトのピラミッドやシャルトル大聖堂のような目に見えるかたちでの成果、あるいは松尾芭蕉（1644〜1694）の俳句やJ.S.バッハ（バッハは炭坑の共有権を持っていたので、ちょうどW.A.モーツァルトの初期のパトロンであったザルツブルグの大司教が、塩山の権益で大変裕福であったのと同じく、工業主義の片棒を担いでいたと言えるかもしれないが）のような非物質的業績といった、十分な余剰エネルギーが供給されたことを忘れてはいけない。

　1万2千年にわたる占領期間に人類が成し遂げた成果は、その間に人口が4百万人から9億5千7百万人に増えたにしろ、想像以上に大きかった。食料生産が可能になると、次の段階はたくさんの人間を養い、少なからぬ数の人々に贅沢をさせるほどの食糧増産に向かった。辺境においては、狩猟民が昔ながらの暮らしを続けることができた場

合もあれば、新たに出現したスポーツ・ハンターが狩猟民に取って代わった場合もあった。両者が交わるところでは、しばしば、都市が品物の交換を仲立ちする場所として成長した。そして、1800年までには、地球上のほとんどの場所が実質的に人類が支配するところとなった。つまるところ、様々な文化圏へ大量の情報を運ぶ迅速なコミュニケーション網を一刻も早く構築し、地球の生態系を人類が事実上、支配するプロセスを完成させる運命にあったのである。

工業化

　現在、西側に住む人間のほとんどが工業化された生活を送っており、それ以外の地域に住む人々のほとんどが、工業化による物質的恩恵を受けたいと強く望んでいる。工業化によって高度の物質的水準(例えば、栄養レベルや健康レベル)を確保でき、レジャー水準や文化程度に大きな差ができるので、工業基盤および持続可能性についての見通しは、常に綿密な調査の対象となっている。

生態学とエネルギー論

　19世紀のただ中に到来し、それ以来、成果をあげ続けてきた変化の本質は、地殻に蓄えられた高濃度のエネルギー源を利用することにある。石炭、石油、天然ガスは、狩猟採集民や農耕民の動力源とは主に二つの点で違いがある。それらは高濃度で、再生不可能であることだ。それらは皆、単位あたりに発生するエネルギー量が多いため、比較的少ない労力で手に入れられるにもかかわらず、多くの実りが得られる。それらを利用することで、機械を動かす蒸気を発生させ、直接、燃料にして動かし、化学工業やプラスチック工業を可能にし、1700年には6億人ほどだった世界の人口を、現在の53億人にまで増加させる原動力となってきた。

　それ故、1800年以降、以前は不可能であったやり方で、自然(そして、その時点ですでに人類が支配していた世界も)を改変することができるようになった。続々と開発される多方面にわたる技術を通して、海や陸の生態系操作に新しいエネルギー源を注ぎ込むことが可能になった。そして、こうしたプロセスの効率は、科学によって得られる知識の量と信頼性が増すにつれ、大幅に高まった。実際、科学は情報というかたちに姿を変えた化石燃料エネルギーであると言える。現在、利用可能なエネルギー量の規模は**表4-1**にまとめてある。エネルギーをどれぐらい利用できるかが、今のところ豊かさを定義する一つの方法だと言っても、間違いではない。19世紀に工業化した国々は、この世界における富裕国家の中核的存在となってきたし、そうした国々は

Environment

人類が環境に及ぼす影響　*173*

表4-1　19世紀および20世紀における累積エネルギー使用量

西暦年	世界人口 （100万人）	世界の工業用 エネルギー使用量 （TW）	1人あたり エネルギー使用量 （W）	1850年からの累積 エネルギー使用量 （TW-年数）
1870	1,300	0.2	153	3
1890	1,500	0.5	333	10
1910	1,700	1.1	647	25
1930	2,000	2.0	1,000	55
1950	2,500	2.9	1,160	100
1970	3,600	7.1	1,972	200
1986	5,000	8.6	1,720	328

TW=10^{12} W=31.5×10^{15} J/年
出典：I.G. Simmons（1991）*Earth, Air and Water*, London: Arnold, p.38.

皆、莫大な量のエネルギーを手に入れてきた。いまだに国民の大半が一次産業の従事者である国々は、わずかなエネルギーしか手に入れられず、エネルギーの利用についても、また物質的にも豊かではない。

　工業化時代の環境とは、この新しいエネルギーが太陽放射に加わるということである。つまり、以前は太陽エネルギーを動力としていたシステムからの、かなりの増産が見込める補助金がついたということだ。単位面積あたり、もしくは人－時間あたりの農業生産性は当然、大幅に高くなるはずだ。こうして1800年以降に増加した人口のほとんどを養うことができた。同時に、現在、利用できるテクノロジーで、地球上のほぼどんな場所にでも行くことができ、また、そこを改変することができる。エベレストの山頂にも、南極にも、深海底にも、人間もしくは機械がそこに到達した証拠が記されている。海底を浚渫し、遠洋でクジラを捕り、山のてっぺんにレストランを置き、太平洋の島々を採石場や空軍基地に変える。こうしたことが皆、今日では可能なのだ。そして、私たちの排出する廃棄物が、気体やエアロゾルのかたちをとることが多いとすると、地球全体とその大気に影響を及ぼしているはずだ。こうしたことすべてが、化石燃料の使用をいかに抑制するかにかかっており、それ故、将来のエネルギー供給問題に関心が高まっていることも、決して意外なことではない（Flavin and Lenssen, 1991）。

工業の起源と普及

　近代工業のような複雑な現象を定義することは難しく、その発祥地も当然、さだかではない。さしあたり判断の基準として、どんなエネルギー源からにしろ、化石燃料、

それに電気を動力源とする経済活動という概念でこれを捉えることにする。工業発祥の最有力候補地として、18世紀および19世紀初頭のイギリスを空間的な出発点と考えたい。鉄鉱石の製錬工程に置ける熱源や動力源が、木炭から石炭製品(とりわけコークス)へと切り替わり、さらに蒸気機関が使用されるようになったことが重要なプロセスだと言えよう。木炭分塊炉では、鉄鉱石に含まれる鉄の15％しか取り出せなかったが、溶鉱炉では94％が回収できる。この技術の開発によって1840年までには、イギリスにおける全面的な工業化につながる質的にも量的にも、すべての面で変化が起こった。

新技術は現在、先進世界の中核的存在である国々を形成する原動力となっているが、大英帝国から急速に広まっていった。1870年には、フランス、ベルギー、ロシア、ドイツ、アメリカ合衆国、日本といった国々では、紛れもなく工業地帯と呼べる地域が存在した。輸入に頼っていたにしろ、工業化の基礎となるエネルギー源が19世紀になっても薪と水であったアメリカ合衆国のようなケースがあったにしろ、そうした

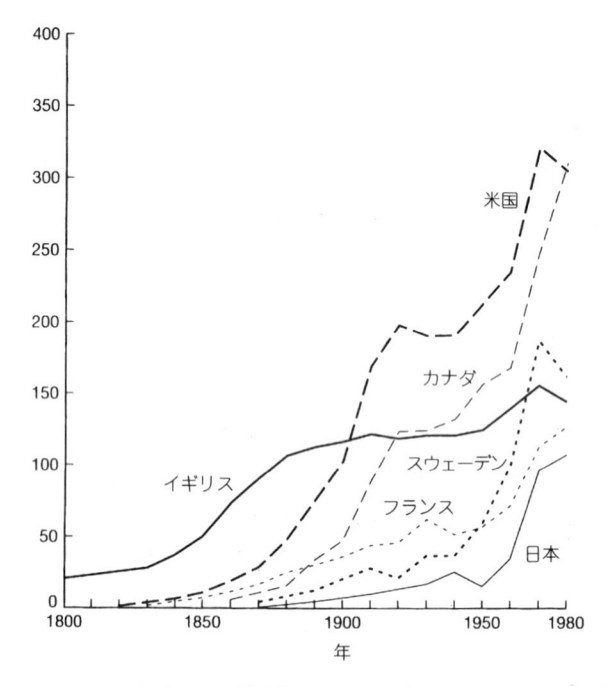

図4-8　1800～1980年までの工業分野における一人あたりのエネルギー使用量
　　　（単位：ギガジュール、1 GJ = 10^9 J）
　　　20世紀前半における北米二カ国と西ヨーロッパ諸国との間の消費量の開き、そして1950年以降の日本の消費量増大に注目。(出典：Smil, 1991)

Environment

人類が環境に及ぼす影響　　*175*

国々は皆、基本的に石炭を燃料としていた。工業が発展するにつれ人口は増加し、例えば、大英帝国の人口は1880年までの1世紀足らずの間に3倍に増え、同様のことがいたるところで繰り返された。また、こうして増加した人々は都市に集中し、イングランド中西部やドイツのルール地方のように、広域都市圏が出現するという、以前にはなかった現象も起きた。工業は、ひとたび発展し始めるとほとんど、どこでも短期間で急速に成長を遂げた。イギリスでは、1850年に一人あたり1.7tce（石炭換算、単位：t）であったエネルギー消費量が、1919年には4.0tceに増えた。図4-8は、この期間におけるエネルギー消費量の増加を示しているが、それにも増して20世紀後半の上昇カーブはさらに大きい。

こうした中核的地域以外では、経済の基盤として昔ながらのやり方が生き残っていた。1825年のストックトン-ダーリントン鉄道の旅客用列車開通と1843年のブルネル社製スクリュー駆動グレイト・ブリテン号就航は、ウランバートルやフィジーでは注目されなかったが、そのうちには、蒸気機関が立てる笛のような響きや、ブリストルのドックから広がる波紋が、そのような遠く離れた地にまで到達した。なぜなら、鉄道、蒸気船、電信は工業を育て（主要な生産物という点で）、拡げる（貿易という点で、必要な場合は砲艦の助けを借りて）手段であったし、そうしたものに付随する理念は世界中に伝わっていったからだ。

20世紀初頭における地球環境への影響

このテーマを整理して考えるために、中心と周辺という概念を採用することにしよう。すなわち、工業施設が局地的、地域的環境に及ぼす影響、そして、先進工業国が地球全体の生態系に及ぼす影響という二つのスケールで、この概念を適用することができる。図4-9を見ると、新技術が旧態依然とした工業設備に取って代わっていったことに気づかされる。

まず、地域的レベルから始めるとすると、大きな炭鉱、コークス工場、製鋼工場といった、いかにも世紀の変わり目にふさわしい工業施設を思い浮かべるはずだ。地域的環境への影響は、はじめに土地利用の変化として現れる。今では、建物、原材料の山、道路や資材置き場、鉄道などの交通用地などで地表が覆われている広大な地域だ。そうした施設が建設されている間は裸の地面がたくさん残っていて、雨水排水と共に大量の泥を流し去っていた。しかし、完成後、そうした場所は都市の水文的特徴を全面的に示すようになり、地表面はほとんど水を吸収しなくなるので、雨が降るとすぐに流出してしまう。したがって、人工物が極度に密集した地区は、降水時に「最悪の」

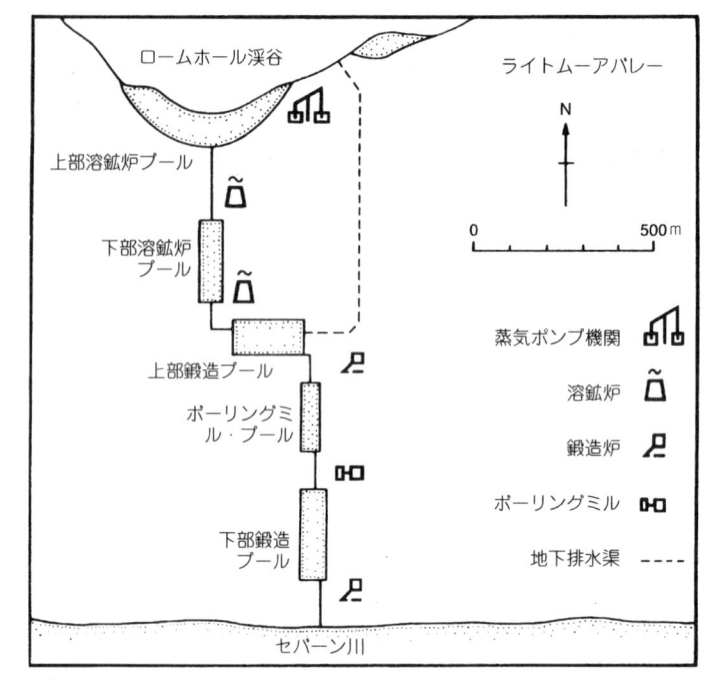

図4-9 アイアンブリッジ（シュロップシャー、イギリス）において鉄の精錬・鍛造用蒸気ポンプに水を供給するために改変された陸域および水域の模式図

これらはすべて1800年以前に行われたことである。（出典：Ironbridge George Museum Trust, 1979）

局地的な（一時的な？）水路となりやすい。水質も、ごみの山から浸み出てくる雨水や洗浄や冷房に使った水が侵入するために影響を受けやすい。したがって、そうした水に浮遊していたり、溶け込んでいたりする物質の量は多く、現時点で生命にとって有害な物質が含まれていることがある。家庭下水や産業排水の水質も様々なレベルのものがみられる。たいていの場合、未処理下水では下水中の有機物を餌とするバクテリアの働きのために、生物学的酸素要求量（biochemical oxygen demand：BOD）が上昇している。したがって、工場の下流では、放出された排水が十分に薄められるまでは水路中にそれほど多くの生物は見られないことが多い。同様に、工場付近の大気は汚染され、煙突から吐き出される降下物の量は発生源からの距離によって決まってくる。煙突の近くでは微粒子が降り注ぎ、工場周辺の住人に不快な思いをさせ、健康を損なわせる。イギリスでは、金持ちは大工業地域南西の端の方に住もうとする。風下に行けば次第に影響は少なくなるが、イオウ化合物が溶け込み希薄な硫酸となって降る雨は、湿潤な高地において植生を痛めつけるだけでなく、建物の石材をも破壊する。こ

Environment

うした工場の影響は、成長する広域都市圏の水源を求めて伸びる触手の動きとも呼応するように拡大している。地方によっては、高地の谷間が貯水池の建設によって水没する場合が頻繁にある。また、各工場は、そこがつくり出す需要やその技術の産物を通して、さらに広範囲でつながり合っていると言える。

　このモデルを地球全体に押し拡げて考えると、先進工業地域は工場地帯あるいは広域都市圏、そして、その他の地域は、(a)原料供給地帯、および(b)廃棄物の掃き溜め地帯、というように考えることができる。先進工業地帯が最も必要とする品目の一つは食料であり、広大な温帯草原域がコムギのような穀物を供給するために(例えば、北米の平原地帯)耕地になったり、肉を供給するために(冷凍技術の発明後は特に、オーストラリアやアルゼンチンにおいて)牧場に姿を変えたりした。必ずしも、すべての食料品が、塩や砂糖のような基本食料品というわけではなかったが、熱帯の産物である茶やコーヒーには大きな需要があったので、広大な面積の森や低木林がプランテーションに変わった(図4-10)。植民地政府は、移動生活を営む遊牧民や狩猟採集民のことを、そうした土地が十分に支えてきた可能性があるのに、「空っぽ」だと考えがちだった。自動車が普及するようになるとゴムの需要が大幅に増大し、マレー半島の熱帯雨林などはゴムのプランテーションに変貌し、その際、伐採された木材がさらに利益をもたらした。同様に、19世紀後半にはパルプ用や建設市場用に大規模な植林が行われたことによって、多くの北方林で生態系が変化し始めた。その他の農業システムにおいても、現在では農産物の輸出を前提とした成長が可能であることが分かり、外国から導入した灌漑技術によって劇的に生態系を変化させたケースもあった。発展途上の国々は、農産物と同様、鉱物資源の主要な供給者であると考えられがちだ。しかし、実際には、一般に発展途上国との貿易は比較的小規模なものだった。1913年には、たった6ヶ国だけが先進工業国への主な鉱物資源供給国であった。それに比べ、1960年代になると、主要先進工業国は必要な鉱物資源の約30％を熱帯の国々から得るようになっていた。ところが、蒸気船の普及によって輸送コストが低減したことで、ビルマ、タイ、インドネシアが1870年以降、コメの重要な輸出国になったように、食料を周縁地域自体の中でやりとりすることが可能になった。

　先進工業地域が地球資源に大きな影響を及ぼしたもう一つの場所、それは海洋である。海洋では、蒸気式トロール船の出現によって、かつてないほどに、たやすく魚を獲ることができるようになった。特定の魚の個体数が、漁業対象として経済的に引き合わないほど減少してしまった年月日を地図上に落としてみると、その場所は(a)早くから工業化した地域の近くで、(b)その年月日は1880年代に始まっている。その漁

178　第4章　人類の世界

```
標高1,200m以上のプランテーション
標高600〜1,200mプランテーション
```

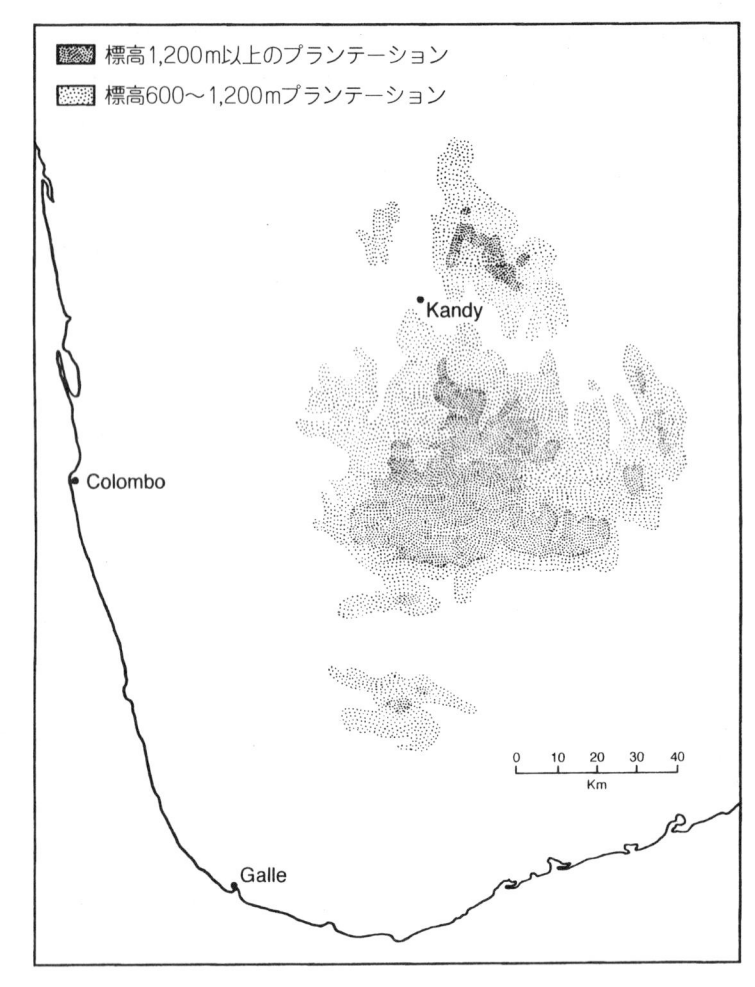

図4-10　19世紀末のセイロン（現スリランカ）における標高600m以上の地域に切り開かれた茶のプランテーション
プランテーションになる前は森や開けた樹林地や草原であった。（出典：Forret, 1967）

　場が放っておかれた場合（例えば、戦時中の北海）、個体数が回復した魚種もあったが、商業取引対象としての地位が他の魚種に取って代わられてしまい、トロール船の漁夫たちの関心を引かなくなってしまうこともあった。捕鯨もまた、蒸気機関を動力とする母船の助けと、モリを打ち出すのに火薬を使うようになったことで、どんどん効率的になっていった。

相互関連的システムの生態学

前節で見てきたように、工業の影響は工場からはるか遠く離れた場所にまで及ぶ。都市それ自体は、19世紀以降だけの現象というわけではないが、広域都市圏にまで都市が成長することは、その時代のきわだった特徴だと言える。環境の面から言えば、広大な都市域は前節で述べたように、単独の施設にというよりも、じつに様々なスケールで、環境に影響を及ぼしている。例えば、先進工業国における農業生態系が、太陽依存型から化石燃料依存型に変化していった過程など、微妙な問題が絡んでいる。

今世紀の初め頃は、このような変容は今日ほどには進んでいなかったが(スライスしたり、包装紙にくるんだパンなどなかった)、根本的な変化が起きていた事を知ることができる。その本質は、化石燃料が間接的なかたちで食料生産工程や繊維生産工程に関与しているということだ。それは農場で起きている場合もあれば、他の生産場面で起きている場合もある。具体的には、動力付き機械の使用がその例に当たる。北米において脱穀や耕耘に蒸気機関が使われたのがその最初の現れだった。脱穀にも耕耘にも、ガソリンやディーゼルで動くトラクターの方が使い勝手の良いことが分かっていた。それなのにヨーロッパでは、それらはごくゆっくりと馬に取って代わっていった(図4-11)。トラクターなどの機械は、現場で燃料を消費するだけでなく、それらの製造工程で使われる膨大なエネルギーのかたまりのようなものだ。1918年以前(第一次世界大戦終結以前)に、厩堆肥に取って代わり始めた化学肥料にもこのことが言える。19世紀後半、有刺鉄線などの発明によって草地への農耕の拡大は促進され、メタルフレームの温室でのサラダ用野菜、それに春の花の促成栽培によって、温帯の冬は次第に勢いを失っていった。こうした表面化してこないエネルギーは皆、通常「アップストリーム(上流の)・エネルギー」、農場からは「ダウンストリーム(下流の)・エネルギー」と呼ばれている。そして、輸送、貯蔵(特に、作物を傷ませないために温度や湿度を管理する場合)、加工のために、さらにエネルギーが必要とされる。かくしてコムギは一定の温度に保たれ、しばらくの間貯蔵されるが、これはエアー・ポンプ装置を使うことでによってはじめて可能になる。それから蒸気の力で製粉され、電気オーブンで焼かれる。今世紀初頭においては、この程度のエネルギーの使われ方が一般的であったが、今と比べればその量はまだまだ少なかった。だが、こうしたことから学べることは明白だ。食料生産システムのエネルギー・バランスは、自給的社会で人々が懸命に働けば余剰生産が生じた状況とは、様子が違ってきている。それどころか、負のバランス状態にあるのが見過ごされているはずだ。なぜなら、農業専門学校から家庭のテーブルまで、農業にかかわるプロセスすべてを補助するため

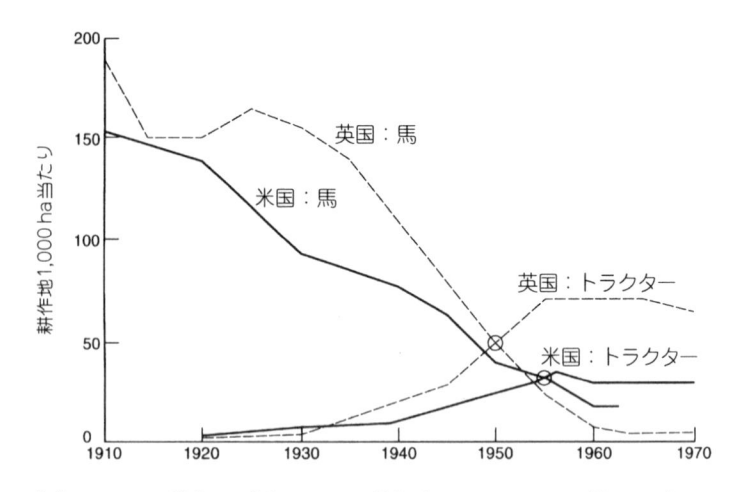

図4-11 農業における工業化の一指標としての耕作地1,000haあたりの馬およびトラクターの数
ラインが交わるポイントはイギリスでは1950年前後、アメリカ合衆国では1955年前後である。だが、トラクターはきわめて効率的であるので、その重要性はごく早い時期から認識されていた。そうはいっても、1944年時点のドイツ軍は補給作業の多くを馬の力に依然として頼っていた。(出典：Simmons, 1989)

に化石燃料が採掘されているはずだからだ(Briggs and Courtney, 1985)。しかし、1950年以前は、ヨーロッパを除いて農地の生産性はたいして向上しなかった。つまり、森林や草地の耕地への土地利用変更によって、一人あたりの生産量が増加したのである。だが、1950年以降は耕地の単位面積あたりの生産性を向上させる原動力は、技術革新であった。

　19世紀に入り、膨大な量のエネルギー資源が利用できるようになったことは、娯楽の面にも影響を及ぼした。イギリスでは、イングランド北部やスコットランドのやや乾燥した高地のムアランドに、環境面で一つの変化がみられた(それは今でも見ることができる)。1840年代以前は、急いで逃げようとするヨーロッパヌマライチョウに猟犬をけしかけ、追いつめ撃ち殺す権利を土地所有者は慣習として持っていた。しかし、これが変わった。第一に元込め式銃が出現し、素早く再装填できるようになって、以前使われていた先込め式銃の時よりも効率が良くなり、より多くの獲物が必要になった。また、新たな富裕層が出現し、鉄道の発達のおかげで資本家はシティーの自分のデスクを午後4時に離れれば、週末をスポーツ・ハンティングで過ごそうとするアバディーンシャー(スコットランド北東部の旧州)にあるムアに、翌日の午前10時には到着することができた。しかし、つがいの鳥を殺すなどということは、明らかに容認できないことだった。そこで、ライチョウの数を増やすためにムアに火を入れる

Environment

仕組みができた。子育てをするつがいは縄張りを持ち、ヘザー(ギョリュウモドキ、ツツジ科の常緑低灌木)の柔らかな若枝を主食とし、営巣場所としてヘザーの茂みを必要とする。つまり、植生に火入れをするのは、この耐火性の低灌木に有利な条件をつくるためなのである。様々な丈や密度の茂みが点在する、実質的に100％モノカルチャー(単一栽培)の区域がこうしてできあがる。そして8月12日が来ると、装填係を一人か二人連れ、安土の陰に隠れた大勢のハンターたちが、数の増えたライチョウを撃ち落としまくることができた(19世紀末には、1人で1日に1,000羽以上撃ち落とした記録がある)。また、ありとあらゆる猟鳥の捕食者が狩猟場の管理人によって駆逐され、営巣および狩猟シーズンには一般の立ち入りが禁じられた。およそ15年間隔で行われるムアの火入れのために、ただでさえ不足がちなチッソ分が煙となって失われ、そうしたムアでは必ず土壌侵食が速まることになる。このように、経済的、社会的な評判という点に限っては都合が良かったが、長期的な生態学的プロセスという点では有害な行為だったと言える。

娯楽目的の大衆向け旅行時代を切り開いたのは鉄道と蒸気船だった。その今日のそれを継続しているのが、スペインやセイシェルへのパッケージ・ツアーだ。ヨーロッパ、北米、日本では、その頃、海水の健康的効果が言いふらされ、海水浴を楽しむ日帰りの旅を提供するリゾートが大量に出現し、蒸気機関車の走る鉄道がそうしたリゾートを育てる役割を果たした。蒸気式の郵便定期船さえ、イギリスをほんの少しばかりだが、島国的でなくした。なぜなら、海峡横断旅行は、その時点で、それほど風まかせではなかったし(「海峡は濃霧、大陸と隔絶」が、言ってみれば、1900年代初頭のイギリスでは新聞の見出しに使う決まり文句だった)、中産階級があちこちへ旅をし始めていた。この民族移動の目的地の一つがアルプスだった。そこは、夏も冬もイギリスとは大違いだ。冬場にはスキーのようなエキゾチックなスポーツのできる雪が必ずあった。そして、トーマス・クックのような旅行業者の庇護の下で、エジプトのような真にエキゾチックな場所に安全に冒険旅行ができるようになった。

こうして、必要性と娯楽の両面で、生態系やエネルギーのバランスが第一次世界大戦時までに著しく変化し始めていた。だが、すでに経験したことはもちろんのこと、現在、私たちが直面している状況になるまでの過程については、考えておくべきことがまだたくさん残っている。

今日の工業が環境に及ぼす影響

今日の工業国では、様々な事象が互いにきわめて複雑に関連し合ってきているという経緯があるので、どんな相互関連の可能性についても、短期間で目を離すことができない。工業地域自体の中では、様々なタイプの施設や住宅、輸送などの都市施設の開発によって多くの環境変化が生じる。そして、計画的にしろ、偶発的にしろ、排出物が生じる。工業の影響力は少し離れたところに及ぶだけでなく、資源を引き寄せることで、何千kmも離れた場所に環境変化を引き起こすほど大きい。工業製品やその副産物にも、まったく同じことが言えるかもしれない。空間スケールが小さい場合にはなおさら、石炭から電力へというようなエネルギー変換が環境に及ぼす影響は、甚大なものとなる可能性がある(図4-12)。

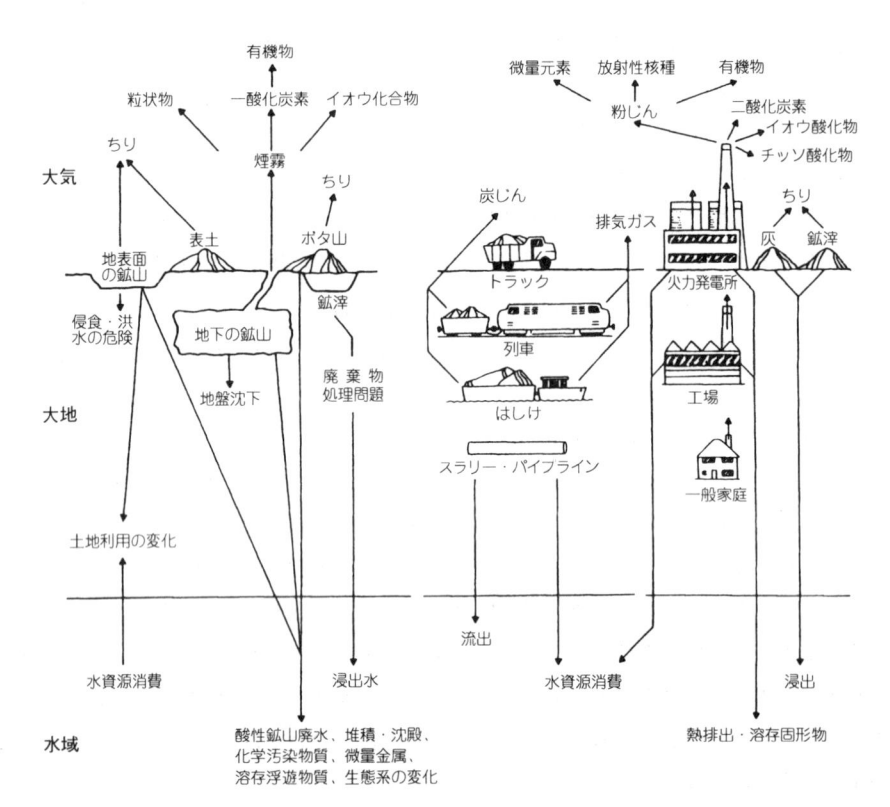

図4-12 石炭の採掘から利用までの環境面における連関図

ここで図示されているプロセスは、ほとんどが出力のプロセスである。エネルギーを手に入れたり変換するための土地利用変化は図示されていない。また、火力発電所の冷却用水確保に必要な操作過程も図示されていない。(出典：Simmons, 1989)

Environment

　今日、私たちにとって共通した課題の一つとして、あらゆる種類の工業のプロセスによって、かつてないほどの様々な空間スケールで、しかも集中的に環境変化が引き起こされるという問題がある。西欧や日本では、空間的に相当の広がりを持つ工業地帯(例えば、東京－広島ベルト地帯、ボストン－ワシントンD.C.回廊)が存在し、そこには、おそらく本来の意味での自然環境というものは残っていないだろう。工業施設、住宅、交通施設、レジャー施設などがどんどんつくられていっても、それほど利用されない土地や水面も残っていることは確かだ。だが、そうした場所も人の手で慎重に管理されているか、または周辺のあらゆる施設でつくり出される副産物の影響をこうむっているかのどちらかだ。したがって、たまたま嵐に吹き寄せられて紛れ込んだ鳥は別として、ほんとうの自然と呼ぶことができるそうした地域の土地や水面は、多分、まったく存在しないだろう。しかし、その鳥も人間が管理している環境で餌を採らなければならないのだ。そうした地域では、土地利用強度の低い地域以外でならどこでも起きる現象(例えば、土壌がコンクリートやタールマックで覆われたり、汚水が出たり)が頻繁に集中する。人里離れた場所にある農場なら、汚水を近くの河川にそのまま流しても、おそらく、それほど重大な影響を水質に及ぼすことはないだろうが、数百万人が暮らす都市の場合は話が違ってくる。

　もう一つの大きな課題として、自然界には無い化合物が環境中に放出されているという問題がある。科学技術の進歩によって、20世紀以前には存在しなかったたくさんの物質(分かりやすい例としては、プラスチックがそうだ)が合成できるようになった。こうした物質の大半は、環境から分離されたかたちで循環しているが、廃棄物として環境中に放出されるものもある。それらは、自然に分解される過程が存在せず、環境中に蓄積していく可能性がある。多くのプラスチック類の場合、結果は明白だ。DDTタイプの有機リン殺虫剤の場合は、なおさらである(図4-13)。しかし、DDTやアルドリン、および、それらに類似した化合物は、それらが標的としていない生物の体内において、生物濃縮作用によって最初の濃度の数十万倍にも濃縮される(Ware, 1983)。ある種の除草剤は、その製造工程においてダイオキシンのような有害物質ができてしまう。除草剤自体は人体に有害ではなかったが、ベトナム戦争中や戦後に明らかになったように、ダイオキシンは人の胎児に奇形を生じさせる働きがある。

　これと同じような問題のもう一つのパターンとして、沿岸域での原油流出事故のように、ふつうなら、その場所には無いはずの物質が環境中に流入するケースがある。原油は波やバクテリアの働きによって分解されるが、それには長い時間がかかることが多く、その間の動植物や微生物の死亡率は大変高くなる。1990～1991年の湾岸戦

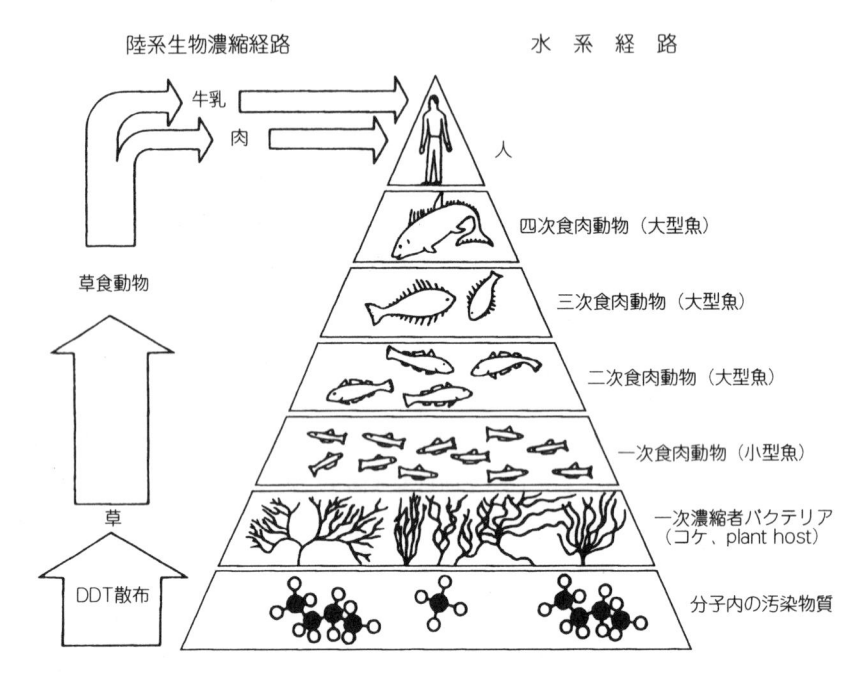

図4-13　DDTおよびその代謝物（例えば、DDDやDDE）などの難分解性化学物質の水中食物連鎖（野生動植物の）、栽培植物や家畜などの陸上食物連鎖を通じての生物濃縮経路

どの段階でも、その前の段階よりも生体内で毒物がより濃縮される。したがって食物網の後の段階になるほど致死性が強まったり、繁殖率が低下するといった病的な状態を引き起こす可能性が高まる。（出典：Goudie, 1981）

争中のある時点では、およそ $49km^2$ の砂漠が原油でできた300ほどの小さな湖で覆われた。原油がすっかりなくなったかにみえる場所でさえ、窪地では1.5mの深さにまで原油が砂中に浸透し、タールの層になっているのが分かる。

　工業化時代に入って、土地の改変が環境に及ぼした影響の一つが、大気中への炭素の放出量が増えたことである。イギリスでは全土の66％が、過去50年間、土地利用形態に変化がなかったが、そこでは年に220万トンの炭素を蓄積してきた。残りの34％の土地は利用形態が変わり、そこでは年に90万トンの炭素が放出されるようになった。

　今日の工業化時代が及ぼす影響は、その中心地からずいぶん遠く離れたところでも感じられる。工業中心地へ原材料を供給している発展途上国は、例えば、コロンビアにおける石炭、ブーゲンビルにおける銅など代表的な鉱物資源開発に際して、かなりの影響を受けている。そうした国々では、商品作物農業によってしばしば急速に土壌流失が起こったり、生物多様性が失われたりする。そうした変化の一部は、技術移転

が原因であることが時々ある。はじめは、単純なことであったかもしれない。例えば、熱帯雨林や北極といった辺境の地へ、それまで石器文化段階にあったところへ鋼のナイフが持ち込まれる。今日では、それがブルドーザーになっていたり、あるいは全地形万能車になっていたりして、この車で町に住む遊牧民が持っている家畜の群に毎日水を運ぶことができるようになったりする。したがって、19世紀に確立された「中心国－周縁国理論」は、いまだに、ある程度、有効ではあるが、NICs（新興工業国家群）の水準に多くの国が到達しようとしている現在では、このモデルも影が薄くなってきている。

🍇 脱工業化世界

　先進国においては、石炭と石油という旧来のコンビネーションに基礎をおく製造業から、電力だけを使い、フットワークが軽く、分節化された工業へととって代わられた。ここでは、エレクトロニクスを駆使して運営されるサービス業が、いまでは発展途上国の特権となり、「煙突」が象徴した産業を引き継ぐ「日の出の」職業となっている。そのような先進国とは、いったい何だろうかと問いたい。第一に言えることは、そうした経済形態に完全に移行した国はないということである。むしろ、そうした新しいパターンの出現によって都市の成長や再開発といったかたちで、旧来のある部分が強化されたのである。在宅勤務のような電子的ネットワークを利用した革新的な仕事の形態は、まだどちらかといえば少なく、ほとんど環境に影響を及ぼしていない。こうした国々における最大の変化は、家庭用、交通用、産業用など、あらゆる用途に消費される莫大な電力需要から生じているものと思われる。

　環境面においては、結果的にそれほど大きな違いにはならなかった。核廃棄物がその最もよい例だが、同時に内陸に位置する原発は、大量の冷却水を手当するために環境を改変しなければならなかった。フランスでは、フランス電力公社（EdF）の施設に水を供給するためにたくさんの河川や運河が造られたり、川筋に手が加えられた。「代替」エネルギー源が環境にどのような影響を及ぼすのかという問題は、中期的に見て、興味深く、今後見守っていかなくてはならない。産業用として大きな比重を占めている燃料に比べて代替エネルギー源は、普通は環境を改変する必要がほとんど無く、環境に及ぼす影響も小さいとされてきた。だが、必ずしも、そうとは限らない。風力発電施設はその騒音だけでなく、景観面でも批判されてきた。大がかりな太陽光集光設備も景観的に問題とされているが、大半が砂漠に敷設されているので、それほど大きな抗議の声は挙がっていない。熱水のような地球物理学的資源はイオウ分を含

む場合が多く、その処理をしなければならず、硫化水素臭やメルカプシン臭が漂うことがしばしばある。潮汐や波からエネルギーを得る装置は、最も大きなエネルギーが得られる地点に設置されるが、それによって海岸の魅力的な景観が破壊されると考えられることが多い。また、大規模な潮汐ダムは上流の環境に大きな影響を及ぼす。バイオマス・エネルギーの利用が、おそらく景観面にも、土地利用面にもいちばん問題がないと思われる。だが、木を燃料として発電するためには、農地の主要構成樹種を将来ヤナギのような成長の早い樹木へと転換させる必要があり、この方針を歓迎する農業団体はほとんどなさそうだ。

人類占有下の1万年がもたらしたもの

いくつかの地図帳には、本書の前半でふれたように、代表的なバイオーム地図が入っている。しかしながら、本章で論じたような様々な経過をたどった結果、そうした自然本来のバイオームは、現在ではほとんど存在しない事がわかっている。人類が占有した足跡が記されていないのは、この地球ではほんの少しの部分だけだ。最高峰の山々でも、南極大陸でも、ゴミのクリーンアップ・キャンペーンが必要になってきている。グリーンランドのような場所でさえ、エアロゾル状の鉛（自動車燃料中のアンチノック添加剤として使われた）などの降下物が、20世紀に入って形成された氷床中で層をなしている。あの有名な熱帯林の生物多様性でさえ、部分的には焼畑農業のような土地利用形態によって生じてきたと考えている研究者もいる。集落が現に成立しているところを除けば、多くの山岳高地同様、北極で居住者の痕跡を見出すことはまれだが、真の野生と言えるのは、おそらく深海だけだろう。しかしながら、イオウ化合物、鉛、放射性同位元素のいずれが主体となっているにしろ、エアーゾル状の降下物から免れる場所はどこにもない。こうして人類社会が創造したものが、自然界の内外の、ほとんどどこにでも存在しているのだが、それは終わったことだと主張するのは間違っている。1992年、マイヤーとターナーは、1700年から1980年の間に耕地はおよそ400％、灌漑地は2,400％も増加したと指摘した。一方では、閉鎖林は15％減少し、その他のタイプの森林や樹林地も同様に減少した。草地と牧草地の面積は、全体的にみればそれほど変化しなかった。

過去を振り返る時、ターニングポイントを探すという行為はいつでも興味深いことだ。この場合、いくつかの重要な技術革新の起源が、そうしたポイントを構成することがある。火の使用、植物の意図的な栽培化、ヨーロッパや北米におけ

> る薪から石炭への移行、核分裂制御法の完成などがそうだ。だが、これらのうち最後の事象だけが年代的にはっきりしており、多くの重要な事象の中から選ばれたものである。それでも石炭、石油の事象は、およその時代を示すことができ、人類が環境変化に関与する時代に歴史が始まったことが納得できる。だがこの期間は、環境に対して人類の巨大な影響力が及ぼされた時代の一つだ（その中でも、1950年以降の期間は殊にそうだ）。それでも、東アジアや南アジア、地中海沿岸のような地域では、農業の黄金時代が地域全体を人工的な景観、そして人工的な生態系へと効率的に改変した。その時代から始まった、きわめて広い範囲にみられる人間活動の足跡の代表例として、段々畑が挙げられる。さらに、なんと言っても農業時代の偉業には万里の長城も含まれていて、これは宇宙空間からも見分けることができ、人類の数少ない呼び物の一つとなっているのである。

変化の速度

　自然界がそれ自体の力学によって変化しすいだけでなく、これまで論じてきたような、人類の営みを受け入れる器でもあることを強調するように私たちは心がけてきた。自然のプロセスに人間主導のプロセスがけ加えられるというには、次の三つが考えられる。
- 自然のプロセスの速度を速めるケースでは、その大きさや強度も増す。
- 自然のプロセスの速度を遅くさせるケースで、意図的にそのプロセスを停止させようとする場合か、もしくは偶然の副産物として起こる。
- 自然のプロセスに人間主導のプロセスがそのまま付加されるケース。

加速化と付加

　ある地域から他の地域への種の移動は、加速化を引き起こす原因の一つである。これは人間の干渉がなくても起こるが、人間はその過程を速めることができる。そうした人間活動なくしては、いくつかの島々における移入植物種の比率が、現在のようにニュージーランド59％、フォークランド/マルヴィナス36％、ティエラ・デル・フエゴ諸島23％といった数字に達したかどうか疑わしい。また、きちんとした記録がいくつも残っているものとしては、自然条件下での様々なかたちでの人為的擾乱が発生している場所（たとえ改善策が施されていても）での土壌侵食速度の例がある（**図4-**

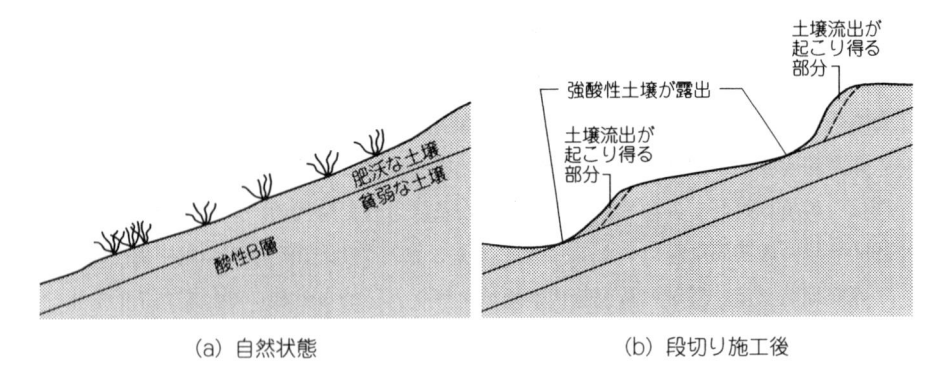

図4-14　ルワンダでの土壌流出例
斜面を段切りした際に予期せぬ土壌流出が起こることがある。段切りは斜面の土壌流出を防ぐ働きを期待されているが、このケースでは貧弱な土壌を露出しただけでなく、ひな壇の縁から肥沃な土壌が流出する結果となった。(出典：Johnson and lewis, 1995)

14)。アメリカ合衆国のコロラドでは、過去100年間における土壌流失率は、それ以前の300年間の約6倍、1.8mm/年の割合であった。バージニアでは現在、建設工事中の場所における土壌流失率は、同地域内の農地の10倍、草地の200倍、森林の2,000倍にもなっているとの研究報告もある(Goudie, 1993)。西部大山脈の森林では、林道建設による非伐採林に比べて土石流の規模を増大させる要因が25〜344倍も増えた。皆伐それ自体は土石流の規模を増大させる要因を2〜4増やすにすぎない。また、イギリスにおける砂利採掘業の発展によって、1948年から1960年の間に、コチドリのつがいの数が6500％も爆発的に増加した。これなどは、同じ期間においてイギリスの河川水中のリン分が40,000倍に増えたこと、あるいは紀元前800年から紀元後1950年の間に、グリーンランドで採取された氷のサンプル中の鉛降下物が20,000％増加したことに比べるとたいしたことではない。こうした事例をほとんど際限なく示すことができるのである。

減速化

同じ種類のプロセスでも、単位時間あたりの数値が低下するケースもある。例えばアメリカ合衆国西部では、過放牧によって雨水の土壌浸透率が30〜45mm/時から17〜30mm/時へと低下した例がある。耕地への土地利用転換によって森林や草地の再生能力は失われるが、産業革命以後、草地でも熱帯林以外の森林でも、その約19％においてこれが起こった。こうしたデータは、1880年から1980年の間のアメリカ合衆国における耕地面積増加率214％、同じ期間のビルマ(ミャンマー)における耕地面

積増加率273％といった数字を、地域によっては隠蔽してしまう。また、ダムができたことで、侵食により生じる土砂、流出する量が減少する場合もある。カナダのサウス・サスカチェワン川では、ダム建設以前のわずか9％に土砂流出量が減少した。また、ナイル川ではアスワンハイダム建設前の8％の土砂しか現在では運ばれていない。このように8～50％の土砂流出量減少率という数値が、世界中で観測されている。

序　奏

　人類の創意工夫の力は科学技術に助けられ、自然界では知られていない現象を創り出してきた。それらの中には静的で、ほとんど動かないものがある。例えば、都市は周辺地域の環境に多大な影響を及ぼすが、それ自体は、まさに文字通り大地に縛り付けられている。反対に、化学工場や薬品工場で合成される化学物質の多くは、土壌や水の経路を通して環境中を動き回ることができるが、このことについては開発者たちがまったく予想もしていなかった。有機塩素系殺虫剤に関する報告事例が最も多い理由は、単に生物濃縮の問題だけでなく、分解過程のある時点で、元々の物質よりも生命にとってより毒性の強い化合物が生成するからだと考えられている。また、イギリスの河川におけるマスの繁殖率が、雄の精巣の発達が貧弱なために低下しているという報告は、重大な問題を提起している可能性がある。これについては、経口避妊薬に由来する水中の女性ホルモン濃度が関係しているとする説が有力だ(1996年に提示された証拠は明らかにそれほどの信憑性はないものだったが、男性の精子の数も世界中で減少しているらしく、殊に先進工業国ではそれが顕著である)。人体への危険性は、実際に被害が出るまでは見えてこないものだ(Misch, 1994)。

　最新で、今まさに進行中であるらしいのは、電子的コミュニケーションの普及、そして、情報があふれる社会の出現である。これはちょうど前の時代における人口増加や蒸気機関がそれにあたる。そうした社会では、知識の占有こそが権力への道だと盛んに言いふらされている(図4-15)。こうした主張を持つ人々すべてが正しいかどうかを判断するのは、あまりにも時期尚早だ。だが少なくとも、いわゆる環境改変に乗り出すのに必要な地球規模の資本移動という観点からは、いくらかの真実があるように思える。

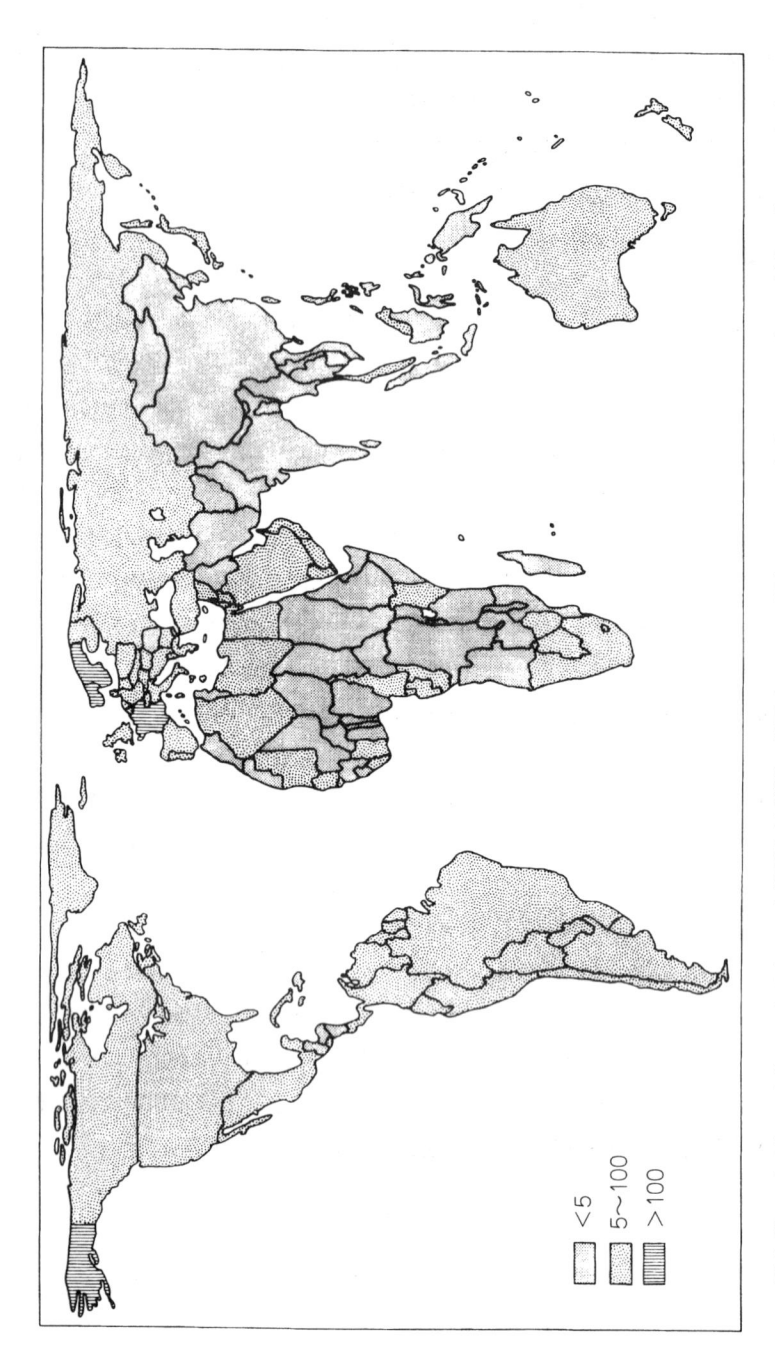

図4-15 コンピュータやファクスといった情報伝達機器の普及率によって評価した1980年代における各国の情報の豊かさの程度

凡例: <5, 5〜100, >100

驚くべきことは何もない。これにテレビ受像機の普及率を加えるならば、いくらかレベルアップするだろうが、その場合、データ伝達は一方向のものだけになる。1980年代のほとんどの期間、旧ソ連地域の正式名称は「ソヴィエト連邦」であった。（出典：Czinkota et al., 1992）

Environment

変化の速度　*191*

🍎 年代記

　これまでの事例は、人類が引き起こした環境変化の出発点が18世紀であったという、前半で提示した考え方を補強するものである。エネルギー利用のデータから読みとれるように(表4-1)、近年になると変化の度合いがきわめて大きくなっている。人類が引き起こした変化は、表4-2で様々な項目別にまとめられている。1980年代中頃までに生じた変化の総量を100％としているので、1段目、2段目の数値は、それに対する割合を示している。1、2段目は、その時点での変化の進行度合いを記録しており、いくつかの項目では、1950年時点での変化は1980年代までの半分足らずであることが分かる。森林伐採の場合、早い時点ですでに甚大な影響が及ぼされているが、1950年の世界人口は1985年の50％にすぎないのである。四塩化炭素のような「新物質」は、1860年には無かったもので、1950年にようやく近年の使用量の25％に達している。したがって、人類が自然に負わせている負荷の大半がごく最近(すなわち、ここ50年間が最も重要だ)のものだと言ってもよく、おそらく今も増大しているはずだ。

　これらのデータには限界がある。いつ、どこで、どれだけ、新しい技術が、どの程度の生態学的変化を生じさせるのかを、これらのデータから言い当てることは難しい。すでに人類によって、改変された生態系の枠組み内で生じる、いかなる変化にも、また、ほとんどの項目について注意を払う必要がある。それでもなお、自然のシステム、そして、人類によって改変されたシステムの回復力について、私たちは、ほとんど何も知らないのだから。

表4-2　人類が引き起こした変化の累積量 (1985年を100％とした場合)

変化の内訳	1860年 (%)	1950年 (%)
森林伐採	50	90
陸上脊椎動物種の絶滅	20〜50	75〜100
導水量	15	40
人口	30	50
炭素放出量	30	65
イオウ放出量	5	40
リン放出量	<1	20
チッソ放出量	<1	5
鉛放出量	5	50
炭素四塩化物生産量	0	25

出典：R.L. Kates *et al.* (1990) The great transformation. In B.L. Turner *et al.* (ends) *The Earth as Transformed by Human Action*, CUP, Table 1.3を改変.

もっと詳しく知るために

人類が及ぼした影響については、その誕生から現在まで、以下の著作で調べることができる。短報としてはSimmons(1993)、やや長めの論文ではSimmons(1996)がある。環境への影響の横断的かつ体系的アプローチではGoudie(1993)を、過去300年間に関する詳細な(広範囲から選択しているが)一連の小論ではTurner *et al.*(1990)を参照のこと。Meyer and Turner(1992)は、土地利用および地表面の変化について概説した論文で大変役に立つ。農業に関してのより専門的資料としては、Briggs and Courtney(1985)やMannion(1995)が詳しい。その他の土地利用タイプに関して、同程度に掘り下げたものはないようだ。David Harris(1990)の農業の起源に関する論考から、文化と環境の素晴らしい関係が分かる。過去に生じた変化に関する見解は、解釈が必要となるような暗示的なかたちではしばしば見受けられるが、Worster(1988)は彼の個人的選択ではあるが興味深い論文を含んでいる。景観と歴史について論じた歴史学者Simon Schama(1995)には、豊富な資料と優れた図版が収載されている(彼の論文の多くはきわめて長大で、これは短縮版らしいが)。

Briggs, D., Courtney, F.(1985): *Agriculture and Environment,* Longman, London
Goudie, A.S.(1993): *The Human Impact on the Natural Environment,* 4th edition, Blackwell, Oxford
Harris, D.R.(1990): *Setting Down and Breaking Ground: Rethinking the Neolithic Revolution.* Netherlands Museum of Anthropology and Prehistory, Amsterdam
Mannion, A.M.(1995): *Agriculture and Environmental Change. Temporal and Spatial Change.* Wiley, Chichester
Meyer, W.B., Turner, B.L.(1992): Human Population Growth and Land-use/cover Chnge. *Annual Review of Ecology and Systematics* **23**, 39-61
Schama, S.(1995): *Landscape and Memory.* Harper Collins, London
Simmons, I.G.(1993): *Environmental History. A Concise Introduction.* Blackwell, Oxford
Simmons, I.G.(1996): *Changing the Face of the Earth,* 2nd edition, Blackwell, Oxford
Worster, D. (ed.)(1988): *The Ends of the Earth. Perspectives on Modern Environmental History.* Cambridge University Press

Environment

他の章との関係

　ここで本書のほぼ半分のところまで来た。そこで、これまでに取り上げた材料の歴史的背景とその関連について、ごく手短にまとめておけば今後の理解に役立つだろう。第1章から第3章までに取り上げた事項の相互関連について振り返り、本章と最終章を除く後半の章との関係について若干触れておこう。

🍏 前半で取り上げた材料との相互関連

- 環境問題に対する考え方。どんな時代においても何らかの変化が起きると、資源や環境が明らかに損なわれてきた。例えば、古代メソポタミアでは、丘陵地が放牧地として利用されると河口が泥で塞(ふさ)がれてしまったり、土壌中に塩類が集積した。あるいは、工場が排出する煙のために都市全域が汚染された。狩猟採集時代以降、世界のどこかで起きたことの影響は、どんな場所にも及ぼされてきた。
- 自然現象でさえ、変化の速度は一定でない。例えば、更新世末期においては気候変動が急速に起きたこともあった。あるいは、間氷期における長期にわたる緩やかな変化、そして、大規模な火山噴火による断続的な変化。最終氷期以降においては、他のすべての自然現象が究極的に順応できるような気候が安定した状態はなかった。
- 予測というものは、自然現象がかかわる場合でさえ確かなものではなく、これに加えて人類社会がかかわる場合は、さらに当てにならなくなる。第4章で取り上げた事象のどの段階を対象とするにしろ、今日の情報収集手段や情報伝達手段を持ってしても、次の段階がどうなるかの予測は困難だっただろう。
- 人間活動が原因で生じた環境変化は、海洋資源が確実に減り続ける、あるいは土壌侵食の速度が加速するといったように、利用可能な資源を減少させてしまう。しかし、資源を産み出す変化もある。例えば、典型的なイギリス田園地域の貴重な環境は、共有地の囲い込みに伴い、森が切り開かれた結果、形成された。あるいは、カ

リフォルニアのヨセミテ渓谷では、カシと草本からなる、とても魅力的な草地が広がっている。これは、先住民が彼らの大切な食料であるドングリが実るカシノキを育てるために、火入れを行った結果である。
- エネルギー資源を消費すると相当の環境変化が生じるはずだ。表4-1で示されたデータは、19および20世紀を通して、世界的規模でエネルギー消費量が増大していることを示している。また、これは世界の工業中心地域でも、その周辺地域でも、(a) 人口が爆発的に増加し、(b) 環境に多大な影響が及ぼされていることを、別のかたちであらわしていると言える。

後半で取り上げる材料との相互関連

本書の残りの部分を期待するにしても、第4章で取り上げた様々な事項について、もう少し考えておく必要があるだろう。
- ほとんどの社会集団が自然環境の改変を認めてきた。全面的に自然環境をつくり変えようとした社会集団はまずなかったが、はっきりと目に見えるような影響を及ぼすことに危惧を抱いた社会集団もごくわずかだった。
- 人類と環境の関係に関する高度に発達した科学は、美学などの分野における人間の行動に対して、方向性を示すこともできるのだろうか。主に自然生態系における安定性や、回復力を保つために書かれた処方箋を、人類が創り上げたシステムを持続させる処方箋に書き換えることができるのだろうか。
- どうしたら今後長期間にわたり、資源を消費しながら環境を改変し続けられるのだろうか。いったい誰が資源消費を管理すべきなのか、また、誰が許される環境改変の程度を決めるのか。さらに、そうしたことに対して人類はどんな制度をもってして対処すべきなのか。他のあらゆる要因の何よりも、最終的には人口の問題ということなのか。

こうした考え方や疑問は皆、必然的に人間と環境との複雑な関係へと向かう。そこでは同時に、一種の不調和の問題を扱うことができるかもしれないが、実際にはすべてが一時に起きていることでもある。この問題は最終章で取り上げる。

第5章 文化の構築

　本章では人の心、特にシンボルという素晴らしい存在の操作を通じて、私たちが「環境」と呼んでいるものについて熱心に考えてきた過程に重点がおかれている。その主要なテーマは、自然科学や社会科学の特別な貢献について論じた第1章にあらかじめ示してある。ここでは、特に新しい問題を扱わずに、そうしたテーマのいくつかをさらに深く考察するつもりだ。そこで、本章では環境にかかわる哲学の考察が主な新しいテーマということになる。これは、この世界における私たち人類の位置づけを、倫理学に見出していく過程で考察される。またこのことは共通の行動基準という考え方とかかわっている。こうした特殊な文化の構造は、様々な思想および観念からなる。行動の世界では法制度のかたちで明確に現れるが、これについては第6章で論じる。

自然科学と技術

　自然科学は一般的に、他のどんな方法論から得られるものとも、まったく質の異なる知識を産み出すと言われている。実際、自然科学は、多数の専門家たちによって、ほんとうに持つに値する知識の高みへと持ち上げられてきた。「科学」とは現在、「西欧科学」のことだと受け取られている。だが、ルネッサンス後期までは天文学、代数学、計量地図学などの分野において中国の科学は西欧の科学と肩を並べていた。科学は、水力発電、塩や天然ガスを採取する深い穴を掘削する装置、あぶみ、ねこ車といったものをつくり出すことができる技術と結び付いた。しかしその後、西欧の発展を予言するこの能力によって、先進工業社会が生き残っていくために今では欠くことのできない「信頼できる知識」の爆発をもたらした。信頼性は、科学が正確な予測を立てる能力に決定的に依存しているのである。

科学と技術の基盤

　以前に述べたことの繰り返しになるが、私たち西欧人は科学と技術が完全に一体化している世界に暮らしているので、それらがない暮らしとはどのようなものかと考えることさえ耐えられないだろう。そうした関係から自分たちにそうした能力を備えさせるものに対して、それが何であろうと常に批判的にみるべきである。

現代科学の基礎

　純粋科学が今日持っている力の一部は、それが多くの研究者のコンセンサスを得た知識の表現であることに由来する。論文は様々な個性を持つ第三者によって吟味され承認される。その最も野心的な形態においては完全に一義的な用語を必要とするが、それに備えるのが数学の役目の一つである。第三者として、また言語の使用者としての科学者は、本来それが事実と一致すれば真実となる。そうでなければ、虚偽である論文あるいは発言の中に外部の事象を捉えることができる。正しい論文や正しい主張は皆このように、たとえその事実が直接観察されなくても、その事実と1対1の関係を持つ。これは目に見えない事象や特性、あるいは遠く離れた場所や時代に起きた事象にさえ由来する可能性がある。このような事象は観察から推論し、理論化される。目に見えない理論上のメカニズムを、観察可能なものから発見することができる。

　様々な感覚や経験は、技術的手段によって大幅に増幅される可能性があるが、これを理解する基礎となっている観察から出発するという意味で、科学はなによりも経験主義的であると言える。どんな経験に基づく真実の妥当性も観察の質に依存しないわけにはいかず、さらに、真に客観的な観察というものは可能なのか、あるいは理論にはそうした観察がつきものなのか、という問題について活発な論争が生じる (Chalmers, 1982)。普遍的な真実に向かって、理論を概念的枠組みへと収束する必要性はない。それでもありふれた言い方だが、あたかも真実に到達したかのように、その場その場で暫定的な論文を科学は作り続ける。しかし、どんなに強い主張を持つ知識体系といえども、きわめて綿密な考査を受ける義務がある。同じことが神学にも起きてきた。ある知識や技術に関して競合する用途がある場合、通常それを検討する費用がかかるため、科学ではなおさらこのことが言える。

　科学に欠陥を見つけたと主張する人々は、たいてい二つのグループからなっていた。(a) 本節で述べてきたような、主張すべてが必ずしも支持されるはずがないとする論理や哲学を根拠とする人々、(b) 科学を数ある文化的活動の一つとみなし、そのよう

に位置づけた場合、そうした活動を続けることで何らかの危険が生じるかもしれない。そこに、社会による厳重な監視を必要とする科学の持っている性格があらわれるのだと主張する人々。

技　術

　技術と科学とは、そう簡単に区別することはできない。それは、発明者が重力定数や熱力学法則の正確な価値を知らずに機械をつくってきた、ということからもわかる。どの場合でも、A、B、Cという条件が満たされたときだけ技術は機能する。したがって、A、B、Cという条件が存在するときだけそれは試みられる。そうでない場合には、A、B、Cの代わりにX、Y、Zという条件に変えるほうがよいかもしれない。このような技術観（環境の変化と密接な関係が多分にある）からすれば、技術は文化的背景によって決まってくる様々な目的に利用される中立的な道具だと言える。そうした目的は、乾燥地に井戸を掘るというような良いものかもしれないし、イタリアを横断する渡り鳥を殺してしまうというような悪いものかもしれない。

　技術を一種の中立的な道具とみる考え方は、誰にでも支持されているというわけではない。その制御や管理は、ほとんど為されていないに等しいと考える人々もいる。すなわち、コンコルドや核兵器のように、社会にとっての試練は単純に「できるならばやる」というものだ。こうした例から、ある種の技術は、本質的には政治的なものだという見方ができる。すなわち、技術は中央集権的だという見方もあれば、分散的意思決定だという見方もある。例えば、1872年、エンゲルスは、海を行く船には船長が一人と従順な乗組員たちが必要だという、プラトンの例えを繰り返した。このことから、人間の営みは技術によってかたちづくられはじめると確信することができる。そこでは、現代的な言葉で言う「インターフェース」「ネットワーク」「アウトプット」「フィードバック」というような、特に人の心をコンピュータにおいて表現する場面で技術を理解することが、自分を理解することと一体化してきた(Smith and Marx, 1994)。そして、技術が、われわれにとって召使いではなくて、主人になる可能性が高まってきている。

　自然科学は有益にしろ有害にしろ、人類が自分たち自身のために環境をかたちづくる際に中心的な役割を果たしている。実際、科学は「事実」を与え、社会の役目はそれに適応するだけであるということが簡単に分かるはずだ。

生態学と気候学

もしも、科学が本当に人間の五感から得られるものを基本としてきたならば、生物や気象現象の本質が、環境の科学的な調査研究での主要な要素であり続けたことは、それほど驚くことではない。しかし、当然それらが唯一の要素というわけではない。静的なパターン(例えば、植物分布や大陸の降雨地図)から読みとれるものにはかなり限界があるし、時間的、空間的に隔たっている場所で起きていることを綿密に調べるのも大事なことであるのは分かっている。つまり研究者たちは、自分たちが研究しているシステムが活動する様子に関心があるのだ。

科学としての生態学

動植物とその非生物的環境との関係に関する科学的研究というのが、一般的な生態学の定義である。この定義は、空間スケールには何も触れていない。生態学では、倒木の樹皮の下に棲む小さな甲虫の熱交換特性も、地球全体の炭素循環における生物の役割評価も研究することができる。科学者の常として、また古典的還元主義者の行動様式として、その組織の次に低い段階(それは、より狭い地域かもしれないし(図5-1)、より小さな生物集団かもしれない)での解釈を得ようとするために、そこでは常に複雑性の問題がつきまとう。だが、あるスケールで起きた事象をより高次の、または、より低次の組織や複雑性へと還元できるかどうかはまったく不確かなことだ。したがって、どのスケールで生態系を観察すべきかを決めようとすれば、難しい問題が生じる可能性が高い。生物進化的時間と生態学的時間とは区別するのがふつうだが、生態学者には過去1万年の時間が与えられている以上、時間をきっちり定義することも難しい。

時間および空間の不揃いな縁に複雑さがつきまとうものだとすれば、生態学は正確な予測を立てるものだという評価を受けるべきでなかった、ということは、別におかしなことではない(Peters, 1991)。生態学は、たいていの場合、理論家の予測よりも経験を積んだ専門家の判断により信頼を置いている科学の分野であると、進化生物学者のJ.メイナード・スミスは述べている。アメリカ合衆国の森林における遷移についての経験主義的研究では、特定の方向へ向かう変化は存在せず、安定した状態に達することもないことが報告されている。この研究は、生物現存量や種多様性が増大するといったたぐいの生態学理論によって、当然予測されるべき結果を何も示さなかった。森林は、観相学的意味以外の表面的、全体論的集合性を持たない樹木や他の生物種からなる、常に変化してやまないモザイクのようなものだと言える。つまり、攪乱や修

Environment

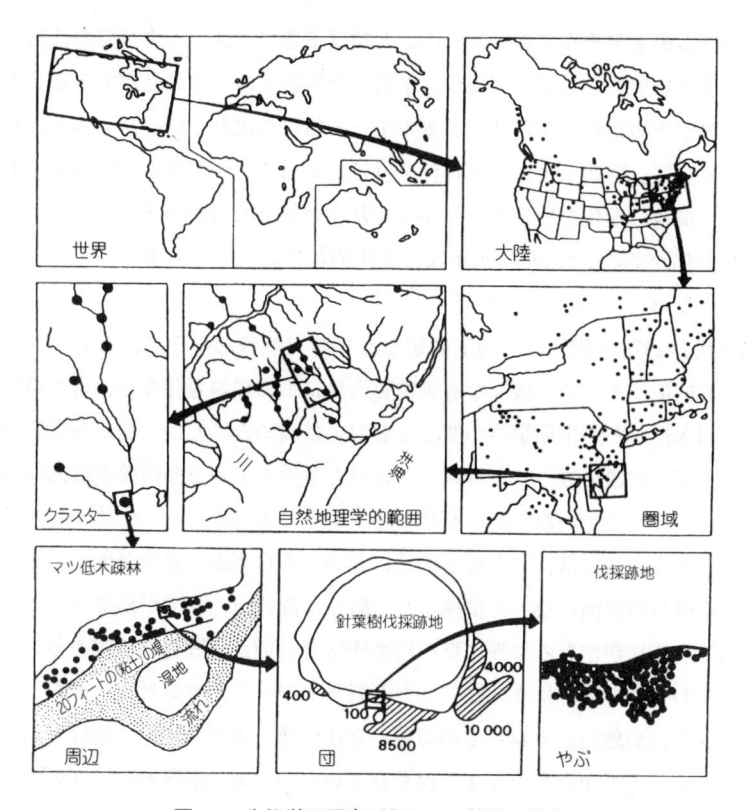

自然科学と技術　**199**

図5-1　生態学の調査が行われる範囲の縮尺

「自然地理学的範囲」の縮尺に興味を持ち、「かたまり」のレベルへ演繹する者もいるが、多くの研究者は「周辺」や「団」のレベルにおける事象を説明することに最も多くの力を注ぐ。「クラスター」およびそれ以上大きい縮尺については、生物学的地理学者が最も興味をもっているといえよう。

復が常に起きていること、また、変化の予測はきわめて困難だということを認めるというのが結論だ。こうした観点から、このような生態学理念ではカオス理論に期待することになる。

人類の生態学

本節では、生態系において人類が占める位置の生態学的解釈、生態系が受けるストレスと安定性の問題、生態学上の問題に対する生態学者たちの取り組み方とその解決策などを扱う。生物学的観点からみれば、ホモ・サピエンスという種は、急激な気候変動や自然災害といったものに比べれば、それほど影響を及ぼすものではないとみなすことができる。それとは対照的に、システムの構成要素の一つとしてではあるが、

森林における樹木がそうであるように、人類はまさにシステムすべての性格を決めてしまうような影響力をしばしば持つ、卓越した生物とみなすことができる。より社会経済的見解が求められるならば、エネルギーや物質の流れといったシステムを機能させる要素として、情報伝達という特色を付け加えることができる(Bennett, 1976)。最終的には、環境に変化を生じさせるかもしれない様々な目的をまとめ上げようと、人類の文化全体が別のつながり(例えば、文化的背景によって決まってくる主要な選択理由のような)をつくり出すはずだ。

1960年代、1970年代には、現実問題としての天然資源の不足、あるいは将来的に予測される枯渇、そして、様々な有害物質汚染による環境悪化など、自然環境に様々な変化が起きたことが生態学への関心をおおいに高めた。しかしながら生態学が相当程度に不確実な問題を扱っている以上、自分たちの立てる予測の確率論的性格と、市民生活となんらかのかかわりあいを持つ呼びようにすべきだと、生態学者の多くは感じていた。そこで彼らは、どんな生態系においても自ずから変化が生じ、それこそが予測の不正確さの原因になると指摘した。時には間違った結果が出ているにもかかわらず、政策決定にかかわるようになった生態学者もいた。既知の情報の多くが立法者に上手く伝わらないのではないか、また、科学的データがコンピュータから専門家の報告書、さらに公聴会、テレビでの報道、立法作業、実際の法律の施行といった場を経ていく間に、元のかたちのままで保たれていない可能性がきわめて高いのではないかと彼らは考えた。科学的データというものは評価され、立証され、体系化され、分析され、解釈されているに違いなく、そのことが科学的情報の信憑性よりも歪曲の度を高める余地をおおいに与えていると、立法や行政に携わる人たちは感じている。

気候学

1960年の時点で、世界に存在する気候モデルの数はおそらく50に満たなかっただろう。現在ではその数は数千に達し、人間活動が引き起こす地球温暖化の可能性を訴える科学者たちの環境分析作業において、重要な位置を占めている。それらがカバーする範囲は広く、例えば世界大気研究計画(Global Atmospheric Research Programme：GARP)では気圏だけでなく、水圏、低温圏、地表面、バイオマスなどについての過去や現在の動きまでも扱っている。現在の目標は、様々なタイプの気圏モデルを開発、改良し、最終的に強力な予測機能を持つ地球気候モデル(Global Climatic Models：GCMs)とすることである。

非常に大きなデータ(特に観測衛星によって得られるもの)を扱うにあたっては、情

Environment

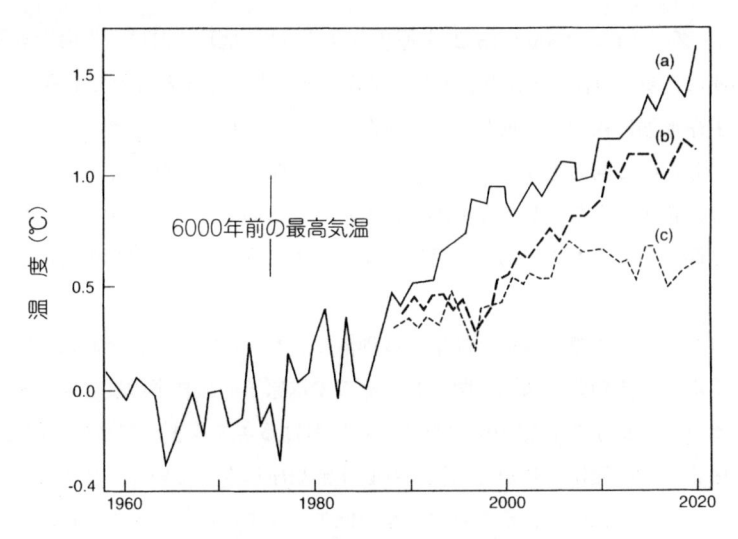

自然科学と技術　***201***

図5-2　1980年代の仮説に基づく地球温暖化の予測

2種類の仮説がある：(i) trace gasesが地球温暖化の最も大きな要因であること、(ii) 未来の行動によってこのまま進むよりさらに多く、もしくは少ない結果が導かれること。(a)は要因であるtrace gasesの増加率が年1.5％ずつ増加していると仮定。(b)は成長速度が遅くなり、要因の増加率が一定になると仮定。(c)は排出量に劇的な減少があり、西暦2000年に要因の増加が停止すると仮定。

報の保管や情報への迅速なアクセスの確保など、いくつかの問題がある。そうしたデータすべてが集められたとしても、依然として地球気候モデル（GCMs）はきめの粗い空間単位上に図化される。そして予測に関する限り、過去、現在、未来の関係をめぐって立てられる仮説の域を決して出ることはない（Kemp, 1994）。短期の天気予報でさえ、非常に厳しい限界があるはずだ（図5-2）。したがって生態学も気候学も、現在のかたちとしてはきわめて複雑で、しかもダイナミックなシステムを扱っていると言える。ましてや気候学は、初期の研究領域からして地球規模の問題を扱ってきたが、気候変動や海面上昇の地域的影響なども研究対象としている。また、共通しているのは、植物プランクトンのNPPレベルを上げさせるために鉄のやすり屑を海に撒き、より多くのCO_2を固定させるとか、成長が速く寿命の長い樹木をいたるところに植え、同様の働きをさせるといった技術上の提言である。

進化とエントロピー

環境を科学的に解釈するにあたり、以下に述べる二つの概念が特別な年代記的な深みを与えている。一番目は主として生物学的なもの、すなわち進化論の概念である。生物の進化という考え方（提示した証拠、そして説得力のある論理の奥深さから、

チャールズ・ダーウィン (1809〜1882) を連想させる) は、地球における生命の非常に長い歴史の間に、多くの種が生まれ、そして滅んできたと主張するものである。さらに、その間、生命形態は複雑性を増し続けてきたし、人類も他の霊長類やエイズ・ウィルスを産み出したのと同じ進化過程の産物であると主張する。進化によってつくり出される変異は、絶滅による容赦のない淘汰にさらされるので、一つの種もしくは生物集団の存続は偶然のたまものであると言えるが、このように進化には何の目的もあり得ない。

エントロピーという概念はそう簡単には理解できない。第一に、それは熱力学の一つの単位であり、その第二法則に関係し、そこでは原子の無秩序の度合いを示す尺度になり、そうした原子の状態がそのシステムにおけるエネルギーの状態を決定する。初期の秩序正しい状態は、時がたつにつれ必ず無秩序になっていく。仕事をする能力がある高エネルギー状態は、その能力がない低エネルギーの熱へと不可逆的に移行する。さらに枠を広げ、太陽から秩序正しいエネルギーを受け取り、それを宇宙空間に放出される低エネルギーの熱に換える開放系としての地球に、この概念は適用されてきた。その間、エネルギーは生命や多くの複雑なシステムの動力源となってきたが、長い間には、無秩序が必ず優勢となる。つまり、宇宙は無秩序化していくのである。進化やエントロピーの概念のみによって環境像を構築することは、それがどんな方法にしろ、できるのであろうか、それとも何かを付け加えたりするのかを、私たちは問う必要がある。例えば、それらは環境の生態学的解釈を拡げるのだろうか、あるいはそれ以上の段階に到達するのだろうか。

ダーウィンの業績の核心については、まだ科学的証拠によって裏づけられていないが、その理論とは、種が死に絶えたり、他のものに取って代わられたりするというものだ。だが、スティーヴンJ.グールド (1989) は、「生命は、冷酷な絶滅という刈り取り機によって断続的に刈り込まれる、おびただしい数に枝分かれした灌木であり、永遠な進化のはしごではない。」と述べ、私たちの身の程を悟らせている (図5-3)。

種の置換プロセスは、他の分類学上のグループ同様、ヒトという種を一つの段階において産み出した。こうした変化を生じさせるプロセスの研究から、純粋に生物学的なものからきわめて倫理的なものまで、じつに様々な解釈が生まれてきた。もちろん人類については、得られた情報を文化として伝達することがますます重要になっているし、(a)文化の優位性を主張する人々と、(b)遺伝学のかたちで、まさに進化そのものの優位性を主張することによってダーウィンの足跡を忠実にたどる人々との間に、現在ある種の緊張が生じている。「ヒト自体の性質を改善する」遺伝的変化を通

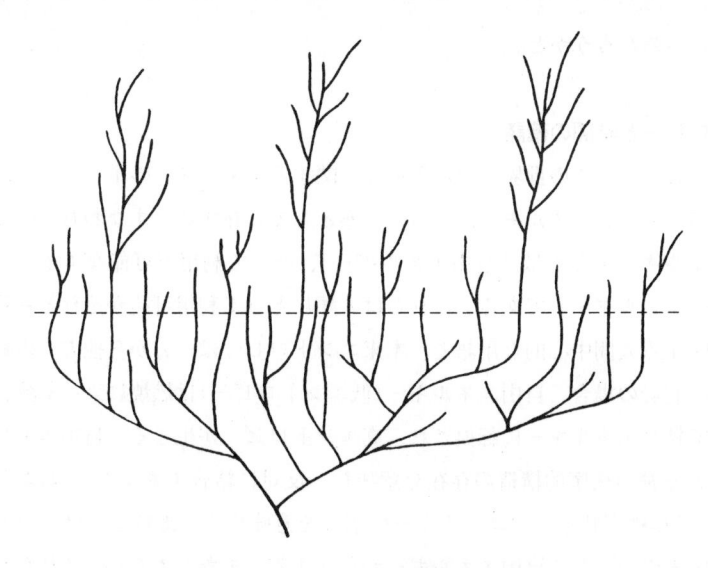

図5-3　S.J.グールドによる系統的進化念図

進化の初期には植物や動物の特定のグループについて急激な種の増加が見られるが、絶滅によって消えることにより、存続した種の間に大きな形態学的な違いを残す。このモデルは人類が生物種の頂点であるという説への反論として提唱されたものであり、特にあらゆる種に存続の可能性があるということを説明する役割を果たしている。(Gould, 1989による)

して、生物進化が人類において起きるだろうと考えている生物学者がいる。一方、進化の初期段階においては種分化の間隔が短くなることから推定して、それは自明のことだと考える生物学者がいる。社会生物学の分野では、遺伝子は文化を束縛するものだと言われ、遺伝的に制御されている進化上の機能は、やる気やそれを失わせたりといった心理的プロセスの競争者とみなされている。つまり、ここでは自由意思は存在しないということだ。

　ここで私たちは、人類の進化および未来の二つの途に関するエリック・ジャンツの発言に沿って、より広い枠組みで進化を考えることができるだろう。第一の途は、宇宙への環境の拡大、様々な「新世界」の発見による進化だ。第二の途は、私たちの意識の拡張によって人類の新しい居場所が開けるというものだ。これには当然、機械装置主導で獲得されるものばかりでなく、個人的体験の拡張として得られる情報を含み得る。こうしたことを学ぶことが、自律的な全体性の中に存在する真実や共同性を扱う創造的なゲームになり、進化は決して純粋に機能的なものではないという考え方に傾く。つまり進化の過程には、常にある種の浪費が存在するということだ。ジャンツ(1980)は問いかける。理性的にコントロールのできる、予測可能な環境だけに私たち

は暮らしたいのだろうかと。

エントロピーと時間の確認

　エントロピーは、この世界における地球に関するエネルギーの単位としては最も興味深いものである。エネルギーは二つの状態として存在する。すなわち一つは、利用可能なエネルギーもしくは「自由エネルギー」、そして利用不可能なエネルギーもしくは「結合エネルギー」である。これらは人類にとって利用可能かそれとも利用不可能かを意味する人間中心的な用語で、本来エントロピーは一方から他方への転換の単位である。石炭の場合、自由エネルギー(低エントロピー)は燃焼によって熱、煙、灰のかたちで結合エネルギーに転換され、高エントロピーが生じる。自由エネルギーの存在は、ある種の秩序的構造の存在を意味し、反対に結合エネルギー(および高エントロピー)は無秩序状態へのエネルギーの消失を意味する。地球上では、いくらか弱まった太陽光のかたちで自由エネルギーが存在する。また、より濃縮されたかたちの自由エネルギーとして化石燃料も存在するが、この非再生可能資源は太陽放射量に換

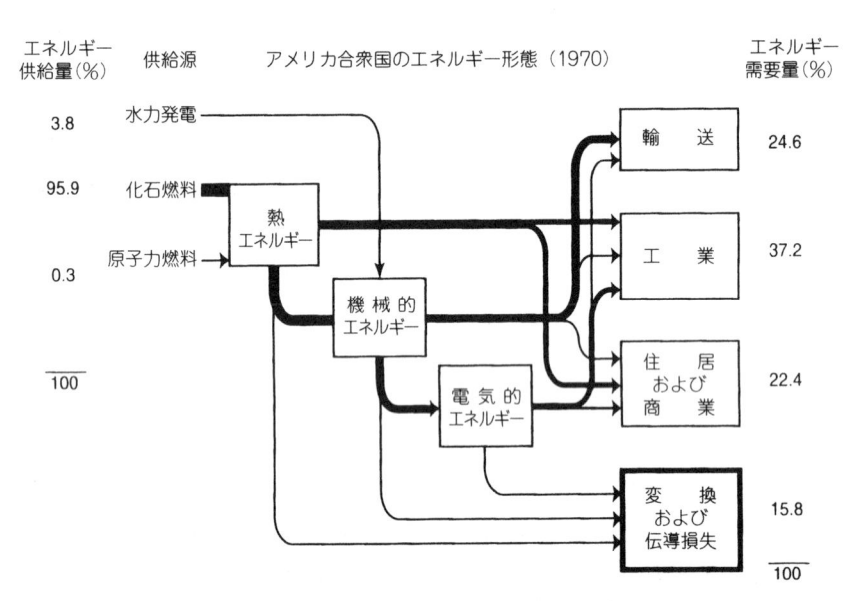

図5-4　エネルギーの変換は、必然的に潜在的な仕事量の損失を伴う（Summers, 1970）

　例えば、光合成のエネルギー効率はわずか1％未満である。人類によってつくられたシステムでは、資源から最終的な利用の間に数回の変換が行われる。この図は原子力が現在のような重要性を占める以前の1970年のアメリカを示したものである。電力の生産を例にとると、発電所におけるエネルギー変換の効率は最大40％であり、さらに送電時の損失が考えられる。したがって多くの場合に鍵となるのは、この例ではおよそ16％にのぼる、図の最下部に示された変換や伝送時のエネルギー損失の割合である。

算すると数日分足らずの量にすぎない。

これは環境問題に密接にかかわる、相当に長期的な課題を私たちに学ばせてくれる。エントロピーは増大し続け、元に戻らないものであるので、個々のシステムにとって未来は増え続けるエントロピーという大前提の下にあり、このことによって未来の瞬間すべてが独自性のあるものになる。さらに、より日常的な問題に目を向けると、経済活動は最終的にはエネルギーを低位の熱に変え、物質をがらくたやゴミにしてしまうので、エントロピー増大とみなさなければならない(図5-4)。したがって成長過程にある経済は、少なくともしばらくの間は複雑さをつくり出すにもかかわらず、エントロピーの増大速度を速める。また、現時点では自前の燃料をつくり出す技術は存在せず、なんらかのかたちの資源に頼らざるを得ない。太陽熱収集器でさえ、それ自身を再生産するに足るエネルギーを集めるには長い時間がかかる(Georgescu-Roegen, 1971)。

🍎 ガイア仮説

「ガイア」という言葉はガイア仮説の略で、地球における進化の結果と生態学とを考え合わせて提案された全体論的なモデルであり、かならずJ.E.ラブロックという名前を連想させる。この仮説は生命進化に関する伝統的な考え方に立脚するものである。というのも、仮説の核心にあるのが地球は自分自身を維持する能力を持つ自立的存在であり、そこには化学的環境および物理的環境をコントロールする生物が生息しているという主張であるからだ。しかし、ガイアを、意識を持つ生き物の一種と考えるべきではない。船の場合のように、たくさんの部品の集合体としての船ということでなく、一つの生きた存在としての船という意味なら、「彼女」という言葉を使ってもよいとすることと同意である。

基本的概念

人間の生活にとって必ずしも最適とは限らないが、生命は物理的・化学的環境を最適な状態に保とうとする様々なシステムを自らコントロールしていると、ガイア仮説では主張する。生命は、大気の組成、海洋の塩分濃度などに関して、ある種の非平衡状態をつくり出すが、これらは生命が存在しない惑星における予測値とは異なる数値を示している。また、生命は植物体内や海洋底に余分な炭素を固定することで大気中の炭素量を調節したり、熱帯の浅海域や深海底にミネラル分を沈殿させることで塩分を調節する。海洋上空で雲の元となる凝結核を形成するエアロゾル状の硫化メチル(DMS)を、植物プランクトンが取り除いているという発見によって、生命と大気の

第5章 文化の構築

```
        病原    寄生    共生
                      Commensalism

┌─────────────────┬─────────────────┬─────────────────┐
│ ミクローブ(微生物) │    両  方       │   マクローブ     │
│ ● flocculationを  │ ● 相の変化を緩和する│ ● 地上のバイオマスを│
│   促進する        │ ● 目に見える特徴を  │   増大させる     │
│ ● 核のある凝縮物   │   変化させる      │                │
│ ● 表面張力を変える │ ● 地形的な構造を    │                │
│ ● 水中の化学物質を │   変化させる      │                │
│   変化させる      │ ● 土壌のテクスチャーを│                │
│ ● 沈殿物を分解する │   変化させる      │                │
│ ● 環境中の酸化還元を│ ● 大気中の化学物質を │                │
│   行う           │   変化させる      │                │
│                 │ ● 風化を促進する    │                │
└─────────────────┴─────────────────┴─────────────────┘

        捕食    生息地と栄養の提供
```

図5-5　生物間の連鎖はガイア理論において自然を全体として把握する上で非常に重要である

生物は、ホルモンが多細胞の組織の中で果たすように、その大きさから見ると非常に大きな生物学的影響を間接的に与えることがある。生物は地表－大気圏間のエネルギーや物質の移動条件等の臨界点に作用することもある。

関係は十分に実証されたように思われた。このように、降水の量や場所は生命活動によって支配されているようだが、実際は、おそらくもっと複雑な仕組みになっているのだろう(図5-5)。

ガイアと環境への影響

　ガイア仮説の提唱から20年程の間に、多くの評論家が環境にかかわる教訓を仮説の中に探し求めてきた。フィードバックの環の中で最も傷つきやすい部分は、海洋や土壌の微生物相であり、地球上に存在する炭素の半分近くの循環をいくつかの森が左右しているように思える。したがって、ガイア・システムの働きに最も強い影響力を持つ可能性がある。人類が前に述べたようなシステムに及ぼす影響であり、そうしたものの分かりやすい例が、熱帯の大陸棚における海洋汚染、熱帯湿潤林の伐採などだろう。ガイア・システムに及ぼされる人類の影響は、その強さや場所にもよるが、自然界という織物全体を新たな非平衡状態に投げ込みかねないと主張する者もいる。すなわち、ガイアは中間形態を経て緩やかに変化するのではなく、ある状態からある状

Environment

自然科学と技術　***207***

態へと「はじき飛ぶ」のだと。地球上の生命を永遠に保つ、いかなる適応が生じようとも、人類の永続をも自動的に含むわけではないし、実際、ガイアの基本的メカニズムを破壊するようなことがあれば、最終的に人類は一掃されてしまうだろう。

　ガイア仮説の位置づけは、いまだに議論の対象となっている。「強いガイア」を想定するならば、地球は構成要素の単なる集合体をしのぐ特性を備えた統合体、つまり、ある種のスーパー・オーガニズム（超生物）である。「弱いガイア」を想定することは、地球規模での一連の複雑なフィードバック機構、一種の地球物理学的考え方を制限することになる。「強いガイア」の考え方は、厳密にはダーウィン主義者とは言えない、何かが加わった興味深い性格を持っている。統合体のふるまいは、ダーウィン主義者が言う通常の自然選択よりも目的化されている。すなわち、進化には目指すゴールがあるということだ。最適な終局段階は、変化あるいは秩序や情報の増大に直面した場合における構造全体の維持といったような、ある種のプロセスといった方がよいかもしれない。現時点における最小公倍数は、ガイアというのは強力なメタファー（隠喩）だろうというもので、それ自体、決して嫌われてはいない。というのも、ほとんどの科学分野において、メタファーは中心的な表現手段となっているからだ。開かれてはいるが、目的を持たない自然という自立的システムにおいて、生きとし生けるものすべてと環境とを結び付ける考え方は、正当な科学的規範に違背するものではない (Schneider and Boston, 1991)。ガイア仮説における「目的」という言葉は、通常定義されているような科学の領域外へと私たちを連れ出すのである。

🌱 複雑性とカオス

　生態学について検討していくと、物理学が一時的な予測に成功しているように、生態学がその種のことを成し遂げていないことが分かった。生態学は漠然としたシステムを扱っているからというのが、この主な理由である。偶然の介在が予測不可能性を生じさせる。偶然に関する数学は確率論に基礎を置くもので、環境因子を扱う際にそれを適用しようと、科学とビジネスの両分野において懸命な努力が積み重ねられてきた。

カオス

　西欧においては、18世紀までに科学の世界はその位置を確立していたが、そこで大勢を占めていたモデルは機械のように正確で、基本的に不変のものであった。今世紀における量子世界の不確定性発見後、世界は宇宙規模の宝くじという様相をいっそう帯びるようになる。スチュワート (1989) は、決定論的システムにおける確率論的ふる

まい全体について説明している。そこでは、簡単な方程式によって一見ランダムにみえる、きわめて複雑かつ微妙な動きをつくり出すことができるとしている。単純なシステムは、単純な動きをするとは限らないようだ。気象がその良い例で、単純に短期予報をつなぎ合わせて長期予報を立てたりすれば、小さな誤りが積み重ねられ、増幅されておかしな結果が出ることになる。これが、東京で一羽のチョウが羽ばたくとニューヨークの天気に影響するという、「バタフライ・イフェクト」と呼ばれるものになる。実際、大気圏の状態変化には無数の可能性があり、最初の状態に100％戻るというようなことは決して起きない。

　カオスは生態系においても生じる。また、非常に単純な人口増加モデルから周期性やカオスらしきものが生じ得る。そうした中には、外部の影響によって生じるものもあるかもしれないが、それらの内から生じるものもあるようだ。このように、生態学はその考え方の大前提となってきた均衡という概念とは異なる面を含んでいる可能性がある。したがって、カオスという概念が関係するならば、生態学は不均衡に関する学問ということになる。もしも生態学において「バタフライ・イフェクト」があるとすれば、測定に値するものを決めることができる生態学の徒はいるだろうか。このことは、人類と環境の関係全体をすっぽり覆う物語のようなものを生態学は持っていた可能性があるという、疑いを投げかける。社会理論や文学理論におけるポスト・モダニズムのように、そうした基礎的理念が問われている。

生態学および諸科学による構造分析

　ここでは、生態学的アプローチ(すなわち、生物と非生物の間のダイナミックな相互作用を強調するもの)および諸科学が、環境の構造、そしてそこにおける人類の位置について分析を試みようとする、一種の総合化作業について論じることにしよう。

生態学的アプローチ

　過去20年の間に、完全に科学的枠組みの中で論じられた、膨大な数の概論が発表されている。最初のグループは人類自体について論じているものだ。
- 私たち人類は、乾燥重量で100×10^6t、包含エネルギーで6×10^{14}kcalという、一つの種としては最大のバイオマスを有している。また、寿命が長いためにバイオマス回転率は低い。
- 私たち人類の増加率(年2％近く)は、現存数あたりの生物学的標準よりも高い。
- 組織化の程度は動物界の中で最も高い。集団間のエネルギー、物質、人間、知識、

Environment

伝統の交流などがきわだっている。
- 私たちが利用するエネルギーの90～95％が今日の生態系でなく、古い時代の生態系がつくり出した余剰物（例えば、化石燃料）に由来する。自然エネルギーの占有度という点では、地球上における一次生産量の40％が人間活動によって消費、転換、還元されている。

次のような生態系に人類の影響が主に及んでいることを見て取れる。
- ほぼ完全な回復を望むことのできる、深刻だが一時的な擾乱。再生可能な森林伐採や焼畑農業がこれにあたる。
- 永続的な土地利用変化、あるいは止めどなく続く種の絶滅といった長期的変化。
- 生態系におけるエネルギーと栄養分との関係。例えば、「補助金」用の化石燃料消費、あらたな栄養分流出過程の出現、商品作物の長距離輸送、土壌侵食の加速化などによって生じる。
- 動植物の育種によってつくり出される新しい遺伝子資源。遺伝子工学技術の発達により大きな可能性を持つようになった。

科学的概観

人類と環境の関係に関する様々な自然科学の成果をまとめ上げることで、たくさんの普遍的なテーマを抽出することができる。それがまた環境の構造を解明する作業になる。
- 人類が生態系に及ぼす影響は、量や組み合わせを除いては人類特有のものは少ない。つまりそれは、時、場所の両面において人類が手を加えた素材の絶対量、種類、組み合わせなどだ。しかし、ある種の有機化合物の合成、プルトニウムの分離、遺伝子の接合などは、「人類のみ」というカテゴリーをつくらせる理由になるかもしれない。
- したがって人類は、生態系の構成要素としては大変手先が器用だが、ごくふつうの（生物学的には比較的特殊化していないということが一因である）メンバーだとみなすことができる。
- いまや実質的に地球上の生態系すべてが、広範囲のエネルギー交換および物質交換にさらされている。
- 過去に蓄積されたエネルギーを様々な栄養段階において受け入れている。そういう意味で、今や生物圏は従属栄養的だと言える。第二栄養段階および第三栄養段階においては、エネルギーの8～10％ほどを化石燃料に依存している。

- 自然保護地、園地、農地、市街地などといった、異なる性格や機能を持つ生態系への生物圏の区分化が進行している。単純な生態系や生命活動の不活発な地域が、成熟した生態系、あるいは「極相の」生態系を犠牲にして面積を拡大している。
- 種多様性の高い自然生態系は多いが、人間活動はこうした生態系を、結果的に一つの種だけを通過するエネルギー量を増加させる、きわめて自在で複雑な組織と競争させる。
- 地球上すべての生態系の状態がどうなるかは、いまや人類社会の構造の複雑さと完全さにかかっている。

これらを考え併せると、ある種の生態系を長期的に持続させるべく管理していくことと、ある種の経済活動が短期的に要求するものとの間には、明らかに調停不能の相違点が存在するように思える。

> 最後の二つのテーマは、一般に「環境問題」と呼ばれている広汎な問題を簡潔に記述したものであり、また多くの生態学者に、独断的でその場しのぎの解決策を提唱させてきた。またそれだけでなく、生態学は人類行動指針の基礎となり得る、ある種の価値観を必然的に導く学問だと主張させてきた。こうした問題については本章の中で論じることにする。こうした姿勢は知識への直線的アプローチの一例であり、あたかも科学的データが物事すべての基礎を為し、人類社会の営為はそうした知見に基礎を置いているかのように思えてくる。このようなきわめて理性的なアプローチについては、19世紀以来多くの科学者の間で論議されてきたが、概して人類は変わり種や気まぐれをたくさん取り入れてきた。そうした中で比較的整然として、しかも体系化されているのは社会科学の分野であり、その大半がやはり19世紀の産物である。

社会科学

自然科学の権威というものがあるならば、人類と自然環境との相互作用というテーマは、生物学や物理学のようなかけ離れた分野の研究方法向きだと考える社会科学者がいても驚くことはない。例えば、ある社会とその自然環境を記述し分析する作業は、その社会が、あたかも草原に生息するプレイリードッグの個体群でもあるかのように行うことができる。したがって、記述する用語は数学的な正確さが極力求められ、調

査は自然の法則に合致し、理論を構築するためのものである必要がある。ほとんどの社会科学の分野では、型にはまった一連の手順や知見が成長してくるが、たいていの場合、それらは「急進的」な代案によって相殺される。旧態依然とした見方は、しばしば現在の状況に有利な判定を下し、その一方で、急進的な見方は知的な面でも政治的な面でも変革を擁護することが多い。

経済学

　経済学の中心課題は、自分の欲望や目的を実現する収入が得られていないと感じた人間が、どのようにふるまうかを扱う方法論にある。それには、収入に重点が置かれているという点が重要であろう。なぜなら、経済学は目的には関心がなく、それは心理学者、歴史学者、論理学者などの課題だと思われているからだ。だが、目的を除外するということは、様々な科学分野のあらゆるデータ収集・処理技術、そしてそれらの共通言語である数字に重点を置く結果になる。経済学は現在、人類社会が地球の生物物理学的環境をどのように利用しているかという問題に、最も大きなかかわりを持っている学問分野である。殊に環境経済学という分野は、測定可能な価値（通常は金銭として）を環境の重要性という面に帰せしめる方法論であると自負している。そうした例は、経済成長に対する天然資源の直接的貢献、生活の質を高める環境の役割（美しい景色、野生動物、文化遺産などを提供するかたちで）が、人々にストレスを与え、健康を損なう可能性のある負の価値を意味する、「貧しい」環境といったものが考えられる。

伝統的経済学と環境

　ここでは、「伝統的」という言葉は、世界中の自由市場経済下でみられる西欧資本主義経済学を意味する。この考え方の理論的根拠は、需要と供給の主要な調停者としての価格形成という概念を中心とする、一連の考え方から生まれてくるものである。売買によって、できる限りの満足を得ようとする消費者と生産者に関する理論から出発する。消費者はモノを買うことによってある種の満足感を求め、生産者は利益を上げようとする（図5-6）。両者は市場および考え得る限りの代替資源の現状に関する情報をすべて持っており、供給者はその生産物を独占供給していないと仮定している。それゆえ、個別の実状に必ずしも理論が合わない傾向があった。

　時には、このタイプの新古典派経済学におけるある種の理論モデルにとって、環境は都合の悪い変数とみなされたことがあった。中でも外部経済の問題、殊に廃棄物の

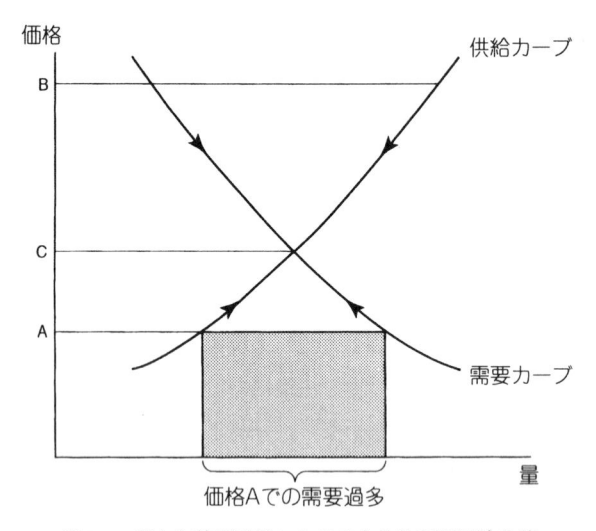

図5-6 資本主義経済学における古典的需要供給曲線

生産者は価格が上昇するにしたがって供給量を増やし、消費者は価格が上がると購買量を減らす。価格Cが双方が満足する均衡点である。価格Aにおいては充分な供給がなされない超過需要が、2つの曲線の下の色付部分の面積として示されている。価格Bにおいては、高すぎて消費されることのない超過供給が生じている。

扱いが影響する。例えば、火力発電所への供給コストに反映する石炭の価格をある額に決めることはできる。石炭の燃焼によって生じる酸性雨は1,000kmも離れた他の国に降り、その場所で魚や森林の消滅というかたちのコストが生じる。新古典派経済学においては、こうした問題は石炭の供給者、消費者にとって重要なことではないとしている。実際、酸性雨の被害者からの政治的圧力があるため、こうした外部経済コストの問題には、行政機関が調停に加わる場合が多い。行政機関は排煙脱硫やシステム改善のために費用を税金から支出したり、大気汚染防止技術に投資できるように電気事業者の値上げを認めたりする。こうしたプロセスは、内部化コストと呼ばれている。さらに、環境問題はその多くが私権の下にあるものでなく、それにかかわり得る人々すべてに共通する問題である。こうした条件の下、たとえ自分以外の消費者すべてに不利益をもたらす原因をつくることになっても、こうした資源を大量に消費することは誰にとっても利益になる可能性がある。そうした例として思い浮かぶのが、大気汚染や魚介類の乱獲である。こうして1970年代には、国連海洋法条約交渉が全面的に前進し、広大な面積の海洋と海底がそれらの「持ち主」をはっきりさせるべく、各国の主権下に移行することとなった。

　現実の世界においては、意思決定を扱う際、経済学者たちに採用された手法には費用便益分析（CBA：cost-benefit analysis）が含まれている。元来これは、ある事象にか

Environment

かわりのある、あらゆる集団についての便益と費用を求めることによって、より良い政策決定を行うために考案された手法である。さらにこの手法には、そうした集団が価格決定に及ぼす目に見えない影響をも含むことができる(Pearce, 1983)。この理論手法は、そこに含まれるべき費用および便益、その算出法、将来の値引きを踏まえた適切な利益率設定、行政的・政治的制約の有無などを考慮すべきだとしている(Dasgupta, 1982)。費用便益分析(CBA)において用いることのできる経済価値には次のようなタイプがある。

- 使用価値：対象に対して支払われる現在価格に由来する。
- オプション価値：なんらかの将来の可能性を前もって確保するために支払おうとする意向を測定するもの。例えば、特定の期間もしくは「無期限に」開発から土地を守るための支出。
- 内在価値：特定の生物種など、存在そのものに由来する。こうした価値は利他主義（この世界において、それらは私たち人類と同等の権利を持っている）、あるいは管理責任（それらを永続させることは私たち人類の義務である）。

費用便益分析(CBA)の本質について議論が重ねられ、いくつかのファクターについて次のような問題が提議されている。

- 不可逆性。望ましくない結果が出た場合、以前の状態に戻すことができるのか。
- 不確定性。未来というものには常に予測できないリスクが伴う。与えられた事象がもたらす予期せぬ影響を埋め合わせできる分析手法などは構築できるのか。
- 特殊性。生物の進化も文化の進歩も、特異な生物種やアンコールワット遺跡のようなユニークな事象を産み出してきた。こうした現象に対して、特別な経済価値を与えるべきだろうか。

1980年代、1990年代には、環境の価値を実際に評価測定することがたびたび研究課題となった。そして、倫理的関心と完全には切り離せない環境を、正しく評価するのに必要な様々なパラメーターを抽出することに研究は向かっていった。それらは次のようなことに関係している。

- 物心両面にわたり「生活の質」を高める環境(自然環境、建築環境、文化環境)の価値。
- 将来性：5～10年程度の短期間ならびにそれ以上の長い期間にわたる将来。
- 公平性：人類社会における恵まれない人々に重きを置き(同世代間の公平性)、将来の世代の機会を閉ざさない(世代間の公平性)。

これらの事項が、現在いかなる経済価値評価においても考慮すべきこととして、一

括して設定されている。将来の世代は現世代の活動によって生じた資源資産減少の償いを受けるべきである。殊に、外部経済を正しく計量評価する新しい研究が絶対に必要だ。開発プロジェクトによる恩恵や「効率」の計量評価が、負の副産物をまったく遠慮しなくてもできることが過去にはしばしばあった。伝統的な費用便益分析（CBA）は確かに他の分野の決定を下すために用いられてきた（いったん結論が下されれば、入力条件の評価価値を明示することは難しくない）。しかし、人類の幸福が左右されるきわめて多くのものごとを、計量評価することはできない。

前述したような計量評価手法が取り入れられる場合にだけ、私たちは持続可能性について語り始めることができる。第三世界にはほとんど関係がないが、先進工業国には適用できるとして、経済学者たちは持続可能性の考え方を取り入れ、より深い分析を試みてきた（Daly, 1991）。これには次のような要素が含まれる。

● 再生率を上回らない資源採取レベル
● 受け入れシステムの分解処理速度を上回らない廃棄物の投入

さらに、伝統的経済学においては、これらの考え方は次のように表現できる。

● 持続可能な経済成長とは、生物物理学的悪影響や社会的混乱によって成長が損なわれずに、一人あたりのGNPが常に増え続けることである。
● 持続可能な発展とは、経済成長の場合と同様、負のフィードバック要因の制約を前提としながら、一人一人の生活水準が常に向上し続けることである。

このように、将来の世代は前の世代が受け継いできた資源ストックと同じ量の富（人工の富も自然の富も）を相続してしかるべきだし、受け継いでいく自然資産も前の世代に劣るものであってはならない。持続可能性という経済用語の問題点の一つは、その本質的に生物学的な響きが、経済学者の機械論的・原子論的性格をことさらに刺激し、彼らにとって受け入れにくいことがあるということだ。もう一つの問題は、一方で森林が燃やされ河口域が埋め立てられているのに、いつ終わるともしれない認識論的調査を行うことに対する、安易な言い訳を与える逃げ道となる可能性があることだ。ましてや、いまだに進化論的時間尺度でも生態学的時間尺度でも、この世界は平衡状態とはほど遠い可能性があり、したがって、その生物学的土台自体が自然に対する誤った解釈の上に成り立っていたかもしれない。ライオンは「稼ぎ」が少ないという理由から、東アフリカの野生動物公園がコムギ畑に変えられていくというような問題に専門家は直面している。

資本主義経済学は基本的に富裕層の道具であるという主張は、社会主義経済学者を魅了し続けてきた。同様に、経済学者の政治への発言に対して生態学における知見の

Environment

優位性を強調しようとする動きは、従来と違ったかたちの経済学を支持する結果となってきたし、その中には、それほど西欧的でも資本主義的でもない世界観のものもある。だが、自由市場経済が優勢で、現実に地歩を固めているという世界の現実の中で、今でも両者は存在し続けている。

社会主義経済学

社会と歴史を全体として見通すことにその出発点が置かれているのが、社会主義経済学である。ヨーロッパ社会主義の創始者たちは、人類の歴史と社会の発展に関する彼らの仕事をダーウィンの進化論に相当するものと考えた。その開祖はフレデリック・エンゲルス(1820～1895)とカール・マルクス(1818～1883)で、彼らの業績はマルクス主義と呼ばれる学派の基礎となっている。その土台となる理論は、最初の鍵を提供するいくつかの組み合わせモデルによって、資本主義社会の運動法則を説明するものである。

- 資本の循環と蓄積の分析
- このタイプの経済システムに由来する社会組織および、そうした社会組織が階級間の搾取や自然資源の枯渇を生じさせるありさま
- 支配階級の地位を固めるための、科学や新古典派経済学をはじめとするイデオロギー装置の働き

自然をもっぱら征服すべきもの、資源として利用すべきものとみなして、環境に対してことさらに敵対的な姿勢をとっているとの批判者たちはマルクス主義を論破してきた。殊に、マルクス主義がモデルとして取り上げているのは人類によって改変されたものだけであり、マルクス主義は自然になんら本来的価値を与えておらず、その究極的なかたちでは、新しい社会は人類だけに利益をもたらすもので、外部環境である自然の犠牲の上に成り立つことは明白である。自然は巨大技術の助けを借りて征服される運命にある。このように、まさに現代資本主義が、当面の物質的欲求を充足するためにテクノロジーを利用しているのと同じやり口で、マルクス主義は人類と自然を戦わせていると反マルクス主義陣営は批判している。彼らはまた、マルクス主義は「外部環境としての」自然にいかなる価値を与えることも否定していると断言している。

全体的にみれば、エンゲルスや初期のマルクスにおける環境に配慮した立場から、マルクスの後期著作における環境に対する激しい姿勢という流れがあるかもしれない。エンゲルスは人間活動が環境に及ぼす長期的影響を特に強調し、資本主義的農業は必然的に地力を低下させるとマルクスは警告した。彼はまた、土地を単なる商品と

位置づけ、その歴史的自然的性格を考慮せずに次々に用途を変更するという考え方を痛烈に批判した(Schmidt, 1971)。したがって、初期の主張が依然として後期の考え方の土台となっていることを認めるならば、マルクス主義の自然観はきわめて洗練されていると擁護できる。だがマルクスは、ゼロ成長を意味する一種の田園的理想郷への回帰を望まなかった。なぜなら、階級構造という他が箍によって人々の目から隠されている未開発の可能性が、自然には満ちていると彼は感じていたからだ。

生態学と経済学の統合

　生態学と経済学の方法論や知見をまとめ上げるのは容易なことではない。まず第一に環境主義者は、経済学者を大規模な環境破壊を正当化するために雇われた輩であるとみなし、疑い深い目で見ている。このことを別にしても、計量測定の基本単位を設定するに際して欠かせない、難しい知的課題がいくつかある。いわゆる「限界機会費用」は理解しやすい一つの道筋であったが、これは費用便益分析(CBA)に降りかかったたぐいの、良い結果が得られるであろう数値を入れるという疑いを招きがちだった。現在、最も一般的な共通の要素はエネルギーだと思われる。その他に、ゲーム理論や進化論さえも議論の対象とされてきた。

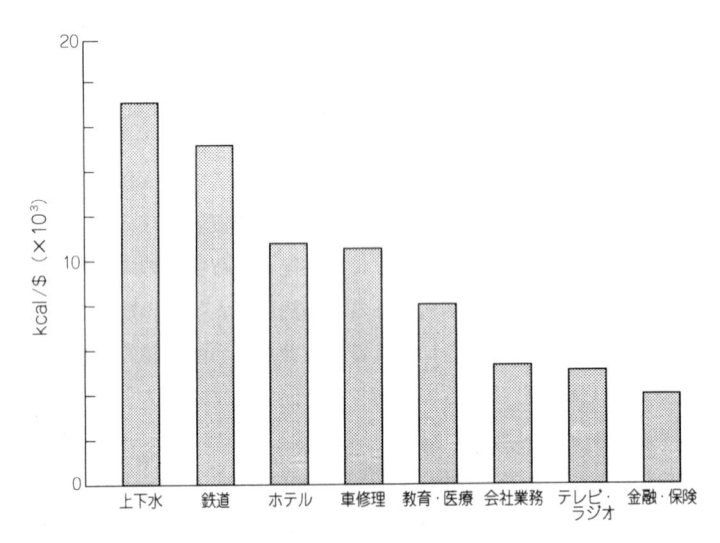

図5-7　いくつかの公共サービスに使用されるエネルギー（Hall et al., 1986による）

清潔な水の供給と下水の浄化は、ホテルの運営や教育の場の提供に比べて、一定の価値を生み出すのに非常に多くのエネルギーを必要とする。水道事業会社の役員の給料を大学教授と比較した場合も、おそらくこの傾向を反映しているだろう。

Environment

　エネルギーは自然の生態系中を循環し、経済システム中をも循環するものであるから、二つのシステムをつなぐ共通の物差しとして、それを用いようとしたことは別に驚くべきことではない。また、商業的なエネルギーの価格を用いて、自然の中に存在するエネルギーを計量評価できる可能性もある。例えば、太陽の光に、ただ大気中から降り注いでくるというものではなく、価格をつけることができる。経済システムの鍵となる尺度は通常、包含エネルギー（embedded energy もしくは embodied energy）と呼ばれるものである（図5-7）。複雑なことの一つは、ふつう生態系は太陽光を消費し、経済システムは化石燃料を消費することである。だが、これら二つの資源から得られるカロリーは質が違うため直接比較することができないし、異なるニーズを満たし、異なる量の仕事をする能力がある。だから、どれほどの太陽光エネルギーが取り込まれているのかを直接計測することが必ずしもできるわけではない。しかしながら、労働、思索、情報など人類のつくり上げたシステムの生産物すべてが、自然のシステム（化石燃料を含む）から発展してきたとする仮説を、受け入れるならば、相互に比較、計測する基盤を私たちは持っていると言える。この作業はまだ電卓にとっては簡単でないことを、M.J.ラビン（1984）の研究は明らかにしている。それでも、投入されるエネルギーが取り出されるエネルギーよりも大きければ、好ましくない結果が生じるはずだという、反駁しようもない結論が証明されてきてはいた。宇宙論的にみれば、このような考え方は生命を完全に排除するものだ。というのは、生命の存在を可能にする複雑性を構築する際、低エントロピーが消費されるからだ。だが、遠からぬ時期に現実のものとなる石油資源や鉱物資源の枯渇、あるいは人口増加に伴う食糧危機の到来を示唆するような研究はされず、物余りよりも物不足の経済学を構築しようとした経済学者が何人かいた。経済学の分配機能はこうして強化される。

　資源の不足は人の生死にかかわる可能性があり（先進工業国では少なくともライフスタイルには関係する）、単に給油スタンドにおけるガソリンの値段の問題と同列ではない。資源の逼迫や市場メカニズムにそれほど敏感に反応しないと言われている「29日目効果（図5-10、p.241）」を見越した急激な価格上昇期に、市場メカニズムに代わる何か適正な措置を講じて経済を調整することが政府の主たる役割である。このタイプの経済学は、私たち人類は限りのある世界に住んでいるという事実を強調し、「宇宙船地球号」という比喩を使ったK.E.ボールディングの研究に影響されてきた。彼は、ひどい無駄遣いを主張する「カーボーイ経済学」と現在の経済がおかれている状況に関するこの見方を対比させた。また彼は1981年、人類の歴史を人類が創り上げた人工物の進化史として語ることで、進化論の基本理論と世界経済の解釈との統合を試みた。

次に複雑なことの一つは、人類と環境のかかわりに関するあらゆる研究と同じように、生態学と経済学の接点においては、物理法則(例えば、熱力学第二法則)、法律、個人心理学、社会学(例えば、環境容量についての社会的見地)、人文地理学の立場から考究した空間的配置などと同じくらい多様な事項が存在し、関連していることを必然的に認識しなければならないことだ。そのため、この特殊な接点の持ち方のせいで、両者の統一的な解釈はいまだにない。しかしながら、生物物理学的限界という考え方、もっと俗な言い方をするならば、とにかく無料の食事などありはしないということを、経済学にしっかりと植え付けることには成功してきた。

その他の経済学

マルクス主義だけが資本主義経済政策以外の選択肢ではない。作家や思想家たちは他の仕組みを考案してきたが、それらは国際的スケールでの精査や評価に耐えるものではなかったと言えるだろう。商品を使用するということについて、目的と手段のもつれを解きほぐすのがきわめて難しいことを認めるならば、非西欧的価値システムが他の選択肢に寄与する可能性が検討されてきたのは、別に驚くべきことではない。例えば、今日の状況とも非西欧的な伝統的価値システムとも同程度に離れてはいるが、E.F.シューマッハーは仏教的経済学という概念に私たちの関心を向けさせた。これは、現世の快楽と苦痛からの解脱という仏教徒の倫理と、新しい統合国家に対するJ.K.ガルブレイスの考えを結び付けたものである。両者は質素倹約、こじんまりとした生活と分散的な意思決定、株主よりも個人のニーズ(需要とは別個の)に配慮することなどを称揚する点に接点を持つ。「ジャッカルの世界では、牙をなくすな」と諺にあるとおり、このタイプの経済学は新しいライフスタイルを模索し、政府に多くを求めず、孤立を好まない人々の心を捉えてきた。

非常に西欧的な環境においては、選択肢となる経済学は次の二つの根本的問題を根拠としている。

- 資源を常に適正に配分する市場メカニズムの働きが非効率性。公平性および不確実性という概念がこうした問題の核心にあり、技術(例えば、様々な種類の手形割引率)、政策(例えば、意思決定主体にとって最適な政策実行時期とは)の両面で多くの対応策がある。こうした考え方は、人口増加率、民主的意思決定、所得分配などと共に、「効率性」を最適化すべきものの一つとして強調している。
- マルクス主義者、あるいは環境を社会文化的に解釈する世界観の提唱者たちは、以下のような現実主義者の見解を認める必要がある。それは一方では、純粋の物理法

Environment

則が存在し、他方では、貧困のような社会関係あるいは自然を取り返しがつかないほど改変しようとする欲望といったものが存在していることである。しかし、これらは必ずしも技術の進歩そのものによって変えることのできるものではないというものだ。

事実、この二つの特徴は、時に古典派や新古典派によって葬られていた、自然の絶対的欠乏という観念の復活に焦点を当てる可能性がある。まさにこの概念は、これ以上搾り出すことができない埋蔵資源だけでなく、ひどい砂漠化現象などの世界的な環境悪化や生態系の破壊をも含み得るものであった。そこで選択肢となる経済学は、効率性、従来と異なる要素の価値（エネルギー対労働、エネルギーおよび物質対資本、資源変換効率の改善）、耐久消費財へのシフトを促進する技術の改良再編成などを提唱し始める(Schnaiberg, 1980)。「使い捨て経済」は、それ自体が長持ちするだけでなく、修理や再生が真に可能な設計思想の下でつくられる、寿命の長い製品に取って代わられる必要がある。これは、ほんとうの節約は製品寿命において達成される、という熱力学的分析と一致する。

まとめ

経済学にとって未来とはなんだろうか。失業、インフレ、貧困層に対する資本投下不足、環境面でみれば破壊的な概念である「開発」などに責任を負っているにもかかわらず、ごく近い将来は相も変わらずビジネス本位であるだろう。西欧社会の経済、いや西欧社会全体が人類以外の地球の構成者と今までと違うタイプの関係を持つ段階に入っているという主張があるのに、ウォール・ストリート・ジャーナルの紙面にはこのかけらも見あたらないようだ。大量の環境破壊が雇われ経済学者たちによって正当化され、そのために彼らはマニ教か何かの悪魔の化身に違いないという疑いが広まってきている。反対に、世界銀行のような巨大組織などで時にみられるが、彼らが環境寄りの姿勢を示す場合には、大変な激励が寄せられもする。

経済学者の行く手に待ちかまえている仕事は3倍になっているようだと主張する、経済学をより広い視点から論じた見方がある (Turner et al.,1994)。

- 地球全体の生態系と経済システムとの関係：新古典派経済学は、いかなる場合でも経済は生物物理学的限界を超えるものではないと常に想定してきたが、温室効果ガスのような剰余物の問題に対する劇的な「技術的解決法」が発見されない限り、現在では、それが正しくないことが明らかになってきているようだ。生態系と経済システムをめぐるフィードバックの環は、調査研究が特に必要な課題である。

- 需要の本質に関する研究：「人は金持ちになりたいのではなく、他人よりも豊かになりたいのである」というJ.S.ミルの金言は、疑いもなく真実である。だが、工業社会のきわめて厳しい市場環境においては強い圧力がいまだに存在し、自らの欲望の本質、あるいは欲望を満たす方法を誤って解釈する方向へ人々を導く可能性がある。それは高いレベルの豊かさにおける満足や幸福とはまったく違うようだ。経済学者でさえ二の足を踏む課題だが、なんとかして個々人が洗練される必要がある。
- 研究法を何かに喩(なぞら)えることは、慎重に考える必要があると考える経済学者がいる。経済学は、アイザック・ニュートンが発展させた古典的方法論をとる原子論的、機械論的仮説を設定してきたようにみえる。だが経済学は、地球の生物物理学的システムというかたちをした、非線形タイプの進化発展をする相互間連システムとかかわっている。事実、そうしたシステムのいくつかは、機械的太陽系儀よりもカオス理論による方がうまく説明できる。

「政治経済学」の分野における18世紀のルーツを経済学は忘れるべきではないと、ある計量経済学の調査では提案している。そこでは、政治の問題も権力行使の問題も、したがって価値基準の問題も除外されていない。尊厳、自由、幸福といったものは、もはや他のどんなものによっても経済効率によっても約束されはしないが、結局のところ、経済学は害よりは益になることの方が多かったという、ボールディングの見解にいくらか慰められはする。

政治科学、社会学、人類学

経済学の場合と同じく、人類社会に関するこれらの学問で、環境の問題にだけかかわっているものはない。だが、その専門家すべてがそうした討論に何か提議できるものはないだろうかと、人類と環境の関係という問題に近年注目してきた（Eckersley, 1992）。その結果、多くの共通性を持つ研究分析の発表が大幅に増え、以前よりも学問分野間の境界壁は低くなっている。

政治科学

政治学は、人類社会の出来事に慎重かつ理性的な努力を注ぐ学問である。そのようにして政治学は、権力について、それがどのようにして個人や集団へ与えられるか、そして、それを使って何をするかといったことを研究する。環境問題の場合、政治科学はまた、資源配分に関する意思決定に際して、現実に何が起きているのかを客観的、公平に研究することにねらいを定めている。環境政治学が扱うテーマは、ある意味で

Environment

プラトンやアリストテレスが生きていた、明らかに科学技術時代以前の時代に設定されたものと言える。彼らやその同時代人たちが、とりわけよく論じていたのが人口水準の問題である。これから、たくさんの人々がどのように自然資源と関係しているのか、また、人口水準はどのように個々人の心理状態に影響するのか、さらに、社会的組織の必要性、すなわち、ポリテイア（politeia：ギリシャ語で国家、組織体の意味）に関心はつながっていったのは当然であった。同様に「自然」は、自然本来のかたちとしても、人間の本質としてもきわめて興味深いものであった。両者に対して「変わらないものとは、そして、変わりやすいものとは」同じく、「地殻構造にしろ政治にしろ、不安定なものが突如として噴出したときにとる正しいふるまいとは」という疑問が生じるだろう。特に、「人間の欲望は飽くことを知らないものなのだろうか」という疑問が。そうしたことは富の配分、あるいは人類と自然界との関係が親密か、疎遠かの程度によって、どのように影響されるのだろうか。

古典的政治学の今日

ここで私たちと関係のある通常の政治的活動とは、環境政策の成立にかかわるものである。これは、家庭ゴミをどこに出すかを決める地方自治体の活動から、砂漠化や地球温暖化に直面したUNEP（国連環境計画）の活動まで、様々なレベルで展開される。資源や廃棄物の管理、あるいは土地や水面の保全指定は、経済的問題でもあり科学的問題でもあると同時に、常に政治的問題でもある。私たちは、情報や意思決定過程の公開が進んだ社会と、できる限り秘密を保持し、最小限の人間だけが権力行使にかかわるような社会とを、漠然と対比させることができる。前者の例として、第一に挙げることのできるのはアメリカ合衆国、次がイギリスとフランスだろう。一方、発展途上国は、多くの環境構成要素を包含する複雑な問題に取り組むことができる制度や組織を大半が欠いているため、それには該当しない。

しかし、現在、強大な中央政府と多国籍企業という存在に対して実質的に対抗できる勢力は、先進工業国には数多くある「地球の友」や「グリーンピース」のような、環境問題に関心を持つ圧力団体だけである。こうした団体は、交渉過程に参加することで高い専門的、技術的能力を持つようになっているので、成功に導くなんらかの方策を実現できる可能性がある。ただ、これらの環境主義者たちの考え方はきわめて独裁的な政府と同じだとこうした団体への反対者たちは主張し、そのような世界観へと民主的に変わっていくことは不可能だとの意味を込めて、「エコファシズム」との非難が向けられている。

代案となる政治学

　土地、工業、急速な都市化は長い間、汎神論的神秘主義から様々なかたちの社会主義にいたるまでの、政治的な選択肢を育む肥沃な苗床であった。1960年代、1970年代における西欧の反経済成長主義運動は当初、経済学にねらいを定めていた。政治科学を現体制の代理人にすぎないという批判も生まれた。代案として、よりいっそう個人の自由を尊重するために、計画よりもデザイン的発想を、また、消費優先よりも管理責任を、という考え方を取り入れたコミュニティーが意思決定の基盤であるべきだとされた。「生物領域」は、政治行動、文化的・精神的表現、自己変革など、個人や社会を生態学に基づいて変革を推し進めるものすべての場とみなされていた。たくさんの人々が小さなコミュニティーに根ざす暮らしに喜びを見出していることは確かだが、行動、文化、崇高な発想といったものが創造性に欠かせない人々もいるかもしれない。また、先端技術を備えた医療施設のような高水準サービスを提供することと、無数の「生物領域」とはどのように折り合うことができるのだろうか。

より広い意味での政治学

　社会への新機軸導入を監視する独裁的組織体を求める何人ものユートピア主義者と、保守的態度が好ましいとする強力な仮説との相互関係は、古代からずっと政治理論学者の論点の一つとなってきた。

　ここに、社会秩序へ技術が及ぼす影響の直接的実例がある。ニューヨークのロングアイランド・パークウェイにかかる低い橋は車を閉め出す目的でつくられたが、結果的に黒人たちを閉め出している。パリのオスマン大通りでは、バリケードを築くことが非常に難しくなった。カリフォルニアではトマト収穫機の発明によって、1960年には4,000戸あったトマト栽培農家は1973年には600戸にまで減り、1970年代後半までに職を失った人々は約32,000人に達した。すなわち技術は、権力構造を含む社会秩序の象徴だけでなく、まさ社会秩序の体現そのものである。したがって、技術は秩序を形成する手段となり、権力者の選択は投資パターン、資源、設備、社会習慣などによって大幅に補強される。こうした行動様式に反対することは、通常、反技術主義とだけでなく、反進歩主義とみなされる。

　おそらく最も危険なことは、工場や企業のモデルが社会全体の縮図と受け取られることだろう。すなわち、企業が階層的かつきわめて独裁的手法で組織立てられることによって多大な利益を上げるならば、同様な手法が社会そのものや資源利用、さらに自然の扱い方にまで拡張して適用されないわけがない。この問題がマーレイ・ブッキ

ン(1982)の主要な研究テーマで、彼は人類の階層制度によって、あるいは階層制度の中で支配形態が発展していく隠れた前史を仮定している。これは私たちの目に見える経験の世界だけでなく、心の奥底にあるように思われる。この一部は、現在では無機的とみなす人もいる、「外的自然」からの霊魂分離を意味していた。これに対する代案(たいてい環境政治学と結び付いている)は、「客観性」と同じくらいに妥当性を持つ経験の主観性、それと共に、自発性と非階層的関係性を伴う、よりいっそうの相互主義と自己組織化である。これらは、いずれにしても進化論あるいは有機体のエントロピー理論を思い出させる。

社会学

社会学は、社会現象を科学的手法で観察、記述し、理論の構築を企てるものである。その発展過程において、社会はどのようにして団結するのか、すなわち、「社会物理学」において働く力とは何かと自らに問いかけてきた。物理学、殊に、物体間の関係性に関するニュートンの考え方との相似がここでは明らかだ。社会学は社会変革ともかかわってきた。どんな世代にも少なからぬ数の悲観論者が現れてきたにもかかわらず、社会学は主として進歩的歴史観によって社会変革を支持してきたのである(Yearsley, 1991)。

社会学研究の主流

社会学者は、まったくの地域レベル(草原が家で埋め尽くされてもいいのか)から、国レベル(若者は環境に十分な関心があるか)、地球レベル(オゾン層を守るために工業化が遅れてもかまわないか) まで、様々な環境問題に対する人々の姿勢に関する膨大な報告の書き手だ。S.コトグローブ(1982)は、環境問題に対する姿勢によって人々を二つの社会集団に分けることで、このテーマをさらに追求していった。それらを彼は豊穣信奉者と破壊憂慮者と呼んでいる。前者は技術や経済発展を信じ、技術開発に多額の投資がなされ、企業活動を奨励する社会構造である限り大量の資源がたやすく誰にでも手に入ると主張する。彼らは現時点における多数派である。後者は資源には物理的限界があり、環境汚染のために地球の生命維持システムはきわめて悪化しているにちがいないと考えている。したがって先進工業国では、廃棄物の量や原材料の消費を押さえるよう配慮した社会変革が必要だと主張する。未来に関するこうした考え方すべてについて、それ自体が社会的産物であり、客観的事実という基礎をまるで欠く意味体系に根ざすものだ、という観点に社会学者は立っている。彼らは、どんな宗

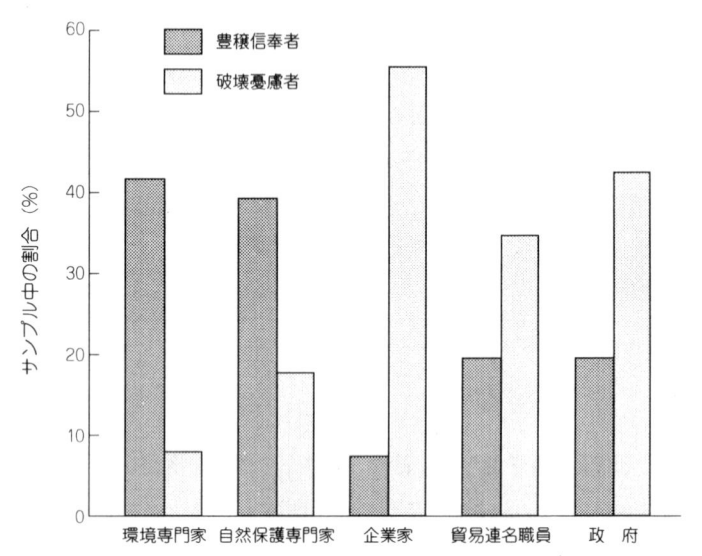

図5-8 1982年に出版された研究による、異なる分野（'政府'を含む）に属する人々のなかでの「豊穣信奉者」と「破壊憂慮者」の割合（中立という第三の選択肢が設けられていたため、2つの棒の和は100％にならない。）（Cotgrove, 1982の表中のデータによる）

英国貿易連合の職員は公共部門に見られる特徴をよくあらわしている。政府と環境専門家の認識には非常に大きな隔たりがある。

教とも同じくらい熱烈に教義や信条に共鳴しているのである。（図5-8にみられるように、豊穣信奉者が多数を占めている以上、彼らの見解は最も厳格な検証が必要だとコトグローブは付け加えている。）

　豊穣信奉者の立場を批判して、ローマ・クラブの「成長の限界」派と、その賛同者たちによって環境問題が取り上げられてきた。また、これに類似した社会的成長の限界という考え方についての注目すべき研究もある。それらは、ゲームの規則に従いさえすれば、経済自由主義は万民に繁栄を約束するというが、実際は、どんな西欧社会（あるいは、おそらく発展途上国）でも抑制できない需要や生産過程を、経済自由主義は解き放っていると主張した。余りにも多くの商品が相対的特質を失っているので、それらが誰にでも開かれているならば（オープンスペースや別荘など環境も）、先頭を切ることがいまだに多くの人にとって重要なことになっている。例えば、ギリシアの「未発見の」島だけが休暇を過ごすに値することになる。このように、他人よりも常に優越した境遇でありたいともがいている人々がいて、資源が受ける圧力は大きくなっていく。

Environment

急進的社会理論

　住民同士の協調、そして自然との調和をいっそう重視した、ユートピア一歩手前とも言える社会の未来像には、それなりの魅力がある。19世紀後半および20世紀の工業国と対抗する力として、コミュニティーの地方分散化をめざす変化の道筋が、何人もの著述家によって提唱された。セオドア・ロスザクはガイア仮説を彼の社会観の中に取り入れ、ガイアとそこに住む市民とは直接理解し合うことができるので、長期的にみれば、生活を向上させるように彼らの行動を適応させることができると主張し続けた。こうした認識を受容する方式は、私たちが直観的と呼んでいるものである。

　真の環境優先社会ができあがる唯一の方法は、徐々に社会が変化していくしかないと考える識者がいる一方で、マルクス、エンゲルスに追随し、革命を予見する人たちもいる。この立場をとるのがハーバート・マーカスである。彼の主張は、人間を抑圧する現在の技術の後に来るであろう、人々を解放する技術の必要性、そして、生物進化的速度ではなく革命的速度ですみやかに、その交替が為されなければならないというものである。一方、ブッキンはこの問題をきわめて特殊な方法で論じている。彼の方法論の中心的課題は、人類社会における階層性にあるとし、優越支配のピラミッドが解放や自由を実現する可能性を消し去ってしまうと考えた(Bookchin, 1982)。こうした構造の中で、コミュニティーの倫理的意義は、「欲望の盲目的崇拝」(すなわち、どんなに費用がかかろうと消費財に対する需要を満たすことを追求する社会)と呼ばれるものに取って代わられてきた。こうした状況下で、自然の王国でさえ商品となり、北アメリカの自然地域に入るには予約がいるという事実がその証拠だ。環境についてブッキンが最も言いたかったことは、自然破壊を止めようとするならば、私たち人類が他のすべてに対して優越的支配をやめなければならないということだ。

環境政治学

　環境主義政党は、環境主義者が主張するユートピア実現に専心し、コトグローブが破壊憂慮者と分類したような人々の集まりである。彼らが特に主張することは、非大量消費経済、再生可能エネルギーの利用、地方分散化、役割の再評価(例えば、労働や女性の)、そして殊に、核兵器廃絶を目指す平和運動などである。だが彼らは次のような点で他の政党と違っている。それは、他のすべての政党を彼らの持つ世界観へと改宗させ、自分たちは局外にいようとしているという点である。彼らはおおむね、無政府主義者ではない。先進工業国の現状とは異なる価値尺度の社会を目指しているにもかかわらず、彼らは現体制の下で社会参加している(Sprentnak and Capra, 1986)。

大半の人間が彼らの考え方へと改宗する前に、事態はいっそう悪化するに違いないと、彼らの多くは考えている。

　しかし、環境保護運動内の系統は、たいていの場合はっきりしている。これらはふつう、「ディープ・エコロジー」型(p.236参照)の新しい意識や価値観へとまっすぐに突き進もうとしている純粋主義者と、現行の生産、消費パターンを受け入れる人々と連携していこうとする穏健な「シャロー・エコロジー」型の間に位置する。後者は世界観の全面的変革というよりも、当面の問題解決を目指す一種の社会工学に携わっていると言える。それでも彼らは、地球環境へ人類が及ぼす影響を軽減させ、汚染レベルを低下させようと強く願っている。

人類学

　人類学者は、「人類を正しく研究するのは人類である」というアレグザンダー・ポープの言葉を深く心に留めている。19世紀におけるダーウン主義を基礎とし、そして、おそらく生物種に対すると同様に、人類文化にも進化論が適用できることを示そう(「文明」と「未開」の関係を明らかにしよう)と考え、人類学者たちは、最終的に人類社会そのものに焦点を絞り続けてきた。すなわち環境要素が無視されてきたわけではなく、何十年もの間、多くの人類学者にとって環境要素は血族関係、儀式、物質文化といった要素よりも下位にあった。

文化生態学

　文化生態学の核心に位置する問題は、環境容量の生物学的概念を人々はどのように捉えているかということだった。だからこそ、文化とは環境の限界への適応方式と考えることができ、またその単位は、社会人類学者の伝統的社会分類単位よりも人口(自然生態系における)を用いるほうがよいかもしれないと考えた。この方法論は、生物学で用いられるのと同じような意味で「新機能主義」と呼ばれ、生態系レベルにおける秩序に焦点を当てている。殊に、生態系内部で人口が果たす機能については、通常、社会構造や物質文化と環境とを結び付ける仕組みを調べるかたちで検討された(図5-9)。

　さらに、環境から自然資源を取り入れる際の適応戦略の形成(ニッチなどの概念は生物学から導入された)に関するエスター・ボセラップの研究(1994)のような、人口統計学的変数と農業生産性との関係、あるいは、マルクス主義者たちの手で精緻に構築された歴史の教訓などへと研究の重点は移っていった。しかし、主として1960年

Environment

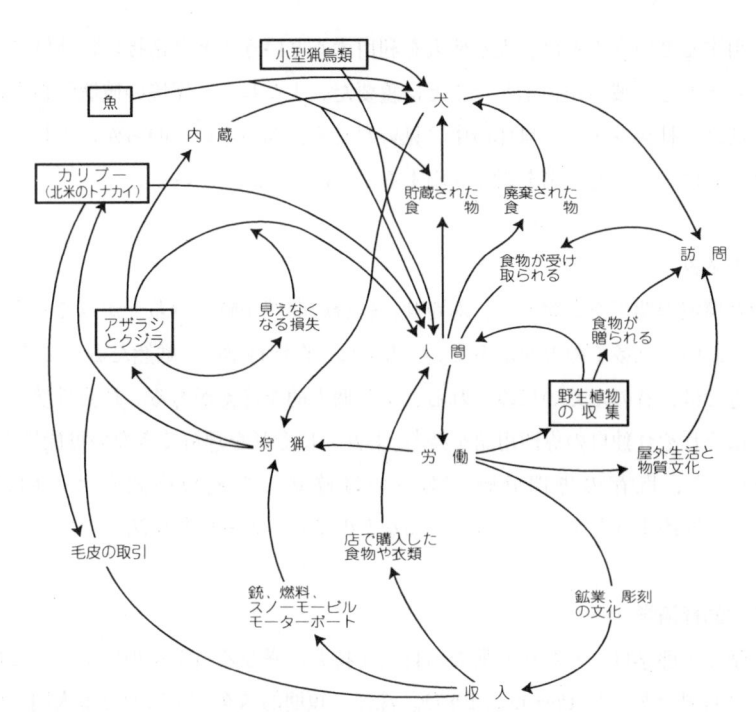

社会科学　**227**

図5-9　文化生態学に基づく図式の一種（Johnson and Lewis, 1995より）
ここでは、自然の世界（囲まれている）が人間社会の文化の世界と物質の流れによって結び付けられている。1960年のW.B.Kempによる数量的な研究に基づくが、1995年の書籍に掲載されているこの図は非数量的に拡充されたものである。

代に起きた以前と最も大きく違っていた点は、行動的制約と外的制約が、相互に影響を及ぼし合う様子に焦点が当てられたことである。もはや環境は、人間が生きていく上で必要十分なものを与えてくれる存在というだけではなかったのである。

応　用

こうした新しい考え方は、1960年代がまさにそうだったように、一般大衆が「環境」によせる非常に高い関心と相互に影響を及ぼしあった。人類は多くの動物とは異なり、皆が同じようにふるまうというわけではなく、生態学的な理解には社会的知見が必要だと人類学者たちは指摘した。例えば、環境悪化や環境破壊が一つの問題として捉えられている場合、その原因に関する社会的一覧表が、人類学者たちの役に立つかもしれない。環境悪化や環境汚染を引き起こす原因となる、経済的価値があり心理的満足感のある行動を見つけ出し、害の少ない代用品を提案できる可能性がある。人類が自

然を利用するということは、人が他人を利用するということと密接に結び付いているという考え方を、彼らが提示したことは重要だ。すなわち、環境の破壊的利用に対する治療法は、社会システム自体の中に見いだせるに違いない。明らかにこれは、非工業社会における伝統的知恵を高く評価することにつながっていく。

統合の試み

人類と環境の関係を考察するにあたり、統合の問題が時々持ち上がってくる。複雑な社会においては多くの方途がある。一方では、自然科学の「厳然たる」知見があり、また一方では、詩のたぐいにみられる、より個人的な答えがある。社会科学などの各分野ではそれぞれ独自の専門用語を持ち、お互いにそれを理解できない可能性がある。したがって、既存の専門分野、あるいは確立した表現様式などの間にあるギャップを埋めようとする試みは、どんなものにしろ大変に興味深い。

生態学的経済学

経済学と生態学は、それぞれ異なる目的を持ち、異なる言葉を用いていると指摘することが通例であった(Perrings, 1987)。殊に、短期的スケールにおける人間の欲求充足を経済学が扱ったのに対して、生態学は長期的安定を扱った。近年では、経済学が自然資源の利用といった問題にまで研究の範囲を広げるなど、両者の学問領域に変化が起きている。自然資源を利用することで得られる収入は、さらに高い経済収益を産み出す他の資産に、どんな場合でも投資されると考えるのが伝統的な見方だった。非再生可能(だと思われる)自然資源は、こうして非消耗資本もしくは「再生産可能」資本へと変換され、自然界の気まぐれや不便さから解放されるという、更なる長所を持ち、経済的利益を生むといった着実な流れをつくり出すのである。

資源の変換に伴って自然の働きのいくつかが取り返しのつかないほどに失われ、同時に、生物多様性、気候の安定、脆弱な生態系の回復力といったものと引き替えに、どれだけの(現在および将来の)経済的利益が得られるのかが検討され、計測されることはめったにないことを経済学は学んでいるところだ。こうした知的関心の変化の中で、不安定性、回復力、倫理的観点からの考察といったテーマについて、生態学的思考法と経済学的思考法とが極力一体化していくよう、環境面の利益を評価測定する方法が(ここでは特殊な事象は扱わない)、詳細に研究されている。古いタイプの経済目的と、新しい生態学的経済学との対比が表5-1に示されている。こうした方法は、生態学のような自然科学に由来する概念にかなり近い。こうした新しい知見によって、

表5-1 慣習的な経済学と生態的な経済学の比較

	'因習的'経済学	生態経済学
基本的な世界観	機械論的, 原子論的	動的, 進化論的
時間の枠組み	短期, 50年未満	あらゆる範囲, 日単位から無限まで
空間の枠組み	地域から国際社会まで	地域から全地球まで
最も優先されるマクロの目標	各国経済の成長	生態的かつ経済的なシステムの持続可能性
最も優先されるミクロの目標	企業の利益と個人の効用の最大化	システムの目標に達するには調整が必要
技術についての仮定	非常に楽観的	慎重で懐疑的
学問的な姿勢	専門的	学際的

出典：R. Contanzaら(1991)を翻案．生態経済学についての目標，課題および政策的提言．R. Contanza編「生態経済学：持続可能性の科学と経営」New York and Chichester: Colombea University Press, 表1.1.

環境税の賦課、環境権の売買といったかたちで経済学によって裏づけられた環境管理手法が、どのように活性化し実現していくのだろうか。

地理学

人類と環境の相互関係に関する研究を企てる学問分野があるとしたら、その接点に関心を持ってきた歴史からして、その分野は地理学であるべきだろう。実際、人類世界の歴史的発展に、何人もの地理学者が経験的な貢献をずいぶん果たしてきた。ただ、自然とのかかわりに関する論争に貢献した地理学者の数は少ないのだが、その中でも最もよく知られているのはR.W.ケイツで、環境の病的変化に人口増加が果たす役割に早くから注目した。また、T.オリオーダンは種々のイデオロギーが様々な社会集団にどの程度取り入れられるかという面から(社会学者の観点からはコトグローブが検討している)、環境に対する人類の見方がどのように発展してきたかについて、研究してきた。貧しい国々における持続可能な発展の概念に対する、もっともらしい反駁に異議を唱えたM.レドクリフト(1987)のようなケースは例外として、その場所の姿を正確に捉える知識を社会理論に注入しようとする地理学者は少なかった。タコのように手を伸ばし、様々な情報源や調査方法によって得られる種々雑多な情報をまとめ上げるといった、かつては有名だった地理学者の能力は衰えてしまったようだ。たしかに、各学問分野の用いる専門用語の違いが大きくなっていることがある程度影響しており、地下水専門の水理学者と構造主義の教育を受けた人類学者の言っていることを、両方理解できる人間はいない。また、粒子物理学者や生物医学薬理学者のかわりに、

まったく専門の異なる地理学者を研究アシスタントの一員として採用する人間はいないだろう。おそらく壮大な統合など、どのみち時代遅れなのであろう。

> 社会科学の分野すべてが、自然科学のやり方に倣って研究を進めるわけではない。個々人による多様な、いわば内的および外的体験の総和という意味で、主として人類の経験に関心を寄せる学派を擁する分野がある。この「内的−外的」観点という言葉は、現象学や単に計測可能な現象の動きを理解しようとする試みだけではなく、解釈学の研究をも一部意味する。解釈学では、言ってみれば情報が集められる前でさえ、それらすべてはそれぞれの文化により解釈されていることを当然と考えている。このように、解釈学は意味自体の意味を如何にして理解するかという二重の困難に取り組まなければならない。ある人間の考えを大きな集団の考えとして置き換える難しさ、さらに、それが人類の世界でにしろ、人類以外の世界でにしろ、「他者」を真に理解する方法を見出すことの難しさを、現象学的データの政策への変換には伴う。にもかかわらず、こうした思考法は、一つの理論、限られた法理、モデルといったものに拘泥して隘路に踏み込むのではなく、豊かな人類世界とその環境全体を包み込もうとしているが故に、還元論的と言うよりも全体論的と言えよう。

哲　　学

哲学は現在、物事や考え方の本質を最も普遍的な方法で究める学問と理解されている。したがって、どんな考え方（私たちが不快感を抱くものも含めて）も議論の対象となり得る。一方、倫理学は一人の人間として、また社会の様々な場面において、どう生きるべきかを研究する学問である。それ故、哲学は実際にどんな規範が働いているのかを議論するもので、倫理学は日々の行いにそれを適用しようとするものだろう。だが倫理的規範は当然、無視される可能性がある。

文字発明以前あるいは文字で記録されない哲学

哲学とは、個人もしくは社会を取り巻く自然環境に対する態度や捉え方の成文化であるという意味からすると、これを口頭で伝えることができるはずだ。したがって、文字をまったく持たなかった社会、あるいは書くことの束縛を避ける今日的態度が、

環境哲学を持つことを決して妨げはしない。考えることが、その要素の一つとして無上の力を秘めているかもしれない以上、哲学と宗教とが常に別個のものであるとは限らないだろう。

口　碑

　文字を持たない社会で環境への気配りを伴う行動を発展させてきた例はたくさんある。例えば、太平洋の島々における社会では、礁湖内での魚の乱獲を防ぐのを仕事とする、一種の保全監視員を指定する例がしばしばみられた。また、複数の北米先住民集団が、狩猟動物の数が回復できるように時々繁殖地での狩りを休まなければならないということを知っていた。このような北米先住民の世界観は、実用的な行動というよりも先進的な哲学という意味合いで、ほとんどが記録されてきたと思われる。彼らは多様な人々の集まりだったが、なんらかの普遍的概念を共有していたようだ。彼らは、人類が優位な位置を保持している宇宙において、階層的観念を排除することを念頭に置いていた。このことをベアード・カリコットは次のようにまとめている。

　　……ほとんどのアメリカ・インディアンが、人間だけでなく、あらゆる自然現象とかかわる人格が住む世界に暮らしていた。このような世界において実際に他人と触れ合うには、自分の幸福、そして良好な社会関係を維持するための家族と部族の幸福を必要とする。

　　……身の回りの世界に満ち溢れている人間以外の人と共に。

　ようするに、典型的、伝統的なアメリカ・インディアンのふるまいから、身の回りの環境に存在するものすべてに魂があると彼らが考えているに違いないと、私は主張してきた。これらの存在は、人間よりも強く、完全な意識、理性、意思の力を持っていた。

　　……原始的だろうと、未熟だろうと、ひれや翼や脚があろうと、あらゆる生き物は一人の父と一人の母の子供たちなのである。

　今まさに殺されようとする動物が彼らに詫びるよう話しかけてきたと同様に、直接コミュニケーションすることもできた。夢は人間以外の人格が話しかけてくる重要な意識のかたちの一つだった。それに加え、シャーマン（呪術師）は宇宙における舞踏会のメンバーすべてとのコミュニケーション通路だった。これはもちろん、だれもが常にそのようにふるまうとは限らないような、理想的状態ではあった。状況次第では乱獲も起き得る。また、さらにヨーロッパ人の移民が侵入してくれば、世界観の違いから、伝統的なやり方を守っていくことは難しくなった。

現代の神秘主義

ものごとを理性的に認識したり、科学的に実践していくことが世の中を支配している時代に、自己と人間以外の世界とが、抽象につながっているという世界観を持つ人々の子孫に、私たちが出会うとは思えない。だが、実際にそれは起きている。大きな影響力を持つ著作「タオ自然学(1976)」(The Tao of Physics)の中でフリートフ・キャプラは、カリフォルニアの浜辺で自分が波や宇宙舞踏会のエネルギーと一体化していることを感じ取り、聞き取った神秘的経験を描いている。また、T.S.エリオットはそうした体験を「ドライ・サルベージェス」の中で次のように表現している。

　　……ひと時だけ、時の中にあって時の外にあるひと時だけ、
　　放心の一瞬だ、一条の日の光の中の
　　目に見えぬひゃくりこうの、冬のいなずまの、
　　滝つせの、あるいは音楽の中の、忘我のひと時
　　あまり胸深く聞かれて、聞こえるとはいいがたく、音楽のつづく間は
　　きみが音楽となるひと時だけだ

　　　　　　　　　　　　（二宮尊道訳、エリオット全集第一巻、中央公論社、1971）

　より広い意味合いで、直観的認識（通常の学習課程を経ずに、まさに何かを「知る」ことと私たちが呼んでいる）は、いったい、環境と人間とのコミュニケーションを意味することができるのかと、著述家たちは思案してきた。ガイアは隠喩などではなく、現実に意識を持ち、生きている存在をモデルとしたものだと考えている人々がいる。彼らはさらに、ガイアは惑星の住民たちとコミュニケーションができ、直観的認識や感情はその乗り物なのだ、と断言するまでにいたる。惑星のリズムや生命固有の豊かさと異性体的流儀で共鳴するものこそ女性だという理由から、女性だけが地球に関する真実を伝えるメッセンジャーだと主張するフェミニスト・グループによって、この種の言語を用いない、人間と環境との関係はいっそう強調される。すなわち女性は、まさにその本性によって、私たち人類がこの地球でどうしたら上手く暮らしていけるかを知る唯一の導管だというのだ。同様の主張が、通常「ニューエイジ教徒」と分類されるグループによって唱えられている。こうした見解を「神秘的」と呼ぶことは、これを非難しようとするのではなく、人間－自然二元論に基づく思考様式であるポスト啓蒙運動や、文字として書かれた言葉に重きを置く人々との相違を明らかにするためである。このような対比は、聖書(the Fall and Stewardshipのような、その脅迫的な概念と共に)よりも、地球の豊かさや多様性に対する執行司祭のような態度（そこでは宇宙の舞踏会が何よりも礼拝行為としてふさわしい）によりどころを置く、西欧の宗

Environment

哲 学 **233**

教思想家たちに適用される。

🍎 西欧の哲学的伝統

　二千年を超える人類の思想を数行に要約するのはおそれ多い仕事だ。思想の普及にあたり、まず強調すべきことの一つは、それが文書として伝えられ、言葉の正しい意味が、常に重要な位置を占めていたことだ。さらに、そうした意味は、日常的な言葉のものとも、専門的な言葉のものとも必ずしも同じというわけではなかった。次に強調すべきことは、一般に言われている「人と自然の関係」の問題に関する重要な思想家を、古代ギリシア時代以来、ほぼあらゆる時代が産み出してきたことである。ただし、人類による自然界の支配という面から「人と自然の関係」が重要性を持っていた、1850年から1950年の一世紀間を除いて、その時点では約束されているかに思えた。

古代の世界

　哲学的伝統という点では、古代ギリシアの成果が優位な位置を占めているが、他の文明世界もかなりの影響を、その時々に及ぼしてきた。善と悪との戦い、そして善の勝利の絶対的必要性というすさまじい教理を信奉することによって、ゾロアスター教と呼ばれる古代ペルシャの宗教が、二元論の西欧的伝統の出発点となったと思われる。この影響は、人間は肉体と魂を併せ持つ二元的存在であるというプラトンの思想などにおいてみられる。このように、人間はまさにその本質において、また道徳を持ち得る唯一の創造物だという点で、人間以外の自然と区別される。古代ギリシアでもう一つの主流をなしていた思想は、原子論である。宇宙は独立した原子で構成されているという概念(20世紀に入っても続いていた)は、還元論的、粒子論的、不活性的、物質的で、数学的概念によってものごとを理解する世界観を育てた。したがって、このような思想は、他のものを変化させずに一つのものを変えることができるように思われた。こうして構築された世界観は、ルネッサンス期に出現した科学や技術のための日程表に総じてよく調和したし、結局それは古代思想の再生であった(Glacken, 1967)。

ユダヤーキリスト教的伝統

　古代中近東、古代ギリシアおよびローマの信仰と創生期のキリスト教信仰との相互作用によって、結局のところ、18世紀における啓蒙思想出現以前の西欧思想を支配した一連の理念に現れた。教会主義的教理は別として、こうした信仰理念は世界観を構成する様々な要素を植え付け、その多くは初期の理念(主としてギリシアの)を強化し

たのだが、新しいものもあった。その新しいものの中には、神は自然を超越するという中心的理念があったが、この理念は神聖な創造主の冒涜的な人工物にふさわしいものだ。一方、人類という種は、神の姿形を基につくられた唯一の種であり、したがって他の自然とは区別される。だから人間は、神ー人ー自然と解されるヒエラルキーに席を占め（人とはふつう、こういう意味である）、地球を支配し、自分たちの数を増やし、自然を征服することを許されている。そして、すべての人間以外の存在は、神の似姿である人が持っている本来的価値を欠いている。そして自然は人類を支えるシステムとして存在する。こうした世界観の産物で永く続いたものの一つが、動物には道徳的な扱いを受ける権利がないという理由で、19世紀のバチカンにおいて動物愛護協会支部の設立を禁止するに至ったという、人以外の存在に対する道徳的価値の否定だった。

　大きな影響力を持つこうした世界観は、堕落した存在としての人類という悲観的考え方によって照らし出された。エデンの園からの追放は、どんな人間の行いをもってしても原罪の汚れを免れることはできず、人間の行いがどんな不快な成り行きをもたらすか、しれたものではないといったことを意味した。自然も同様であり、アダムの罪によって汚されたために、この世界に飢饉、病気、死といった自然の害悪が存在する。聖アウグスティヌス、タートゥリアン、聖シプリアンのようないかめしい大立て者たちが、自然は老いさらばえ、世界は近い将来に終末を迎える運命にあるという世界観を植え付けた。こうした姿勢は私たちの時代になってはじめて、「被造物霊性」の発現、そして、とりわけマシュー・フォックス（1981）の名と共に、知的なクリスチャンの間で激しく攻撃されるようになってきた。この一連の論争とは対照的に、人間の堕落を責任受諾過程と同種の成長過程と捉え、地球は老いさらばえているのではなく、驚異と再生の可能性に満ちていると考える方向に進んでいる。天罰よりも宇宙の舞踏会を再び。

ルネッサンス、啓蒙主義、科学

　16世紀、17世紀は、私たちが第2章で認めてきたような科学の発展を連想させる。人間の五感や、それらを道具を通して拡張して得られる確証の辛抱強い蓄積、また、あらかじめ定められた論理上の定式には頼らず、そうしたデータに頼って法則を定式化したのは、コペルニクス（1473〜1543）、ガリレオ（1564〜1642）、デカルト（1596〜1650）、ニュートン（1642〜1727）といった折り紙付きの人々だった。彼らは、啓蒙運動として知られる活動を支える基礎として、欠かせないものだった。啓蒙運動におい

Environment

ては、理性こそが単に世界の仕組みを究明するだけでなく、それを動かしていく指導的原理でもあると考えられていた。彼らが築き上げた世界像は機械的で、かつ完全に唯物論的で、さらに、魂と物質、価値と事実、主体と客体、そしてレネイ・デカルトの「Cogito, ergo sum」(我思う故に我あり) という一節で最もよく知られている、精神と肉体の分離に出口を見出すギリシャ特有の原子論的なものであると信じられていた (もしくは、何人もの近年の著述家たちによって実際に記述されていた)。彼らが構築した世界においては、殊に、最多数の至高の幸福を追求する功利主義哲学においては、より良いことである。そして様々な方法で、あらゆる価値判断は主観的で信頼できないと仮定するオーギュスト・コント (1798～1857) の実証主義へと統合される。価値判断というものはまったくの「正しい」認識ではなく、「ある」から「べき」を推断することは決してできないと、実証主義では、様々な方法で主張している。すなわち、倫理的配慮を別の部分へ分離するというのが一つの結論だった。すなわち、価値はあるが、本質的に政治問題や経済問題とは無関係で、しかも孤立した判断基準ということだ。

19世紀、20世紀の科学

過去150年の間に、この世界では驚くべき変化がみられた。ただ、その間の代表的な哲学者たちは、彼らが「人と自然」と呼んできたものに、それほど関心を示さなかった。もはや先進工業国においては、技術革新が自然を問題のある存在としなくなったようにみえたこと、また貧しい国々においては、西欧的なやり方を取り入れれば同じ結果になるように思えたことがその理由だ。

それほど直接的ではないが、人と自然に関する観念はチャールズ・ダーウィン (1809～1882) の著作によって大変革を遂げた。地球は聖書から算出された紀元前4004年よりもずっと前から存在していたと考えるようになった地理学者たちの研究を踏まえて、ダーウィンは種の進化と絶滅の証拠を提示してみせた。最も重要なことは、人という種がこの一連のプロセスに属するものであったこと、そして私たち人類は大型類人猿と、すべての動物といとこ同士であると、彼が確信するに至ったことだ。その根底となっていたのは、生物の絶えざる変化と突然変異であった。ダーウィンはもちろん、生物進化の仕組みを知っていたわけではなかった。それは後年、遺伝学者たちの発見で明らかになった。また彼らは、進化は一定の速度で進むものではないらしいことを強調してきた。すなわち、自然的要因によって爆発的に種が生まれたり、大量に絶滅する期間があるらしく、生き残るには偶然が大きな役割を果たした。

偶然(それを整理したのが確率論)は、20世紀科学の最も重要な発展分野である量子力学において、重要な役割を果たしている。第一に亜原子レベルでは、いかなる粒子に関する私たちの認識も、それを観測する方法に影響されるらしい。すなわち、その位置を決めると、その速度を知ることはできない。さらに、亜原子レベルの粒子は確率に対して確定的でなく、従属的である。すなわち、問題の核心は不確定性にある。このことは複雑なシステム(生態系、気象、経済など)のモデルを構築しようとする人々に、カオス理論などが十分な根拠を持つと信じさせる働きをしてきた。だが、こうした考え方は自然科学の主目的の一つである予知機能を危うくさせている。システムが複雑さを増すほど、将来のふるまいを予測できる可能性は低くなり、その場合、人類と自然環境の先行きは、自然科学によって確かめられたように、私たちがかつて夢見てきたよりも、ずっと不透明である。

環境哲学者

自然環境の未来についての関心が高まるのに応えて(実際もちろん、発展途上国の人々の未来についての関心もまさに同じように)、1960年以降、自然に関する思索を深めようとしている哲学者の数がかなり増えてきている。彼らの仕事は比較的新しいもので、時という篩いにかかっていないので(同じ分野の専門家たちの手で精査されてはいたが)、一種の蒸留作業を行うことは難しい。

ある思想家グループは生態学の知見におおいに影響を受けてきた。しばしばその仲介者となってきたのが北米の生態学者アルド・レオポルドで、1949年に彼は「生物相の健全性、安定性、美しさを守ろうとする傾向があるときは、正しい方向に行っている。そうでないときは間違った方向に進む。」という表現で土地利用について語った。別の言葉で言えば、一つ一つの構成要素にではなく、システム全体に価値があるということだ。生態系全体が人類を含めて生物を配置し、産出し、促進(進化論的意味で)させる。この考え方は、ノルウェーの哲学者アーネ・ネス(1912～)らに支持された急進的エコロジー運動の中でさらに理解が深まっていく。この運動は、何にも増して生物圏(ここでは誰もが繁栄する権利を持つ)における平等主義、そして生物それぞれが、あらゆる存在を包み込む網の一時的な結び目であるような、包括的全体論を信奉している。したがって、自然の多様性それ自体に価値があり、そうした価値と人間側の見方とを同等に評価するのは無意味だとする。この立場をさらに拡大していった、より過激に聞こえる考え方は、相互に作用し合う事象すべてを、先進工業地域の住民たちの場合は地球上のほぼすべてのものを、包み込むように自我を拡張することだ。各々

Environment

が自己を認識するためには、完全なシステムが必要となるので、道徳的な力は山や川にまで拡張される。そこで自然は、あらゆるものをその本来の姿へと進化させる舞台装置であるという理由で価値がある。この考え方はバルーク・スピノザ(1632～1677)の影響を受けたもので、彼はそれをconatus(ラテン語で、試み、企て、冒険の意味)と呼んでいた。

西欧のポスト啓蒙主義的伝統においては、このような概念の拡張はすべて、明らかに理性という概念にその土台を置いて築かれ、また言葉での表現が可能である。だが、西欧的伝統には、前述したような連綿と続く神秘主義の系譜もある。そこでは、人は宇宙のすべてを、もしくは少なくともその一部を、非言語的(言葉を使わずに)に認識する(その状態を表現するのに「直観的」あるいは「感情的」という語を使ってもよい)。これは純理性の後継者たちにとって手に負えないものだ。神秘主義に対する反論の中で最もよく知られているのは、以上のとおりである。すなわち、技術では処理できない問題を、神秘主義は上手く扱うことができるという考え方を、オーストラリアの哲学者ジョン・パスモアが「ゴミ」と酷評したものだ(1980)。それどころか、西欧人の考える理性は、自らを十分に順応させることができるし、西欧の民主的制度、自由な風潮、企業の精神といったものはすべて、人と自然が共に存続できる未来にとって役立つはずだと彼は主張する。

人と自然の関係を支える「最良の」理念とは何かという論争は、現在でもさかんに行われ、複雑に絡み合っている。そうした論争では、その地域の過去には限定されることはない。というのも1960年代以降、東洋の哲学や宗教に明らかに再び関心が向けられてきたからだ。

非西欧的哲学

パスモアのような哲学者からの反論にもかかわらず、この宇宙における人類の位置についての非西欧的観念の魅力は衰えなかった。現在の状況はというと、1960年代にカウンター・カルチャーの一要素として、きわめて強い関心が寄せられはじめたものが、今では学問的評価の対象となってきている。最初は仏教の禅に焦点が当てられたが、現在では研究の範囲は広がっている。その結果、必然的に「東洋哲学」は決して一つのものではなく、きわめて多様な思想を包含しているという認識に達している。その上、東洋哲学と西欧との関係には、問題がないわけではない(Callicott and Ames, 1989)。

第一の問題はカテゴリーの必要性。そもそも東洋哲学という観念が誤った位置づけかもしれない。哲学は、なんらかの知識を探求することは理性的なことである、とい

う考え方から出てきたものと思われる。他方、西欧的伝統の多くは、抽象概念に強い抵抗を示しながら、科学的意味でというよりも、美的な意味での統一を追求する。このようにして、私たちは理論でなくイメージを、議論でなく体験を、理論でなく隠喩を持つ。西欧哲学のレンズを通して東洋哲学をみる場合、かなりのゆがみが生じる。そこで、そうした思想を西欧世界に伝えるのは不適切だ、というのが第二の問題である。西欧思想の原子論的－機械論的伝統思想と東洋全体論－有機的伝統との違いはきわめて大きいので、現時点では政治面や経済面において弱い立場からの相互交流は難しいと主張することはできる。しかし過去において西欧世界へ移入されたものが、すみやかに同化されたこともあったことを忘れてはならない。例えば、中国式庭園などは、17、18世紀のヨーロッパで、自然を深く理解する道を開いてきた可能性が大きい。

「関税障壁」モデルも汎地球的文化が出現するときには、ふさわしくないものかもしれない。向こう数十年の間には、東洋的理念を取り入れた(もしくは拒絶した)西欧的文化モデルから、両者の共働作用の結果、新たに生じる汎地球的統合体へと私たちが移行する可能性も十分に考えられる。そこで、私たちが世界全体と生態学的、文化的関係を共有するにあたり、環境哲学が世界へと大きく開く窓となる。このことを念頭に置きながら、東洋的思想(西欧的分類では「哲学」と「宗教」をあまりはっきりとした区別なく含む)の様々な伝統的方法論を、知的資源として利用する可能性を探求するべきかもしれない。そのような中でもまず、それが神的、人間的、物質的または想像上であるかにかかわらず、ある一つの考え方が他の考え方よりも「勝っている」ということを否定する宇宙論を追い求めるだろう。それは理性や論理を背景とした原則に基づかない人間行動を論じる方法論であり、何かを意味したり、分類された経験に縛られないものの存在を示す言葉である。しばしば視覚的イメージがそれを助ける。後で解説するが、華厳宗は偉大な神インドラ(ヴェーダ神話の主神で雨と雷の神または戦の神)によってつくり出された、宝石をちりばめた網織物のイメージを私たちに与える。そこには、創世の理論も、創造者の理論も、目的の理論もない。いわば、人はある意味で無限である。我々は「その中」にあるのではなく、我々(そして、ありとあらゆるもの)は「それ」自体であり、ありとあらゆるものに価値がある(Cook, 1977)。7世紀から中国に伝わるアバスタムサカ経(華厳経)では、それをもっと簡潔に表現している。

  森は大地に頼って存在し、
  大地は水があればこそ堅実にあり続け、
  水は風に頼り、風は空に頼る

Environment

哲　学

　　だが空は何者にも頼らない

(Cleary, 1993, pp. 982～983)

　その他の例としては、日本的な「自然」の概念から生じた伝統的方法論がある。西欧では、様々な言語にラテン語のnaturaという語が取り入れられてきた。共通の特色として、あそこにある樹木、自分たちと関係なくでき上がった個人の性格(nature)、というように、外のものを意味する用法がほとんどである。このヨーロッパ的なnaturaという語は、日本語では「自然」と訳される。この語の一つの意味としては、まさに人間とかかわりなく存在する、もののあり方をあらわしている。だが、その来歴には非常に微妙なものがある。「本来的に、ひとりでに」という意味に近い副詞として、この語は用いられる。人にしろ、動物にしろ、無生物にしろ、それらに特有のふるまいを現すとき、それらは自らの「自然」を示し、そのままであり、何者にも縛られない。したがって、「草木の仏性」にまかせることができるのが、東アジアの伝統の一つである。

　比較哲学を研究することで、技術の影響によってアジアに起きている計り知れない変化に、再び目が向けられるようになると考えるのはあまりにも単純だ。だが少なくとも、そうした思想の伝統は、異なる視点を提供することで西欧の危機的状況を救うことができるはずだ。さらに、本来の地域で使われたり、なんらかの方法で汎世界文化を遠からず持つようになるであろう、この地球にふさわしい統合体に取り入れられる可能性のある、神話、象徴、隠喩などの豊かな源を与えてくれる。

　哲学という言葉に対しては、ほとんどの人間がひるんでしまう。抽象的なことよりも物質的な対象に思考時間の大半を費やしている人間がほとんどだから、というのがその理由の一つだ。また学問としての哲学には、数学の複雑な世界同様、専門家以外の人間には理解できないように思われる、固有の用語が多いからでもある。しかし、私たちの行動の多くには、哲学的概念がその根底にある。例えば、私たちの宇宙は、まったくでたらめに動いているのではなく、秩序があると私たちは考えている。あるいは、科学的思考の時代以降、私たちは事実と価値は常に別だとみなしている。すなわち、「それは一つの価値判断だ」というのが、「それは経済的でない」というのと同じくらい非難を込めていることになる。そうした考え方が、広い読者層に理解されるよう努力し続けてきた哲学者がメアリー・ミドゲリー博士だが、本章の「もっと詳しく知るために」で彼女の仕事のいくつかを取り上げることにする。

環境倫理学

ここでいう倫理学とは、ある意味で個人の利益や人間の欠点を超越する美徳の追求として理解すべきである（Pitt, 1988）。倫理学の考え方には（表5-2）、規範（ノーム：norm）と総称される多くの構成要素がある。

- 権利：それを有する者が、望むことを当然行使できる状態、または行為。例えば、外部から加えられる苦痛を免れる状態。
- 正義：待遇、機会、所得の平等などに関する公正の概念に基づく。
- 倫理的システム：例えば次のような条件に従う。
  （ⅰ）「盗むなかれ」といった義務的な規則
  （ⅱ）人類の福利の最大化もしくは功利主義
  （ⅲ）その状況において一人一人が輝けるようにすること
- 価値：基本的に文化的な好みや美的な好みに由来する。

このような要素分類には、きわめて複雑な問題がつきまとう。その中で最もなのは、美徳同士の対立である。自由に群れ集う権利は脆弱な生態系を踏みにじるかもしれないし、人類の福利を最大化しようとすれば野生動物を劣悪な状況のままでおく可能性が大きい。したがって「私たちは何をすべきか」というようなたぐいの質問に対して、倫理学は正しい答えを一つだけ出すということはないだろう。

表5-2　倫理の構成

規範	公平性	機会 配分
	権利	個人の 共同の
	倫理体系	規則 功利主義的な 状況に応じた 個人的な
	価値	社会政治的な 経済的な 認識の 文化の／美的な

出典：C.A. Hooker（1992）より改編．責任，倫理と自然．「問われる環境」D.E. Cooper と J.A. Palmer 編　London: Routledge, 154 より．

環境倫理学の研究に携わっている学者たちは、何が倫理学で考察する価値があり、何がその価値がないのかということに大きな関心を持ってきた。人と事物だけが、私たち人類をこの領域内に入れるというのが一方の立場である。私たち人類と相互に作用し合う地域的な生態系にしろ、全宇宙にしろ、責任感や義務感によって、そうしたシステム全体を含めるべきだと主張するのが、もう一方の立場だ。個々の人間に的を絞ってきた歴史的立場は、動物をも含もうとする環境主義者たちによって拡げられてきた。これは人類に関しては倫理的進歩とみなすことができるが、本質的には、この世界の動物たちに元々与えられているものを容認したというよりも、人類の関心の範囲が広まったのである。

　それ故に、様々な方法で環境倫理学は、世界の真の姿を複雑な問題が存在するという意味で反映するだろう。環境管理だけが特定の場所で、特定の時期に起きる複雑な問題に対処できるのと同じように、倫理学には常になんらかの単純化が伴うだろうし、当然、対立や緊張が生じるだろう。例えば、動物に権利を認めることは、生態系すべてに権利を認めることと、いくつかの点で対立するだろう。人が自由に群れ集う権利、他の種の、もしくは人類の福利の最大化といったものと。庭園のような人工的な(だが望ましい)環境づくりを推進することは、自然地域の保護と対立する可能性がある。現世代の快適性を最大限追求することは、将来世代の快適性を損なうかもしれない。そして何よりも、人類の豊かさと自然界の豊かさとでは一致しない点がある。

　こうした不調和の度合いを小さくすることができる方法の一つがデザインである。これによって、私たちは環境美学を道徳や倫理の分野に翻訳できるかもしれない(例えば、一人一人が環境に優しい行動をとるように賞罰の制度を整備する)。同様に、技術の分野におけるデザインも一定の役割を持っている。だが結局、これは誰もが重要だと考えていることだが、行政にしろ、教育にしろ、法律にしろ、経済にしろ(ここでは、わずかしか挙げられないが)、環境に対する意識を高めることができるような仕組みをデザインする必要がある。先進国でも、発展途上国でも、行政はあらゆるスケールにおいて、ほとんどの人々の生活に重要な役割を果たしているので、次章ではかなりの部分をこの問題に充てるつもりだ。それでも、政治や経済の様々な面に国家行政のコントロールが及んでいないのが今日の世界に共通した特徴だ。多国籍企業の総売上高などは、多くの発展途上国の予算を優に上回っている。企業や政府の多くも、エネルギーや原材料消費の伸び率で測られる「成長」を持続することに関心がある。しかし、急成長の性格上、「29日目効果」が現れている可能性は常につきまとう。図5-10に示すように、スイレンの葉が毎日倍の大きさに成長し、一ヶ月で池の水面

図5-10 毎日2倍の大きさになり、30日で池全体を覆うユリの図
（29日目に、ユリは池のたった半分でしかない。）

すべてが葉で覆われてしまう場合でも、29日目には水面の半分しか覆われていなかったのである。

　「環境」あるいは「自然」は私たちの外にあるということは疑問の余地がないと思われてきたようだ。つまり、それは「向こうに」なのだ。だが、本章の主意は、そのようなモデルに疑問を生じさせることだった。例として引き合いに出されるのは、非喫煙者の家で灰皿を探す喫煙者だ。彼女はついに目的にかなう貝殻に出くわす。しかし灰皿は「見つからなかった」。彼女はあるものを灰皿にした。「あるものを見つけた」ということは一つの解釈である。だが、「灰皿」は彼女の体験の中にも、心の中にもある。したがって外部世界は、客観的事実の純粋に主観的な報告以上に、じつに生き生きとした体験としてそこにある。だから様々な面において、自然－環境は、それが進化の産物であるのと同じくらい、社会的な産物である。心の中に何も文化的構造のない人間には、自然はどのように映るのかという問題は、魅力的なテーマだ（これ以上論じられないのは残念だが）。

もっと詳しく知るために

　たっぷり一年もかかるような読書計画に取りかからなくても済むように、このような広範囲の資料から論文や研究書をいくつか選び出すのは難しいことだ。人類と環境の関係において経済学が重要な位置を占めるとすれば、Schnaiberg(1980)は資本主義がどのようにして資源を利用し、環境に影響を及ぼしてきたかを非常に分かりやすく解説してくれるだろう。Perrings(1987)はやや難しいかもしれないが、現在行われている新しい試みについてよく理解させてくれる。その他の本は、ほとんどが特殊な分野を扱っているものだが、資料やデータを簡潔にまとめて解説している。環境－経済学－社会の接点に関する様々な考え方をまとめたのが、Hayward(1994)とTrzyna(1995)である。人類－環境システムの非線形性については、Jantsch(1980)およびStewart(1989)で論じられている。Worster (1993)は生態系－環境－予測可能性の複雑な関係性をカオス理論の角度から探求している。

Hayward, T. (1994)：*Ecological Thought: An Introduction.* Polity Press, Cambridge
Jantsch, E. (1980)：*The Self-Organising Universe.* Pergamon Books, Oxford
Perrings, C. (1987)：*Economy and Environment. A Theoretical Essay on the Interdependence of Economy and Environment Systems.* Cambridge University Press, Cambridge
Schnaiberg, A. (1980)：*The Environment from Surplus to Scarcity.* Oxford University Press, New York and Oxford
Steward, I. (1989)：*Does God Play Dice?* Basil Blackwell, London
Trzyna, T. (ed.) (1995)：*A Sustainable World.* Earthscan, London
Worster, D. (1993)：*The Wealth of Nature.* OUP, New York and Oxford

Humanity &

第6章 現実の世界とその選択肢

　哲学や倫理学は、世界中の象牙の塔に置き忘れられているものとは密接な関係を持っているが、市民生活に浸透しているということは、ほとんどの社会で認識されていない。しかし本章では、こうした哲学や倫理的な思想が現実の世界で、日々どのように活かされているのかを考える。そこで、ここでは環境政策の立案およびその法制化に重点を置いて論じることにする。次に重要な検討事項は、これは、法律（あるいは他のタイプの協定など）を実行するために様々な社会でつくられてきた制度の問題である。だが人間社会には、個々人の関係や世界のあり方について別のヴィジョンを提唱しようとする反対分子が常に存在する。あらゆる関係が調和し、なんら欠点のない国やコミュニティー、すなわち、ユートピアにとっての基本的ルールを、こうした個人や集団が広める可能性は十分にある。また批判的に論評したり、メディアや美術を通じて、来るべき変化を予見するにとどめる人々もいる。こうしたものすべてを注意深く選んで見ていくことにしよう。

環境関連法

　所轄機関、しばしば政府は様々なスケール（地方、広域、国家）で環境政策を立案する。住民や環境のための政府活動は、なんらかの目的を持っている（Sagoff, 1988）。そうした活動は、いわゆる持続可能な経済に働きかけたり、汚染物質の排出量を削減したり、チャコペッカリーのような稀少動物の最後に残った集団を保護しようとするものかもしれない。こうした様々な野心は、すべて政府の関心事として正当なものだ。民主主義においては、このような一般的な目的は、まず政策に置き換えられる。この段階では、数多くの政党との討論や協議、文書記録の公開、公聴会や査問会などがもたれる可能性が高い。有識者からなる特別委員会が専門家の意見を聞くかもしれない。しかし、最終的にはペッカリーのような手に負えない動物に対してはそれほどでもな

いが、関係地域の人々に対しては、強制力を持つことになる法律が成立するだろう。

法律の本質

多くに法律は、環境と間接的にかかわっている。例えば、課税関係の法律は様々な原材料消費を促進あるいは抑制し、それによって環境の変化が加速したり減速する可能性がある。しかし、明確な意図を持つ環境関連法のほとんどが、なんらかのかたちでの環境保護に関するものである。そうした法律は一連の禁止事項の具現化として考えられがちではあるが、積極的に何かを奨励する行動の枠組みを提示するものともなりうる。つまり、どちらかというと伝統的な対処反応的姿勢(例えば、明白な汚染源を除去しようとする)から、住民、財産、環境が損なわれないようにすることが主目的という姿勢へと変化しているのかもしれない。これは慎重な行動原則と言えるものだ。

環境関連法には長い歴史がある。まだ文字を持たない社会では、猟鳥獣を捕りすぎない、灌漑水を公平に分配するというように、しばしば様々な仕組みによって環境にかかわるいくつかのタイプの行為を規制した。中世都市の君主たちは騒音(ジュリアス・シーザーはローマでの二輪戦車騒音を規制しようとした)や煤煙(ロンドンでは14世紀から17世紀にかけて、ビール醸造所での石炭使用が時の王や女王によって何度も禁止された)を規制しようとした。また、貴族的娯楽である狩りの獲物を密猟しないようにと貴族の多くが小作人たちに確約させた。こうして、19世紀には最初の近代的法律が成立した。そうした法律は一定の世論の支持の下、当時すでに数を減らしていたある種の野生動物を保護したり、産業革命の不快な副産物を規制するものであったりした。このようにイギリスでは、大量の苛性ソーダ生産が人の健康に及ぼす悪影響を抑制するために、最初の近代的汚染防止法が1863年にアルカリ法として制定された。1947年に制定された都市および農村計画法に優るとも劣らないこの法律は、総合的実施計画としては、世界的にみてもきわめて先進的な法律であった。

このタイプの立法においては、そのほとんどが世界中どこでも共通した二つの特徴を備えている。西欧における一般的な考え方の枠組み遵守とは、すなわち環境自体には何の権利もないというのが第一の特徴である。個人の財産が環境汚染によって損なわれた場合、汚染原因者に補償を請求することになる。しかし、これは財産の所有者に対してだけ支払うことのできるもので、汚染の影響を受けたどんな環境構成要素も支払いを受けることはできない。したがって、なんらかの方法で「所有されていない」環境は、誤った行為に対するどんな補償も受けられない。そして、公共財としての資

源を共通の利益のために保全する方法を見出すのは決して不可能ではないにもかかわらず、それらは不相応なほどダメージを受ける場合が多い。第二の特徴は、その法律が施行されるかどうか、そして、どのように施行されるかが、その内容と同じくらい重要だということである。したがって、対象となる場所において実行されることが重要となる。汚染源から離れた場所でイオウ濃度を記録し、法律の専門知識を駆使して汚染源者を法廷に引っぱり出す専門家集団の存在がなければ、大気中へのイオウガス排出を禁ずる(あえて言わせて欲しい)総合的法体系を定めても無駄だ。

空間的にきわめて限定された環境プロセスというのはほとんどない。そこで、社会的な地位の低い組織体は問題を国に委ねざるをない。その結果、ほとんどの環境関連法において、国家は基本となる組織体となっている。過去30年ばかりの間に、国境を越えた様々な環境プロセスが認識されてきたことから、地球レベルという捉え方が重要性を増してきている。そのために、現在では多くの国内法が国際法の枠組みの中でつくり上げられている。こうした法律は一般的に、関係するすべての国に適用されるようにするという原則があるようだ。EUは汚染回避費用を含む外部環境コストすべてを生産者が支払わなければならない、「汚染者負担の原則(**polluter pays principle**)」を採用してきた。これはすべてを包括するようにきこえるが、適用対象として想定されている多くの国においては、単なる指針であることが明らかになる。例えば、イギリスでは、弾力的追加とみなされかねないBATNEEC(**Best Available Technology Not Entailing Excessive Cost**：超過費用を伴わない最適な現行技術)原則によって修正されている。

行政的枠組み

個人や小集団によって伝承されてきた習慣にしたがって、莫大な量の資源が利用され、環境が操作されている。だが、環境や資源に影響を及ぼす成文化された政策や法律が、それらにも増して大量にある。そこで、生態学、経済学、哲学、政治学、不安、熱望(その他、無知といったものなど)など様々な要因すべてが政策や法律に関する成文書のかたちで整理され、その結果全体が反映するしきたりとして行動に取り入れられる。こうして制度は実施される。

世界観：念のための注意

将来の見通しや行動に関するなんらかの原則があることが、資源の利用パターン決

定には重要である。中でも重要なのが、西欧的世界観を構成する一連の思想である。こうした思想は、以下のような核となる考え方を含んでいる。すなわち、地球は人類が利用するための材料であり、人類が必要とする材料はますます良い状態になることが期待され、テクノロジーはそうした豊かさをもたらす鍵である、といった考え方だ。一般に、材料が増えるほど(そして間違いなく選択肢も増え)、進歩が生まれる。わかりやすく言えば、技術中心主義というのが妥当な言葉だろう。ただ、この世界観が自由主義(資本主義)経済構造にも社会主義経済にも共通した価値ということではない。さらに、19世紀における西欧帝国主義の拡大、20世紀における西欧の経済・文化面での優越化、衛星テレビのようなグローバル・コミュニケーションの分野における先進工業国メディア界実力者たちの地位確立などに伴い、こうした西欧的世界観が地球の大半を支配し続けている。そうした世界観は、僻地や単純な経済システムの下で暮らしている人々の見通しや気持ちの持ち方にまで影響を与えている(そして少なくとも向こう20〜40年は、それがますます強まりそうに思える)。過去においては、自然の神聖性あるいは限られた範囲の物欲充足といった、異なる世界観に根ざした経済システムを維持することが可能だったかもしれない。しかし今日、西欧的世界観に異議を唱える個人や小集団がそうした暮らしを立ててはいるものの、国レベルでそれができるとは考えられない。

政　府

　現代の世界が、環境プロセスや環境問題を扱うためにつくり上げてきた組織網のなか論理的な出発点を見つけるのは、たやすいことではない。しかし現時点では、国家がそうした基礎構成要素の最も正当な機構であるがゆえに、そこから様々なスケールでものを見ていくことにしよう。

　国の役割の重要性はいくつもある。それでも、万民の利益のために働くという正当性に支えられ、特定の利益集団に「私物化」されないものとみなされている。ある国の政府が正当と受け入れられれば、その国の中では最高の権力となり、立法の重要な機関となる。また、法律の施行権も独占する。国の統治権は国内の個人と集団すべてにおよび、等しく適用される。公務員は家柄や血統でなく、能力に応じて採用され、養成される。そして国は住民に課税し、歳入のいくらかを環境保護や環境改善のために、あるいは逆に環境破壊のために充てる権利を持つ。

　やがて立法化される政策を採用することで基本的なプロセスとなる。その法律にその特性や法的有効性による一連の規則に則って法律は執行される。それは、そうした

Environment

規則は法律を拡充するもので、矛盾するものであってはならないからだ(Polden, 1994)。各政府間の最も大きな相違点の一つに、自国社会における資源利用のあり方、そして、その結果生じる環境変化に対して、どの程度影響力を行使しようとしているかが挙げられる。社会主義政府のように集団的行動に関与する政府は一般に、排出に関する法律を持ったり、エネルギーや農業など主要な資源利用プロセスを政府管理下に置くことで、各システムのほとんどの段階を統制しようとする。反対に自由市場資本主義政府は、中央政府の役割はできる限り小さい方が良いという確固たる信念を持つ傾向にあるため、あらゆる段階における環境管理が、市場の権限に委ねられる。理想としては、正しく見積もられたシステムが、どんな資源利用プロセスに伴う外部経費をも処理すべきだ。ところが実際には、市場原理が簡単には働かないために、たいていの場合、ガス排出レベルを定めたりや有害廃棄物を規制する必要がある。放射性廃棄物の場合は、責任を全面的に引き受ける政府はありえない。なぜなら、放射性廃棄物の中には、生命に対する危険がどんな私企業の存続期間よりも長く続く可能性がある一方で、国家は永久に続く(ことによると誤って)と考えられているからだ。

そこで国の政策は、おおまかに二つのグループに分けることができる。

- 物質に対する政策。例えば、特定のエネルギー源利用を奨励する政策、あるいは電気や暖房が一日に数時間しか供給されなかった1980年代のルーマニアのように、供給制限によって一定の水準にエネルギー消費を抑制する政策。食糧政策でも同じようなことが行われることがある。西欧では肉摂取量を減らすべく誘導したり、逆に生産力が低い地域ではヒツジの飼育を奨励する補助金を支出するなどの方向が可能だ。同様に、産児制限を遂行することで政府が子供の数に影響を及ぼすこともできる。
- ある種のプロセス、もしくは事象に対する政策。環境汚染がそのわかりやすい例で、ほとんどの政府が、環境汚染に対するなんらかの法律や規則(必ずしも守られないが)を持っている。工業立地も自由市場原理に委ねたままにしてよいとは限らないものの一つである。高失業率地域あるいは領土を主張する手段が工業立地(資源供給や環境改変といった複雑な関連事象が伴う)の動機であるかもしれない。

しかし、他国と隔絶した島国の国は少なく、各国政府は近隣諸国と協調して(もしくは、協調せず)自国の資源や環境を管理しなければならない。実際、多くの環境問題が国境を超えるものであり、関係国がそれぞれ定める基準値以上の規制レベルが必要な場合が多い。

🍎 超国家的組織

　各国は様々な目的のために協調体制をとっているが、現今の環境下において、そうした目的は二つに大別できる。その一つは、国際的に流通している資源の管理のように、ある特定の目的についての一度限りの協定締結である。もう一つは、まさに他国の政策、貿易、運輸に必ず影響を及ぼす環境を取り扱わなければならないEUのような、超国家的組織の一員として共有するものである(Holl, 1995；Kramer, 1995)。さらに、国連の地域経済委員会(例えば、ヨーロッパおよびアフリカ)のように特別な問題について、より高次の単位で構成される国々の集まりもあるだろう(Caldwell, 1990)。

多国間合意

　多国間合意には、たくさんの集団が利用するにもかかわらず、決まった所有者がいないような共有資源の管理にかかわってきた長い歴史がある。特に海洋などはそのよい例だと言える。19世紀でさえ、太平洋岸諸国はオットセイの絶滅を回避するために協定を結んでいたし、ある種の魚について漁獲制限を次々に設けてきた記録が残っている。技術さえ持っていれば誰にでも海洋が利用される可能性のある時代において、こうした双務的協定もしくは多国間の合意は、200カイリ排他的経済水域(Exclusive Economic Zones：EEZs)制定以前には特に必要であった。公海のような共有資源が存在する場合、主たる利用者たちが自らを律することはきわめて重要であったし、それによって新参者を監視し、締め出すことも可能になった。カナダとアメリカ合衆国による五大湖浄化の試みのように、それと似たようなことが汚染防止協定の場合にもあてはまる。すなわち、単独では達成できなかったし、協調的手法が欠かせないことが証明されてきた。両国北東部における酸性降下物規制対策の場合にも同じような問題が根底にあるが、合意形成は難しいようだ。

より広い枠組み

　直接的政策および、それ以外の行動により生じる間接的効果によって、多目的組織は環境管理に多大な影響を及ぼすことができる。例えば、EUはコミュニティ単位の汚染防止法によって上水道の水質にじかに影響を及ぼせるだろうが、集約的農業やそれに伴う大量のチッソ肥料使用を奨励する農業政策によって、多大な間接的影響を及ぼす可能性がある。比較的貧しい地域に投資を誘引するような地域政策は、結果として環境変化の速度を速める可能性がある。ポルトガル北部の工業化が、土地利用、水

質、海岸線管理に及ぼした影響をここで引き合いに出すべきかもしれない。EUのような組織は、かなり大きなスケールを除けば一国の政府のようにふるまう。すでに枠組みが存在し、特別にそのようなものを設ける必要がないので、当然そうした組織は、数カ国で合意される単独目的の協定というよりも、国境を越えた問題を扱うはずである。その反面、新たな事態あるいは新しく見つかった環境問題への対応は、単独の国よりも遅くなる可能性がある。少なくともそれは、権利が明白に放棄されている場合を除き、各国の主権を侵さないよう注意する必要があるためではない(Sands, 1993；Holl, 1994)。しかし、超国家的組織は「最善の行動」規定を渋っているメンバーに適

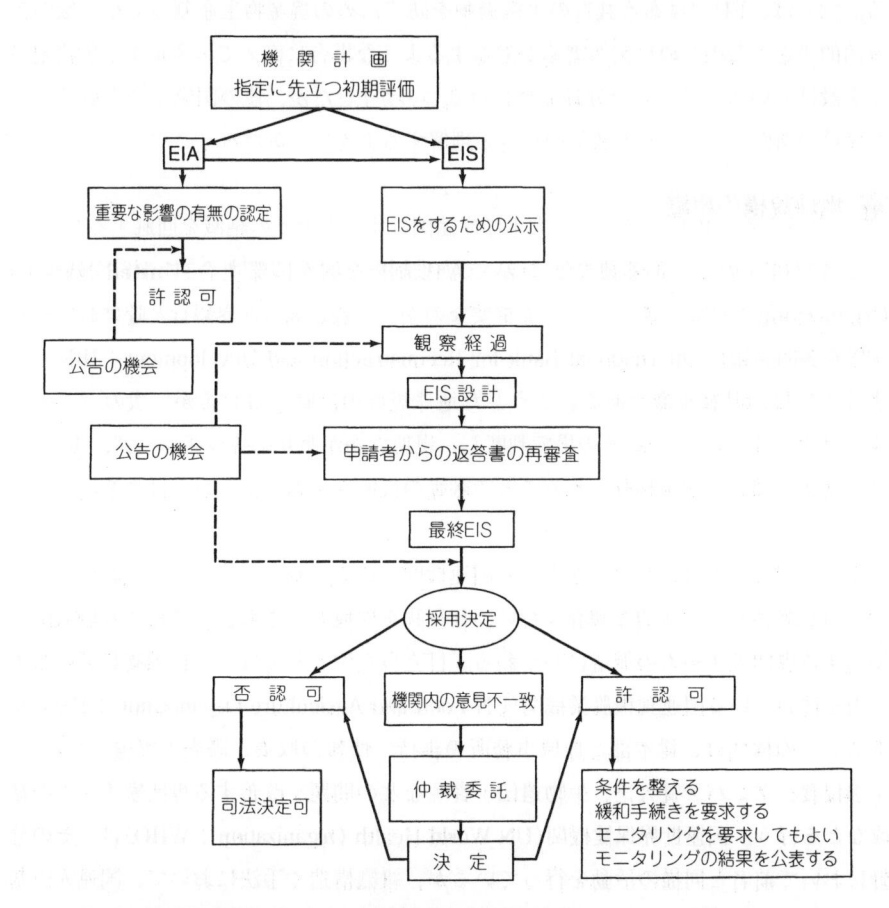

図6-1　環境影響予測(EIA)から環境影響評価(EIS)実現へむけてのフローチャート

これはむろん理想的なもので、各段階での手法は必ずしも完璧とは限らない。的確な予測をたてるには数年にわたる生態学的なモニタリングが必要であろう。しかしながら、このような事は、ほとんどの」開発提案においても、行われそうにない。(ロバーツ＆ロバーツ、1984年による)

用することがある。1980年代にはEUの一員であるという理由だけで、環境影響評価（Environmental Impact Assessmet：EIA）および環境影響評価書（Environmental Impact Statements：EIS）(図6-1)が、イギリスで正式に導入された。

　国家に対してと同じように、政策や法律は事物のためのものでもあり、対抗するものでもありうる。汚染は「対抗する」たぐいの直接的課題として、最もわかりやすい標的である。すなわち、規制基準が設けられ、当該地域の裁判所によって執行される。そうした意味では、大気や水質が初期の標的として格好の例といえる。ある資源供給を促進するということに関しては、超国家的組織はたいていの場合いっそう慎重になる。例えば、EUではある食料の生産過剰を防ぐための農産物生産割当てや、域外の政治的決定などのために突然需給が逼迫するような場合に備えてエネルギー供給割当てを設けている。こうした分野で特に目立つのがEUだが、他の国家連合も資源および環境の両面で、そうした政策の利点を理解するようになるだろう。

地球規模の組織

　ここで扱うのは公的組織で、なかでも代表的な例が国際連合（United Nations Organization：UN）である。そして重要なのが、一般に通常世界銀行と呼ばれている国際復興開発銀行（International Bank for Reconstruction and Development：IBRD）のような国際的財務組織である。こうした地球規模の活動をおおまかに次の二つのグループに分けている。(a) その場で判断し、現地でかかわりを持つグループ、(b) データを蓄え、情報や金を移動させることで触媒の役割を果たすが、自らは手を汚さないグループ。

　第一のグループは、開発にかかわる国連機関に代表される。それらの機関はデータベースを維持して革新的な調査を行い、刊行物を作成し、さらに、現地や政府機関で助言する専門家チームの派遣にかかわる。目立った例としては、主に栄養状態の改善に力を注いでいる国連食糧農業機関（UN Food and Agriculture Organization：FAO）がある。この機関は、総本部と地域事務所の維持、情報の収集、調査の実施、さらに、土壌侵食、タンパク質欠乏、生物遺伝子資源などの問題を改善する専門家チームの結成などを行う。国連世界保健機関（UN World Health Organization：WHO）は、その分野において前者と同様の活動を行っているが、組織構造や手法において、国連人口基金（UN Fund for Population Activities：UNFPA）と密接に結び付いている。また、WHOは産児制限だけでなく母体保護や性教育にもかかわっている。こうしたグループの仕事はきわめて難しい。それというのも、西欧のテクノロジーが発展途上国に適

用される「トップダウン」開発(問題に対する回答だと彼ら自身が考えている)の代表とみなされる可能性が少なくともあるからだ。

こうした機関の背後には、国連機関や現地政府へ助言を行うに先立ち、地球規模の将来像や広い視野に立った展望を描こうとしている機関の存在がある。1972年設立の国連環境計画(UN Environmental Programme：UNEP)がこのタイプにあたる。その主たる機能は、環境にかかわるすべての国連機関の働きを調整し、環境関連データの蓄積を進め、環境問題が生じている地域あるいは生じる可能性がある地域に注目させるなどである。こうした活動は確立された方式にしたがって遂行され、現地チームは持たない。またUNEPは、環境関連の条約づくりに指導的役割を果たす機関でもある。湿地やホッキョクグマなどに焦点を絞った一連の条約に、炭素やフロンガス除去のような地球規模の問題に取り組む協定が近年、付け加えられてきている(図6-2)。協定の折衝には常に困難がつきまとうが、それはそうした総括的問題をほんとうに熟慮しているという、ある種の姿勢変化を示すものかもしれない。

さらに直接的なかかわりを持っているのが、発展途上国の開発資金を供与している世界銀行である。様々な大規模プロジェクト、殊に水利用管理や発電事業にかかわるものは、世界銀行の資金供与を受けている。ただ、それによって世界銀行は、いくつかのプロジェクトで環境的重要性あるいは社会的重要性を無視したとして激しい非難にさらされてきた。そうした批判に対する近年における一つの回答は、巨大ダム・プ

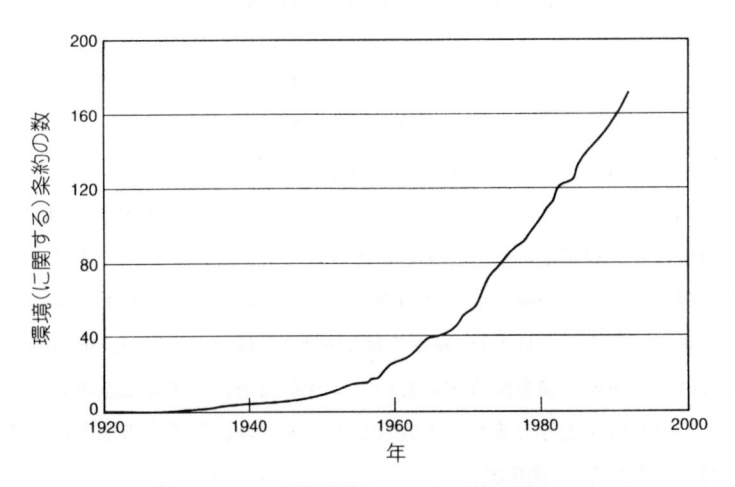

図6-2　環境に関わる条約締結数の合計の推移 (ブラウン他、1995年)

1992年リオで承認された気候および生物多様性会議のような最新のもののいくつかは、その効果がより潜在的にグローバルなものから地域的、あるいは特定の生息地や種を対象としたものに比べ多くなっている。

ロジェクトへの資金供与を中止し、草の根レベルで生まれ表明された要望に対して、おおいに共鳴する姿勢を示してきたことなどだろう。要するに、世界銀行は北から南への技術移転装置でもあった。

　この課題と領域が重なるのが、国際自然保護連合(International Union for the Conservation of Nature and Natural Resources：IUCN)で、初期には地球的観点で種の保存におおいに尽力したが、再生可能資源に基づいた南北の差別のない持続可能な発展の主導者となってきている。

🍎 現地政府

　多くのケースで、現地政府内の国際的機構出先機関は、資源や環境問題の最も難しい局面に遭遇している(Blowers, 1993)。それらは、あらゆる変化(良いものも悪いものも)に直面している住民との間で生じる揉め事の、いわば最前線に立つことが多い。その原因となった政策を立案することはなかったかもしれないが、実際、積極的に住民と敵対しているかもしれず(例えば、農業地域において石炭露天掘りの新規開拓を多国籍エネルギー企業が提案するような場合)、そうなれば住民の合意なしで定められた政策を心ならずも実行することになる。先進国の現地政府は、国によってその仕組みや責任範囲が非常に異なる複雑な独立体であるが、私たちのテーマと密接に関係する特別な二つの仕事をしばしば遂行する。

- 開発規制：通常これは、現在、先進工業国に共通の物的計画プロセスの一部となっているものである。地方自治体は、国内法もしくは国際法の範囲内で行動し、土地利用ゾーニングのような事項を決定する。すなわち、どの地域を工業、住宅、商業のような生産的用途に、また、どの地域を分水嶺域、公園、自然保護地のような保全的用途に充てるべきかを決定する。このようなことは、消極的だといつも考えられているわけではないだろう。というのも、特定の資源を開発する役割を果たす、大局的視点に立つ経済計画が存在するかもしれないからだ。実際、まさに計画というものの概念は、資源の積極的な活用を誘導するものである。先進工業国では、そうした計画のほとんどが社会性(雇用の創出など)を持つだろうが、魅力的な環境をつくるには、小規模工場を配置するというような環境に対する配慮が必要かもしれない。一つの河川が境界をまたいで流れるケースでは、数多くの地方自治体が連携する必要があるだろう(図6-3)。
- 廃棄物管理：一般に、放射能や未使用の弾薬のような最も危険なものがかかわる処理過程を除いて、中央政府は日々生じる廃棄物の問題に巻き込まれるのを望まない。

Environment

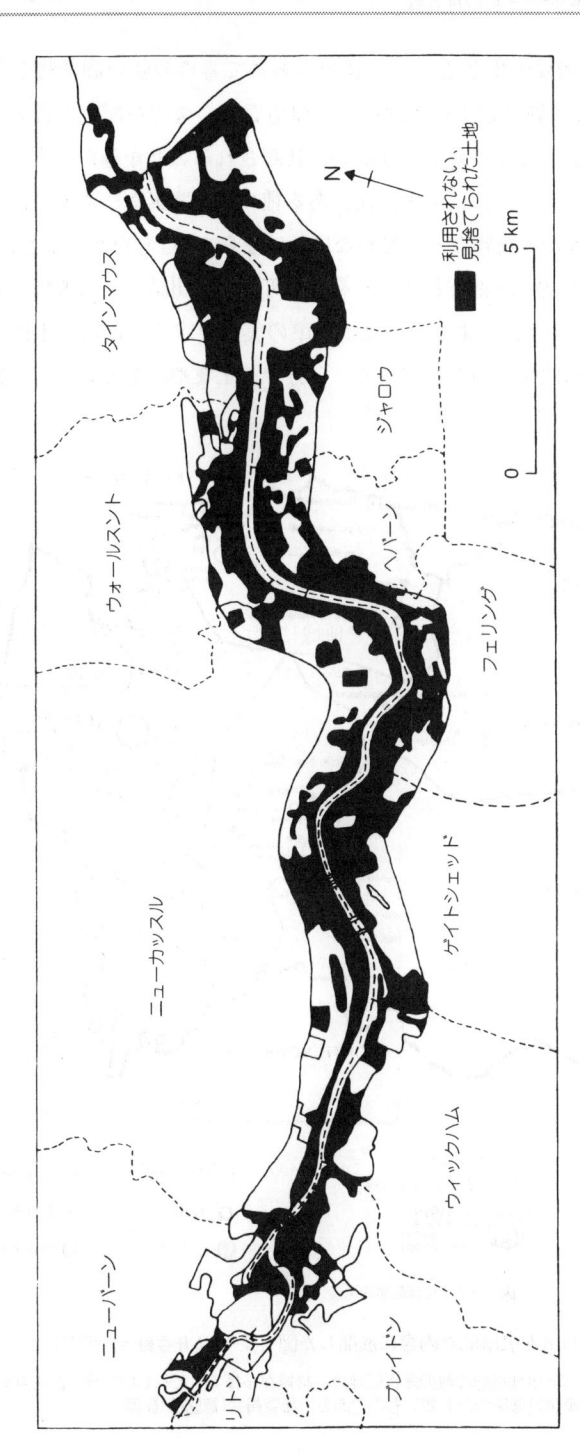

行政的枠組み **255**

図6-3　1960年代に作成されたタイン(Tyne)川下流の河谷コリドーの土地利用ゾーニング計画

凡例：利用されない、見捨てられた土地

0　　　5 km

地名：ニューバーン、ニューカッスル、ウォールスンド、タインマウス、ブレイドン、ウィックハム、ゲイトシェッド、ヘバーン、ジャロウ、フェリング

当時は、河岸の土地の75％から85％も工業化することは予見できなかった。こういった計画を立案する団体は、予見できない変化に直面した場合に備え、できる限り柔軟性をもった計画にするべきである。そして、マイナスの効果をもたらすような投資をしないよう注意すべきである。

同時に、工業生産過程で生じる、ある種のきわめて毒性の強い副産物などを含む「通常」廃棄物の安全管理および処理には、環境面への適切な配慮が必要とされるが、私企業はそうした責任に耐えられないと判断されることが多かった。そこで地方自治体は、家庭ゴミ、時には下水汚泥、ある種の産業廃棄物、あるいは病院から出されるような特殊な廃棄物なども扱わなければならない。したがって水質の保全、墓地の確保、大気汚染の防止などは、おそらく町議会、州議会、地方議会の責任になる（図6-4）。このように、より高い環境水準の実現を求める市民や市民グループに自治体や議会は常にせっつかれている。一方で、工業や商業といった主要な税負

図6-4　図1-6を広域的な内容に展開した図（ダーラム郡委員会、1984）

ごみ処理業者専用の小規模ゴミ処理施設の数の多さに注目。材質が多様で、どれも取り扱いに注意を要するものなので、公共の大規模廃棄物処理施設が必要なものである：郡委員会［意図的］配置。

担者や中央政府のような補助金支給者は、公共的支出を抑えようと、こうした問題にあまり予算を割かないよう求める。しかし、小さな地方自治体には、住民の理解、科学的情報、財政的制約といった複雑な相互関係を巧みに処理する議員も専門スタッフも惹き付けるだけの魅力がありそうもない。

私企業

ここまで様々な公共的組織の役割をみてきた。しかし、現実には資源の多くが、民間企業によって、さらにキューバや北朝鮮のような中央計画経済の下では、それに似た組織によって加工処理されている。つまり企業は資源の発見者であり、開発者であり、供給者でもある。そうした企業は、しばしば数カ国にまたがる非常に大きなスケールで活動し、多国籍企業（transnational company：TNC）と呼ばれている（図6-5）。金属類、木材、ゴム、食料、エネルギーなど、様々な領域でそのような例をみることができるが、いまや国境を越えて処分される廃棄物がそのリストに入りつつある。

多国籍企業の大きな長所は、急速な変化を吸収する適応力があることだ。エネルギー分野を例に取ると、様々な場所で資源開発を続けている石油会社は、安定供給を顧客に保証できる。革命や精油所の稼働停止などのために、一時的に供給源が枯渇したとしても、どこか他の場所に供給源を移すことができる余力がある。また、コスタリカにおけるコーヒーの収穫が霜のために打撃を受けても、世界的食料会社はケニアからコーヒーを調達し、若干の値上げ程度で遅滞もなく、例えばオーストリアの代理店に間違いなく供給できる。

多国籍企業はその大きさ故に、企業活動を行っている国を苦境に陥らせる可能性もある。例えば、小さな発展途上国における鉱山事業は、その国の雇用や国内総生産（GDP）に大きな割合を占める可能性がある。しかし、金属価格のわずかな下落、あるいは環境保護基準や賃金上昇による採掘コストの上昇などで事業から撤退することは、当の企業にとっては取るに足らないことなのである。同時に、J.K.ガルブレイスによる指摘のように、多国籍企業は需要を操作することも可能だろう。殊に、宣伝広告は製品需要を創出し維持してきたはずだし（発展途上国における粉ミルクや先進国における車の頻繁なモデル変更のように）、資源と環境が相互に作用し連鎖することによって、どこかに及ぼされる環境圧を増大させているにちがいない。

同様のことが、多国籍ではないにしろ多くの巨大企業にもあてはまる。それらもまた需要を操作し、資源供給によって生じる環境変化に責任があるはずだ。また、巨大化し動脈硬化を起こしかねないビジネスよりも、敢えて冒険に打って出る技術革新の

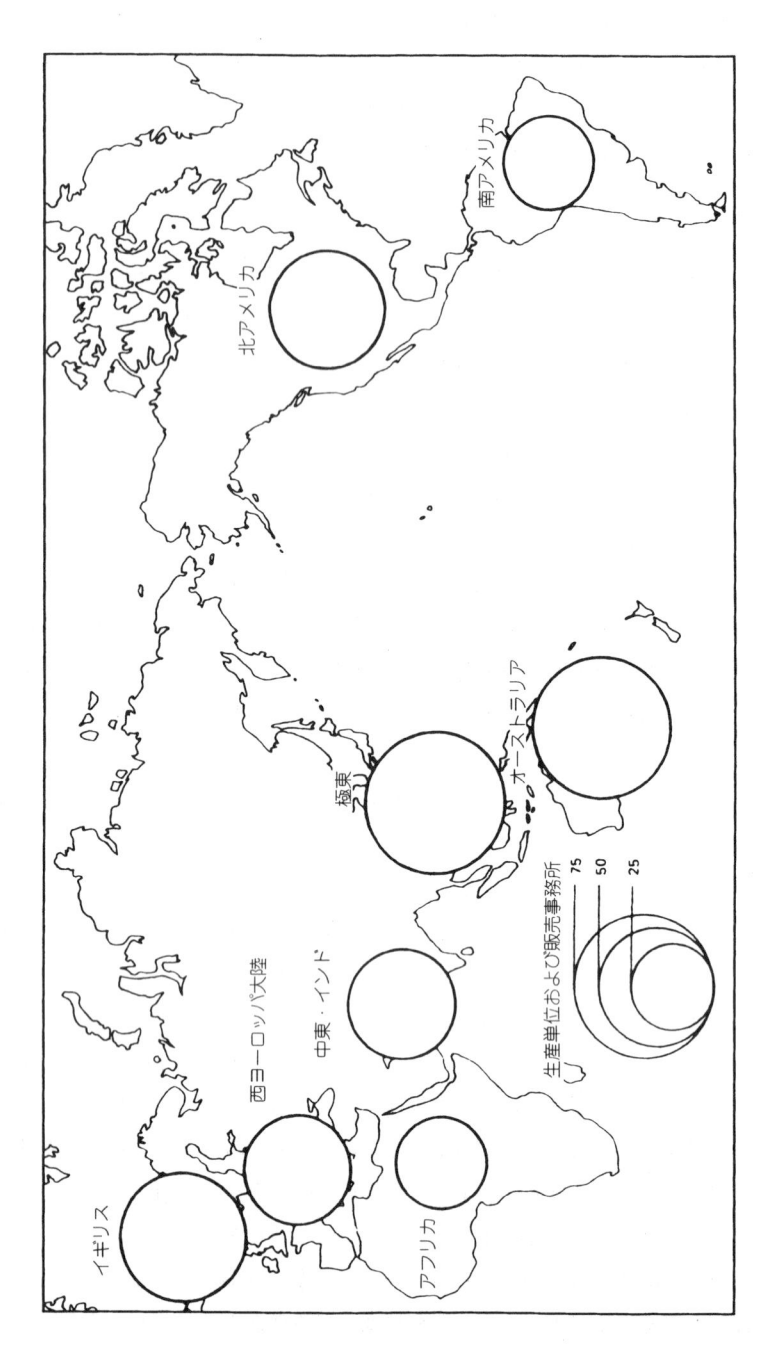

図6-5　1980年代初期における主な多国籍企業内での生産物の分割（Clarke, 1985 より）

これは、生産単位および販売事務所の数にもとづいている。会社はICI で英国に本社のあるものである。しかし、一般的に広く均等にひろがっているものの、ボリュームや利益をあらわしているわけではない。

担い手にもなりうる。環境負荷を低減させたり、エネルギー効率を高めるような新技術を切り開くかもしれない。したがって、資源や環境にかかわるすべての企業活動が、企業利益以外のあらゆるものに有害であると考えるのは間違っている。それは、ちょうど共通利益の調停者として、あらゆるレベルの政治組織が中心的な役割を果たしているが、このことを盲目的な観念論者だけが否定することに似ている。

🍎 NGO（非政府組織）

現代における世界経済の二つの柱である国家とビジネスの周辺で活動しているのが、それらとは異なる目的を追求する一般市民によって設立された組織がNGOである。彼らは思想や行動の自由を誇りとし、良心を欠いているように思える組織（どんなタイプだろうと）にとっての集団的良心となり、そして、己の利益やイデオロギー以外のどんな意見にも耳を傾けないすべての人々に対する刺激剤であると、自分たちをみなしている（Spretnak and Capra, 1986）。また、彼らは環境分野に決して限定されているわけではないが（開発関係もずいぶん数が多い）、とりわけたくさんの組織を産み出している分野だと言える。他の組織同様、彼らの組織は小さく、単独の問題か、または実質的に多国籍企業に照準を合わせている。そうした組織は二つのタイプに大別できる。

- ●特定の資源もしくは生態系管理の分野にかかわる組織。イギリスに例を取れば、自然保護地を所有する州野生生物トラスト、野生生物保護のために土地や水資源を管理する国立愛鳥協会（RSPB：Royal Society for Protection of Birds）のような全国的組織がそれにあたる。釣りクラブでは、釣った魚のいくらかを家に持って帰るかもしれないが、こうした組織はたいていが生産でなく、遊びや保護に関係している。どの組織も、現実に環境変化によって彼らの利益が脅かされるような場合、進んでキャンペーン活動を展開する。
- ●自ら土地を所有したり、それを貸与したりせず、自治体、工業界、商業界が環境にやさしい行動をとるように求めるキャンペーン主体の組織。世界野生生物基金、グリーンピース、地球の友などがこれにあたる。こうしたグループは通常、莫大な量の専門知識・技術を蓄積しているので、どんな特殊なテーマに関する問題に対しても技術的に洗練された攻撃を準備することができる。例えば、原子力の民生利用問題については、産業界が示した費用計算に異議を唱える自前の経済学者を用意できる。捕鯨問題については、ミンククジラの生殖年齢を知るための非破壊的でない方法があることを断言する生物学者を用意することによって、生息数の研究にとって、

「調査捕鯨」は不必要だと主張できる。一般市民による何年にもわたる反対運動などに使われ、非暴力的直接行動を手段として用いる、グリーンピースのようなグループもある。インドにおけるマハトマ・ガンジーの独立運動は、いまだにそうした非暴力運動の力強い事例と言える。

こうしたグループの独立性をうらやましく思ってはいるが、変化に対してどちらかというと既成の伝統的心性に根ざした考えを持つ人たちは、姿勢や行動を変えさせる触媒の役割を果たすレポートを作成する著名人からなる、恒久的もしくは一時的組織を設立する傾向がある。例えば、国際学術連合（International Council of Scientific Unions：ICSU）はSCOPE（Scientific Committee on Problems of the Environment：環境問題特別委員会）を設立し、一連の専門的研究報告書を作成してきた。その中でも殊に、生物地球化学や「核の冬」に関するレポートは影響力があった。過去、現在、将来のグローバル・チェンジに関する調査研究に携わる組織の数はきわめて多く、その活動範囲も広範で、1994年の時点で主要なものだけで10のプロジェクトがあった。それを促したものは、人類が地球の生態系に及ぼす影響による地球規模で起こる気候変動の可能性である。南北関係を経済的観点からみたブラント委員会に続いて、ブルントラント委員会は同様のテーマについて、環境的観点からの考察を試みた。

個　人

個人は無力だ、というのが今日の世界では通り相場である。複雑な政治構造が重要な決定の場から人々を遠ざけている。また、自分たちの代表として議員を送り出している社会でさえ、選挙民の要望よりも政党の都合の方が優先される、そのような政党に選挙民自身を託さなければならない。同時に、先進工業国における消費者需要の多くが、巨大企業によって巧みに演出されている現状では、消費者主権という考え方は、まるでナンセンスだ。個人の復権回復は複雑な問題で、教科書的な決まり文句では解決できるようなものではない。しかし、私たちが自らを定義する方法は、人類社会と自然との関係という核心的なテーマのどこかにある。もちろん、個人はまったく無力というわけではない。環境面での責任を果たせる企業に投資することができるし、環境負荷を減らすような消費行動をとることもできる。そのような行動が全体として、しばしば最初は地域レベルにおいて自治体の行動を促すかもしれない。紙やガラスといったゴミの収集、リサイクルなどがそれにあたる。時々、個人や少人数のグループが「ドロップ・アウト」し、環境と調和したライフスタイルを送ろうとしているが、今現在、こうしたことは1960年代や1970年代よりも少なくなっている。それほど徹

Environment

行政的枠組み　*261*

底した考えでもない人々は、もっと質素に生活したいと思っているはずだ。

🍎 正　　義

　法律のすべての重点は正義の実現にある。よく考え上げられた方法で、人々を公正に扱うという思想に基づいて正義は成立している。道徳や倫理の導きによって、公正、一貫性、不偏不党をもたらすシステムが産み出される(Wenz, 1988 ; Hooker, 1992)。こうした概念が適用される方法には様々なものがある。この点では、分配的正義(例えば、報復的正義とは異なる)の分野は特に関連がある。これは、基本的に人間の権利や基本的欲求として、何かを(そして、いつか、どこかで)手に入れ、それを扱う個人に関するものである。それはまた、道徳的関心の強さによって生じる違い、さらに「よそ者」もしくは、どういうわけか所属していないとみなされている人々に対する正義の観念に留意しながら、意思決定において誰もが発言権を持って変化が起こり得る社会の一員でなくてはならない。こうしたことは、予測することの難しさはあるが、将来の世代に対して私たちが持つ義務であり、また、社会の中に違いがあることに対する心構えでもある。例えば、最悪の状態を改善するときだけ、変化が必要なのだろうか。

　こうした原則は、社会的正義のシステムとして大部分が形成されており、したがって、すべてとまでは言わないまでも本来、人間を対象としたものである。しかし、その中のあるものは、環境構成要素と明らかに共鳴しあっているし、すべてが環境システムとある種のつながりを持っている。人間とまったく同じ扱いで、道徳的規範を動物や岩石や樹木に適用すべきだろうか。例えば、これらは基本的欲求や人と同じ権利を持っているのだろうか。また動植物は、意思決定過程においてそれほど頻繁に最悪の状態におかれることはないのではないか。

　正義のシステムにおける環境構成要素の位置は、ある意味で相対的正義というよりも絶対的正義の観念に似ている。この分野の権威のある者は、正義はあらゆる社会に適用される絶対的原則に立脚していると、終始一貫主張してきた。一方それに対して、正義は特定の集団だけに通用する相対的なものあるはずで、独自の正義の規準をつくる権利があると主張してきた者もいる。人間が利用することによって及ぼされる影響がそれほど大きくない間は、環境構成要素の位置は相対主義者の主張するものに似ているかもしれない。しかし、限界が近づいてくると、絶対主義者の主張する性格に似てくるのだろう。ただ、限界を伸ばすほとんど際限がない(大気組成変化のような、いくつかのよく知られた例外があるが)ように思える人類の工夫によって、不確定性

が拡大する。環境と社会が分かちがたく結び付いているとすれば、環境システムの本質が絶対的に変わらないことから、人類社会の構造のあり方に方向性をつけるに違いないことが、重要な要素の一つかもしれない。すなわち、正義は現行社会秩序の維持に関するものではないかもしれない。

そうなると、これは抽象的概念にすぎないとは言えない。実際に、資源開発とそれに伴う環境変化が1950年から1990年の間に世界経済の規模を5倍にしたが、1960年においては世界人口の20％に当たる富裕層が全所得の70％を、さらに1989年においては83％を吸い上げているというのが、そうした経済成長分配の現実である。1960年には20％を占めていた最貧困層が1989年には23％近くなり、彼らの所得は全体の1.4％にまで低下した。成長や消費を奨励するシステムともっぱら公平の実現や貧困の解消に向かうシステムとの間には、明らかに断絶が大きくなっている。この違いが所得のはしごの最上層で大量消費を、最下層でありとあらゆる環境悪化を生んでいる（図6-6）。アフリカでは、世界平均の17％を優に上回る全植生地の22％もが1945年以来荒廃してきた。だが、北米および中米では8％にすぎない。

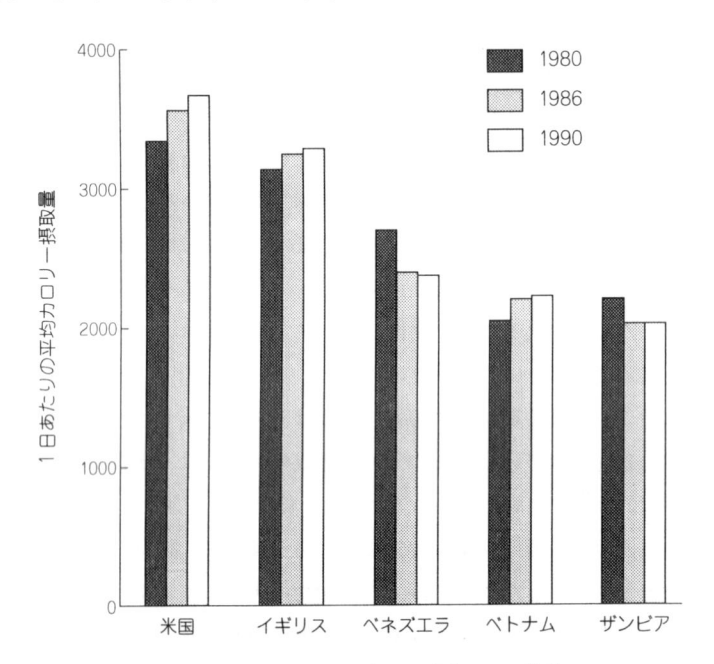

図6-6　富裕と貧困の単純な尺度による比較

数カ国における1日当たりの平均カロリー摂取量の傾向。裕福な人々はより豊かな食事に移行し、貧しい人々はかろうじて自分自身の食事をとっている。ベトナムは戦争が食料および他のほとんどの物資の供給に悪影響を及ぼしている事を表現しているであろう。

> 　私たちは複雑な情勢、重なり合うたくさんの階層、互いに理解し合えない要素などを扱っている。資源利用や環境変化に地球規模でかかわっているたくさんの組織は巨大で、それら自身が莫大な量のエネルギーや原材料、特に紙(願わくばリサイクルされることを)などを消費している。しかし、本当に重要なのは、どこでも情報を入手できるようにすることだ(Spretnak and Capra, 1986)。良い情報を占有することが、いつに変わらず権力にとってのキーポイントであり、権力争いの参加者すべてがそのことを知っている。したがって、環境圧や環境改変の問題全体には、特にビジネスや政治について、まだ秘密の部分が多くある。問題全体の重要性を確認する以外ないにしてもだ。

想像力の選択肢

　完全に記号だけから世界を構築することができるという点で、人間の心は他に類をみない(私たちが知る限り)。それらは言葉からなることが多く、世界はどのようになっているのか、あるいはどうあるべきなのかを書き表したものとして残っている。例えば、法律が一つの例だ。しかし、人間は、音楽、彫刻、絵画、さらには写真、映画、テレビ、ビデオのような今日的メディアなど、様々な創造的芸術という方法でも表現する。想像で創り上げるこれらのものは、時に行動の刺激剤となる可能性がある。影響力を持つ集団やカリスマ的人間による理想の世界が可能だと考えられているケースは、他にありそうもない。そうした人間はそのような理想の世界を創造し、他人をそれに参加させようとする。そこで、ここではユートピアの観念から始めることにする。

ユートピア

　古典ギリシャが残した多くの遺産の一つが、エピクロス学派だった。地球は老境に達していて、やがて人が住めるところではなくなるという考え方を、彼らは断固として主張した。真の豊穣と調和の時代は過去のもの、すなわち黄金時代にあった。現在や近い将来に不満を抱き、過去の素晴らしい時代の再生を望む人々が、それ以来ずっと存在し続けている。

　そうした人々に、ある特別な未来だけが築くに値すると考える人々が加わることが

ある。決して問題が起こらない素晴らしい社会を築くために、そこでは偶然や無秩序が排除される。したがって、これらの人々はユートピア主義者が掲げる理想の追求に没頭する。そうした社会では、主に社会や政治について理想が追求されるが、時には、環境についても同じように追求される。昔日の汚れなき美徳を再生しようとした古典的な例が1516年、サー・トーマス・モアによって提示されるが、彼のユートピアは目的実現のための科学的研究という、新しい考え方を初めて備えたものの一つだった。アダムとイブの追放は明らかに無知が原因だったからであり、ここでのねらいはエデンの園を回復することだった。モアの仕事は、その特徴の一つが技術を管理することだった点で、今日でも共鳴する部分がある。あらゆる新発明がユートピアの守護者たちによって精査され、そのいくつかが認可された。このことは遺伝子工学や産児制限の研究を管理する仕組みに、また何よりも工業化社会における技術的変化、さらには社会的変化のスピードにブレーキをかける口実などに反映している。

　多くのユートピア主義者の思想や行動の基盤は、現状を単純に延長した想定というよりも、社会と環境の関係を根本的に改変した結果を思い描くことにある。すなわち、現在の制約よりも未来の可能性に焦点を当てた想像力を、ユートピア主義は包含しているのである。しかし、ユートピアは決して純粋な空想の産物ではない。ユートピア主義者たちは、科学の知見に挑むことを遠ざけているわけではない。事実、イザヤ書の書き手が思い描いた、究極の革命的国家を熱望する者もいる。そこでは、最後の日に人々は「その剣を鋤に、その槍を鎌に打ち変える：……オオカミは子ヒツジと共に宿り、ヒョウは子ヤギとともに伏し……荒地は喜び、ユリのように花咲き乱れ……」(旧約聖書Ⅶイザヤ書：関根清三訳、1997、岩波書店)と描いている。もっと聞き慣れているものを寄せ集めたのは、さらに有名だ。古典ギリシャの作家エウエメロス（およそ紀元前300年）は、ユートピアの島を考え出した。そこでは、この上なく幸せな住人たちは、やさしく温暖な夏が永遠に続く気候の下で日々を送り、果物が人々の口にひとりでに落ち込んでくるほど豊かなので労働の必要がないと。今日の休暇旅行パンフレットにはこのイメージが反映している。また、これらテーマに対するある技術的アプローチを今日の環境関連著作の中で時々みることができる。それは、著者が思い描くユートピアで架空の旅をしてみせることで、その予測や主張に命を吹き込もうとする場合である。例えば、1993年、ある著者は「建物、供給処理施設、公園、交通施設の設計、管理に持続可能性の原則を適用する政治的意向がみられた架空の街の物語」を語っている（Blowers, 1993）。

　理想的社会像を伝える、より広汎な観客を獲得するために、フィクションという趣

向が使われている。例えば、B.F.スキナーは「ウォールデンⅡ(1948)」の中で、報い を求め、調和を完遂するコミュニティを描き出した。環境に傾斜したものでは、小説 家オルダス・ハックスリーが自著「素晴らしき新世界(1932)」で描いた、有名な地獄 像と釣り合いをとるものとして1962年に創り上げた天国像がある。天国はパラとい う島(外の世界の退廃堕落から、ある程度隔離され得るユートピアの多くがそうであ るように)に存在し、そこでは油も、消費財に対する欲望も、協同的農業生産も、産 児制限も、優生学もない。ある登場人物が言っているように「習慣的なシンボル操作 が、具体的経験という点で一つの障害になっていること」また、パラ人の間で支配的 な仏教文化では、具体的経験がきわめて重要だという理由から、そこでは因習的無知 に高い価値が置かれてもいた。悲しいかな、それはすべて、「真理、価値、真の精神 性、石油」というスローガンを繰り返しつつ接収していく、より近代化された隣人た ちの餌食になってしまう。ハックスリーのいくつかの小説では、筋立てや人物造形よ りも着想に優れた面がしばしばみられる。また、それまでは、ほとんどが社会的、政 治的領域であったところに環境意識が入ってきた例として、これは優れた読み物だと 言える。

　油を名目にしてパラを接収する話には学ぶべきものがある。というのも、理想的 ユートピアを仮定するということは目新しさや変化の必要がまったくなく、人間には 固定して不変の本質が備わり、そうした本質が、普遍的で共通した目標に向けられる はずだということだからだ。つまり、ひとたびこうした目標が意識されれば、人間の 本質が十分に発揮される。もちろん最終的には、決して欠かすことのできない役回り の熱狂者たちが、変化や革新、あるいは、人間生活がただ一色で活気のない専制政治 に向かう傾向を食い止めようとする。しかし、これをなしとげるには、1949年のイギ リスで出版されたジョージ・オーウェルの有名な「1984」のように、明らかに悪事を 働いている者たちが打倒されなければならない。混乱状態や不安定な均衡状態の方が 人間にとって好ましいかのようにも思えるし、このことはカオスや複雑性に基づく生 態学理論の教訓にも、ある程度なっている。

創造芸術

　通常、芸術は想像力に富み、創造的で、非科学的な人間活動と定義され、実用的芸 術と創造的芸術に分けられる。前者は建築やデザインといった分野を含み、後者は視 覚に訴えるもの、口述によるもの、文字で書かれたものなど様々な様式を含む。だが、 実用と創造の境界を固定する必要はない。記念碑的建築物の建築様式は、ある程度、

創造性や想像力を備えると同時に、当面の目的にもかなうものにしようとするだろう。後期旧石器時代に描かれた、南フランスや北スペインの洞窟絵画と少なくとも同じくらい古い時代から、芸術と自然が結合した遺物がみられるように、芸術が自然との接点を持っていることは明らかだ。

だが、「文化生態学」において創造的芸術は、いったい何を私たちに語りかけるのだろうか。「芸術」の項目を辞書で引けば、一つのテーマが強く現れてくる。すなわち、芸術は私たちの体験を拡張する。これは、私たちの目にとまらない可能性があり、科学が敢えて包含しようとしない方法で、自然との関係を考えさせることを意味するのではないだろうか。これは必ずしも、ここちよい経験とは限らない。画家ジョルジュ・ブラック（1882〜1963）は、「科学は安心感を与えるのに対して、芸術は不安をかき立てようとする」という警句を述べた（今日、この見解はそれほど受け入れられてはいないが）。だが、攪乱と拡張とを結び付けて考え、しばしば自然が芸術のテーマになるとすれば、なんらかの文化生態学的部分を含むに違いない、環境的「知」の強力な源がそこにあるように思える。実際に、詩人ウィンダム・ルイス（1884〜1957）は1927年、「心の内、心の底、心の中心で何が起きているのかを知りたいなら、それがいつであろうと、たいていの場合、「政治」よりも芸術の方が真の手引きになる」と言った。それでは、創造芸術は私たちの知性の内面にどのように役立つのだろうか。外面では、自然科学や社会科学の実証主義的見方をしているのだが、どんな芸術家も物語を語る際、彼もしくは彼女が知覚している世界を選択しながら表現しているのを理解することが重要だ。だから彼らが省いているものが、しばしば表現したものと同じくらいの物語である可能性がある。その上、物語を語るのに用いられる工夫が、すっかり明るみに出たり、完全に隠されるかもしれない。おそらく隠喩を使うことが、環境を扱う際には最も重要だろう。隠喩は、たとえ本来の機能をまったく果たさない場合でも、何か慣れ親しんだもの（メカニズムや家族）に喩えられることが多い。

散文小説

フィクションは日常の書くという行為に「最もふさわしい」が故に、学術的で分析的な散文から創造的な散文への移行は容易だ。しかし、ここでは詩人ジェラード・マンリー・ホプキンス（1844〜1889）が「インスケープ」と呼んだものに従うことにする。この場合、それは人間と環境の関係における核心と言えるものである。想像力に富む作家の多くが、しばしば彼らの物語の一部として風景、天候、生物相などを利用し、この仕事を試みる。しかしながら、人間が動く（あたかも舞台上で）背景の単なる一要

Environment

素としてそれらを利用することと、人間が本質的に備え持つ自我の絆が結ばれている状況との間には、説明するのは難しいが明らかに違いがある。イギリスの小説家(そして詩人)トマス・ハーディ(1840～1928)は、後者の方を成し遂げた典型だと一般に思われている。

　ハーディは登場人物たちが生き生きと動き回る大地を必要としていたようだ。その場所の名前を変えることで、そこから離れる(おそらく神話化さえする)必要がある場合でも、とにかく自分の足下にしっかりした大地がないと彼の想像力は働かなかった。大地との結び付きがハーディの著作ではいつでも強調される。田舎では、大きな枯れ葉、木屑、石くれやスレート片に。しかし、彼の芸術は風景の内なる意味を読者に明示してみせるものだった。彼の小説のいくつかでは、田園が変化し、衰退さえしていくことを中心的テーマとしていた。後期の小説「日陰者ジュード」では、自らのルーツから離れていくメアリイグリーン村を主な背景に、一貫したテーマとして田園の衰退を取り上げている。その村では、古い時代の痕跡はほとんど跡形もない。ハーディは実際のかたちや対象の関係性を通して風景を読みとっていく。人の首は水差しの首でもあるかもしれず、具体的に意味付けをされた風景に結び付けられる。このタイプの舞台構成は、しばしば映画で使われるものに似ているし、何本もの映画や小説がこうした手法で成功してきたことは驚くにあたらないだろう。

　また、彼の小説「ダーバァヴィル家のテス(1891)」では、例えば「ラッパ長」の時の記憶として用いているのが変化を描写することであるにもかかわらず、ものごとの仕組みには何か悪いものが根底にあるという彼の信念が全面的に展開される。欲望や感情を必要としない宇宙における人間性について物語るこの寓話は、人類の力が強まるにつれ、人間性や自然から離れていく19世紀を反映していると言えるかもしれない。そして、その地域ともそこの住人とも何一つ共通点のない脱穀機などのエンジンに関する最も有名な描写において、伝統的農業の堕落だと批判的にみることによって、現実に引き戻される。

　　　農業の世界に身は置いているけれど、そこに根生えたものではなかった。この男は火と煙に奉仕した。野良に働くこのあたりの人々は、草木や天候や、霜や太陽に奉仕するのに……彼のエンジンの動輪から、麦塚の陰の赤い脱穀機へ伸びている長い革帯だけが、彼と農業をつなぐ絆であった。
　　　　　　　　　　　(トマス・ハーディ「ダーバァヴィル家のテス」大沢衛訳、
　　　　　　　　　　　　　　　世界文学全集30ハーディ集、筑摩書房、1970)

だが、「このささやかな世界における原動力」こそエンジンなのだ。それ以上に、そ

れが動かす脱穀機は「女たちの仕えまつる赤塗りの暴君」である。さらに、アレク・ダーバァヴィルの死とテスの処刑へと、そして、一般社会の掟と「テス自身がそうした異分子だと思い込んでいた環境そのものに示されている掟のなさ」との不調和を小説の前半でハーディがあらかじめ示してみせた運命へと、情け容赦なく至るシーンの冒頭で、アレク・ダーバァヴィルが再び現れるのが脱穀の期間である。実際、ハーディのほとんどの小説で、登場人物たちは、彼らが閉じこめられた、「自然の風景」とはまったく異なる、人間的風景の重荷と格闘し続ける。

詩

内面の描写と発見を表現する創造的散文のすべてを、詩と呼んでいる。別の視点からなる創造的言語においてもみられる。まさにその名のごとくふるまう「自然詩人」はたくさんいるが、人間と自然がいかに共に「存在する」のかを見出すことは難しい仕事だ。そこで、この点に関連して取り上げることはあまりないのだが、その作品の中で今日の環境思想を前もって豊富に示してみせた詩人W.H.オーデン(1907～1973)について、少しみていくことにしよう。

まずは石灰岩の風景だが、トマス・ハーディはエセックスの白亜質のなだらかな丘陵地を、時には青々として暖かく、時にはやせ衰えて容赦ないものとして描いた。そしてオーデンの幼少期は北ペンニン山脈の石炭紀に形成された硬い石灰岩を含んでいた。

　　……タイン川、ウィア川、ティーズ川を養う
　　泥炭で汚れ、荒涼とした小川
彼に無邪気な思い出をよみがえらせ、あらゆる良い思い出へと移ることで、
　　……来世のことを考えはじめれば、聞こえてくるのは地下水の
　　つぶやき、目に浮かぶのは石灰岩の風景なのだ
　　(W.H.オーデン：石灰岩讃歌、風呂本武敏訳、オーデン名詩評釈、1981、大阪教育図書)

だが、石灰岩の国(数世紀にわたる鉛採掘の傷跡もなにもかも)は一種の天国を象徴しているにちがいないにしても、その他の風景はどちらかと言えば、1933年につくられた「Paysage moralisé」という一編の詩に要約されているような、道徳的指導や矯正を今すぐに必要としている人間を暗示している。その詩自体は、黄金時代の拒絶に終わっている。島々から神々が私たちの下に訪れるが、私たちの惨めな谷間を彼らの住処とし続けたいという希望がもめごとを引き起こすので(「たくさんの、恐ろしい、悲しみの種をもたらした」)、彼らのユートピアに加わるどころではない。それよりも、

Environment

想像力の選択肢　**269**

私たちの世界すべてを潤す水の存在を必要とし（石灰岩の国ではいつもそうとは限らないが）、

　　そして私たちは夢の島々でなく、自分たちの都市を再建する

(W.H.オーデン：石灰岩讃歌)

ある社会の道徳的状況をこのようにあらわしている風景が（後にフィリップ・ラーキンは「Going, Going」中の独特の不機嫌さにおおいに興味を抱いた）、七つの連詩「牧歌集」の中で、殊に1953年もしくは1954年に創られた二番目の詩「森」において、もっと小さなスケールで描かれている。そこでは

　　田舎道の散歩で出会う木々は、

　　その国の魂について多くを露呈する

(W.H.オーデン：森「牧歌集」、風呂本武敏訳、オーデン名詩評釈、1981、大阪教育図書)

必ずと言ってよいほど見かけるのが、

　　最後の一本のトネリコまでも乱伐された小さな森

　　真の腐った樫の木などは、思わず知らず見せるのだ、

　　この巨大な社会が崩壊しつつあるのを

(W.H.オーデン：森「牧歌集」、風呂本武敏訳、オーデン名詩評釈、1981、大阪教育図書)

そして、この田舎道の散歩は大きな視点へと移り、

　一つの国の文化とはその国の森に他ならぬ

(W.H.オーデン：森「牧歌集」、風呂本武敏訳、オーデン名詩評釈、1981、大阪教育図書)

(本書の冒頭近くでのthe Vignettesにおける引用)

そこには石灰岩地域における、ある種の水崇拝（流れ「牧歌集」）が必然的に含まれると言ってもよい（この場合は、北ヨークシャー州のスウェイルデイル）。

　空の旅に対してオーデンが示した反応の一つによって、「インスケープ」の核心にせまることができる。すなわち、詩「ガイア頌(1954)」の最後の言葉にガイア仮説の原形を見出すのである。衛星からのリモート・センシングによって得られる画像を連想させるある種のイメージを、この長編詩は予示している、

　　私たちが見ているのは古い堂々としたスタイルの身振り、寒さで重く、

　　彼女のあらゆる北の海の表層水が春の下降流を起こす

　　そして突然、血のごとく塩辛く、冗長だが簡潔な彼女の孤独はプランクトンの

　　　　数限りないかたまり、

　　栄養分のごちそうで魅惑的に覆い尽くされる

(W.H.オーデン：ガイア頌)

人類の業績、その賢明な「神の加護の輝きの下での立ち枯れ病」に関する論考に続くのが、現在のアセスメント活動につながる、

> 本当の存在、彼女にとって、私たちの良き風景であるはずだが、
> トラがシカとともに伏し、枯れた根などみつからない森が広がる
>
> （W.H.オーデン：ガイア頌）

ヒョウが子ヤギとともに伏し、剣が鋤に、槍が鎌に打ち変えられる最後の日々だけに達成されるかもしれない最終段階。ラブロック流のガイア仮説と同じような概念が最初の方にあらわれる、「そして地球は、最後まで彼女自身であるだろう。彼女は決して動かされなかった／アムピオンによる以外は……」。これは、人類がある種の限界を踏み越えてしまうならば、あらゆる生命形態にとって最適な状態をつくりだすガイアが、人類の地球居住をゆるさないかもしれないという、現在のガイア概念を直接的に予示するものだ。1970年代にあらわれた科学的見解の核心を表現しているような詩が、1950年代の時点で他にあるだろうかと問うのは無理があるように思える。

絵　画

形象的様式（出生地であるオランダの風景画を含んでいた）からスタートしたが、最終的には極度に単純化された抽象様式となった20世紀の少しばかり激烈な画家ピート・モンドリアン（1872〜1944）を例として取り上げよう。

モンドリアン（パリに移った時、以前の綴りMondriaanからaを一つ抜きMondrianとした）は、ピカソやブラックのキュービズムにおおいに影響を受けたが、これは例えば、風景や樹木を描く手法として直線や角張った線をしばしば多用したことを意味する。20世紀初頭の10年間に、風車や塔のような高い建物を描いた彼のいくつかの作品において、これは予期できることだ。自然の半永久的構造には意味深く厳粛な価値があることがわかるかもしれないとしても、自然から喚起される隠れた関係性をただ単に描写することに、それほど熱中していたのではないと彼は語った。1908年の作品「ウレ付近の林」は、壮大なスケールで自然の活動とエネルギーを、その色使いと筆致の中に具現化しているように思える。人間は外面だけでなく、魂や心といった内面からも成り立っているが故に、外観は実在のすべてではないと彼は断言した。すべてが特殊でなく普遍に収斂しなければならなかったし、自然主義はあまりにも特殊に結び付いていた（Blotkamp, 19949）。そして、抽象形式（彼は新造形主義（Neo-Platicism）と呼んでいた）の正当性を証明したのが、1931年に制作された「二本線のコンポジション」のような作品群だった。

Environment

事実、「ニューヨーク・シティ」のような後期（ニューヨークに住んでいた1940〜1944年の期間）の作品は、マンハッタンの直線的グリッドを単純化して油絵の具とテープで描いた地図とみなすことができる。ここでは、ガラス面上に投影されたかのような、むしろある意味では、丸窓や今日のある種の窓にかかっている虹のようにみえる1912年に制作された樹木の絵のように、キュービズム派の初期の影響が極端な段階に達していた。そこには遠近法や投影法はすでに完全に失われていた。後期の作品は、異なる方向(90°)で力を競い合い、1ヶ所だけで交わる二本の直線だけが風変わりな配置で存在する、ニュートン物理学の極致に向かっているように思える。その普遍と抽象への収斂という点で、両者こそが細部を最大限に省略し、普遍性を最大限に求める作業である科学理論書に沿った、そうした作品を位置づける解釈があるかもしれない。だが、それがアムステルダムの市立美術館ギャラリーだけ（だが実際は決してそこだけではない）に展示されているのだとしても、その作品を完全なものとは決してみなせないという見方もある。そのような背景においては、本来内包されていた意味が活動し始め、二本の直線が鑑賞者の中に、現代を総合化する精神を全面的に覚醒させるのかもしれない。

庭と彫刻

庭はほとんどの文化形態において存在する。たいていの場合、囲まれた家に隣接している。庭はどちらか一方、もしくは両方の目的（一方では美観や快適性、他方では食物や薬）を果たすものかもしれないが、聖域に由来する伝統を伴う場合、高尚な芸術に近付く可能性がおおいにある。西欧において囲まれた庭は、当初、ペルシャ語のパラデイザ(paradeiza)と同一視され、実際、エデンの園(Paradise of Eden)は明らかに庭だった。そうした庭のすべてが共通の性格を持っている。すなわち庭は、ある文化的イメージの下で自然が徹底的に造形される囲まれた場所なのである。その規模は労働力に、また近年では利用可能な技術に依存するが、庭作りの願望は生物および非生物材料の組み合わせの中に、ある文化を表現しようとするところにある。

高尚な芸術としての庭の最良の例は、日本においてみることができる。日本では少なくとも平安時代(794〜1185)以降、中国から受け継がれた伝統が特有な図像に変形されてきた。庭の構成要素は、山や水といった自然の姿を象徴しているが、自然のかたちと直角との間には、たいてい共生関係がある。この多くは結局のところ中国の土占いに由来し、そこでは正方形の大地が天国の円で囲まれる。作庭書があらわされはじめるのは11世紀後半だが、すでに中国式の配置・構成要素モデルだけでなく「日

本の心」をも表現している。したがって、日本庭園はそれ以来ずっと日本社会を外面的に象徴してきた一種の厳格さと共に、自然に対する繊細さをその特質として、それ以降示すようになったのだろう(図6-7)。

　西欧における文化的表象としての庭園の、最もよい例が、18世紀における英国式庭園の発達である。17世紀、イギリスのルネッサンスにおいては、格式張ったラインの新古典主義様式が大半を占めていたが、18世紀に入ると、ロマン主義思潮が物語る象徴的庭園へと変化させた。詩、風刺文学、系図学といったものすべてがあったかもしれない。中でも最も有名なものの一つが、ウィルトシャーのスタウアヘッド庭園で、そのある部分ではアイネイアスが黄泉の国へといざなわれるウェルギリウス作の物語が語られているようだ。18世紀における造園は、詩や絵画と同等の位置を占める高尚

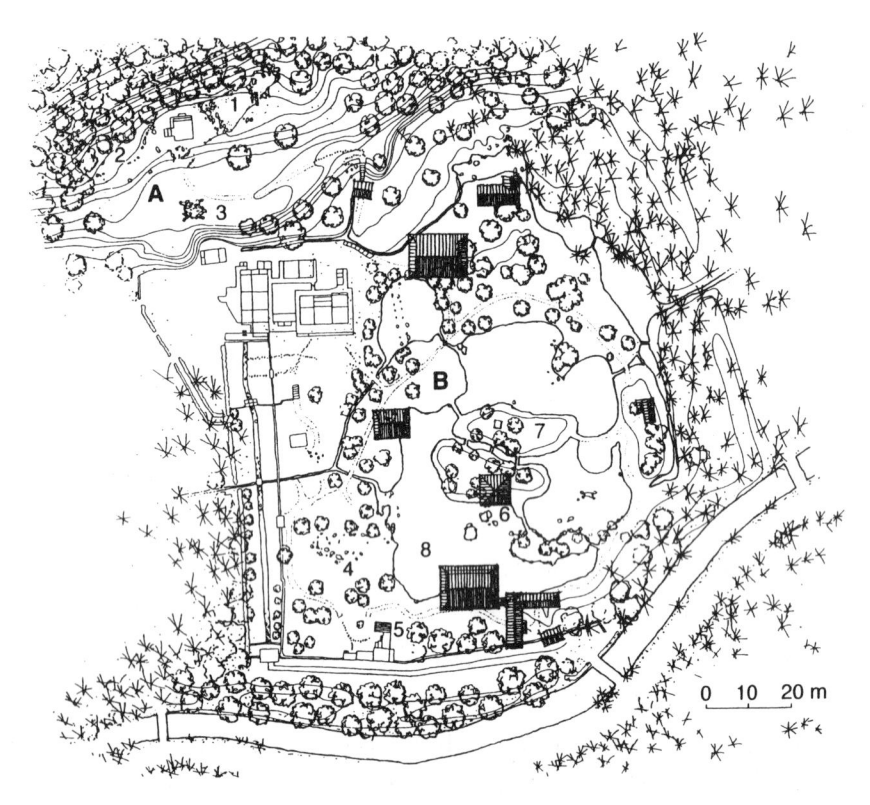

図6-7　1334年開設された西芳寺庭園(京都)における建物の配置AとBとのコントラストは苔と岩石のベースとの対比　(Nitschke, 1991による)

　1. 岩の滝、2. 座禅瞑想のための石、3. カメの岩の島、7. 朝光および夕光を拝む島、8. 黄金の池
(すべての建物は、昔も今も、直角で、同じ配置となっており、地面の自然なカーブに沿っていない。)

Environment

な芸術の一形式であったし、ピクチャレスク理論において一つの相互作用が生じてきた。すなわち、風景が絵画と似ているが故に重んじられたのである。もし絵画にふさわしかったり、ある種の絵画様式を思い起こさせるならば、それらの価値はさらに高まった。今日そうした関係にある後継者は必然的に「環境芸術」ということだろうし、たいていは画廊の空間的、文化的制限を免れる戸外における彫刻のかたちをとっている。それらには様々な形式があり、カリフォルニアにおけるクリストの40km近い「ランニング・フェンス」のような一時的ではあるが、巨大スケールのパフォーマンスのようなものもある。これは数日で撤去された。他の意味でつかの間の命だったのは1963年、屋外ではじめられたリチャード・ロングの作品である。彼の作品は、対象となる大地に手を加えて風景を完成させるものだが、できた風景はすぐに消し去られてしまう。したがって、それらの唯一の記録は写真ということになる。キャンバス上での微生物の成長をも含む、1970年代におけるアラン・ソンフィストの作品のように、この手の芸術で最も徹底したものは、自然のエネルギーと自然の構造との「合作」と言ってもよいだろう(Ross, 1993)。

テレビ

かつては説教や印刷物がそうであったように、テレビは現在、社会行動を確認する強力なメディアである。美術的に共通の感覚に訴えるというよりも、ニュース、意見、エンターテインメントを送り届けるなど、たくさんの機能を持つが故に、テレビは芸術一辺倒になっているわけではない。明らかな部分では、野生生物や環境に関する番組を通じて環境との取り組みが始まっている。また、それほど明白にではないが、特に医学の分野などでの科学技術の成功を強調する番組を通じて西欧的世界観が是認されてもいる。

テレビが提供するもので芸術に最も近いのが、広告の中にあるように思える。所有権や所有物(土地だろうと他人だろうと)という考え方を「売る」18世紀の油絵のように、広告はメッセージを送ることに専念させられている。製品そのものは見たとおりだが、その背景となる環境(もしくは背後にある意味)は、世界観を伝えるメッセージ性を持っている。これが売り込む品目の魅力を高め、白衣を着た科学者やジーンズ姿の若者といった今日の世界に存在する他の表象もそうだが、その環境が総動員されるはずだ。休暇旅行パンフレットのように、直接、環境を売り込む広告もある。これには実際、決まり切った製品が関係することが多い。そうした広告を読みとるのには、鋭敏さをまったく必要としない。空はいつも青く、誰もが幸せで、どれも安全だ。さ

らに興味深いのは、環境が脇役を演じている広告で、画面を埋めなければならないにしても、売り込むべき製品よりもはるかに多くの時間とスペースを視聴者の網膜に環境が占めているかもしれない。そうした広告では、環境との様々なかかわり方が、やや不自然だと受け取られる可能性がある。

　そうしたかかわり方の中でも第一に、環境は克服すべき危険の一つとして提示される。例えば、車が道路沿いを襲う火のカーテンを無傷で通り抜けたり、無舗装で急勾配の山道を上手に走り抜けたりする。極端な場合では、スキーの滑降コースや氷河の上をなんの問題なく走行する。購入者のオフロード体験がチェルシーの歩道の縁石に乗り上げる程度のささやかなものだとしても、四輪駆動車を売り込む場合、こうしたことすべてが強調される。そこには、自然に対するテクノロジーの優越を、罪の意識なくたたえる西欧的世界観との完全な同盟関係がある。次に共通したかかわり方は、高い価値を持つ田園風景や古い建物が建ち並ぶ絵になる街などのような、美しく心地良い環境の中に製品を置いてみせることだ。ここでもまた、車が主役を演じる。ロマンティックな暁の港町、他の車の姿が見えない曲がりくねった道路をなめらかに進む車。ドッグフードのトップブランドの地位を得ようと、あらゆる品種の犬たちが広野や逆巻く川を、生態系にチッソ分を加えることをためらいもせず荒々しい奔流となって駆け抜ける。果物がたわわに実る果樹園で、そしてまた誰も船酔いさせずに海原を進む白くきらめくヨットの上で、ソフト・ドリンクが消費される。イギリスでは、セラフィールドにある核燃料再処理施設のビジター・センターが、山地の長大な田園風景やカンブリアの海岸風景の最後に現れる。あるバージョンでは、環境の価値を体現するシンボルとして希少性を増しているメンフクロウが登場する。これらは皆、連想による美点や善の転換例だと言える。昔のままの田園風景は、ある種の付加価値を高める役割のようだ。すなわち、それは美しさに満ち溢れ、そのいくらかは（疑いもなく宣伝企業の望みはたっぷりと）宣伝する商品にこすりつけられる。最後に言えるのは、避けることのできない黄金時代があるということだ。商品の販売促進や広告宣伝は20世紀のテクノロジー化の産物というわけではなく、すべてが自然で、おそらく手作りだった過去にもある程度由来すると偽って主張することを私たちは求められている。この伝説を補強するために、牧歌的な過去の一部として環境が出現する。その高い価値が認められている田園風景や小さな街が再び役に立つということになる。「よりヘルシーな」食べ物へという最近の傾向があるとすれば、パンなどは特にこうした扱いを受けてきた品目だった。その土地で収穫されたトウモロコシを村のオーブンで焼いたかのようなパンを手に入れることができる。すると、必然的に車もこのよ

Environment

想像力の選択肢 275

うな扱いを受ける。空間の優雅さと過ぎ去った時が、ワックスつや出しと共に車体にすり込まれるように、由緒正しい伯爵が「格付け」に起用される。さらにパンも車も、すべてをノスタルジアに塗り込めるような音楽で補強することができる。イギリスでは、エルガー、ラルフ・ヴォーン・ウィリアムズ、ドボルザークといった作曲家の牧歌的な何小節かが、この目的のために抜粋されてきた。

こうしたコミュニケーション形式の重要性は、多くの他の形式同様に評価することが難しい。だが、中でも広告は商品を売るためにつくられ、消費を控えようと思っている視聴者の考えをくつがえさせようと、あらゆる手管が用いられる、ということを忘れてはならない。テレビは現時点で、あるいは、まさに人類の歴史を通じて、私たちの周囲にある、どんなものよりも広く普及し、おそらくは説得力のあるメディアだということを認める必要がある。衛星によってテレビ電波の到達範囲は地球全体になっているが、小型化のテクノロジー(最初はCCTVカメラなどにみられ)は、テレビに強力な地域的役割をも与えることを可能にした。テレビは、コンピュータに蓄えられ、つくりだされた情報のはけ口として明らかに適していて、そのことを他の必須条件に有効に結び付けられている。

映　画

多くの面で、映画はテレビやビデオの前身と言える。明らかな違いはその長さで、長編映画では少なくとも90分はある。かつては主要な映画の前に上映されたドキュメンタリーのたぐいも(ニュースや広告も)、今は少なくなっている。というのも、そうしたものの役割は、ほぼ完全にテレビに移ってしまったからだ。そこで、ここでは創造的な物語の現状に焦点を絞り、明らかに生態学的な性格を持つものを例として取り上げる。アメリカ合衆国でつくられた作品では、「ダンス・ウィズ・ウルヴズ」のように、アメリカインディアン(Bierhorst, 1994)がしばしば題材となる。

しかし、直接的に描き出されるモラルでなく、推し量られるべきモラルが、さらに隠れているかもしれないという問題がある。人間がつくりだした怪物が暴走する映画の多くは、テクノロジーへの奴隷的従属の典型例とみなされる。その多くは、ユダヤの伝説に現れる、命を与えられた粘土の創造物、ゴーレムにはじまる。それを引き継ぐロボットは、カレル・チャペックが書いた戯曲「R·U·R(ロッサムの万能ロボット)(1920)」のテーマだった。さらに、このテーマをベースとした映画「ウエストワールド」が1960年代(訳註：マイクル・クライトン原作・監督の「ウエストワールド」は1972年制作で、著者の勘違いか)に制作された。人間がつくりだしたが、もはや命令

に従うことのない暴走する怪物というアイディアは、無数のおきまりのホラー物やスリラー物の中で現実の機械のかたちとして現れる。その成功例が、映画「チャイナ・シンドローム」でのメルトダウンの危機に瀕する原発である（中国とアメリカ合衆国東部は地球の真裏の位置関係にある）。

さらに知的な挑戦は（そして「メッセージ」があまり目立たないという理由でより効果的な）、テレビ・コマーシャルやハーディの小説にみられるように、まわりの環境が中心的テーマを支持したり、伝えたり、相容れなかったりする映画だ。日本の映画監督、黒沢明（1910～1998）の優れたイラストの数々と、1990年代のカンヌ映画祭で初上映された映画「夢」は、まさに環境的寓話と言ってもよいだろう。「夢」は八つのエピソードからなる2時間の作品で、各エピソードの設定や筋の運びの中で「私」という一人の人物が中心的役割を演じる。エピソードは幼年時代で始まり、老年時代と死で終わるが、「私」は二十代半ばまでしか年をとらない。この作品には、環境にかかわるものがたくさん描かれるシーンがいくつもある。「桃畑」では、桃畑の伐り跡に少年が誘われるように行く。木が伐られる時、彼は泣いてくれたのだからと、桃の木の化身である雛人形たちは桃畑の花盛りだった頃を見せてくれる。「赤富士」では、爆発的核反応が引き金となり、どろどろに溶け出しそうな富士山からパニックを起こして逃げまどうシーンがある。だが、電気もなく水の力だけに頼る平和な農村「水車のある村」でこの映画は終わる。ここでの主な出来事は、子供たちが踊りながら先導する棺桶に納められた老婆の、陽気な葬列である。他のエピソードでは、環境との関連はそれほど明確ではない。死に直面した登山隊、血の池地獄の淵で嘆く鬼たち、ウィルフリド・オウエン的トンネルの中で彷徨う、安らかに成仏できない兵隊の亡霊たち。そしてヴィンセント・ヴァン・ゴッホの後期作品の中をも歩き回る。

どのように黒沢の思いを読みとったらよいのだろうか。何人かの批評家が指摘してきたように、人間同士と同じく、自然から人間が疎外されていることを彼は描き出しているのだろうか。桃畑の伐採や原子力の存在は必然的に地獄へとつながるのだろうか。キツネの嫁入り行列を見てしまった少年が、自殺するよう促される冒頭のシーンのように、何か禁じられたことに私たちは手を付けているのだろうか。虹の下でキツネたちを探して謝るよう母親は少年にさとす。原発担当官は伝統的な日本的流儀で責任を認める。そして桃畑には伐採を免れ、花の盛りを迎えようとする木が一本残っている。ものごとがよい方に向かうときの黒沢は、いつもエルガーやウォルトンのようなタイプの西洋音楽をサウンドトラックに使う。新しい理念や関係の変化は、アジアからでも「非伝統的」サブカルチャーからでもなく、西欧文化の主流から生まれると

いうことを、これはほのめかしているのではないだろうか。だが最終的には、善い生と善い死とが和解する前工業化社会の、伝統的価値観の世界に戻っていく。そして、一人あたりのエネルギー消費を減らすことがどんなに望ましく、緊急を要することであろうと、後戻りはあり得ないが故に、これは現実的なメッセージとしては、明らかに役立たないだろう。

音　楽

　音楽の項目をどんな辞典ででもよいから引いてみよう。そこには、「あらゆる芸術は音楽の状態にいつもあこがれている」というイギリスの随筆家で文芸批評家でもあるウォルター・ペイトン(1839～1894)の言葉がたいてい引用されているだろう。これはふつう、音楽が感情に訴える力(シェークスピアの喜劇「から騒ぎ」中の登場人物ベネディックは「奇妙な話だ、たかがヒツジのはらわたで人間のからだから魂を引き出せるとは」と言う)、そして時や場所を抽象化する力のことを主に説明している。私たちは棚に手を伸ばせば、つい昨日の作品から少しばかり知っているだけの大昔のものまで、世界中の音楽を即座に聴くことができる。ほとんどの創造芸術と同じく、音楽には様々なものが含まれているが、ここでは、民族音楽、ジャズ、ロック、ポップスといったものでなく、最も意識的につくりだされる音楽形式(すなわち芸術音楽)について検討することにする。これは、様々に形を変えることによってその本質を保つことができる民族音楽などに対して不公平かもしれないが、場所や風景を象徴するものとして芸術音楽を捉えることもできる。それでも、詩や絵画と同じく、芸術音楽は意識的構築物であるからこそ、人間の内面と環境の関係をも表現することができるかどうかを問う必要がある。

　映画と同じように、音楽には基本的にものごとを記述するのでなく、感情や記憶を呼び覚ます側面がある。土地の音楽とでもいうものが一般にそれにあたる。19世紀および20世紀初頭には、土地や民族に結び付いた交響曲が数多く産み出された。「エスパニャ」や「フェンランド」などがこのジャンルの代表的なものである。ジャン・シベリウス(1865～1957)の作品はきわめてフィンランド的であり(民族音楽を使っていないにもかかわらず)、他のどんな土地にも由来するはずがないと一般に考えられている。実際、ある音詩におけるフィンランドの民族的叙事詩「カレワラ」からの手がかりがなかったら、その通りかどうかを議論しなければならないだろう。オリヴィエ・メシアンは、おそらく反応の方法とでもいうような感覚を聴き手に与えるために、鳥のさえずりをきわめて観念的な宗教音楽に組み入れた。ラルフ・ヴォーン・ウィリ

図6-8 ヴォーガンウイリアムズの第5交響曲からの抜粋 (Hill, 1949による)
始まってすぐの部分。下のパートはホルンで演奏され、上の部分はヴァイオリンである。

アムズの「交響曲第五番(1938～1943)」冒頭のように、ホルンや、ややもの思いに沈むような弦楽器の調べは、私たちイギリス人の聴き手を田園やまったく昔のままの環境にいざなう(図6-8)。だが、往時の風景を夢見ることは、ためらいや頼りなさといった感覚にあるように思われる。

　それほど明らかではないが、そうしたものは日本の作曲家武満徹(1930～)の水や庭を題材とした作品中にみることができる。彼の作品には「雨ぞふる」「雨の呪文」「リヴァラン」など自然の営みをタイトルとするものが多く、そこでは西洋と日本の双方の音楽形式が用いられている。全体的にみれば、その音楽は作曲家の魂のロマンティックな想念というよりも、日本文化特有の類をみない感覚を表現しようとしているようだ。しかし、その様式は西欧的であることが多い。人と環境の相互関係をさらに深く追求したのが、アメリカ合衆国の作曲家で保険会社経営者でもあるチャールズ・アイヴズ(1874～1954)である。彼の作品の中には、曲名や引用がわかりやすいものがある。例えば、「ニューイングランドの三つの場所」では、アメリカの賛美歌とマーチの旋律が使われている。しかし、アイヴズはそのような構造の向こうに、聴き手の心が一時に複数の想念と取り組むことができるような、弁証法的発展を追い求めていた。そして風景を見ることに、これを喩えている。

　そこで次の二つの見方で、音楽を聴いてみる。

(1) 主に大地や背景をじっと見つめながら、木々の上空に目を向ける見方。すなわち、対象に焦点を絞らない。

(2) 大地を見て、それから主に空や背景の上方を見る見方。言い換えれば、一体として演奏されている音楽を二つの部分に分ける。

(セリオより引用、1978)

　その成果が、アイヴズの未完の交響曲「ユニヴァース(1911～1920)」ということだが、基本的に視覚によって認識する情景を、音のつながりにうまく翻訳することが可

Environment

能かどうかをこの曲を聴いて判断する必要がある。それができるなら、作曲家たちは、ある情景の基本的に動きのない要素を描くだけでなく、プロセスそのものを言葉さえ使わずに思い描こうとするはずだ。だが悲しいことに、交響曲にはそれぞれの山の頂に六つから十のパート譜が必要だし、譜面は一枚一枚でしか存在しない。

評論家はほとんど取り上げないが、相当に広く信じ込まれている問題がある。これは、現代人は科学とテクノロジーに取り囲まれているという哲学的観念と結び付いている。この意味において、こうした文化的活動をもはや人類はコントロールしきれなくなっている。つまり、大気や土壌と同程度にそれらが環境の一部である世界に私たちは住んでいるのだ。このように、音楽は私たちが意識していなくてもテクノロジー的世界の一つの表現であり得る。トラディショナル・ジャズは鉄道にかなり影響を受けていたという事実などは、引き合いに出す例として適当だろう。その基本となる堅実なリズムには、溶接レールの時代にはもはや聞けなくなった、鉄路の果てにまで届くような車輪の響きが反映している。もう一つの切り口は、第二次ウィーン学派の簡潔な発声から音楽録音の発明に対する反応をみることだ。アントン・ヴェーベルン（1883～1946）などは、明らかにその最高峰だと言える。例えば、1900年から1910年の期間、レコードの片面に録音できるのは4分であって、シリンダー録音でも同じだった。1950年代のLPが芸術音楽の演奏時間を長くしたかどうかは、コレクションうんぬんはともかくとして、別の問題だ。こうした議論の果ては、ロックやポップスはアンプで増幅された音の世界ということになるだろう。

芸術は、自然科学の世界からも、そして少なくとも社会科学、法律、倫理学の世界からも遠い一つの世界以上のものであるように思われる。だが、人類と環境の問題を部分としてでなく全体として理解しようとするとき、常に心の内に抱いているかもしれないことがいくつかある。それは第一に、創造的芸術はすべて、秩序と変化の関係を保持しているということだ。芸術における秩序過多（例えば、音楽のリズムなどで）は退屈を誘うし、変化が多すぎても、でたらめさやカオスさえも感じさせてしまう。同じことが絵画にも生態系にもあてはまる。単一種の生態系には秩序がある。手当たり次第に生物が棲みついた初期遷移段階にある区画には、数多くの種がみられるかもしれないが、後期遷移段階に特徴的な秩序はまだ形成されていない。したがって、その構造に関しては、現実世界の現象のいくつかと人の心がつくりだすものとの間には、私たちが通常理解しているよりも共通点が多いのかもしれない。記述や説明を行う際の隠喩（いんゆ）の重要性を思い出すな

らば、これはある程度説明できる。科学的な言葉で説明する場合、ちょうど小説家が情景描写や人物描写に利用するように、隠喩を頼みとすることが多い。19世紀においてはごく当たり前であったし、つい最近まで中国の共産主義者のスローガンでもあった「自然の征服」という例だけでもわかるだろう。この分野において軍事的隠喩はどの程度、(a)正確で、(b)適切なのだろうか。

まったく触れてこなかった世界

詩人A.E.ハウスマン(1859～1936)は、「ストレンジャーであり、世界にひどく怖れを抱いている」人間について、さらに、そうした感情を甘受することが宗教の機能の一つであると記した。だが現在では、次のような神を讃えるハウスマンの言葉を重要視している宗教がある。

　　……麦芽はミルトンが為せる以上のことを行い
　　神の行いの正しさを示す

ところが一般に宗教は、人間が理解できない究極の説明を求めるので、自然の領域、もしくは純粋に人間的な領域にでなく、超自然的な領域に説明を求めることを恐れない(Gottlieb, 1995)。環境の領域において、宗教は数多くの場所で衝突を起こしてきた。

- 地球は神によって創造されたものであり、したがって、人間はそうした創造物の一つにすぎないとはいえ、この惑星の面倒をみる特別な責任があるという考え方。
- 人間は創造物の頂点に位置し、したがって、地球を意のままにする権利があるという信念。
- 人間は不完全な存在であり、そのために物や権力に対する欲望が生じ、それが必然的に人間や環境に災いをもたらすという観念。
- 地球や宇宙は驚異に満ちた場所であるにもかかわらず、創造主が祝福を与えるものこそが、それらが本来備えている性質であり、それ故に創造主に感謝が捧げられるという感覚。

世界の様々な宗教が奉じる信念はきわめて多様であり、現在の状況の下では、環境問題を明確に配慮することについては、主要な教義のいくつかに照らして簡単な議論を行うことができるだけだ。

Environment

まったく触れてこなかった世界

🍎 キリスト教

　この宗教の中で抱かれている信念は一様ではないが、次のようなものが、ほとんどの正当派的学説の中心思想と言えるだろう。

- 神は至高の存在であり、天使－男－女、さらに子供－動物－植物－非生物といったタイプの階層的構造からなる宇宙を統轄している。そのものの価値は、この階層構造上の位置に応じて与えられ、そうして与えられた価値が社会構造の中での父権を裏書きする。
- エデンの園を理想とする基本的に懐旧的な観念が存在する。この完璧性は罪によって破壊され、生来の破壊的傾向に取って代わられた。極端な説になると、洗礼を施された者だけが結局は神と和解し、それ以外の者は尊重されないというものだ。

　こうした正当派思想は近年、攻撃を受けてきた。例えば、アダムとイヴは、彼らが完全に人間と言える存在になったこともあって、神に背いたのだと解釈されている。それは結果として、何か足りないのが人間以下の存在のふるまいだったからである。このように、人間の本質に関する神学というよりも、自然に関する神学が発揮される余地があり、そこでは人間以外の世界に多大な価値が付与され、創造物はそっくりそのまま讃えられる。そのような見解に加えて、人類社会におけるヒエラルキー信仰も弱まっている。そうした信念から生まれる新しい倫理には、自然界に配慮しようとする良心の広がり、人類が行使する力や自然をコントロールすることの限界に対する認識、地球の所有者というよりも借地人としての私たち人類の承認、さらに、私たちがなぜか自然から切り離されているという「究極の異端」と呼ばれてきた考え方の拒絶といったことまでが含まれている。

　新しい神学と共に新しい礼拝者、そして、新しい聖徒も求められている。アッシジのフランシス（1181～1226）は、鳥やオオカミとの関係にまつわる伝説だけでなく、環境にやさしいライフスタイルと現在呼ばれているものを取り入れていたが故に、霊感を与えてくれる聖像と認められてきた。また12世紀ということでは、ドイツの神秘主義者ビンゲンのヒルデガードが、その音楽と「環境」詩によって最近、知られるようになってきた。

　　　神の真意は　　　　　　　命を輝かせ、誘い出す
　　　命を授けること　　　　　讃えるべきものすべてを
　　　世界中の木の根に　　　　目覚めるものすべてを
　　　大枝に吹き付ける風に　　よみがえるものすべてを

🍎 ユダヤ教

　キリスト教のごく近い原型として、ユダヤ教を先に取り上げるべきだという考えもあるかもしれないが、現実問題としても、より観念的な世界観の形成という点でも、その教義の影響力は現在、かなり小さいだろう。なにしろユダヤ人の数（約800万人）はメキシコシティーの人口よりも少ないのだから。

　キリスト教と同じように、ユダヤ教も文字として残っている言い伝えから多大な影響を受けている。この場合は、トーラー（キリスト教では旧約聖書の最初の五書と考えられているものの一部）およびタルムードとして知られている大部の注釈書である。環境の重要性にかかわる数多くの道徳指針は、これらに由来している。現世における行動や善行に重点が置かれ、清廉潔白を求める願望を除いては原罪の概念も、つましさの美徳もない。現世の拒絶、あるいは砂漠の父祖たちへのキリスト教的崇拝や修道院の創設にみられるそうしたやり方は、まったくユダヤ教に反映されていない。しかし、現世の構造はきわめてはっきりしたものである。地を満たし、それに従い、海の魚や空の鳥を支配するようアダムが申しつけられた、創世記の中の1対28という計算に対して異議を唱えることはできない。だが、これは勝手気ままに世界を利用するのを認めることではない。すなわち人間は、神が創りたもうたものを管理すべきであり、苦役を課された口実としてでなく、哀れみ深い慈悲の心を持ってこれらを利用すべきなのだ。さらに、神を賛美し歌い上げるしるし（いわば聖歌）として、創造の仕事を神とを分かちあい、この地球をいっそう発展させるべきだと。したがって、土地利用計画、資源利用計画、人口計画、あるいはテクノロジーの利用は許される。殊に、富は嫌悪すべきものではなく（貧困はしばしば環境にダメージを与える）、またテクノロジーについては、環境問題解決に貢献する可能性を評価すべきで、世間一般が思い込んでいるようなものとして決して毛嫌いしてはならないと。消費の抑制については安息年という考え方に以前から示されていて、そうした年において農村では生産を維持するだけで、何も新しいものは植え付けられなかったにもかかわらず、簡素な生き方を支持する者たちは心得違いをしているとみなされることがある。

　このようにユダヤ教は環境にやさしいが、テクノロジーに親近感を抱いているので、イスラエル国境あるいはスタンフォード・ヒルをはるかに越える妥当性という資源を十分に内包しているのかもしれない。浪費や破壊に対するラビの教え（バル・タシュシト「汝破壊するなかれ」）は、どんな環境にあっても、創造主の模倣に創造的エネルギーを使うよう人々に命じた戒律の一部である。創造主は至高の存在である以上、

……地はわたしのものである。あなたがたはわたしと共にいる寄留者、または旅人であるのだから
(レビ記、25:53)

🍎 イスラム教

イスラム教では、ユダヤ教やキリスト教に比べて、教典とその釈義の重要性が大きく取り上げられている。コーランとその伝承(ハディース)は、人がとるべき正しい行いすべての根本原理である。宇宙とその法則は神が創り上げたものであり、その中で人間は特別な位置を占めている。私たち人類は善いにつけ悪いにつけ、この地球上で唯一選択の自由を持つ種である。したがって、人類は創造物の頂点にいるはずだが、自らの地位を最下層に下げることもできる。だから人間の地位は、正しくはカリフ、すなわち地球を預かる者なのである。コーランには、環境となんらかのかかわりがある節が500ほどあり、そのほとんどが、いかにダメージを与えたり無駄なゴミを出さずに地球を人が利用するかということ(現代的用語ならば持続可能な生産)に集中している。したがって、堕落や汚染は神との契約を破ることであり、常にそれは一人一人の責任なのである。つまり他人に責任転嫁できないのだ。

環境問題においてもう一つ重要なことは、イスラム科学の性格である。イスラムにおいては人の精神面と肉体面での幸福の区別がどこにもなく、科学は価値がないように、敢えてよそおったりしない。ものごとは常にイスラム法の中で起き、知られている限りすべての秩序の中に神の意志を示すべく予定されている。それ故に、西欧の科学やテクノロジーにおいてみられるように、できるだけ多く供給することを目指すことが、かならずしもないのかもしれない。

思いのままに飲み食いするがよい。だが決して度を過ごさぬように。
(神様は)度を過ごす人々を好み給わない。
(コーラン7:31、井筒俊彦訳、岩波文庫コーラン(上)、1964、岩波書店)

🍎 ヒンドゥー教

ヒンドゥー教は、一連の信条というよりも、一連の生活様式からなる全体論的宗教である。実際、「ヒンドゥー」も「宗教」も西欧の用語であり、サンスクリット語で「真実および永遠の状態」を意味するサナタン・ダルマの方が、より正確に内容を反映している。インドの文化や言語に根ざすヒンドゥー教は、山々の岩から宇宙全体にいたるまで、あらゆるものが神の家だと主張する。したがって、創造物全体、殊にその命だけでなく、そのかたちすべてに神聖性とでもいうべきものが宿っているので、

菜食主義が必要となってくる。

　倫理的には、三つの法理がこうした世界観を形成している。第一の法理はヴァイナ、供物である。生態学的には、地球に対する補充の行為に等しい。木を1本伐ったら、5本植えなさい。欲望を抑えるようにせよ。すなわち、五つ使えばすむのなら、六つ使うのはやめなさいということだ。第二の法理はダーナ、布施である。お金だろうと、労働だろうと、知恵だろうと、時だろうと、あなたに求めてきた者に与えることである。ヒンドゥーの考え方では、自然界と人間世界の間に隔てはないので、一人に与えることは全体に与えることになる。三番目はタパス、苦行である。所有欲を抑えるなど様々な欲望を断つための瞑想が、この法理における最も重要な行いかもしれない。そこには意図的な怠惰も含まれるとするならば、労働などそれ自体美徳ではなく、必要量以上に生産することに価値はないとする。祈りの前によく詠唱される呪文は「オム・サンティ、サンティ、サンティ」で、サンティ（寂静）は自然、社会、自分自身との永続的平安を意味する。西欧において環境として区別しているものは、すべてこれらに含まれる。ヒンドゥーにとって大切な隠喩は、世界全体を森とみなすことだ。再生可能を原則として利用管理するならば、莫大な富というほどではないが、森は様々なものを与えてくれる。さらに、灼熱の太陽や土砂降りの雨を避ける場所を与えてくれる。そして森は、日々の黙想の場所であると同時に、いかなる種類の物質的富をも拒絶しなければならない善良なヒンドゥー教徒が、後半生を過ごす場所でもある。だが、すべての人間がそのような森の一部であるにもかかわらず、私たちは森をそっとしておくことができず、つくり変えてしまう。

　最後の倫理的教訓は、殊にマハトマ・ガンディ（1869〜1948）を連想させる非暴力の考え方である。彼は政治面に限らず、この理念をすべての社会システムに適用できると考えていた。それは、生態学本来の考え方とそう隔たりのない、太陽エネルギーを基本とする環境負荷の少ない経済システムと、今日私たちが定義しているような生活様式を提唱したのである。彼にとって開発はさらなる占有であり、人と人との間の暴力や土地に対する暴力を意味するにすぎなかった。これは「イーシャー・ウパニシャッド」の中で描かれたように、宇宙の本質的全体性をバラバラにしてしまうと唱えた。

　　この世界のものは、すべて神のものである。神は生あるものにも生なきものにも満ち渡っている。それ故に、人は正当な分け前だけを取り、残りは至高の神に残しておかなければならない。

Environment

🌱 仏　教

　西欧の宗教同様、このアジアの「宗教」にも重要な中心となる予言者がいる。仏陀という称号がインドの王子であるゴータマ・シッダールタに与えられ、バラモン教のいけにえの慣習に反対し、紀元前525年、戸外での長い瞑想の後、ついに悟りを開いた。仏教は何よりも心を理解することを出発点としている。すなわち、自然神論的信条はいらない。人の心が原因や結果（カルマの法則）の根本にあり、煩悩を生じさせるのが欲望なのだと。あらゆる存在がなんらかの煩悩にかかわっていて、それからの開放が理想とする目的の一つである。この自由な境地に対する言葉が「ニルヴァーナ」であるが、西欧においては、イスラム教やキリスト教の天国と同じものだと誤解されることがある。

　心が出発点である以上、当然、心とその他の事象すべてが浸透し合うことが宇宙の中心的命題となるはずだ。すなわち、個に宿るものはすべてに宿り、すべてに宿るものは個に宿る。生態学的レベルでみると、これは単に私たちと自然との関係という段階でなく、より深い理解に導いてくれる。例えば、椅子の本質を見る場合、樹木を、森を、大工を、あるいは自分自身の心を見つめずには、椅子の本質を見ることができない。これはさらに、私たちは外界の原因に全面的に左右されているので、個々の人間は決して独立した存在ではないということになる。自己という観念は世相から私たちを引き離し、迷いの煩悩を生じさせる。そこで、私たち自身の中に全体性を求めることが始まり、私たち自身を知ろうとする必要性が私たち自身を、もしくは仏陀の本質を悟らせた。悟りとは、この世界でいかに生きるべきかを知ることである。

　仏教は相互依存的関係を中心的命題としているので、自然をあらゆるものが変化し続ける不断のダイナミズム状態とみなしているのは驚くべきことではない。しかし、変化の成り行きは心と相互に作用し合うものなので、その人の行いや道徳感が変化の方向に影響を及ぼす。どん欲、憎悪、迷いなどが、内に外に汚れを生じさせる。したがって、自然に対する非攻撃的な姿勢は、人に対するのと同じぐらい大事なことなのだ。不殺生の法理（アヒンサー）は、ユダヤ教のバル・タシュシトの法理とよく似たものである。

　成立母体であるヒンドゥー教と同じように、仏教も質素を旨とする。ハチはハチミツをつくるときだけは、花蜜を集めるように、自然の原料を集めるかもしれない。仏教の教えは野外に題材をとった隠喩に富んでいるが、次の一節は、仏陀が樹下で座禅を組んでいる最中に悟りを開いたことを思い出させる。

無数の蚊
そこは空
それら無くしては

あらゆる事象の相互浸透を仏教徒が重視していることは、8世紀中国の華厳経からあるイメージで美しく描き出される。そのイメージとはアメリカ人の学者F.H.クックによって私たちに伝えられ、暗示されたインドラ神の宝石をちりばめた織物である。

偉大なインドラ神のはるか天上の住まいには、あらゆる方向に果てしなく広がる、巧みな技巧によって吊された素晴らしい織物がある。神の贅沢な趣味と調和して、織物の「織り目」すべてにきらめく宝石が飾り付けられ、織物の広がりは限りなく、宝石の数は限りなく、……さて、よく調べようと、これらの宝石の一つをどれでもよいから選び、じっと見つめると、織物にちりばめられた数限りない、すべての宝石がそのきらきら光る表面に映り込んでいるのがわかるだろう。そればかりか、そこに映り込んでいる宝石の一つ一つにも他のすべての宝石が映り込んでいて、それが無限に繰り返されていく……この関係は同時的な<u>相互的アイデンティティおよび相互的因果律</u>の一つと言われている。

(アンダーラインは、クックによる)

このような世界観は全面的な相互的アイデンティティや相互的因果律あるいは全面的な階層性の否定を仮定するが故に、ガイア仮説やカオス理論とのつながりをひどく簡単なことのようにみせる。人も神もその中心にはいない。人間も、樹木も、川も他のすべてのものと関係し、依存することによってのみ存在する。そこで人間はあらゆるものに対して倫理的に正しい姿勢をとらなければならず、また運命を委ねなければならない。このことは利用するばかりでなく、利用されること(例えば、トラに食べられる)も意味しているのかもしれない。

宗教：概説

主だった宗教すべての特徴を一つの信仰に結び付けようとする試みは、唯一の神が文化や時代によって様々違ったかたちに表されるという考え方に基づいている。現代では、宇宙レベル、生命形態レベル、文化レベルのすべてにおける創造性の展開という意味で、進化論的要素がそうした神の姿にしばしば付け加えられている。つまり、こうしたことすべてが神の創造ということだ。環境問題を背景としたヘンリック・スコリモースキーよる近年(1993)の試みでは、キリスト教フランシスコ会とヘラクリトス(500BC)と仏教を結び付けようとしている。そこでは、世界は神聖なものとみなさ

れ、聖域として扱われなければならないとされている。責任という特性、あらゆる生命ある生き物すべてを含む綾織り物の存在などからなる、こうした原理原則の上に精神的指針を作成することができると。使っている言語は別として、その多くは無神論者にも訴えるものがあるかもしれない。しかしながらそれは、前述の議論対象に加え、主だった宗教の環境問題に対する個別の、あるいは全体的な関心の新たな方向性を示唆するものと言える。

> 本章は、神(存在するならばの話だが)の神秘に対する、どちらかといえば杓子定規な掟にはじまる長い道のりだった。そこにはいくつかの共通した特徴がある。それらは皆、苦しみを最小限に抑え、人々を善なる生活へと導こうとする願望を持っている。また、それらの中に絶対的なものがいくつも保持されているかのように、地元の文化や地域的文化に適応する必要があるという点で共通している。現在の世界においては、そうしたことはいずれも緊張の兆しを示している。地球規模の法制や信条が存在する一面、他方では、世界各地において、強烈な独立性を表明する民族主義文化集団への分裂、真理を知っているのは自分たちだけだと主張する原理主義運動の激化といった現実がある。最も献身的な修道士でさえ、まず逃れられそうもない科学―技術的枠組みの中に、今や、あらゆるものが存在している。したがって環境の文化生態学は、この世界の外観に関する地理学だけでなく、その成り立ちにかかわる数々のプロセスも包含している。こうした複雑さ、あるいは、考えられるいくつかの未来像を文章で表現することは決してたやすいことではないが、最終章で省くことのできないテーマではある。

もっと詳しく知るために

環境関連法に関する文献を入手するのは難しいことだ。完全に国家的視点に立っていたり、技術的観点のものが多い傾向にあるので、環境関連法づくりに的を絞った報告を見つけるのは難しい。哲学から政治学、法律にいたる一連の記述が役立つのが、「哲学、法および環境」を副題とするSagoff(1988)である。国際的な合意や法の成立に関する資料・データを扱う上で難しいのは、この種の出版物の中で取り上げられる時には、とっくに時機を逸してしまい、新たな真の地球規模の問題、特に大気圏の問題などを扱う必要性によって新たな局面が展開しているところだったり(実際、交渉

が成立したり)することである。だが、Caldwell(1990)は有益な文献であり、世界資源研究所の年次報告書「World Resorces」には、最新の国際的合意がいつも掲載されている。また、同所の年次報告書「State of the World」には国際法の適用例に関する記事が時々掲載される。正義に関してはWenz(1988)が詳しく論じており、Hooker(1992)は簡潔にまとめている。美術についても事情は同じで、個人レベルでは環境問題に関心を寄せている作品が多くあるが、それらをとりまとめて論じているものを見つけることは難しい。Kemal and Gaskell(1993)は取捨選択せざるを得なかったようだが、興味深い事例を収集している。一方、宗教を扱っている本や文書は、あふれかえるほどだ。それらは大半がキリスト教徒の立場から書かれたものだが、Casselから1992年に出版されたシリーズでは、様々な編者が世界の主な宗教の考え方や動向を論じている。アメリカ先住民についてはBierhorst(1994)が論じている。Skolimowski(1993)は、より宗教混淆的な代案を提案している。宗教、哲学、女性の役割についてはGottlieb(1995)が取り上げている。

Bierhorst, J. (1994)： *The Way of the Earth: Native America and the Environment.* Morrow, New York

Caldwell, L.K. (1990)： *International Environmental Policy, Emergence and Dimentions,* 2nd edition. Duke Press, Durham NC and London

Callicott, J.B., Ames, R.T. (eds) (1989)： *Nature in Asian Tradition of Thought: Essays in Environmental Philosophy.* State University of New York Press, Albany

Gottlieb, R.S. (1995)： *This Sacred Earth: Religion, Nature, Environment.* Routledge, New York and London

Hooker, C.A. (1992)： Responsibility, ethics and nature, In Cooper, D.E., Palmer, J.A. (eds) *The Environment in Question.* Routledge, London and New York, 147-64

Kemal, S., Gaskell, I. (eds) (1993)： *Landscape, Natural Beauty and the Arts.* Cambridge University Press

Skolimowski, H. (1993)： *A Sacred Place to Dweli. Living with Reverence on the Earth.* Element Books, Rockport, Mass

Wenz, P.S. (1988)： *Environmental Justice.* State University of New York Press, Albany

第7章 誤りのない道筋

　本書におけるモットーとして知識は普遍的で、しかも誤りのない道筋を示しているに違いないという言葉を持ってこよう。これは17世紀、ツアー（王）の教育者であったジャン・アモス・コメニウス（Jan Amos Comenius）が述べた言葉である。しかし、この道は分割し、分別される必要がある。つまり知識は、今や、小単位の拡大されたネットワークとなっている。

　小さな家と硬い地べたとの位置関係も、常に変化している。そこで、複数の人間に適応できる、われわれ自身および環境についてのより統合的な知識を構築する機会とは何であろうか。書くという行動こそがプロジェクト全体を実行不可能にしてしまうといった議論がでるかもしれない。しかし、なんらかのテキストをつくりあげる以外にどんな方法があるだろうか。学生は多くの場合、これらの研究分野における画像の重要性を挙げるが、視覚的イメージは言葉や数字などの抽象的な記号に比べ、説明力が乏しいことを認めるべきである。

すき間を埋める

　人間によって生み出された細分化した知識を逆戻りさせてそのすき間を押し込めて、何枚かの皿を1枚につくりなおすことは可能だろうか。

　それは一見立派なことのように見えるが、いったい、それによって、より正しい真実を探し出すことができるのだろうか。そして、どうすれば私たちは、そのことを知ることができるのだろうか。もしも、より安定した環境、人間の尊厳や正義が、もっと尊重されるような機会さえあれば、慎重に探求をすることは、価値があるように思われる（最も、今の時代の流れでは、このような資質が高まるようには思われないが）。しかし、私たちはそれによってすべてを説明できるような、論理的基礎については（それがマルクスの思想であろうと、ディープ・エコロジーの環境規定主義

(environmental determinism)であるとにかかわらず)、気をつけなければならない。

本書のここまでの知識を伝える

つまるところ、ここまでの話は、今までにもたらされた様々な知識についてであった。衛星の軌道上に設置されたセンサーような複雑な技術でできた計測器を用いてきたようだ。それぞれ異なった場所で正確な海の温度パターン、あるいは大気中のイオウ濃度などの計測法を採用し、受け入れてきたとも言える。

同様に、子供が周囲のローカルな環境をどのように見ているかについての記述に価値をみいだしたり、中世の人々が彼らの周囲の自然を神聖なものとしてみてきたかを思いおこすということについても納得がいくのだ。そこで彼らは、多様な連続的パターンと照合する不連続なまとまりとなっている事柄をサンプルとして抽出する。

もしも私たちが、子供たちの環境について語る場合には、次のような示唆をしたい。それは、「環境」についての情報とそれ以外の情報とのもつれた関係をときほぐすことが私たちにはできるということである。私たちが中世の人々の生活について知っていることは、そのほとんどは、文字を知っている人々が書き残したことがらであって、これらは、時間の経過と共に生き延びてきたのである。そこで、知識の量は膨大であるが、本当は、われわれは、ほんの少ししか知らないのであり、しかも体系的にも不完全なものなのだ。

決定的な知識について

自然科学およびその模倣者は、時折、真実からかけ離れたものを生みだし、それがあたかも、それをつくりだす世界や、人々の純粋な意識であるかな不安を募らされることがあった。普通は、どんな考え方も、他の種類の知識を要求することはない。それは、社会の中で調整された時間と場所の産物であるということは、一般に認められているからだ。しかしこの見方は、いったい、自然科学にあてはめることができるのであろうか。

世界的視野で見ると、数名の評論家達が科学を全体として、発見の方向を見いだそうと試みてきた。彼らは、理論の形成と実践的な応用とに関する予測(予言)が重要であることを指摘し、さらに、最終的な目的(これについて頻繁に用いられる用語は「科学的プロジェクト」)は、人類による自然の克服である、という示唆を与えた。

より一般的には、社会について客観的な記述や説明をしようとする社会科学は、社会工学や社会管理といった、確立された社会秩序に奉仕する手だてとして、最も頻繁

に利用される。例えば、革命が進行するさなかにおいても、ある限られた時期に権限を持ち得た人々、それも彼ら自身が、かつての革命家であるにも関わらず、自分たちも検問を行うことが原則となってしまったように。

例えば油絵は、ルネッサンス期のヨーロッパに、その権威を獲得したようだ。それは何かというと、身の回りのもの(例えば家や馬のように)や処女マリア像などである。さらに、もう少し控えめな例として、非常に神聖なものとされている聖火によって、神の祝福を受けることなどによって、書くことは、儀式を伴わなくても展開できる力を与えられていた。その儀式とは、通常、牧師や王といった権威によって価値を与えられた(認められた)人々であった。それは、長い歴史を通してその力を維持した(例えば聖書を自国語に翻訳すべきかどうかといった)血なまぐさい闘争があり、非常に限られた階級以外の人々にも手が届くようになったことを思い出してみるべきである。そして、イメージの時代においても書くことが、この特性をとどめるようになった(例えばそれらがタブロイド版の新聞、大学)。

結論として、人間と環境との関係を含む知識について、あらゆる事柄は、社会的な経緯の中で生み出され、そして社会的に構築されたものによって確実に受けとめられるであろう。

科学に関する新しいアイデアとは、提案者に対して、激しい叱咤を浴びせるところから生まれるのではないだろうか。そして20年後に、これと同じ仕事に関して正しい評価がされてノーベル賞を受賞することにもなる。どちらにせよ、紙の上の記録は、将来にわたっても、ずっと決定的でありつづけるであろう。

小さな箱の中で

人間の環境について興味を持ってい人々にとって、単に輪郭だけについての討論というのはおかしい。社会学を科学に応用したり、数式理論を二酸化炭素のレベルにあてはめたり、アメリカ合衆国、北太平洋における、スポッテドアウル(フクロウの一種)の数を数えるといったことなど、ばかげたことにみえる。

今は明らかに、このような過程をもっと詳しく観察すべき時である。それは、過去において獲得した知識の多くが、どんな種類の環境的なインパクトをも特定できず、無制限に受け入れてしまっているかもしれないという脅威に私たちがさらされているからだ。

しかし、科学的発見というのは、常に先見的であることが許されている。そこで、

第1章で確認した「問題」は、科学における新しい発見、または、そのような知識を技術に応用することによって改善されるかもしれないということである。

復活した自然科学

16世紀以来の体系的な科学的研究によって得られた情報が、恐らく人類にとって最も高度な業績であるということは否定できないだろう。データは、通常、起こり得る誤りを明確に推測するといった、信頼できるものであり、また、個性から独立したものである。この「知る」という形態によって、私たちの考え、物事、人間の場所を、月に置くことを可能にするようなものだ。あるいは、本を読んだり、書いたりすることによって生ずる頭痛を、重くしたり、軽くしたりもする。科学的知識というものは、積み重ねられていくものである。それぞれの発見は、そのすぐ次の発見が上に積み上げられ、たとえ邪魔な構造物がそこに建てられたとしても、この惑星の中でどれ一つとして同じになったものはない。

人間はすべてを知っているわけではなく、それだからこそ、私たちの持つ知識は、人間の頭脳によって制約されている。例えば、他の動物と比較するなら、私たちの環境に対する直接的な知覚は限られている。私たちは、様々な距離および範囲について、はっきりと焦点を合わせることができる。ただ、広角的な(広範囲の)色覚を持っているが、例えば犬と一緒にいるとわかるように、人間の嗅覚はあまり敏感ではない。また、私たちは、ごく限られた範囲の電磁波長しか感じ取ることができない。高電圧の送電線の下を歩くことによる影響については、まだわかっていないのだが。

さらに、私たちは道具によって感覚を拡大することができる。しかし逆に、人間の知性の発明は、技術と同様、想像力の限界があるということも事実である。今世紀の革新的な生物学者であるJ.B.S.ホールディンは、世界は私たちが創造する以上に不思議であり、われわれの想像を絶するほど不可思議だ、と言っている。

科学というものは、記述し、分類し、説明し、モデル化し、理論化し、そして法則を打ち立てるといった様々な活動の中で秩序を模索している。それだからこそ、その根底には、宇宙の法則があることを主張している。秩序を見出そうとすることは幾世紀にもわたり、数多くの人の頭の中で試みられてきた。すなわち、アリストテレスは、宇宙には数学的な根拠があると確信していた。また、イスラムおよびキリスト教の神学者達は、宇宙の秩序が、神の鋳型によって「無」から生み出されたと硬く信じていた。ダーウィンは、宇宙には終わりが無いと暗示することによって、近代カオス理論からおおむね進化理論へと展開させた。もしも本当に、宇宙全体が「ビッグバン」の

Environment

発生の中で進化しつつあるものならば、まさに「自然の法則」は、常に同じではなかったのかもしれない、と宇宙論者は議論している（実際、時間そのものは単純ではない。私たちの感覚が示唆している0001時間から2359時間への直線的な進行、すなわち、アインシュタインは時間を曲線であると考えたかったことで有名である）。仮に、時間と空間の性質を論じることができるなら、もしかしたら今後20年間にわたって、人間の活動がもたらすエコシステムの変化について、もっと説明をつけることができるかもしれない。

　科学という分野には、積み重ねによって築かれているという性質があり、これは人間の思考の方法による産物である。そのことによって、科学的発見についての意志の疎通は、ある程度不安定になる。例えば、実体についての先進的な認識は、1920年代には、エレクトロン（電子）と呼ばれていたものを意味するが、現在は同じ名前ではあるものの、大変異なった方法で説明されている。1930年代には、エコシステムとは、植物（および、恐らくある程度の動物も含め）標本であった。現在は、エネルギーおよび物質のダイナミックな相互作用により近い解釈になっている。科学におけるコミュニケーションにとって、数学およびグラフィックスは重要であるが、言葉の言い回しは基礎的であり、事象にあった言葉を見つけ出さなければならない。最も一般的な方法は、メタファー（隠喩）についてである。すなわち、1960年代のある本のタイトルは、確かに「メタファーとしての物理学」とつけられている。例えば、生物地理学における考え方の研究では、「侵入」（invasion）と「爆発」（explosion）という言葉が動植物の集団の新しいテリトリーをあらわす言葉として用いられている。だが、それはあたかも、それらが目標となる占領地を与えられた征服軍のようであるからだ。このように、科学の大部分は、最後には観察者が用いるメタファー用語によって理解されることになる。

　しかし、現実の世界では、科学は、私たちが住んでいる地球、および知っている限りの宇宙において、他の人々や自然界のすべてを征服するために用いられようとしている。したがって、他のあらゆる覇権の道具と同様、これを使用する際にはモラルを考慮しないわけにはいかない。すなわち、単にそれが可能だからという理由で、それを行うのは正しいだろうか。科学者達は通常、「私たちは、ただ物事を発見するだけだ」と言う。その後どうするかは、他人まかせだ。そこで、社会はこれをコントロールする機構（メカニズム）を設立するが、それはより困難になってきている。というのは、技術がより小型化（ミニチュア化）し、グローバルなコミュニケーションが、さらに偏在化し、かつ迅速化してきているからだ (Longino, 1990)。

科学者の安全管理が、私たちにとって唯一の安全装置となってしまたのもやむ負えない(当然となる)。しかし、ある行動の結果について、長期にわたって知ることができない場合、受け入れることのできるモラル管理とは、いったいどのようなものであろうか。私たちは、「バガヴァッド・ギタ」(「The Bhagavad-Gita」)を、再度読み返すべきである。

社会的な意味合いでの技術

技術に対する因習的な見方は、技術が人間の文化の召し使いであるということだ。なぜなら、それを使用するか否かについて決めるのは、私たちであるからだ。西洋の世界観、すなわち技術が発展途上国へ部分的に拡大したことは、次のようなことを意味している。それは、大地や大気のように、私たちにとって生活の枠組みの重要な部分として、技術は重要な役割をに担っている。また、自然環境に比べ、より中心的な意味を持たすことによって、私たちは十分に考えずにそれを受け入れて、しかも、それがほとんどの問題解決の方法をもたらすと思い込んでしまっている。例えば、避妊用具は、人口増加を抑制するだろう。また、海洋への鉄分の充填は、光合成プランクトン(phytoplankton)が栄えることにより、余分な二酸化炭素を拭い取るような働きをするだろう。そして、宇宙空間の巨大な鏡が、汚染ゼロのエネルギーを供給するであろう。

技術、いくつかの例えば自家用車については、知的水準について多少の疑問はあるものの、再販制度や、廃棄処分になったものはほとんど無い。1987年のモントリオール議定書では、総フロン量(CFCs)の削減をねらっているが、これはパイオニア的な合意となっている。

テクニック(技術)の魅力

テクノロジー(技術)は、科学の応用である。それは通常、エネルギーを強化したり、使用したりするための何らかの型の機械を含んでいる。発明家の関与する、西洋化された社会におけるそのステータスは、次のようなアピールをだすであろう。「もしも私たちがそれを持っているなら、それを使わない手は無い」、と。

最新の技術の使用は、それゆえ、現代性と進歩の象徴である(Winner)。1964年にフランスの哲学者ジャックス・エラル(Jacques Erllul)(1994年死亡)は、そのような機構および情報誘導型(information-led)のプロセスを、テクニック(la technique:ラ・

テクニック)と呼んだ。それは文化の価値を高めるメディア(媒体)であり得る(あるかもしれない)。このことは、本あるいは人気のある新聞の時代には、本当であった(例えば、1930年代には、人々は「それは本当だったに違いない。私は新聞で読んだ」というかもしれない)。そして今、小型スクリーンのテレビやコンピュータで、同じことが起こっている。テレビ広告およびドキュメンタリーでの説得の道具としての、コンピュータ画面の様子を観察してみよう。そこでは、画面で広告をしている人物は、自分が正しいということを示すために、画面上でスクリーンに向かっている。

　テクニックの魅力は、めあたらしいものではないが、そのボリュームは、まさに今世紀ならではの様相を呈している。米国の歴史家リン・ホワイト(1967)は、中世の図解法においては、ザ・エレクト(the elect)とは通常、最新の機械を使用していた点を指摘している。すなわち、ろうあ者がそのような補助手段を用いていた。その20世紀版では、テクノロジーはコストを削減する。すなわち、人手は通常高価なので、資本家はより多くの機械を利用することによって、さらに多くの利益を挙げることができる。これはすなわち、機械によって行えることが実行されたわけで、例えばコンピュータが残した格言は、「数えられるものは全て計算する」であった。世界的な技術の応用は、職業の変化をもたらしつつある。また、人々が退職するまで、その職業を一生涯つづけるという考えが、発展途上国では色褪せつつあるが、それはちょうど都市への大量の人口移動が、発展途上国で起こりつつあることと同様である。ちょうど19世紀に、西洋諸国において工業化が進んだ時と同じように。

技術の管理(コントロール)

　機械は人間によって創られ、コントロールされる、言わば召し使いであるという考えは、意味深長だ。

　フランケンシュタイン博士の創造は、多くの貧弱な映画に霊感を与えた。しかし、その物語の背後に、強力な神話的要素がある。なぜなら、どのケースでも、ロボットが、自分自身の生き方を独自に発展させてしまうからだ。すなわち、コントロール不能になる。ここでの伝説的神話は、プロメテウスのそれと同じだ。彼は神から火を奪い、そのことから、神は(プロメテウスの)肝臓を鷲につつかせた。ただし、その肝臓は、毎晩新しくなったが。ヘラクレスだけが、彼を救うことができたのである。

　テクノロジーのコントロールは、大変困難である(Smith and Marx, 1994)。トマス・モア卿によるルネッサンス期のユートピアでは、ガーディアン(後見人)がすべての新しい発明を監督した。

第7章 誤りのない道筋

今日の社会では、そのようにしたい人たちがいるが、それは阻止されている。すなわち、雰囲気だけでなく、取り締まることが不可能であるからだ。さらに、技術があまりにも微細(small)なために、調べることが困難なのだ（例えば、航空会社が、テロリストの爆弾を見つけるために、荷物をスキャンする時間の長さがそれを証明している）。または、非常に紛らわしいので、それを管理するために遮断することが、困難な場合など。衛星テレビ放送や、ファックス送信やインターネットが、そうである。例えば、政府の非常に高価な通信傍受アンテナですら、すべての電気的送信を取り扱うことは、できない。このように、コントロール法は、他のどんな集団よりも、プロバイダー（供給者）の手に委ねられている。すなわち、利益を得るために、彼らはそれを利用する。例えば、自動車の場合、すべての外部コストを、公共都市交通機関から私的交通機関へ移すことに失敗したこと、が挙げられる。もしも、十分な数の人々が新しい技術の恩恵を受け入れて(persuaded)いたなら、「民主主義」(democratic)のラベル（札）が（これに）貼ら(applied)れた（適用可能となる）ことだろう。

🍀 まとめ

技術は消え去って(go away)しまうものではない。すなわち、西側世界における「脱工業化」(de-industrialization)に耐えられない国は、それを欲しがっている。発展途上国において「技術移転」は、前進のための主要な道であるとみなされている。もしも、すべての技術を動かすだけの十分なエネルギーがあり、つくり出すことができれば、それを単に利益を享受する人のためではなく、すべての人々のために、どうやって開発し、そして応用するかということに、要求および挑戦の重点が置かれることになる。

> 本章におけるここまでのテーマを振り返るならば、それは、「重要な知識」についてである。研究者は、常に得られたあらゆる情報の有効性に限界があるということに気づいている。仮説検証や理論構築のプロセスからもたらされる時間および空間的な制約が、普遍化の適用に影響を及ぼすのではないかということに、科学者は敏感である。社会学者および人文学者たちは、人間の行動の多様性が、例えばカリスマ的な人間がいるために、歴史の流れを突如、直角な方向に曲げてしまうかも知れないということに常に気づいている。環境の文化生態学は、非常に多くの知識からなりたっているので、その複雑さは相乗的になる。私たちが自ら絶望的な無知の状態に陥ってしまうのではなく、私たちの用いる知識、およ

び、その知識が表現されている言語を、生み出す必要が生じるのはこのような理由からである。

社会理論と環境

　人文学についての歴史書では、人間がどのようにして人間以外の世界との関係によって影響をうけるかについての説明を欠かすことはできない。占星術、環境的決定論(environmental determinism)、そして技術論(technophobia)は、すべて何らかの方法で、これらの関係性について説明している(make statements)。19世紀に社会学の理論(学説)が提唱され、自然科学を真似た社会の研究が形成された。言い換えれば、「社会物理学」および「社会工学」といった表現が用いられた。ごく最近、他の社会科学では、自然科学における発見に対しての反応に関し、よりいっそう制限を受けるようになった。そして、自然科学は「事実」をもたらしたが、個人も社会も、これに対して反応しなければならなくなった。現在、社会学、政治学、人類学においては、より反射的な姿勢がみられ、そこでは、社会学的な枠組みをとおして、あらゆる知識を媒体とすることが最優先する(Redclift and Benton, 1994)。この変化は、部分的には、19世紀および20世紀初頭から中期にかけての、自然の克服による恩恵が、もはや確かなものではなくなったことに対する、西洋世界の社会に対する反応であるのだろう。

よりグリーン(緑色)な社会思想

　今日における社会思想の分派の多くは、環境事象と関わりを持っている。そのうちのあるものは、それを、自分の背後のはしごを、取りはずしてしまいたいと思っている裕福な人々の考えであると、考えることを放棄してしまったのは事実だ。しかし、大多数の人々は、人間および環境についての意見および相互の関連性について、互いの意見を交換しあってきた。すなわち、自然の保全とは、これらの領域についての社会の考え方について、一部ではあるが、その概要を示している。

マルクス主義

　1960年代以降のどこにもあった思想に反応して、マルクス主義者たちは、資本主義が社会主義下で見られる以上に多くの環境病理を生み出すとして、これを主たる研究

対象とした(Pepper, 1993)。特に競争資本主義だが、そこでは、大企業(特に多国籍企業)が互いに競い合ってコストを削減したが、競争に耐えられない場所における環境および人々の生活の質を低下させた(Schnaiberg, 1980)。マルクス主義思想のアピールは、かつての共産主義国である、ポーランド、チェコ共和国、ロシアといった国がどれほど環境を悪化させたかということが明らかになってからというもの、今のところ評価に疑いが持たれている。

フェミニズム(女性尊重主義)

フェミニズム思想の数多くの分派は、自分達がエコフェミニストと呼ばれるにふさわしい名称を得られるよう努めてきた。最も影響力の大きかったのは、自然との関わりにおいて、女性が男性とは本質的に異なっているという考えできた人々であった。彼女らは自分達の肖像(icon)を古代史の「母なる大地」の形でその無限な化身(avatars)の中から引き出し、そして天体のリズムと人間の生殖との間の密接な関係を位置づけた。これは、「人間と自然」の二元性(dualism)が男性によって築かれたものであり、これが男性に独占された社会階層の形成を許した。この本質論者運動から距離をおいた形で文化的フェミニズムへと導かれ、そこでは生物学が重要であるが、それがすべてでは無いと認識されることとなった。ここに、社会は女性がどのようにあることが許されているのかという意味で性別が形成されたが、それは、競争的な技術のように、男性の社会階層および活動によって支配されていたが、女性も自然も男性と同等に評価され、そのように祝福される必要がある。明快なフェミニストの科学には、はっきりと女性的気質(temperament)の表現されたものがあるかどうか、について、激しい議論がなされてきた。例えば、競争的で、管理的(抑圧的)、個人主義的な人々に比べると、むしろ、協力的で相互作用的は社会的姿勢を見せるか、または、これがいったい、単に生物学的な意味の女性と、社会的条件の中だけでのフェミニストとを、混同しているのであろうか、というものであった(Plunwood, 1993；Warren, 1994)。

エコフェミニズムを構成する思想の発展過程は非常に複雑である。これについては、キャロリン・マーコッド(Carolyne Mercod)の書いたラディカル・エコロジー(Radical Ecology, 1992)に詳しく説明されている。インドでは、チプコ(Chipco)活動が良く知られている。この活動では、女性達が森の木の伐採を阻止する直接的行動を試みてきた。しかし他にも数多くの例があり、これらの中には工業国も含まれている。多くの場合、環境に対する関心が生まれたことにより、それまでもっぱら男性のものであったリーダー的な役割が女性達に与えられた。それはあたかも、私たちが多くの社会にお

いて、エコロジカルおよび環境的な行動を通して、支配力の配分を拡大してきたかのようにみえる。すなわち、結果が男性によってリードされた場合と、最終的にどのように異なるかを見ることは、大変興味深いことであろう。それにもかかわらず、女性を純粋に再生産的な役割から開放することは、非常に様々な社会的変化を予示するようにみえる。

ポストモダニズム(モダニズム以降)

ポストモダニズムは、1970年代におけるフランス文学批評の根本から導き出され、脱構築(dieconstruction)の支持を得ていることはよく知られている。脱構築とは、世界を「言語によって構築されたもの」であり、それゆえ、言葉の中にある目的物(object)およびその重要性との間に摩擦が生じるのかもしれないとの考えである。

そこには、18世紀の啓蒙の時代に理念的に構築された土台は、もはや存在しない。すなわち、ローカルで偶然な真実に過ぎないのだ(Rosenau, 1992)。環境に関して言えば、これには驚くべき側面がある。というのは、もしも自然科学に、実際に認識論的な基礎が無ければ、世界についての正しい情報は存在せず、さらに人間は、自分達の身近な関心にしたがって総体的に行動すべきであろう。それとは対照的に、あまり良く知られていない再構築的なポストモダニズムがあり、それはあらゆる近代的側面(マルキシズムやグローバルキャピタリズムのように)や、より局所的で自給自足的コミュニティーからなる、その代替的な側面の消失を伴うであろう。それはしばしば、急進的な宗教的概念と融合するという考えを拒絶するとともに、地球外にいる男の神が好む、発生(emergence)と過程(process)の影響について、A.N.ホワイトヘッド(Alfred North Whitehead)の哲学があらわしているのは、進化の過程の各段階で神の恵みが増すことが示されている。(そして)すべての物事は、この過程の一部の中にその価値が存在するのである。それはすなわち、ルードヴィッヒ・フォン・ベートーベンと同じように、岩やイソギンチャクも含め、誰もが人間以外の自然に対して内的(intrinsic)な価値を持つことである。

非西洋的思想(概念)

西洋を特徴づけた思想および行動の合理的な基礎は、特にルネ・デカルト(Rene Deccartes)以来、多くの人々に物(質)的な豊かさをもたらしたが、一方で、その代償も支払うことになった。

マイナスの側面とは、それほど複雑でない文化を下に見ることで、このような文化

においては、自然との接触は緊密で、なおかつ自然に直接依存していた。よく議論されるのは、生活にどうしても必要なもののみを採るという関係であり、これはすなわち無駄が無いということである。望まれない残り物は、自然の中で容認された(approved)儀式に基づいて処理された。また、もう一つの成果として示されたのは、動物の数が絶滅に至るまで狩られるということは、決してなかったということであった。すなわち、西洋人が毛皮と接触するまでは、儀式およびトーテム信仰により過剰な狩猟を決して行わないことが保証されていた。明らかに、どちらもある時期、そしてある場所では真実であった。幾つかの先住民の狩猟には、非常に無駄が多く、人口密度が低かったために大型の動物が保存された。しかし、自然に対する異なった姿勢の芽は、今も存在している。それにもかかわらず、これらは、放置された庭の片隅に追いやられているのが現状である。

ディープ・エコロジー(深層生態学)

現在の思考や行動様式に対抗できるような急進的な選択肢を探すなら、一貫性のある思想を集めた一つの運動として、ディープエコロジー運動が挙げられる。この思想の起源は西洋である(もとの形態はノルウェー人の哲学者アーン・ネス(Arne Ness))が、そこには数多くの他の思想的伝統が導入されている。その中で人間は、他のあらゆる生物圏内の生き物と平等な関係に位置づけられている。すなわち、どの単一種も、他の種より上位の固有の価値を持つことは無い(Ness)。個人のレベルでは、個人と宇宙とが包括的(total)に交じり合うことが求められている。すなわち、皮膚は触れ合う場所であって、区別する場所ではない。また、工業化社会は、すべての社会にとって標準的なパラダイムであるとして拒絶されており、非興行的な許容量に基づく、生物圏域的な定住パターンが好まれている。

ディープ・エコロジー運動は、人間のコミュニティーのタイプについて考えようとする、数少ない運動の一つである。これは、広域的なエコロジーと最も良く調和しながら存続しているかもしれない。

地球規模化の趨勢のなかでそれらは、地球規模の人間的で、しかもコントロール可能な規模の、特に必要な付属物とみなされるか、または的外れな妨害だと反対者達からみられるかの、どちらかであろう。ディープエコロジーは、それを悪く言う人々(特に左翼の人々、社会正義に対する注意が公然と欠落していることに対して、我慢がならない)からは、つじつまのあわないカルトであるとみなされている。例えば、現在の行動によって基本的な種の多様性が失われることを恐れている人々、ならびに

Environment

環境の破壊および資源の枯渇を心配する人々である。それは、次第にがやがやと大きくなっていくこだま(エコー)の響きである。たとえ、成長が約束されているタイプの政治家たちが、かすかな声でしかその響きに同調しなくても(Sessions, 1995)。

🍎 地球規模化(グローバリゼーション)

多くの社会的および経済的変化が、世界規模で起こっていることは、より明らかになりつつある。しかしながら、これらの発展は地域社会全体にわたって作用し合い、かつ呼応するシステムに属している。この現象は地球規模化(グローバリゼーション)と呼ばれ、瞬時に行われるコミュニケーションによって可能となっている。これに関連した二つの例は、電子技術およびサテライトテレビによる資本の移動である。前者は、企業または国家が環境に貢献するような開発に関して、多額の開発資金を借りることができるようにする。人類は多くの飛びぬけた素質をもつことで、生物界の他の生き物から独立しており、このことによって、非常に複雑な網(web)の一端を担うことになる。その網の中では、あらゆる行動が長期的で思いがけない結果を生むのである。人間の創造性および力(パワー)は、地球における人間の許容量を拡大したようではあるが、この天体(地球)の生物物理的な構造によって制約を受けている。例えば、他の天体へ脱出することは、一握りほどの数以上については、現実的な方法ではないようであるし、到達可能な天体は、人間社会に対して何やらあまり好意的ではないように思われる。そこで倫理的な基準として、ディープエコロジーは、過激な思想を持っている人々にとっては、その役割以上のものがあるのだ。次に後者は、世界のあらゆる場所への根を張ることができる。すなわち、最近のオーストラリア製の石鹸を充分受信できる、パラボラアンテナ、車のバッテリーやテレビのセットは、もっと富裕なアメリカの電話福音伝道師(インターネット長者?)、あるいは、最高齢のBBC(イギリス国営放送局)シスコム(siscom)に至るまでである。

環境に対する姿勢という意味で、それが一体どんな結果となるかについて予言するには、まだ時期が早すぎる。はっきりとわかっている結末としては、数億もの人々の物質的な期待が高まることであろう。なぜなら、そこでは、世界の20％の豊かな人々の暮らしぶりを、今まで以上にはっきりと見ているからだ。このような生活スタイルにうすうす気がつかない人たちは少ないだろう。もしも、彼らがテレビを持っていないとしても、そのことによって、彼らが情報と疎遠になることはないであろう。

空間および時間が崩壊したことによって、より大きな機会が知識には与えられたといってよいであろう。すなわち、世界では多様化した状態から、コミュニケーション

技術へのアクセスができる、どんな個人にも合体することがあり得るであろう。しかし、これは、すぐに、情報の積み過ぎとなってしまうかもしれない。その結果、最も注目を集めること意外の全ての事柄に対して、人々が無頓着になってしまう。また、他のひとつは、非常に早いペースの改善（イノベーション）によってもたらされる混乱である。これは、個々人が非常に早い変化のペースについていこうとすることにつれて起こるもので、明らかにその反対も有り得るかもしれない。西暦2千年紀のコミュニティー（およびPious Hindus）では、何世紀にもわたって行われてきたように、幾つかのグループは意識的に自分達を世界から隔離してしまいたいと思うだろう。それが、どれに対して起こるかということは予想できないが、富裕な人間と貧しい人との差は、間違いなくさらに明白になるだろう。メディア帝国主義にとってのチャンス（機会）は、既に明らかだ。このような人々および企業の社長は、もちろん、帝国の門番としてふるまう。すなわち、彼らは、誰が何について知るかということを決定しようとする。

　このようなやり方で、地球規模での文化の押し付け（imposition）が可能になる。またそれは、衛星テレビおよび、技術の鍵となる部品とともにおこなわれる。しかし、人間の行動には、予測できない性質があるので、それは明白な形ではないかもしれない。すなわち、ヴェールをはがすトレンドがどのように働くかということを、いまだ、見たことがないのだ（Brunn and Leinsbach, 1991）。それにもかかわらず、電子的ネットワークには、地球規模での破壊（implosion）が起こることをロシアの思想家ヴァーナドスキー（Vernadsky, 1862〜1945）が、どうやって予言するか、といったことも含まれている。このことを彼は、ヌースフィアー（noosphere）とよんだが、これは生物および土石のことをたたえて、そう呼んだのである。

　将来、明らかにされなくてはいけない課題として残るのは、新たに台頭してくる思想とは何か、そして、その思想が以前のものに癒着したものとそのタイプも質も違っているのであろうかということである。

　これらの議論の総括的な結論は、あらゆる知識は構築されたフレームワークを媒介としているということである。すなわち、世界は、私たちの限られた感覚から受け取り、さらに、それを、心が統制する、という以外の、何者でもないのだ。恐らく重要な点は、どんな種類のデータであろうと、それが脳の中の新しい表面に着地することは無いということだ。いったい、そのデータが実際の観察によるものなのか、言葉を通して高度なフィルターのかかったものなのかにかかわらずそれらはシステムの中に入りこむ。そのシステムとは、既に神経および学習経験

Environment

によって、しっかりと構造的に組み込まれている。しかし、この環境を認識する過程の様相のどれ一つとして、そこにある「現実」の世界の中にある、シグナルの起源を排除することはない。しかもその現実性は、人間の認識のはるか遠くにあって、確実に人間のコントロールの範囲を超えている。これによって、私たち自身および世界について、これらの相互の関係についてのモデルを構築することを妨げられることは無いだろう。問題は、モデルの中にこれらの内容に関して、誤ったものが含まれているかも知れないということだ。「地球は平らだ」というような誤りは、今まで、取り返しのつかない災難に至ることはなかった。しかし、もしも「世界は、西側の生活水準で、(現在の)人口の3倍を支えることができる」というのは間違いであると判明し、そこで私たちは、人間にとっても惑星のシステムとしても、もはや遅すぎるという意味で、このことに気がつかないであろう。そこで、意識的であろうと、あるいは無かろうと、あらゆる意思決定は、リスクを伴う不確実な行為となる。現実の世界において、これはいわば、ロッククライミングに参加する際、危険に直面してどのように行動するかについて、同じコンセンサスが得られないといったことに似ている。

統合化へ向けての試み

　環境に関する情報のタイプ(型)には膨大な多様性があるが、そのことを理解しても、これに対して何も褒美はもらえないが、このような多様性によって逆に、データの多様性が生まれた。そのうちのあるものは数値的であり、また図式的なものであるものの、ほとんどが言語的である。すなわち、言葉も他の事柄と同じように、この課題に関する人間同士の、ほとんどのコミュニケーションの媒体である。しかしそれでも、この知性は不完全である。科学的に集められたデータは、時間、金、得やすさ(アクセシビリティー)、装備の可能性といった制約に直面している。さらに、それは常に変化しつつある世界の中で稼動しており、このことは人間世界については、より当てはまり、また、さらなる複雑さがある。すべての知識には、文化的なフィルターがかかっており、そのための行動というものが、文化というさらなるスクリーンを通過していく(技術を含めて)ので、二重に反射されてしまう。この最後の理解によって、科学の地位に関して新たな問題が付け加えられた。だがその一方で、今世紀(20世紀)にとってそれは真実を保証するものであり、その可能性および関係性は、いま認識され

つつあり、これらは以下の側面を持っている。
- 不確実性：例えば、開発を計画する際、どちらの提案が環境的なダメージを少なくするか？　それは多くの場合不可能である(Beck, 1992)。
- 現象が、観察可能の限界にあるかもしれない(例えば深海のように)。それは、立地条件および計測が困難であることなど(例えば有機塩素系殺虫剤などを使用し始めたころのように)による。
- エコシステムの動態についての理論が充分に開発されていないことは、結果として、予測の未熟さにつながるかもしれない。
- ある医学者は次のように仮定した。比較的安定なシステムにおいては、そのシステムの動態が約66％の確かさで予知できるエコシステムの動きは、時間にすると5〜10％にあたり、その時間の長さとは、継続的に観測されたシステムがその予知がなされるすぐ前から現在までのことである。しかし、多くのエコシステムは、一時も安定していないので、これらの必要条件すら満たされない。
- 大規模な現象の複雑さ(complexity)は、それでも地球レベル以下である。彼らが論じているようなシステムを、生態学者、自然地理学者などの自然科学者たちは構築したわけではない。そこでどのケースにおいても、無知という残り物ができてしまう。さらに他のグループ(企業、政府)は、これらのシステムに対して、強い影響力を持つ。

　これらの科学における実験や経験不足の知識は、廃棄物の投棄、地球規模の気候変化など、自然保護に関する市民会議を活用することにより拡大された。論争する人々が、科学についてのより認識論的性格を強調する場合、このような状況はさらに悪化する。

　認識論的には、昔のリダクショニズム(還元主義)には、極めて抽象的な仮定が必要となる。その仮定とは以下のようなものである。最小の機能的な単位は現実的なものであって、その原因は最小の単位間の相互作用という意味で解釈される。このような種類の権威に対する挑戦は、30年前のころに比べて、今はより受け入れやすいものになっている。

　これらの趨勢(トレンド)から得られるものは、自然科学の中にある多様な軌道であって、すべての支流が共有する1本の紐でも、共有する手法でもないし、また、共通の思い込みでも、価値でもない。確かに、これは、問題の多い範疇(カテゴリー)になってしまったのである。

Environment

🍎 だから、なぜ？

われわれは無知なのではないかというこれらすべての問いかけから、いったい悩むに値することだろうか、という疑問がわくのも不思議ではない。

タオイズム（道徳）、個人の力の無力さを知ることの運命論的なことは、どちらも似ていて、われわれは流れに沿って進み、そしてケ・セラ・セラ（何とかなるさ）である。

多くの議論の中から、二つの対立する議論が突出してくる。第一に責任。私たちは、環境から利益を得るという考えに至るというのは、私たちの生活が良好な状態にあることを保証するために命を支え、それゆえ私たちにとっては互恵的な責任がある。

二番目は用心についてである。何の対策も取られなければ、間もなく地球が生命を育む許容量を減じてしまうかもしれない。私たち自身の種も含めて。そこで、考えなければいけない倫理的に避けることのできないことは、非常に複雑である必要は無く、神秘論者にも、自由市場資本主義者にも、同じようにアピールできるものだ。

🍎 なぜ知識を統合しようとするのか

最初に挙げた理由については、学者の書いた本を読む人なら誰も驚かないであろう。それは知的な冒険に関するものだ。すなわちそれは実行できるのか。いったい、人間は、様々な知識の断片の回りに人の心をつかみ、それらの関係性を変えることによって私たちが暮らし、私たちの居場所であるこの世界を、より良く理解することができるようになるのだろうか。

二番目の理由は、そういった動機を持たなければならない人のために、実用的なことに焦点が絞られるかもしれないということである。世界は今、かつて無いほどの多くの人間を支えている。したがって、人類を維持できる容量の限界を超えるというところにまで、私たちがまだ到達していないことは明らかだが、いくつかの場所で内的限界に近づきつつある。例を挙げると、栄養状態の悪化している場所においては、資源に対する摩擦、不当なアクセス（接近）、栄養不良や低栄養によってもたらされる風土病がある。また、豊かな国や非民主主義的な制度から最近になって開放された国における汚染された場所なども、みなそうだ。これらは、決してうんざりするほど多くあるわけではないのだが。

食物と人間のモノカルチャー（単式農業）の国に、いったい誰が住みたいと思うであろうか。ただ、そういった外部的制約の中で、人、文化および生物圏内の他の生き物

の多様性および尊厳を勝ち取ることは賢明で、しかも価値のある目標である。しかし、多様性には圧力がかかる。すなわち、だれにでも押し付けることのできるという、彼ら自身だけのためのユートピアは存在しない。ここに、前へ歩んだり、後ずさりしたり、カニのようにも歩いたりという、ファッジ(キャンディーの一種)と妥協の世界がある。

🍀 共振モデルという共鳴

　人間-自然の関係性を見る一つの方法は、ある仮定を前提としている。それは、自然または環境は、人間とは直接的に意思の伝達をすることはない、という仮定である。このことは、近代の西洋用思想にその起源が示されている。というのは、ある文化的状況において人々は、自然は彼らと直接に意思の伝達ができると信じていた。その例は、エコフェミニズムの本質主義者タイプかもしれない。彼らは、ニューエイジ(新時代)神秘論者および、他の宗教的神秘論者である。

　これらの、人間と自然のどんな二元論をも拒絶する、非西洋的な哲学および宗教も、非人間的世界を直接に理解するということを、受け入れざるをえない。

　私たちが何も知らない、ということに対する疑問から、こんな問いを発してもおかしくはない。いったいこれについて、思い煩う価値があるのだろうかと。けれどほとんどの人はこれについて、自分自身に次のように言って聞かせる。すなわち、言葉、絵、数字で私たちは分析し、熱心に議論する(Luhmann, 1989)。比較的単純な社会では、基本的な人間の活動は互いに分けられているわけではない。すなわち、一つの神話は三つの(神話)すべてを扱っているかもしれない。しかし、進んだ工業化社会ではその姿は異なっている。すなわち、すべての活動および管理は、専門分野の形態に分割されている。もしも、私たちがパイプオルガンのイメージを使おうとするなら、「社会」における各活動に対応した、異なったパイプがある。ここでいう「社会」というのは、小さな町のコミュニティーから、まさに台頭しつつある「グローバルな村」のスケールにまであてはまるかもしれない。この「グローバルな村」は、電子的コミュニケーションによって可能となる世界のことである。

　この類推の中で、「パイプ」は現代社会の活動における、なじみのある分野である。しかし、仮にこれらがどれほど頻繁に引き離されていようとも、その内のどれかについて知りたいと思えば、私たちは恐らく、他のどんな分野であろうと、その権威を認めようとしない専門家に相談しなければならないであろう。

Environment

余すところがないというわけではないが、それには以下のような事項が含まれるであろう：
- 経済
- 教育
- 物的生産
- 現況への圧力(インパクト)および変化
- 宗教
- 法制度
- 生産的科学
- ヒーリング(癒し)
- ケアリング(介護)

これらの領域のほとんどが、分離されていることを再度強調しよう。無論、以前の実践にはやりのこしがある。例を挙げると、バリにおける寺院および僧侶達の灌漑用水の配分に関する中央集権的な役割が挙げられる。

そこで私たちは、以下に挙げる事実を強調する必要がある。西洋の二元主義、特にデカルトによってしっかりと植え付けられていた精神と肉体、感情と事実の分離は、しばしば、これらのどちらについても二つの(両者)間の対立を生み出した。
- 経済／非経済
- 富裕な人(金持ち)／貧しい人(貧乏人)
- 教育のある／無知な
- 忠実さ／疑い深さ
- 合法的な(法律にかなった)／非合法的な(法律を無視した)
- 価値を下げる(破壊する)／価値を保つ(保全する)
- 科学／"ソフト"な知識
- 病気／健康
- 愛情を注ぐ(愛情のある)／無頓着な(無関心な)

その上、私たちが知っているのは、これらの対のうち一つは「善」、他の一つは「悪」であり、そこで、一方は他方をやっつけなくてはならない。それも、できることなら私たちが生きているうちにだ。

それゆえ、だれも驚くにはあたらないのだ。すなわち、幾つかのパイプからは、ガーガーという音が出て、両方が鳴る時には不協和音よりももっと不調和な音が出る。しかし、それをコントロールする唯一の方法は、点数を付けることだ。こういった意

味で、印字される前の得点は、ユートピア(理想郷)に近いようだ。だが、その差し引きについては、既に議論したとおりである(音楽家達が、印刷された譜面についての解釈で、どれほど言い争ったかについても思い起こしてみよ)。

恐らく即興的に演奏することは前向きで、より良い方法であり、もしも、コードの幾つかが少々特異であったりしたら、モーツアルトもベートーベンも、彼らの時代には不協和な音であるとして、批判されたことが思い浮かばされる。

🍀 緊急という(急を要する)特性(特質)　(Emergent qualities)

歴史の研究から得られた教訓として、複雑さというものは、すべての生活の形態とそれが織りなす網(web)からもたらされているようにみえる。人間のいない世界であっても、それは十分に複雑である。すなわち、私たちがいることによって、新しい遺伝子型の形成と、新たなエコシステムとの間の絶え間ない往来ができる。新石器時代における動物の家畜化、そして遺伝子工学の新たな応用に伴って、このうちのあるものには生物的な多様性がもたらされる。そのほとんどは、更に文化的な複雑さをもたらした。そして、一部の社会は、その組織(機構)があまりにも複雑になりすぎたため、飢餓や機構の変化よりは、むしろ組織の重さが原因で崩壊してしまったようだ。今日、違っているのは、環境変化に対して影響を及ぼす人間の数と(スピード)である。しかし、最後のグループが吸収され理解される前に、もう一組の可能性が開かれている。

この、文化的な複雑さとは、グローバリゼーション(地球規模化)の傘下で起こる。すなわち、その種の主だった世界の趨勢(トレンド)が、対抗する起動力となるのである。グローバリゼーションという現象から導き出される意味は、ポストモダニズムという考えと対立(対峙)させられる。その中で、言葉の意味についての局所的な合意は、卓越したものとなる。すなわち、真実が、事実上局所的な現象となる。だがこれは、どうみても(あらゆる意味で)、絶対的なものではない。これもやはり、人間と環境についての考察にも当てはまるに違いないが、それは、恐ろしい光景となることを、意味しているかもしれない。すなわち、自然科学の発見は他の知識の形態に比べ、特に優位な位置にあるわけではない。なぜなら、真の民主主義が普及した結果として、市民が力を持ったことを重視するかもしれないからである。そのような単位が、環境にやさしいことを私たちは望んでいるかもしれない(しかし、確かでは有り得ない)。

彼らは、自分自身の問題を抱える運命にある。例えば、野生動物保護(インド人の牧夫たちに、トラについて尋ねてみよ)であるが、彼らが用心深く行動するのも、無理の無いことである(期待し、そして、問題を避ける態度で)。より小さな単位には、

Environment

統合化へ向けての試み **309**

より大きな単位を征服するとみなされる力が欠けているからだ。特に多国籍企業（MNCs）および州政府では、その様な考えを持ちやすい。

予測は力の一つの形態である。なぜ、二国籍（TNCs）企業および国が自然科学および実証的社会科学を繁栄させたか。その理由は、これらの行動の結果について、可能性の高い予測をおこなうためであった。この製品の開発は、会社に中期的な利益をもたらすだろうか。この環境政策は革命を引き起こしたり、あるいは投票によって力を失うことになるのであろうか。問題なのは、予測はすべてがそれほど良いものではないということだ。

限られた力が、比較的安定したシステムから引き出される。これらの潜行した急速な変化および目新しいものが台頭したことによって、それらは、ほとんど何もないくらいにどんどん小さくなっていく。そこで、予測にもとづくどんな行動もその限界について知っておくべきであり、少なくとも、幅の広い誤差の範囲の中で構築すべきである（図7-1）。

それではなぜ私たちは気にかけるのか。すなわち、なぜ一部の人々は非常に心配するのか。未来について考えることは問題を生み出すが、しかし、多かれ少なかれ、未来を知ることはできない。それなのに、なぜ恐れるのだろうか。なぜ、いつものように仕事にでかけないのか。良い方向へ向けてサイコロをころがせ！　せめてラッキーな方角へ！　このタイプのレッセ・フェール（自由放任、なるにまかせよ！）に対しての答えには、二種類の尺度（物指し）がある。ひとつは、基本的に形而上学的なも

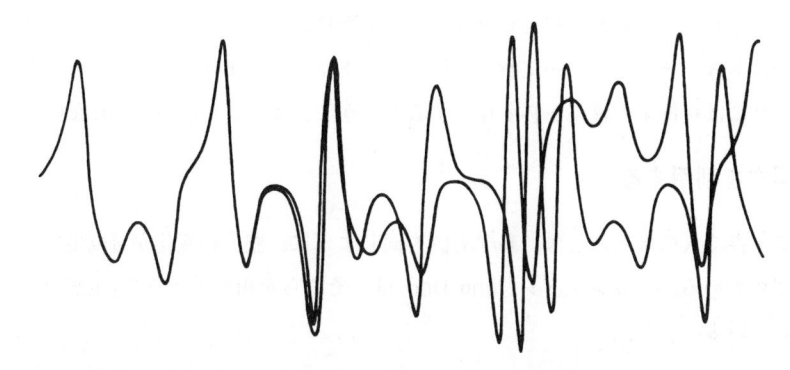

図7-1　2本の曲線はたった1万分の1しか違わない初期状態を表している

はじめ、その活動は同じであるが、混沌とした状況下で、非常に異なった軌跡となっていく。これはバタフライ効果へと発展する。すなわち、羽をぱたつかせているチョウが大気にほんのわずかな変化を与え、徐々に周辺に嵐をまきおこすことである。しかしながら、主なポイントはシステムの将来がほとんど予測できないということである（Stewartより、1990）。

ので、それは進化論的な見方の周囲を回り、周期的に起こる。生物学的な意味では、古生物学の記録は、様々な種が現われては消えたとみているが、わかることは、種の存続を決めるのは偶然でしかない。

しかし、私たちは生物学と同様に、それよりもむしろ文化的に自分自身をみている。その光の中で、生物の進化の軌跡は短いが、強固なものとして運命づけられているという考えを、認めることはできない。私たち人間は、誕生してからさほど時間は経っていないが、私たちの思考はどんどん進んでいる。そして、その星が存続する限りは、ホモサピエンスは地球上に住むべきではない、などということは考えられない。そこで、私たちの環境との関わりについての多くの思考にとって、基礎となるのは尺度であり、私たちの誤った行動が不安定な環境をもたらし、すべての意向や目的に反して、結果的に私たちを絶滅に追いやることになる。あたかも、恐竜が彼ら自身の死をもたらしたように。さらにこの橋を架ける事業の中に、いわば巣をかけたような、もうひとつの思想がある。これらには、世代間および文化間の公平という考え方が含まれている。

富裕な人は、貧しい人々を支援する義務があり、単一の世代が彼らの子供たちや孫達が得られる機会を閉ざしてしまうべきではないという考えが、多かれ少なかれ普遍的に受け入れられている(非常に保守的な人々以外からは)ことには、かなり驚かされる。ただ、私たちがそれをどう実行していくかということには議論の余地がある。というのも、ある学派はこんな考え方をしているからだ。それは、次のような考え方だ。すなわち、私たちは自分達が必要だと感じる資源をすべて使い尽くしてしまったほうが良い。なぜなら、私たちがより豊かで、より多様になればなるほど、後の世代はそれを受け継ぎ、そして、やがて貧乏人へと成り下がってしまうだろうというのだ。ただ、それには対抗する議論が必ず存在するということは、言えるかもしれない。

過去を利用する

歴史を書く人のほとんどは、科学も詩も同じように、歴史の変化が普遍的であることを認めている。ジョン・ドン(John Don)は、それらを川をモチーフ(主題)にして、まとめている。

> Nor are (although the river keep the name)
> Yesterday's waters, and today's the same
> 川の名前はおなじでも、きのうの水は今日の水にあらず

Environment

統合化へ向けての試み　*311*

　しかし、17世紀の時代にそうであったのに比べると、いまでは川の水路を変えたり、ダムで堰きとめたりするのが主になっている。しかし、これによって、人の心までが変わってしまうかもしれない。

　三重螺旋のような何かが現れるが、その中で、自然は人間の生活に影響を与え、逆にその見返りとして、物質面で変化させられている。これらの二本の紐以外にアイデア(思考)の紐であり、感知し、理解し、意思疎通を通して、人間の心が複合的にそれを変化させてきた。例えば、西洋の文学的な伝統において、支配的な世界観について数多くの文章がある。

- 中世には、世界は一冊の本であるとみなされていた。ただし、どんな本でも良いというわけではなく聖なる本で、その中に神の心が読み取られるものである。それは以下のようである。すなわち、どの部分も神であるとみなされる。仮に、それが不完全で、それを完璧に近づけるための仕上げをしようとする、何らかの人間の行動が必要であるとしても。

- 古典的な思想を復活させた思想の一つには、プロタゴラス(紀元前481～411)の思想がある。それは、人間はあらゆるもののものさしである。であるから、地球は、人間という種のための貯蔵庫であるという考え方への移行は、難しいことではない。

- 惑星の軌道の発見に続き、世界をまるで機械のように理解できるようになった。それにより、世界を太陽系儀として、予測可能な結果でもってコントロールするという展望が視界に入ってきた。蒸気機関の出現は、効率がよくなかったものの、人々の視界に信頼性が付加された。

- 19世紀以降、西洋における最も有力な見方は、地球が物質の器であると、みなされてきた。技術に接近するための主要な手段として、エネルギー(多くの形で)を展開することにより、貧しい人々に対してでさえ、カーゴカルト(船荷崇拝)ではなく、良いものをもたらすと約束した。

🍎 未来のモデル

　あらゆる生き物にとって、豊かさ、正義、満足感のあるような、模範的な世界を創るためのアイデアはいくらでもある。さて、そのうちで次の二つ、すなわち比較的急進的なものと、今日私たちが体験している世界に近いものとについて見てみよう。

- ヘンリック・スコリモースキー(1993)は、宗教的生態学関連の彼の著書の中で、世界はサンクチュアリー(聖域)とならなくてはいけないと論じている。また、すべ

ての人間は共に責任のある行動をとる必要があることを示唆し、われわれ自身ならびに地球を祝福するべきであると言い足した。

　人間の心の中に取り付いて行動を起こすような神秘的な性質を付加するために、サンクチュアリーのようなモデルを彼は提案した。そこでは、すべてのものが愛情をもって扱われ、その中で、私たちはあるがままに静かに動きまわることができる。聖域の中にあるすべてのものに畏敬の念を起こさせる性質を持つとみなすことは別として（そして、世界に対する不思議の感覚は、私たちすべてにとって、大きな助けとなる）、私たちの役割はそれを最小限にとどめることである。

- もしも、私たちのような世俗的な心をもった世界が、宗教よりも科学に根差したモデルを好むなら、エコロジーは網（web）という考え方を私たちに与えてくれるが、網の接続は事実上無限である。カオス理論および複雑さ（complexity）についての開発は、ウェブ内の接続が明らかでないかもしれないことをほのめかしている。すなわち、クウォンタム（quantum）理論にもとづく著作のうちの幾つかは、素粒子（subatomic particles）が宇宙スケールの距離で相互に作用し合っていることを認めている。

　そこで、もしも生命および非生命を一つの相互作用のネットワークへと結びあわせるような網が一つないし二つあるならば、私たちはその一部となることを余儀なくされ、私たちの未来における統合に信頼が置けるようになる。そのモデルは、インドのジュエルネット（Jewel Net of Indra）とほとんど違わないように見えるかもしれない。ただし、それが動的な性質をもう一つの静的なモデルにつけ加えるという点を除けば。

- しかしながら、私たちがその世界を体験する際に感心させられるのは、それが面倒（messiness）である点だ。

私がこの章を書き始めてからずっと、もう一方で南極のクジラの聖域を決めるという仕事があった。そしてもう一方、イギリス都市で新たな地上レベルでのオゾンの蓄積（濃縮：consentration）が、喘息の蔓延を引き起こしていた。希望のサインと苦しい試練の出現が同時に存在している。これは、有利なものに変えることができるのであろうか。それは、前もって決められていた技術というゴールを放棄することを意味している。その代わり、短期的な見方、そこにはっきりと見えるものすべてはそこに集められ、次のステージへと運ばれていく。

　しかし、でっち上げ、妥協、不安は、処置（顛末：deal）の一部である。そして、未来には終わりが無い。壮大なプランなどありはしない。どのような選択をした場合でも、それなりの尊厳はあるのだ。

Environment

統合化へ向けての試み **313**

🌰 もう一つのメタファー（隠喩）

　もしも私たちが、前項最後の段落中の考えを信じるならば、中世の本のような一つの隠喩、および19世紀の機械の価値は無くなってしまう。しかし、それでも地球規模化する世界では数多くの人々がそのような考えを耳にする機会は以前にも増して多くなっている。隠喩の思想を21世紀のために試してみようではないか。

　その本の思想を受け継ぐために、人(sci)、機械、そして豊饒の器をその庭園の風景を。そうでなければ、結局、核戦争や病気によって、人間の数は徐々に減少し（まだ、どちらも起こり得ないが）、ある種のアルカディア（世界のほとんどが野性地で、人間による刷り込みがほとんど無い）にあこがれることは、何の役にもたたなくなる。しかし、強度に刷り込まれたエコシステム（それは、破壊的というよりは、創造的な方向に傾いた存在であるように見えるが）とは、まさに庭園のありようである。

　「庭園(にわ)」には、生きているという特性がある。

- 生産に役立つ。すなわち、果物、野菜、ハーブや薬用植物、魚のいる池。基本的に固有のものは不可能かもしれないが、多様性と香りが、そこには確かにある。
- 美しい。花の咲く木、花、泉と日陰、野草が茂り、鳥が巣をつくるような野生的な場所もあるかもしれない。それは人間の住まいからは見えない、静かで思索的な恋人達のための隠された場所であるかもしれない。
- 多くの気配りが必要である。すなわち、そこには多くの人々にとって協力的な仕事があり、しかもそこは私たちが住んでいる場所の隣りである。そこは、私たちからあまり離れていないので、そこで何が起きているかにすぐに気づくことができる。
- われわれ自身にとって身近であって、そこでは自分が望むことは何でもできる（その場所に自分の意向を反映できる）のである。すなわち、縁の硬い花壇と取り散らかした片隅とのバランスも自分達次第だ。しかし、変化するアイデア、および状況下にあっても、庭が大きすぎて造り変えられないということは無い。

　庭は、私たち自身のためのものである。明らかに、私たちの個性の延長であり、その個性とその場所の性質との協調によるものである。しかし、孤立したものではない。というのは、私たちは生産物や切り取ったもの、種やアイデアなどを隣人たちと取りかえたりするからだ。音楽にとって良い場所である。たとえ多様な気候条件下で、そこには構造物が必要であっても。

　世の中には、もう少し多くの魅惑があっても良いはずだ。

社会はどのように変化するのか？

スペインの詩人アントニオ・ムチャド（1875～1934）は、彼の作品、田園と詩（Pruervios y Cantares）のなかで、忘れられない旅のイメージを私たちに伝えてくれる。その作品は、決して、前もってつくられていたものではなかった。

> Caminante, son tushvellas
> el camino, y nadamas
> （旅人よ、あなたの足跡こそが道だ、それ以外のなにものでもない）

社会がどのように変化していくについて、私たちは考えなくてはいけない。たとえ結果が見えていなくても。もしも私たちが、前もって決められたものよりも、偶発的なものを受け入れるとしたら、そこで目新しいことが、どのようにしてありふれたことに変わっていくかについて知ることは意義のあることである。

第一に、多くの抵抗と巻き返しがある。金持ちも貧乏人も脅威を感じ、そして社会改良家（イノベーター）となる。彼らのほとんどは、自分たちの収入に満足していたり、自分たちの考えに安心感を持っている人たちだ。これは恐らくずっとそうであったろう。そして、僧侶や教授らがどんなに勧告したとしても、以下のような事実が変わることはない。それは、a）起こる、b）最終的に、それは、変質を妨げない。

変化していく主な道筋とは、互いに認め合った相互の強制である。これは政府の、そして、既成・法律、およびこれに従わないことに対する処罰の方法である。私たちはそれが複雑であることを既に見てきた。そして問題に直面した場合、その変化は苦痛なほど遅い。それでもなお、多くの国際および国内の条約および取り決めは、恐らく15年前には不可能な目標を立てていたように思われる。他の緩和（modification）の道は、彼らの周囲のいわば共鳴に対し、互いに調和させる人々と「グリーニング」そのものによってである。ただし、彼らは破壊が計画される場合には抵抗するだろう。

彼らは低エネルギーのライフスタイルを取り入れ、そして、彼らの家族の規模を計画する。この道は、これから起ころうとしているコミュニケーションの爆発に直面するとともに、大いなる未知数でもある。物質的な利益を否定する人々に対して、これを与えようとすることは、いったい「グリーニング」なのか、それとも、資源や環境に対する巨大な猛攻撃なのか。私たちにはわからない。

もしも、私たちが緊急（危機）モデルを信じるならば、未来に開かれた自己統制システムを知ることができない。しかし、私たちはこれらの変化の中で、庭を奨励する

Environment

チャンスをつかむために、次のように働きかけることはできる。それは、生きたものも、そうでないものも含め、全てものには常に多様性があるという、主だった取り決めが庭の中にはあるからだ。

さらに学びたい人のために

この章のねらいは、通常別々に分けられている事柄を一緒にすると同時に、読者が自分自身のために新しい関係性を築き上げらるよう、勇気づけることである。このように、バガヴァッド ギタ とは、クリシュナの教えで、「あなたの褒美は、果実の中にではなく、彼ら自身の行いの中にみつけよ？」

最終的な結果が、どのようなものであるかを知らないのであるから、フリートフ・キャプラ(Frijthof Capra)の踊るシヴァ神として、自らを呼び出すことは、「タオ道」(The Tao of Physics) (1976)の中にある。

西洋的で分析的な方法は、グローバルな風景を通して人間を個人の集合として扱おうとする。あまり知られていないが、優れた本としては以下のものがある。

持続的で、均衡が取れ、生きられる世界を目指して書かれた「岐路に立つ世界」(The World at the Crossroad, Towards a Sustainable, Equitable and Liveable World (P.B. Smith *et al.*, 1994))。

これらの宗教的な本の中で、キリスト教の伝統に関する最良の書は、「Ecology and religion: Towards a New Christian Theology of a Nature (Cobb, 1983)」。

信条、行動、感情的な移入についての多くの知識を与えてくれる言語について、興味のある人は、以下のものを読んでみるのも良い。Caring for Creation. An Ecumenical Approach to the Environmental Crisis (Oeschlager, 1994)。しかしながら、Anna Primavesi (1991)の急進的な見方、From Apocalise to Genesisは、細い糸と共にわずかな望みを抱かせるだろう。物質的でないアプローチはあるのだろうか。主要な宗教としては、ドグマや保守性などに縛られないSkelimowski (1993)が、既にこれについて触れている。「The Arrogance of Humanism (Ehrenfeld, 1978)」は、ある程度その内容を満たしている。最後に私の提案としては、あなたの理解できるすべての科学の本を読み、しばらく放置しておき、Wyndham Lewisタイプの、人間−自然の関係に関して、その内面性に入り込もうとした詩人の詩を読むことだ。例えば、R.S. Thomasの初期の作品、John Clare, Thomas Hardy。

W.H. AudenやGary Snyderはモルトに関するコピーを、そしてMiltonはA.E.

Hausmanによって紹介されている。

Capra, F. (1976) ： *The Tao of Physics*. Fontana Books, London: 9
Cobb, M. (1983) ： Ecology and religion ： *Towards a New Christian Theology of a Nature*. Paulist Press, Ramsey, N
Ehnfeld, D. (1978) ： *The Arrogance of Humanism*. OUP, New York
Oelschlager, M. (1994) ： *Caring for Creation. An Ecumenical Approach to the Environmental Crisis*. Yale University Press. New Haven, Conn. and London
Primavesi, A. (1991) ： *From Apocalypse to Genesis*. Burns and Oates. London
Skolimowski, H. (1993) ： *A Sacred Place to Dwell. Living with Reverence on the Earth*. Element Books. Rockport, Mass.
Smith, M.R., Marx, L. (eds) (1994) ： *Does Technology Drive History? The Dilemma of Technological Determinism*. MIT Press, Cambridge, Mass.

参 考 文 献

Anon. (1969) : *Tyne Landscape*. Joint Committee as to the Improvement of the River Tyne, Newcastle-on-Tyne

Anon. (1991) : Knowledge's outer shape, inner life. *Times Higher Education Supplement* August 16, 12

Archbold, O.W. (1995) : *Ecology of World Vegetation*. Chapman and Hall, London

Barbier, E.B. (ed.) (1993) : *Economics and Ecology: New Frontiers and Sustainable Development*. Chapman and Hall, London

Barbier, E.B. et al. (1994) : *Paradise Lost? Ecological Economics of Biodiversity*. Earthscan, London

Barrow, C.J. (1995) : *Developing the Environment, Problems and Management*. Longman, London

Beck, U. (1992) : *Risk Society: Towards a New Modernity*. Sage, London

Beiswaner, W.L. (1984) : The Temple Garden: Thomas Jefferson's vision of Monticello landscape. In Maccobin, P., Martins, P. (eds) *British and American Gardens in the 18th Century*. The Colonial Williamsburg Foundation, Williamsburg, Va

Bell, M., Walker, M.J.C. (1992) : *Late Quaternary Environmental Change, Physical and Human Perspectives*. Longman, London

Bennett, J.W. (1976) : *The Ecological Transition, Cultural Anthropology and Human Adaptation*. Pergamon Press, Oxford

Bierhorst, J. (1994) : *The Way of the Earth: Native America and the Environment*. Morrow, New York

Bilsborough, A. (1992) : *Human Evolution*. Blackie, London

Blotkamp, C. (1994) : *Mondrian. The Art of Destruction*. Reaktion Books, London

Blowers, A. (1993) : *Planning for a Sustainable Environment*. Earthscan, London

Blunden, J. (1991) : Mineral resources. In Blunden, J., Reddish, A. (eds) Energy, *Resources and Environment*. Hodder and Stoughton/Open University, London: 43-78

Bookchin, M. (1982) : *The Ecology of Freedom. The Emergence of Dissolution of Hierarchy*. Cheshire Books, Palo Alto, Calif.

Boserup, E. (1994) : *The Conditions of Agricultural Growth*. 2nd edition. Earthscan. London

Boston, P.J., Thompson, S.L. (1991) : In Schneider, S.H., Boston, P.J. (eds) *Scientists on Gaia*. MIT Press, Cambridge, Mass. and London

Boulding, K.E. (1981) : *Evolutionary Economics*. Sage, Beverley Hills, Calif. and London

Briggs, D., Courtney, F. (1985) : *Agriculture and Environment*. Longman, London

British Airways (1996) : Holidays. Brochure

Brown, L.R. (1994) : Facing food insecurity. In Brown, L.R. (ed.) *State of the World 1994*. Earthscan, London: 177-97

Brown, L.R. et al. (1995) : *Vital Signs 1995-1996*. Earthscan Publications, London

Brown, S. (1990) : Humans and their environments: changing attitudes. In Silvertown, J., Sarre. P. (eds) *Environment and Society*. Hodder and Stoughton, London: 238-71

Brunn, S.D., Leinsbach, T.R. (eds) (1991) : *Collapsing Space and Time*. Harper Collins

Academic, London
Burgess, W.R. (ed.) (1978): *Lead in the Environment*. National Science Foundation, Washington, DC
Butcher, S.S., Charlson, G.H., Orians, G.H., Wolfe, G.V. (1992): *Global Biogeochemical Cycles*. International Geophysics Series vol.50, Academic Press, London
Caldwell, L.K. (1990): *International Environmental Policy, Emergence and Dimensions*, 2nd edition. Duke Press, Durham, NC and London
Callicott, J.B., Ames, R.T. (eds) (1989): *Nature in Asian Traditions of Thought: Essays in Environmental Philosophy*. State University of New York Press, Albany
Capra, F. (1976): *The Tao of Physics*. Fontana Books, London
Carson, R. (1963): *Silent Spring*. Hamilton, London
Chalmers, A.F. (1982): *What is this Thing called Science?* Open University Press, Milton Keynes
Chalmers, A.F. (1990): *Science and its Fabrication*. Open University Press, Milton Keynes
Charlson, R.J. et al. (1992): In Butcher, S.S. (eds) *Global Biogeochemical Cycles*. Academic Press, San Diego
Chorley, R.J. (ed.) (1969): *Water, Earth and Man. A Synthesis*. Methuen. Calif. and London
Clarke, I.M. (1985): *The Environment, Politics and the Future*. Wiley, Chichester
Cleary, T. (1993): *The Flower Ornament Scripture, A Translation of the Avatamaska Sutra*. Shambhala Publications, Boston and London
Cobb, M. (1983): *Ecology and Religion: Towards a New Christian Theology of Nature*. Paulist Press, Ramsey, NJ
Cook, F.H. (1977): *Hua-yen Buddhism*. Pennsylvania State University Press. University Park and London
Cotgrove, S. (1982): *Catastrophe or Cornucopia: the Environmental Politics of the Future* Wiley, Chichester
Curtis, V. (1986): *Women and the Transport of Water*. Intermediate Technology Publications, London: 26-7
Cushing, D.H. (1975): *The Fisheries Resources of the Sea and their Management*. OUP. Oxford
Cushing, D.H. (1988): *The Provident Sea*. Cambridge University Press, Cambridge
Czinkota, M.R. et al. (1992): *International Business*, 2nd edition. Dryden Press, Orlando. Fla.
Daly, H. (1991): *Steady State Economics*, 2nd edition. Freeman, San Francisco
Dasgupta, P. (1982): *The Control of Resources*. Basil Blackwell, Oxford
Desmond, A., Moore, J. (1991): *Darwin*. Michael Joseph, London (published by Penguin in 1992)
Durham County Council (1984): *County Durham Waste Disposal Plan*, 1st edition. Durham County Council: 20-1
Eckersley, R. (1992): *Environment and Political Theory. Towards an Ecocentric Approach*. UCL Press, London
Ehrenfeld, D. (1978): *The Arrogance of Humanism*. OUP, New York
Ellul, J. (1964): *The Technological Society*. Vintage Books, New York (originally published in French in 1954)
Elvin, M., Su, Ninghu (1995): Man against the sea: natural and anthropogenic factors in the changing morphology of Harngzhou Bay, circa 1000-1800. *Environment and History* **1** 7-8
Emery, K.O., Aubrey, D.G. (1991): *Sea Levels, Land Levels and Tide Gauges*. Springer-Verlag, New York

Findlay, A. (1991): Population and Environment: Reproduction and Production. In Sarre, P. (ed.) *Environment, Population and Development*. Hodder and Stoughton, London: 3-38
Flavin, C., Lenssen, N. (1991): Designing a sustainable energy system. In Brown, L.R. (ed.) *State of the World 1991*. W W Norton, New York: 21-38
Folrest, D.M. (1967): *A Hundred Years of Crylon Tea 1867-1967*. Chatto and Windus, London
Fox, M. (1981): *Original Blessing*. Bear, Santa Fe, NM
Georgescu-Roegen, N. (1971): *The Entropy Law and the Economic Process*. Harvard University Press, Cambridge, Mass.
Glacken, C.J. (1967): *Traces on the Rhodian Shore*. University of California Press, Berkeley and Los Angeles
Gleick, P.H. (1993): *Water in Crisis: a Guide to the World's Fresh Water Resources*. OUP, New York
Gottlieb, R.S. (1995): *This Sacred Earth: Religion, Nature, Environment*. Routledge, New York and London
Goudie, A.S. (1981): *The Human Impact*, 3rd edition. Blackwell, Oxford
Goudie, A.S. (1992): *Environmental Change*, 3rd edition. Blackwell, Oxford
Goudie, A.S. (1993): *The Human Impact on the Natural Environment*, 4th edition. Blackwell, Oxford
Gould, S.J. (1989): *Wonderful Life. The Burgess Shale and the Nature of History*. Penguin Books, London
Gregory, R.L. (1972): *Eye and Brain: The Psychology of Seeing*, 2nd edition. Weidenfeld and Nicholson, London
Groombridge, B. (ed.) (1992): *Global Biodiversity, Status of the Earth's Living Resources*. Chapman and Hall, London
Hagget, P. (1979): *Geography: A Modern Synthesis*, 3rd edition. Harper and Row, New York and London: 16-17
Hall, A.S. et al. (eds) (1986): *Energy and Resource Quality: The Ecology of the Economic Process*. Wiley, New York
Harris, D.R. (1989): In Harris, D.R., Hillman, G.C. (eds) *Foraging and Farming: The Evolution of Plant Exploitation*. Unwin Hyman, London
Harris, D.R. (1990): *Settling Down and Breaking Ground: Rethinking the Neolithic Revolution*. Netherlands Museum of Anthropology and Prehistory, Amsterdam
Harris, D.R., Hillman, G.C. (eds) (1989): *Foraging and Farming*. Unwin Hyman, London
Hayden, B. (1981): Subsistence and ecological relations of modern hunter-gatherers. In Harding, R.S.O., Teleki, G. (eds) *Omnivorous Primates*. Columbia University Press, New York: 344-421
Hayward, T. (1994): *Ecological Thought: An Introduction*. Polity Press, Cambridge
Hill, R. (1949): *The Symphony*. Pelican Books, London
Holl, O. (1994): *Environmental Cooperation In Europe: The Political Dimension*. Westview Press, Boulder, Colo.
Hooker, C.A. (1992): Responsibility, ethics and nature. In Cooper, D.E., Palmer, J.A. (eds) *The Environment in Question*. Routledge, London and New York: 147-64
Hughes, J.D. (1983): *American Indian Ecology*. Texas Western Press, El Paso
Huxley, A. (1932): *Brave New World*. Chatto and Windus, London
Huxley, A. (1962): *Island*. Chatto and Windus, London

Ironbridge Gorge Museum Trust (1979)： *Coalbrookdale*. Ironbridge, Shropshire
Jaffe, D.A. (1992)： In Butcher, S.S. (eds) *Global Biogeochemical Cycles*. Academic Press, San Diego, Calif.
Janke, P.J. (1992)： In Butcher, S.S. (eds) *Global Biogeochemical Cycles*. Academic Press, San Diego, Calif.
Jantsch, E. (1980)： *The Self-Organising Universe*. Pergamon Books, Oxford
Johnson, D.L., Lewis, L.A. (1995)： *Land Degradation: Creation and Destruction*. Blackwell, Oxford
Kemal, S., Gaskell, I. (eds) (1993)： *Landscape, Natural Beauty and the Arts*. Cambridge University Press
Kemp, D.D. (1994)： *Global Environmental Problems. A Climatological Approach*, 2nd edition. Routledge, London and New York
Kidron, M., Segal, R. (1991)： *The New State of the World Atlas*, 4th edition. Simon and Schuster, London
Kramer, L. (1995)： *EC Treaty and Environmental Law*. Sweet and Maxwell, London
Lavine, M.J. (1984)： Fossil fuel and sunlight: relationship of major sources for economic and ecological systems. In Jansson, A-M. (ed.) *Integration of Economy and Ecology-An Outlook for the Eighties*. University of Stockholm Askö Laboratory, Stockholm: 121-51
Livi-Bacci, M. (1992)： *A Concise History of World Population*. Blackwell, Oxford
Longino, H. (1990)： *Science as Social Knowledge*. Princeton University Press, Princeton, NJ
Lovelock, J.E. (1979)： *Gaia. A New Look at Life on Earth*. OUP, Oxford
Lovelock, J. (1989)： *The Ages of Gaia*. OUP, Oxford
Luhmann, N. (1989)： *Ecological Communication*. Polity Press, Cambridge
Mandood Elahi K., Rogge, J.L. (1990)： *Riverbank Erosion, Flood and Population Displacement in Bangladesh*. Jahangirnagar University Riverbank Erosion Impact Study, Dhaka: 13
Mannion, A.M. (1995)： *Agriculture and Environmental Change. Temporal and Spatial Change*. Wiley, Chichester
Mannion, A.M., Bowlby, S.R. (eds) (1992)： *Environmental Issues in the 1990s*. Wiley, Chichester
Martin, C. (1978)： *Keepers of the Game: Indian-Animal Relationships and the Fur Trade*. University of Georgia Press, Athens, Ga
Maslow, A. (1968)： *Towards a Psychology of Being*, 2nd edition. Van Nostrand Rheinhold, London and New York
Mather, A.S., Chapman, K. (1995)： *Environmental Resources*. Longman, London
Mathieson, A., Wall, G. (1982)： *Tourism: Economic, Physical and Social Impacts*. Longman, New York and London
Melosi, M. V. (1982)： Energy transitions in the nineteenth-century economy. In Daniels, G.H., Rose, M.H. (eds) *Energy and Transport: Historical Perspective on Resource Issues*. Sage, Beverley Hills and London: 55-69
Merchant, C. (1992)： *Radical Ecology*. Routledge, London and New York
Meyer, W.B., Turner, B.L. (1992)： Human population growth and land-use/cover change. *Annual Review of Ecology and Systematics* **23**: 39-61
Middleton, N. (1995)： *The Global Casino. An Introduction to Environmental Issues*. Edward Arnold, London
Misch, A. (1994)： Assessing environmental health risks. In Brown, L.R. (ed.) *State of the World*

1994. Earthscan, London: 117-36

Meyers, N., Simon, J.L. (1994)：*Scarcity or Abundance? A Debate on the Environment*. W W Norton, New York and London

Næss, A. (1989)：*Ecology, Community and Lifestyle*. Cambridge University Press, Cambridge

Nitschke, G. (1991)：*The Architecture of the Japanese Garden: Right Angle and Natural Form*. Benedikt Taschen Verlag GmbH, Köln

Oelschlager, M. (1994)：*Caring for Creation. An Ecumenical Approach to the Environmental Crisis*. Yale University Press, New Haven, Conn. and London

Orwell, G. (1949)：*Nineteen Eight-Four*. Secker and Warburg, London

Park, C.C. (1992)：*Tropical Rainforests*. Routledge, London

Passmore, J. (1980)：*Man's Responsibility for Nature: Ecological Problems and Western Traditions*. Duckworth, London

Pearce, D.W. (1983)：*Cost-Benefit Analysis*, 2nd edition. Macmillan, London

Pepper, D. (1993)：*Eco-socialism. From Deep Ecology to Social Justice*. Routledge, London and New York

Pepper, D., Colverson, T. (1984)：*The Roots of Modern Environmentalism*. Croom Helm, London

Perrings, C. (1987)：*Economy and Environment. A Theoretical Essay on the Interdependence of Economic and Environmental Systems*. Cambridge University Press, Cambridge

Peters, R.H. (1991)：*A Critique for Ecology*. Cambridge University Press, Cambridge

Pickering, K.T, Owen, L.A. (1994)：*An Introduction to Global Environmental Issues*. Routledge, London and New York

Philander, S.G. (1990)：*El Nino, La Nina and the Southern Oscillation*. Academic Press, San Diego, Calif.

Pierce, J.T. (1990)：*The Food Resource*. Longman, London

Pickering, K.T., Owen, L.A. (1994)：*An Introduction to Global Environmental Issues*. Routledge, London and New York

Pickett, S.T.A., Kolsa, J., Jones, C.G. (1994)：*Ecological Understanding*. Academic Press, San Diego, Calif,

Pitt, D.C. (ed.) (1988)：*The Future of the Environment: The Social Dimensions of Conservation and Ecological Alternatives*. Routledge, London and New York

Plumwood, V. (1993)：*Feminism and the Mastery of Nature*. Routledge, London and New York

Polden, M. (1994)：*The Environment and the Law: A Practical Guide*. Longman. London

Primavesi, A. (1991)：*From Apocalypse to Genesis*. Burns and Oates, London

Redclift, M. (1987)：*Sustainable Development: Exploiting the Contradictions*. Methuen, London and New York

Redclift, M., Benton, T. (eds) (1994)：*Social Theory and the Global Environment*. Routledge, London and New York

Rees, J. (1990)：*Natural Resources. Allocation, Economics and Policy*, 2nd edition. Routledge, London and New York

Roberts, N. (1989)：*The Holocene. An Environmental History*. Blackwell, Oxford

Roberts, R.D., Roberts, T.M. (1984)：*Planning and Ecology*. Chapman and Hall. London

Rosenau, P.M. (1992)：*Post-Modernism and the Social Sciences. Insights, Inroads and Intrusions*. Princeton University Press, Princeton, NJ

Ross, S. (1993)：Gardens. earthworks, and environmental art. In Kemal, S., Gaskell, I. (eds)

Landscape, Natural Beauty and the Arts. Cambridge University Press, 158-82
Sagoff, M. (1988): *The Economy of the Earth.* Cambridge University Press
Sandlund, O.T., Hindar, K., Brown, A.H.D. (eds) (1992): *Conseroation of Bio-diversity for Sustainable Development.* Scandinavian University Press, Oslo
Sands, P. (ed.) (1993): *Greening International Law.* Earthscan, London
Schama, S. (1995): *Landscape and Memory.* Harper Collins, London
Schmidt, A. (1971): *The Concept of Nature in Marx* (trans. B Fowkes). New Left Review, London (originally published in German, 1962)
Schnaiberg, A. (1980): *The Environment from Surplus to Scarcity.* Oxford University Press, New York and Oxford
Schneider, S.H., Boston, P.J. (eds) (1991): *Scientists on Gaia.* MIT Press, Cambridge, Mass.
Schumacher, E.F. (1973): *Small is Beautiful.* Blond and Briggs, London
Serio, J.N. (1978): The ultimate music is abstract. Charles Ives and Wallace Stevens. In Garvin, H.R. (ed.) *The Arts and their Interrelations.* Bucknell University Press, Lewisburg, Pa; Associated University Presses. London, 120-31
Sessions, G.E. (ed.) (1995): *Deep Ecology for the Twenty-First Century.* Shambala Press, Boston, Mass.
Simmons, I.G. (1979): *Biogeography. Natural and Cultural.* Edward Arnold, London
Simmons, I.G. (1982): *Biogeographical Processes.* Edward Arnold, London
Simmons, I.G. (1989): *Changing the Face of the Earth,* 1st edition. Blackwell, Oxford (2nd edition published 1996)
Simmons, I.G. (1991): *Earth, Air and Water.* Edward Arnold, London
Simmons, I.G. (1993): *Environmental History. A Concise Introduction.* Blackwell, Oxford
Simmons, I.G. (1996): *Changing the Face of the Earth,* 2nd edition. Blackwell, Oxford
Simon, J.L., Kahn, H. (eds) (1981): *The Resourceful Earth.* Blackwell, Oxford
Skinner, B.F. (1948): *Walden II.* Macmillan, New York
Skolimowski, H. (1993): *A Sacred Place to Dwell. Living with Reverence on the Earth.* Element Books, Rockport, Mass.
Smil, V. (1991): *General Energetics: Energy in the Biosphere and Civilization.* Wiley, New York
Smil, V. (1993): *Global Ecology, Environmental Change and Social Flexibility.* Routledge, London and New York
Smith, M.R., Marx, L. (eds) (1994): *Does Technology Drive History? The Dilemma of Technological Determinism.* MIT Press, Cambridge, Mass.
Spretnak, C., Capra, F. (1986): *Green Politics: The Global Promise.* Paladin Books. London
Stewart, I. (1989): *Does God Play Dice?* Basil Blackwell, London
Stewart, I. (1990): *Does God Play Dice: The New Mathematics of Chaos.* Penguin, London
Sugden, D., Hulton, N. (1994): Ice volumes and climatic change. In Roberts, N. (ed.) *The Changing Global Environment.* Blackwell, Oxford: 150-72
Summerfield, M.A. (1991): *Global Geomorphology: An Introduction to the Study of Landforms.* Longman, Harlow
Summers, C.M. (1970): Energy use, conversion, transportation and storage. In *Energy.* W.H., Freeman, San Francisco. Readings from *Scientific American*
Swingland, I.R. (1993): Tropical forests and biodiversity conservation: a new ecological imperative. In Barbier, E.B. (ed.) *Economics and Ecology: New Frontiers and Sustainable Development.* Chapman and Hall, London: 118-29

Thompson, R.D. (1995)：The impact of atmospheric aerosols on global climate: a review. *Progress in Physical Geography* **19**: 336-50

Tooley, M.J. (1994)：Sea-level response to climate. In Roberts, N. (ed.) *The Changing Global Environment*. Blackwell, Oxford: 172-89

Tooley, M.J., Jelgersma, S. (eds) (1992)：*Impacts of Sea-Level Rise on European Coastal Lowlands*. Blackwell, Oxford

Tooley, R., Tooley, M.J. (1982)：*The Gardens of Gertrude Jekyll in the North of England*. Michaelmass Books, Durham

Treumann, R.A. (1991)：Global problems. globalization and predictability. *World Futures* **31**: 47-53

Trzyna, T. (ed.) (1995)：*A Sustainable World*. Earthscan, London

Turner, B.L. *et al.* **(eds)** (1990)：*The Earth as Transformed by Human Action*. Cambridge University Press

Turner, R.K., Pearce, D., Bateman, I. (1994)：*Environmental Economics. An Elementary Introduction*. Harvester Wheatsheaf, London

Tu, We-ming (1989)：The continuity of being: Chinese visions of nature. In Callicott, J.B., Ames, R.T. (eds) *Nature in Asian Traditions of Thought*. State of University of New York Press, Albany: 67-78

UNEP (1993)：Environmental pollution. *Environmental Data Report 1993-94*, Part I. Blackwell, Oxford: 6-106

Vanecek, M. (1994)：*Mineral Deposits of the World*. Elsevier, Amsterdam and London

Wall, D. (1990)：*Getting There. Steps Towards a Green Society*. Green Print, London

Ware, G.W. (1983)：*Pesticides Freeman,* San Francisco

Warren, K.J. (ed.) (1994)：*Ecological Feminism*. Routledge, London and New York

Wenz, P.S. (1988)：*Environmental Justice*. State University of New York Press, Albany

White, L. (1967)：The historic roots of our ecologic crisis. *Science* **155**: 1203-07

Williams, M. (1990)：In Turner, B.L. (ed.) *The Earth as Transformed by Human Action*. Cambridge University Press

Williams, M.A.J. *et al.* (1993)：*Quaternary Environments*. Edward Arnold, London

Wilson, E.O. (1975)：*Sociobiology: The New Synthesis*. Harvard University Press, Cambridge. Mass.

Winner, L. (1977)：*Autonomous Technology*. MIT Press, Cambridge, Mass.

World Resources Institute (1995)：*World Resources 1994-95*. OUP, Oxford

World Resources Institute (1994)：*World Resources 1992-3*. OUP, Oxford

Worster, D. (ed.) (1988)：*The Ends of the Earth. Perspectives on Modern Environmental History*. Cambridge University Press

Worster, D. (1993)：*The Wealth of Nature*. OUP, New York and Oxford

Yearsley, S. (1991)：*The Green Case. A Sociology of Environmental Issues, Arguments and Politics*. Harper Collins, London

Ziman, J. (1980)：*Teaching and Learning about Science and Society*. Cambridge University Press

Ziman, J. (1994)：*Prometheus Bound: Science in a Dynamic Steady State*. Cambridge University Press

索　引

A
A.E.ハウスマン　　　　　　　280
A.N.ホワイトヘッド　　　　　299
B
B.F.スキナー　　　　　　　　265
BBC　　　　　　　　　　　　301
D
DDT　　　　　　　　　　　　 88
DNA　　　　　　　　　　　　 50
E〜I
E.F.シューマッハー　　　　　218
F.H.クック　　　　　　　　　286
IPCC　　　　　　　　　　　　 21
J
J.B.S.ホールディン　　　　　292
J.E.ラブロック　　　　　　　205
J.K.ガルブレイス　　　218, 257
J.S.バッハ　　　　　　　　　171
J.S.ミル　　　　　　　　　　220
J.メイナード・スミス　　　　198
K〜N
K.E.ボールディング　　　　　217
M.J.ラビン　　　　　　　　　217
M.レドクリフト　　　　　　　229
NGO　　　　　　　　　　　　259
O〜S
OPEC　　　　　　　　　　　　133
PCB　　　　　　　　　　88, 146
ppm　　　　　　　　　　　　　92
R.W.ケイツ　　　　　　　　　229
SDI（スターウォーズ）計画　 50
T
T.H.ハックスレイ　　　　　　100
T.S.エリオット　　　　　　　232
T.オリオーダン　　　　　　　229
tsamaメロン　　　　　　　　159
W
W.A.モーツァルト　　　　　　171
WHO　　　　　　　　　　　　142

あ行
アーネ・ネス　　　　　　　　236
アーン・ネス　　　　　　　　300
アイコン　　　　　　　　　　 49
アイザック・ニュートン　　　220
アイス・コア　　　　　　　　 58
アイスランド　　　　　　　　 33
アイソスタシー　　　　　　　 66
アイルランド海周辺　　　　　146
アウトプット　　　　　　48, 197
青色児症候群　　　　　　　　142
亜寒帯林　　　　　　　　　　 82
亜間氷期　　　　　　　　　　 58
亜酸化窒素　　　　　　　　　 20
アスワンハイダム　　　　　　189
アッケシソウ属　　　　　　　 89
アップストリーム・エネルギー179
アバディーンシャー　　　　　180
アブラハム・マズロー　　　　 38
アフリカ砂漠地帯　　　　　　119
アフリカ野牛　　　　　　　　 79
アボリジニ　　　　　　　　　161
アマゾン流域　　　　　　　　115
アマゾン川　　　　　　　　　 71
雨水の土壌浸透率　　　　　　188
雨水排水　　　　　　　　　　142
アメリカ先住民　　　　　　　 35
アメリカライオン　　　　　　 81
アラン・ソンフィスト　　　　273
アルザス　　　　　　　　　　135
アルゼンチン　　　　　　33, 177
アルドリン　　　　　　　146, 183
アルプス　　　　　　　　　　 61
アレグザンダー・ポープ　　　226
アンチノック添加剤　　　　　186
アンテロープ　　　　　　　　 78
アントニオ・ムチャド　　　　314
アントン・ヴェーベルン　　　279
アンモニア　　　　　　　　　 94
イール　　　　　　　　　　　133
イオウ化合物　　　　　　　　138
イオウ循環　　　　　　　　　 95
イオウ泉　　　　　　　　　　135
イオン化性放射線　　　　　　 52
イオン形態物　　　　　　　　 72
イグサ科　　　　　　　　　　 89
育種計画　　　　　　　　　　123
異常気象　　　　　　　　　　113
イスラエル　　　　　　　　　119
イスラム　　　　　　　　　　 35
イスラム教　　　　　　　　　283
イスラムの庭園　　　　　　　170
一次汚染因子　　　　　　　　143
一次分解者　　　　　　　　　 84
イデオロギー的意図　　　　　143
遺伝子操作技術　　　　　　　124
遺伝的基盤　　　　　　　　　124
遺伝子バンク　　　　　　　　125
遺伝子プール　　　　　　　　123
遺伝の多様性　　　　　　　　124
移動耕作　　　　　　　　　　109
イヌイット　　　　　　　　　 77
イネ科　　　　　　　　　　　 89
イワシ漁　　　　　　　　　　 65
イワナシ類　　　　　　　　　 80
イングランド中西部　　　　　175
イングランド北部　　　　　　180
インターネット　　　　 54, 296
インターフェース　　　　　　197
インド亜大陸　　　　　　　　 33
インドネシア　　　　　　33, 163
インドラ神　　　　　　　　　286
隠喩　　　　　　　　　　　　239
ヴァイナ　　　　　　　　　　284
ウィーン学派　　　　　　　　279
ウィスコンシン氷期　　　　　 58
ウィリアム・ブレイク　　　　 53
ウィルフリド・オウエン　　　276
ウインズケール　　　　　　　150
ヴィンセント・ヴァン・ゴッホ276
ウィンダム・ルイス　　　　　266
ヴェーダ神話　　　　　　　　238
ウェールズ　　　　　　　　　161
ウォルター・ペイトン　　　　277
宇宙船地球号　　　　　　　　217
うどん粉病　　　　　　　　　 17
ウラシマツツジ属　　　　　　 80
ウランバートル　　　　　　　175
エアロゾル　　　　　　　　　 47
永久凍土　　　　　　　　58, 102
永久凍土地帯　　　　　　　　 58
英国式庭園　　　　　　　　　272
エイズ・ウィルス　　　　　　202
衛星画像データ　　　　　　　 48
衛星放送　　　　　　　156, 157
栄養循環　　　　　　　　　　 85
栄養分過多　　　　　　　　　141
エコシステム　　　　　　　　 23
エコツーリズム　　　　　　　128
エコノミックス　　　　　　　 25
エコフェミニズム　　　　　　298
エジプト　　　　　　　　　　111
エスター・ボセラップ　　　　226
エデンの園　　　　　　　37, 271
エトナ火山　　　　　　　　　 14
エネルギー・パーク　　　　　149
エネルギー・バランス　　　　179
エネルギー・フロー　　　　　151
エネルギー多消費型生活様式　159
エネルギー変換　　　　　　　182
エピクロス学徒　　　　　　　 37
エピクロス学派　　　　　　　263
エピクロス主義　　　　　　　 37
エベレスト登山　　　　　　　156
エリカ属　　　　　　　　　　 80
エル・チチョン火山　　　　　 65

索引

エルニーニョ	63	カザフスタン	79	希少性	133
塩生沼沢地	88	可視光	43	寄生虫卵	144
塩素化炭化水素殺虫剤	88	貸出金利	131	規制メカニズム	143
エントロピー	204	ガス・クロマトグラフィー	100	基礎的環境	29
エンリコ・フェルミ	156	化石化	155	機能的システム	53
オイコス	25	化石燃料	40	逆浸透法	120
オイルフェンス	145	カナダ	40	キャロリン・マーコッド	298
応用遺伝学	128	カナダ南東部	142	急進的エコロジー運動	236
王立協会員	100	渦鞭毛虫	144	旧石器時代	30
大型甲殻類	87	釜ゆでカエル症候群	51	旧ソ連	31
大型哺乳動物	78	カラハリ砂漠	159	キュービズム	270
オーギュスト・コント	235	ガリレオ	37, 234	旧約聖書	36
オーストラリア	22	芽鱗	79	脅威のレパートリー	139
オーストラロピテクス	60	カルカッタ	148	強温室効果	63
オスマン大通り	222	カルタゴ	171	供給速度	85
オセアニア	31	カレル・チャペック	275	凝結核	63
汚染者負担の原則	247	カレワラ	277	凝結核構成物質	95
オゾン層	20	カロリー摂取量	114	極相の生態系	210
オゾンの蓄積	312	灌漑技術	113	極地国際会議	77
オゾン分解	20	灌漑システム	114	棘皮動物	87
オゾンホール	99, 100	環境圧	263	魚群探知機	121
オランダ	132	環境影響評価	48, 252	ギリシャ哲学	37
オリーブ	80	環境汚染	98	キリスト教	281
オリヴィエ・メシアン	277	環境活動家	35	キリスト教神学	37
オルダス・ハックスリー	265	環境管理	241	キリスト教フランシスコ会	286
温血動物	77	環境関連法	245	キリスト教文化	171
温室効果	150	環境規定主義	289	ギルガメシュ叙事詩	36
温帯草地	78	環境経済学	211	近自然的生態系	155
温帯落葉樹林	75, 83	環境芸術	273	近親交配	125
		環境政治学	225	金属循環	99
か行		環境静寂主義	171	クウォンタム理論	312
カーボーイ経済学	217	環境的フロー	38	空間スケール	47, 52, 182
ガイア・システム	206	環境の構築	25	空軍基地	173
ガイア仮説	100, 205	環境倫理学	240	クチャレスク理論	273
海水準変動	57, 58, 66	換金作物	111	クラカタウ火山	65
階層構造	50	環形動物	89	クリーン・スレイト	22
海退期	66	還元主義	45	クリーンアップ・キャンペーン	186
外的自然	223	還元主義的モデル	46	グリーンピース	259
外的要因	120	寒候期	58	グリーンランド南部	61
海抜高度順	86	観賞用動植物	127	クリシュナ	315
外部環境コスト	247	甘松類	167	クリスト	273
外部経済	211	完新世	57	グリズリー	81
外部コスト	40	関税障壁	238	グレイト・ブリテン号	175
改変速度	127	岩屑噴出物	65	クレオソート・ブッシュ	75
解剖学的視点	50	乾燥重量	85	クロウメモドキ科	80
海面上昇	63	観測衛星データ	53	黒沢明	276
海洋の循環	53	干ばつ	65, 113	グローバルキャピタリズム	299
外来種	79	癌発生率	151	グローバルモデル	23
カオス	207	間氷期	20	景観	7
カオス理論	199	灌木林植生	75	景観生態学	47
化学的風化過程	72	カンボジア	114	景観要素	162
化学物質革命	156	寒冷化	58	経験主義的研究	198
核燃料再処理施設	274	飢饉	114	経口避妊薬	189
核の冬	260	気圏モデル	200	珪藻類	142
核分裂	156	気候学	47, 200	計量地図学	195
核分裂制御法	187	気候変動	57	計量評価手法	214
確率論的ふるまい	207	技術移転	296	化身	298

下水汚泥	144	国連食糧農業機関	113, 252	ジェイムズ・ラブロック	100
結合エネルギー	204	国連人口基金	252	使役用動物	127
齧歯類	82	国連世界保健機関	252	ジェラード・M・ホプキンス	266
ケニヤ	33	国連ミディアム・ヴァリアン		四塩化炭素	191
ケプラー	37	ト・プロジェクション	34	ジオイド面	66
限界機会費用	216	固形廃棄物	4, 106	紫外線（UV）	20
顕花植物	86	コスタリカ	34	紫外線量	151
嫌気性バクテリア	144	古代ギリシャ	36	時間尺度	99
原子力発電所	139	五大湖浄化	250	自給的社会	179
原人	24	古代スカンジナビア人	61	自己再生産能力	123
原生動物	84	古代メソポタミア	167	シスコム	301
原生林	84	古典的還元主義者	198	自然災害	119
原理主義運動	287	古典的自然科学	47	自然の征服	280
広域都市圏	175	古典的政治学	221	自然の濃縮速度	98
高緯度地帯	58	コペルニクス	37, 234	自然林	84
黄浦江	141	五本指のクマ	24	持続的利用	108
光化学スモッグ	46, 149	国有化	131	シトー修道会	168
甲殻類	87	固有種	124	シナジズム	138
後期旧石器時代	156	コユコン・インディアン	35	死亡率	31
後期氷河期	30	コロニー	77	ジメチル水銀	98
工業的利用	117	コロラド	188	シャーマン	231
公共輸送機関	41	コロンビア	184	社会階層	298
高収益経済国	40	根菜類	109	社会工学	25, 297
高収量品種	113	コンピュータ・ファイル	49	社会主義経済学	215
甲状腺ガン	150			社会主義的傾向	143
高所得経済国	3, 105	**さ行**		社会的アイデンティティー	27
更新世	57	サー・トーマス・モア	264	社会的費用負担	139
洪水調整ダム	119	サーディン	88	社会物理学	297
合成化学物質類	145	サイガ	78	ジャコウソウ属	80
構造運動プロセス	72	彩色映像	43	ジャックス・エラル	294
耕地面積増加率	188	再生産能力	161	シャルトル大聖堂	171
甲虫	76	再生資源	131	シャロー・エコロジー	226
甲虫類	84	在宅勤務	185	ジャン・アモス・コメニウス	289
公聴会	200	裁判管轄地	27	ジャン・シベリウス	277
耕耘	179	サウス・サスカチェワン川	189	上海市	141
口碑	231	サセックス・ウィールド	168	自由エネルギー	204
鉱物資源	132	殺虫剤	79, 113	周縁地域	177
鉱物資源供給国	177	サテライトテレビ	301	宗教的システム	28
鉱物資源貿易	133	サナタン・ダルマ	283	重金属	145
鉱物団塊	135	サハラ	75	集団遺伝学	128
硬葉生態系	80	サバンナ	58	集中的水管理	113
ゴータマ・シッダールタ	285	サバンナ・バイオーム	79	自由貿易主義者	143
コーラン	283	サバンナ型植生	80	ジュエルネット	312
氷の分離パターン	70	サバンナ樹林地	115	樹冠	79
黒鉛	133	ザルツブルグ	171	種子バンク	125
国際学術連合	260	山岳氷河	68	種組成	79
国際自然保護連合	254	産業革命	92	種多様性	210
国際的基準値	146	産業廃棄物処分場	132	出生率	31
国際的捕鯨禁止条約	122	産児制限	249	種の置換プロセス	202
国際復興開発銀行	252	サンスクリット語	283	狩猟園	170
国際連合	252	酸性雨	18, 212	狩猟採集文化	83
国際連合機構	105	酸性物質	142	狩猟文化	51
国民総生産	148	サンタモニカ連山	81	純一次生産量	76
穀物援助	111	ザンビア	133	純一次生産力	75
国立愛鳥協会	259	シアトル酋長	35	瞬間の刺激	51
穀類	109	シヴァ神	315	瞬間蒸留法	120
国連環境計画	253	ジェイムズ・ハットン	100	循環プロセス	52

植物毒性	81	水文循環	54, 56, 68, 71	石油輸出国機構	133
硝化過程	94	水文的特徴	175	セシウム137	146
蒸気式トロール船	177	スーダン	111	絶対主義者	261
商業用エネルギー	38	スーパー・オーガニズム	207	セラフィールド	150
食糧資源採集権	159	スカベンジャー	60, 80	セルロース	142
小樹林地	114	スカベンジャー動物	129	遷移	90
小暖候期	61	スカンジナビア	18, 142	遷移金属	145
小氷河期	30	スコットランド	142	全球気候モデル	47
擾乱	98	スチュワート	207	先史時代	164
常緑カシ類	80	スティーヴンJ.グールド	202	占星術	297
常緑季節林	86	ステップ	79	全体論的集合性	198
常緑降雨林	86	ストア派	36	選択淘汰	81
常緑針葉樹	82	ストロベリーツリー	80	全地形万能車	185
ジョージ・オーウェル	265	スパルタ軍	171	象牙の塔	245
初期最新世	30	スパルティナ属	89	相互依存性	42
初期シュメール	36	スプルース	17	相互的因果律	286
初期西洋キリスト教社会	36	スペイン	60	造山運動	66
植生パターン	135	スモッグ	148	草食動物相	80
植被	72	スラグ	134	相対主義者	261
植物プランクトン	63	西欧資本主義経済学	211	草本類	76
食物連鎖	87	西欧社会	137	阻害要因	31
食糧生産システム	109	西欧の世界観	36	疎開林	114
女性ホルモン濃度	189	生活型	73	促成栽培	179
除草剤	79, 183	生物進化的時間	198	ソリチャ	80
ジョン・ドン	310	セイシェル	181	素粒子	312
ジョン・パスモア	237	政治科学	220	ゾロアスター教	233
ジョン・マックロー	19	政治経済学	25		
シリカ	133	生殖ホルモン	140	**た 行**	
塵灰	62	生態学的アプローチ	208	ダーウィン	49
深海底堆積物コア	58	生態学的時間	198	ダートムア	161
進化生物学	128	生態学的プロセス	181	ダーナ	284
進化とエントロピー	201	生体間蓄積	138	ターナー	186
シンガポール	26	生態系の枠組み	191	タールマカダム	107
進化論	49	成長の限界	224	タールマック	183
進化論的要素	286	西部戦線	19	第一次世界大戦	19
新機能主義	226	西部大山脈	188	ダイオキシン	19
神経生理学	52	生物学的酸素要求量	176	第三世界	47
新興工業国家群	185	生物起源	108	代数学	195
人口増加率	32	生物現存量	198	堆積層	58
人工的環境下	125	生物圏の区分化	210	堆積地	73
人口動態	31	生物酸	73	耐旱性品種	119
人口補充水準	34	生物多様性	114, 123	代替エネルギー源	156, 185
新古典派経済学	211, 212	生物多様性喪失	124	大腸菌群数	142
侵食	72, 132	生物地球化学的	57	大平原地帯	161
侵食速度	92	生物地球化学的循環	91	ダイヤモンド	92
新素材	156	生物濃縮作用	183	太陽依存型	179
新陳代謝	106	生物物理的システム	24	対流圏	94
人的エネルギー	163	生物物理学的プロセス	102	大量殺戮	35
神秘主義者	101	生命維持システム	115	太陽エネルギー放射	155
心理的プロセス	203	生命体	23	太陽光集光設備	185
森林限界	61	生理的エネルギー消費量	105	ダウンストリーム・エネルギー	179
人類行動指針	210	セオドア・ロスザク	225	タオイズム	35
神話	239	世界資源研究所	107	タオ自然学	232
水圏	200	世界大気研究計画	200	武満徹	278
水質汚染過程	141	世界野生生物基金	259	多国間合意	250
水素同位体	156	脊椎動物	81	多国籍企業	137, 257
水文学	47	石墨	92	脱工業化	296

脱構築	299	潮汐ダム	186	徳川時代	115
脱穀	179	ちょうつがい線	66	独裁主義的支配	167
脱窒過程	94	超伝導物質	156	都市的利用	118
多肉植物	75	貯留量	53, 55	土砂流出量減少率	189
タパス	284	地理学	25	土壌学	47
多毛作	167	チリ沿岸	66	土壌酸性度	142
タルムード	282	沈降作用	97	土壌浸食	52, 73
タンカー事故	144	沈降堆積作用	92	土壌侵食速度	187
炭化水素燃料	17	沈泥	135, 167	土壌断面	81
タングステン	133	沈黙の春	141	土壌流出	73
タンク清浄施設	144	使い捨て経済	219	土壌流出速度	72
炭酸カルシウム	92	ツル植物	83	土着民	35
淡水域	141	ツンドラ	76	突然変異	20
炭水化物	109	低緯度地帯	58	土木工学	25
淡水環境	47	ディープ・エコロジー	226	トマス・ハーディ	267
炭素	46	ティエラ・デル・フエゴ諸島	187	ドライ・サルベージェス	232
炭素循環	54, 91	低温圏	200	トラディショナル・ジャズ	279
炭素繊維	156	低灌木	76	ドリングラス	75
炭素貯蔵プール	115	低所得経済国	3		
炭素貯蔵容量	102	停滞期	62	**な行**	
地域経済委員会	250	泥炭層	162	ナイジェリア	33
地衣類	78	泥炭層形成	162	ナチス	49
チェルノブイリ	138	泥炭地	102	鉛	186
地球温暖化	20, 63	低レベル電離放射	52	南極大陸	61
地球気候モデル	200	デカルト	37, 234	南西アジア	30
地球物理学的変動	57	テクトニクス	67	軟体動物	89, 121
地形学	47	デジタル信号	48	二項対立的	28
地質学	47	デトライタス	87	二酸化炭素(CO_2)	20
地質学の年代スケール	68	デトライタス食	89	二次分解者	84
地質学的時間尺度	117, 132	テラロッサ	81	29日目効果	241
致死の濃度	140	テロのリスク	131	ニッケル	133
地中海性気候	80	田園の理想郷	216	日射反射率	102
チッソ	46, 94	電子的コミュニケーション	101	200カイリ排他的経済水域	250
チッソ固定過程	81	電磁波	139	日本文化	36
窒素酸化物	94	電磁放射エネルギー	43	二枚貝	87
チッソ循環	93	伝染病	51	ニュージーランド	32
チプコ	298	天地創造説	129	ニューデリー	142
チャールズ・アイヴズ	278	伝統漁法	121	ニュートン	234
チャコペッカリー	245	天然ガス	40, 156	ニュートン物理学	271
チャパレル	80	天文学	195	ニューヨーク	208
中緯度地帯	58	透過光量	84	ネアンデルタリス	60
中央アフリカ	124	東京─広島ベルト地帯	183	熱交換特性	198
中央アメリカ	30	洞窟芸術	60	熱帯雲霧林	58, 75
中央統制経済国家	133	銅鉱石	134	熱帯季節林	89
中心国─周縁国理論	185	島嶼	86	熱帯サバンナ	79
中枢神経系	141	動植物の分布	53	熱帯湿潤林	127
中世暗黒時代	84	導水量	117	熱帯常緑樹林	84
中世イスラーム	36	頭足類	121	熱帯バイオーム	79
中石器時代	30	東南アジア	30	熱付加	147
中東諸国	119	トウヒ樹林	82	熱流量	149
チュニジア	111	動物性タンパク質	109	年代測定法	58
超温室効果	62	東洋的思想	238	年平均生産率	109
潮間帯	88	トゥリーティ・インディアン	77	農地の主要構成樹種	186
長期的気候変動	57	ドードー	87	ノースヨークムア	161
超国家的組織	250	トーマス・クック	181	ノルウェー	61
調査捕鯨	260	トーラー	282	ノルウェー南部	142
潮汐作用	89	トキサフェン	146		

は行

バージニア	188
ハーバート・マーカス	225
排煙脱硫	212
バイオーム	73
バイオーム地図	186
バイオテクノロジー	124
バイオマスエネルギー	39
廃棄物	1
廃棄物管理	254
廃棄物の掃き溜め地帯	177
排出権システム	143
排出限度	62
ハイチ	33
ハイテク衣料	156
パイロスの戦い	171
バガヴァッド・ギタ	294
パキスタン	111
バクテリア	15
白内障	20
バタフライ・イフェクト	208
白血病	147
発酵バクテリア	139
発生機構モデル	46
発展途上国	108
バッファロー狩り	161
ハドソンズベイ社	35
ハドリアヌスの防壁	156
バラ科	80
パラデイザ	271
バラモン教	285
ハリエニシダ属	80
ハリケーン	65
バリ島	62
バル・タシュシト	285
バルーク・スピノザ	237
ハロゲン化炭化水素	145, 146
ハワイ諸島	86
ハンガリー	107
半乾燥地域	159
バンクシャ	81
バングラディシュ	111
半自然の生態系	155
汎神論的神秘主義	222
半致死的濃度	140
ハンブルグ市	105
ヒース状の灌木	80
ヒース状の低灌木	82
ピート・モンドリアン	270
ヒートアイランド現象	149
ヒエラルキー	234
ピカソ	270
干潟	88
非再生可能資源	108, 130
ビッグバン	292
ヒト属	30
ヒトツバエニシダ属	80
皮膚癌	20
非分解性	147
ヒマラヤ山脈	72
氷河学	47
氷河期	20
氷冠	70
氷期－間氷期サイクル	56
標準消費量	38
氷床	58
氷床中	186
費用便益分析	212
表流水	135
肥沃化	102
ピラミッド	164
ピルチャード	88
ビンゲン	281
ヒンジ	21
品種改良	127
ヒンドゥー教	283
ファンダメンタリスト	24
フィードバック	102, 197
フィードバック・ループ	101
フィードバック効果	63
フィジー	175
フィッシュミール	121
フィリピン	33
フィンランド	277
風化	72
ブーゲンビル	184
富栄養化	88, 141
フェミニズム	298
フォークランド諸島	19
腹足動物	87
腐植の回転率	85
不殺生の法理	285
仏教	36
物質代謝	50
物質蓄積	141
物質的恩恵	172
ブッシュマン	159
仏陀	285
物理的風化過程	72
物理法則	218
負のバランス状態	179
普遍的な真実	196
富裕国家	172
浮遊植物大増殖	141
浮遊粒子状物質	148
ブラジル	33
プラスチック革命	156
プラスチック工業	172
プラチナ	133
ブラック・ボックス	55
フランシス・ベーコン	37
フランス	60
フランス電力公社	185
フランダース	19
フリートフ・カプラ	232
ブリストル	175
ブリティッシュ・スティール	133
ブルターク	171
プルトニウム240	146
ブルネル社	175
ブルーチーズ	45
プレジャーガーデン	4
プロタゴラスの思想	311
プロメテウス	295
フロー資源	108
フロンガス(CFCs)	20
文化遺産	7
分解速度	85
文化生態学	226
文化的イデオロギー	171
文化的景観要素	106
文化的生態系	155
文化的多様性	152
分散の意思決定	197
分子構成	50
フンボルト海流	97
ベアード・カリコット	231
平安時代	271
平均増加率	32
平均日射量	149
閉鎖林	115, 186
閉鎖系	97
ベートーベン	299
ヘザー	181
ペッカリー	127
ベトナム戦争	19
ペニーズ	161
ペニーヒル	18
ベネディクト会	171
ヘブライ社会	36
ヘブライ聖書	36
ベラ ルーシュ	150
ヘラクリトス	286
ヘリング	88
ペルオキシアチルニトラート	149
ベルリン会議	62
ペルー	33
ペレット	147
変化パターン	47
弁証法的	27
ペンニン地区	135
ヘンリック・スコリモースキー	286, 311
ポイント・バロウ	77
萌芽樹	81
放射性核種	146
放射性同位体	150
放射性同位元素	186
放射性廃棄物	147
宝石用原石	133
ホウ素	120

放熱現象	62	無機イオン	63	ライフワールド	26
放牧密度	167	無機化過程	82	ライン川	27, 135
ポーランド	19	無機物プール	56	落葉層	77
捕食動物	80	メキシコシティー	149, 282	裸地化	73
ポストモダニズム	299	メタン	20	ラディカル・エコロジー	298
ボストン−ワシントンD.C.回廊	183	メタン放出量	71	ラテンアメリカ	31
ホタルイ属	89	メチル水銀	98	ラビの教え	282
ホタル石	133	メディア	28	ラルフ・ヴォーン・ウィリアムズ	277
北極圏	61	メルカプシン臭	186	ランニング・フェンス	273
ボックスアンドアローモデル	91	メルトダウン	138, 276	リオデジャネイロ会議	62
北方針葉樹林	82	綿	111	陸上生態系	72
ボトムアップ方式	113	メンハーデン	88	リグニン	142
ホノルル	129	モクマオウ	81	リクラメーション	168
ホモ・エレクトス	60	モザンビーク	33, 111	リダクショニスト	22
ホモ・サピエンス	30, 60	元込め式銃	180	利他主義	50
ホリスティック	22, 38	モノカルチャー	181	リチャード・ロング	273
ホリズム	23	モハヴェ砂漠	75	リモートセンサー	19
ポリ塩化ビフェニル	88, 146	モルジブ	114	硫化水素	142
盆栽	4	モンゴンゴ・ツリー	159	硫化水素臭	186
		モンスーン	65	硫化メチル	63, 96, 205
ま行		モントリオール議定書	294	硫酸	176
マーキー	80			粒子状有機炭素	92
マール	167	**や行**		流動量	53, 55
マーレイ・ブッキン	222	ヤーズリー	102	猟鳥	181
マイヤー	186	焼畑農業	186	利用密度	132
マウナロア	86	薬用植物	4	緑藻類	89
マグネシウム	120	薬用動植物	127	リン	46
マザニタ	80	野生動植物	1	リン循環	96
マシュー・フォックス	234	ヤナヌ川	142	リンデン	146
マジョルカ	129	ヤマネ	83	リンネ分類体系	46
松尾芭蕉	171	ヤマモガシ科バンクシャ属	81	倫理の秩序	24
マッシリア	171	有害廃棄物処分場	132	倫理的システム	240
マツ類	80	ユーカリ低木林	80	リン鉱石	97
マハトマ・ガンジー	260	有閑階級	168	ルネ・デカルト	37, 299
真水	6	有機塩素系殺虫剤	189	ルーマニア	32
マメ科植物	79	有機物プール	56	ルール地方	175
マラリア蚊	19	有機リン殺虫剤	103	冷却水	185
マラリア対策	146	湧昇流	87	レイチェル・カーソン	141
マリ・スクラブ	80	ユースタシー	66	レス	58
マルクス	49	優占種	75	レッセ・フェール	309
マレー半島	177	ユートピア	263	レバント	82
マンガン	135	ユダヤ−キリスト教的伝統	233	レミング	77
マングローブ林	121	ユダヤ科学	49	レーニン	49
マンハッタン	271	ユダヤ教	282	連鎖核分裂反応	156
ミクローブ	206	ユダヤ人	282	漏出事故	145
未処理下水	176	溶存酸素濃度	89	ロスアンゼルス	149
ミズーリ川	15	溶存シリコン	72	ロッククライミング	106
ミズゴケ属	82	溶存物質	73	ローカル	2
水の滞留時間	71	溶存無機炭素	92	ローテーション制	162
水の華	141	溶存有機炭素	92	ローマ・クラブ	224
緑の革命	113	溶融成分	63	ローマ人	171
緑の党	25	ヨーロッパ連合	7	ロンドン	26
水俣病症候群	145	余剰生産物	113		
民族主義文化集団	287	四輪駆動車	274	**わ**	
ミンダナオ海溝	72			綿すげ	18
ムアランド	161	**ら行**		湾岸戦争	120
ムアランド草地	167	ライフヒストリー	26		

〈著 者〉

イアン G. シモンズ（Ian G. Simmons）

ダーラム大学(英国)教授（地理学、環境学）

〈監訳者プロフィール〉

高山啓子（たかやまけいこ）

東京都生まれ。東京大学農学部卒業（1973年）。西武不動産㈱、ペンシルベニア大学芸術学部大学院ランドスケープ学科修士課程修了（M.L.A.）後、設計コンサルタントを経て現在、㈱ケイ高山プランナーズ代表、拓殖大学工学部工業デザイン科非常勤講師。

主な著書：A.W.スパーン著、アーバンエコシステム－自然と共生する都市、監訳、公害対策技術同友会(1995)。和英・英和「環境計画・デザイン用語集」、公害対策技術同友会(1998)。

ヒューマニティー＆エンヴァイロメント
──環境の文化生態学──

2000年(平成12年) 8月25日　　　　　　初版発行

　　著　者　　I.G. シモンズ
　　訳　者　　高山啓子　監訳
　　発行者　　今井 貴・四戸孝治
　　発行所　　㈱信山社サイテック
　　　　　　〒113-0033　東京都文京区本郷6-2-10
　　　　　　TEL 03(3818)1084　FAX 03(3818)8530
　　発売元　　大学図書
　　印刷／製本　　エーヴィスシステムズ

©Pearson Education Limited, 2000, Printed in Japan
ISBN4-7972-2549-1 C3040

〈無断複写・転載を禁ず〉

ヒューマニティー＆エンヴァイロメント：―環境の文化生態学―

I.G. シモンズ

　ほとんどの分野が、環境および環境学に対して様々な角度から接近している。また、結果的に環境学の部分ならびに現象学的な接近の両方について学習者に提示している。

　本書は、人間と環境との関係に対して、包括的な接近がなされた独創的な教材である。まずはじめに、多領域の主題を地球規模で見渡し、そこに含まれている過程や問題を一つずつ描写している。さらにその後、今まで試されてきた様々な考え方および解決方法についての考察が加えられている。

　また、以下に挙げるような重要な疑問を投げかけている。
- 人間化された世界の中に、それでもなお「自然」環境はあるのだろうか？
- 社会科学は、いったいどのようにして、私たちが自然界を理解する手助けとなってきたのだろうか？
- 法律や規則は、どのようにして人間の活動に影響を及ぼすのであろうか？
- 物的資源(更新可能なものと不可能なものもともに)を構築しているのは、いったい何か？

本書の重要な特徴
- 「環境」ならびに「環境問題」に対する新しい接近および解釈を提示している。
- 「環境」をトータル(包括的な)もの(生き物)として捉えるようなチャレンジ(挑戦)を、学生にさせている。
- 60点以上のイラストによって、わかりやすく説明されている。

地理学、環境科学、および文化学(人文科学)の学位取得をめざす学生のための、基礎的教材として本書は書かれている。

　イアン・シモンズ氏は、イギリス、ダーラム大学地理学部の地理学の教授である。イギリス地理学会における前環境研究グループ長であり、またヨーロッパアカデミー会員として、イギリスにおける前期先史時代の環境へのインパクトに関する研究業績がある。